Leipziger Altorientalistische Studien

Herausgegeben von
Michael P. Streck

Band 18

2024
Harrassowitz Verlag · Wiesbaden

Tommaso Scarpelli

Das Wetter in der mesopotamischen Kulturgeschichte des II. und I. Jahrtausends v. Chr.

2024

Harrassowitz Verlag · Wiesbaden

Bibliografische Information der Deutschen Nationalbibliothek
Die Deutsche Nationalbibliothek verzeichnet diese Publikation in der Deutschen Nationalbibliografie; detaillierte bibliografische Daten sind im Internet über https://dnb.de abrufbar.

Bibliographic information published by the Deutsche Nationalbibliothek
The Deutsche Nationalbibliothek lists this publication in the Deutsche Nationalbibliografie; detailed bibliographic data are available in the internet at https://dnb.de.

Informationen zum Verlagsprogramm finden Sie unter
https://www.harrassowitz-verlag.de

Gedruckt auf alterungsbeständigem Papier.
Druck und Verarbeitung: Memminger MedienCentrum AG
Printed in Germany

ISSN 2193-4436 eISSN 2751-7608
ISBN 978-3-447-12314-3 eISBN 978-3-447-39637-0

Für meine Eltern

Inhalt

Danksagung

Die vorliegende Arbeit begann Anfang 2019 auf Anregung des Betreuers und Erstgutachters, Prof. Dr. Michael Streck (Leipzig). Ihm gilt zunächst meine tiefste Dankbarkeit für seinen Rat und seine Geduld, die er über die Jahre bei der Strukturierung des Projekts aufgebracht hat. Die materielle Realisierung der Dissertationsarbeit erfolgte dank der Förderung ab September 2019 durch die Studienstiftung des Deutschen Volkes (Bonn), deren Ansprechpartner*innen stets kooperativ und hilfsbereit waren. Ich möchte daher die Gelegenheit nutzen, um der Vertrauensdozentin Prof. Dr. Sabine Griese (Leipzig) zu danken.

Im Laufe der Jahre haben mehrere Personen zur Verbesserung dieser Untersuchung beigetragen. Ich bin gegenüber Prof. Dr. Enrique Jiménez (München) für den Zugang zur EBL-Projektdatenbank und zu unveröffentlichtem Material von grundlegender Bedeutung dankbar. Für den Gedankenaustausch, der relevante Einsichten und Erweiterungen zum Thema dieser Arbeit brachte, möchte ich mich bei Prof. Dr. Manfred Krebernik (Jena) und Prof. Dr. Johannes Hackl (Jena) bedanken.

Ich möchte herzlich Dr. Adrian Heinrich (Jena) und Dr. Reinhard Pirngruber (Wien) für den Austausch über die Entwicklungen ihrer Forschungen danken.

Dank gebührt auch dem Personal der Middle East Section des British Museums und Francesco Pesole (London) für die logistische Unterstützung in London.

Für Ermunterung und fruchtbare Diskussionen danke ich Dr. Maria Teresa Renzi-Sepe (Berlin), mit der ich in den letzten Jahren oftmals zusammengearbeitet habe.

Für technische Hinweise auf Datenauswertung danke ich Dr. Alessandro Braga (Montreal) und Alessandro Roso Fabrizi (Augsburg).

Ich bedanke mich bei Prof. Dr. Sabine Franke (Hamburg), Dr. Janine Wende (Leipzig) und allen Kolleg*innen und Mitarbeiter*innen des Altorientalischen Instituts Leipzig für die Ratschläge und Hinweise auf neue Belege und Bibliographie.

Für das Lektorat und die Perfektionierung der deutschen Darlegung möchte ich Antonia Alexiev, Fabian Klostermann, Dr. Antonia Pohl, Philipp Koch und Karolina Kossmann meinen herzlichen Dank aussprechen.

Schließlich gilt ein besonderer Dank meiner Familie für die moralische Fernunterstützung. Ihr ist die vorliegende Arbeit gewidmet.

Abkürzungsverzeichnis

Die in der vorliegenden Arbeit enthaltenen Abkürzungen entsprechen dem Verzeichnis des *Reallexikons der Assyriologie und Vorderasiatischen Archäologie*.
Weitere Abkürzungen werden wie folgt aufgelistet:

1', 2', 3' und so weiter = Nummerierung der Zeilen auf der Rückseite der Tafel
aA = altassyrisch
aB = altbabylonisch
ADART = *Astronomical Diaries and Related Texts from Babylonia* (1988 ff.), Wien.
BATSH = *Berichte der Ausgrabung Tall Šēḫ Ḥamad / Dūr-Katlimmu* (1991ff.), Berlin.
CM = Cuneiform Monographs (1992 ff.), Groningen/Leiden
durchschn. = durchschnittlich
EAE = Omenserie *Enūma Anu Enlil*
iqqur īpuš = R. Labat, 1965: *Un Calendrier Babylonien des Signes et des Mois. Séries* iqqur īpuš, Paris
mA = mittelassyrisch
mB = mittelbabylonisch
N. = Nummer
N = Norden
nA = neuassyrisch
nB = neubabylonisch
O = Osten
ORA = *Orientalische Religionen in der Antike* (2009ff.), Tübingen
Rs. = Rückseite
S. = Seite
S = Süden
ShAr = Eidem, J., Laessøe, J., *The Shemshara Archives* (2001), Viborg
T. = Tafel
Vs. = Vorderseite
W = Westen
Z. = Zeile

Konventionen

Die Transliteration des Akkadischen wird in Kursivschrift (zum Beispiel *mi-lu-um*) wiedergeben; Sumerogramme und Determinative werden recte umgeschrieben und von Punkten getrennt, wenn mehrere Zeichen ein komponiertes Logogramm bilden (a.ma.ru).

Weitere Konventionen in der Edition:

: = Glossenkeil

-ma$^{!}$ = falsche Anwendung eines Keilschriftzeichens

-ma$^{!}$(AM) = falsche Anwendung mit originalem Zeichne in Klammern

-ma$^{?}$ = unsichere Lesung eines Zeichens

(aber) = in der Übersetzung hinzugefügte Wörter für ein besseres Verständnis

[*-ma*] = Ergänzung eines oder mehrerer abgebrochener Zeichen

[…] = Lücke im Originaltext

⸢*-ma*⸣ = zum Teil abgebrochenes Zeichen

⸢x⸣ = Spuren eines Zeichens, das allerdings zu abgebrochen ist, um gelesen zu werden

{x} = Rasur, Streichung von Zeichen

-ma° = lesbares Zeichen auf einer unvollständigen Rasur

<*-ma*> = Zeichen, das vom antiken Schreiber ausgelassen wurde

/ = in der Übersetzung: Variante, alternativer Text

I, II, III und so weiter = Nummerierung der Spalten

KAxMI = unsichere Umschrift eines Logogrammes

ma ri ad = Zeichen ohne passende Lesung

Einleitung

Ziel dieser Arbeit ist es, die atmosphärischen Phänomene und ihre kulturellen Auswirkungen auf den Menschen mithilfe der philologischen Methodik zu untersuchen. Die Quellenlage für den Bereich des Alten Mesopotamiens bietet eine hervorragende Gelegenheit, die Rolle des Wetters in der Kulturgeschichte darzustellen. Denn die große Zahl der im Akkadischen verfassten Texte, die unter den antiken Kulturen einzigartig ist, erlaubt einen breiten Blick auf die menschliche Wahrnehmung von Wetterphänomenen und Naturereignissen.

Obwohl dieses Projekt beabsichtigt, vorhandene klimatische sowie geographische Studien insoweit zu berücksichtigen, als sie für ein tieferes Verständnis der in den Keilschrifttexten enthaltenen Informationen relevant sein können, werden jedoch hauptsächlich schriftliche Quellen analysiert.

Das Thema Wetter innerhalb der Keilschrifttradition ist bisher nur teilweise behandelt worden. Einzelne Wetterphänomene wurden in Artikeln des *Reallexikons der Assyriologie* mit Verweisen auf Erwähnungen in akkadischen Texten besprochen.[1] Im Kontext des Mari-Archivs ist der Einfluss des Wetters auf die Landwirtschaft und die Bewirtschaftung des Kanalnetzes anhand von Textquellen untersucht worden, wie in Reculeau 2018 behandelt. Bereits in Durand 1989 wurden Überlegungen zur Divination in Bezug auf alltägliche meteorologische Ereignisse in Mari gezogen. Die Vorzeichenkunde des Wetters als Textgenre ist dank der Edition der meteorologischen Tafeln *Enūma Anu Enlil*, die dem Wettergott gewidmet sind, in Gehlken 2012 dokumentiert. Über diese wichtige Gottheit findet sich in Schwemer 2000 eine sehr umfangreiche Monographie. In Jiménez 2017 wird zudem ein Überblick über die Bildsprache von Wind und Sturm in der akkadischen Literatur gegeben. Die vorliegende Untersuchung stellt daher eine bisher noch nicht vorgenommene Zusammenstellung der Aspekte des Wetters dar.

Die Arbeit ist in eine klimatische Einführung und fünf Hauptteile gegliedert, die jeweils einer textlichen Makrokategorie entsprechen: **Alltagstexte (I)**, **Vorzeichentexte (II)**, **tägliche Aufzeichnungen (III)**, **literarische Texte (IV)**, sowohl mit mythisch-epischem als auch religiösem Inhalt, und eine Sektion zum akkadischen **Lexikon der meteorologischen Phänomene (V)**. Jeder Teil behandelt demzufolge ein etwa definiertes Textgenre in Anbetracht seines ursprünglichen Zwecks und Stils. Das Wetter kann das Hauptthema, wie im Fall der Wetterdivination, oder lediglich einen Nebenaspekt der Dokumente, wie in vielen Briefen, darstellen.

Eine so breit angelegte und vielfältige Auswertung bringt mit sich gewisse methodische Problematiken: Die erste betrifft den zeitlichen Unterschied der Texte. Die Entscheidung, die Untersuchung auf die akkadische Sprache zu beschränken, führt jedenfalls zu einer Dokumentation von mehr als 1500 Jahren. Eine nicht homogene Informationsverteilung im Laufe der zwei Jahrtausende kann ferner eine übersichtliche Auslegung erschweren. Die zweite Problematik stellt sich auf geographischer Ebene, da die Herkunft der Textarchive ebenso unterschiedlich ist. Für jedes Kapitel sind Tontafeln aus ganz Babylonien, aus den assyrischen Hauptstädten sowie ihren Provinzen und aus dem Mittel- und Oberlauf des Euphrats

1 Siehe beispielsweise Streck 2008a, Streck 2018a und Streck 2018b.

vorhanden. Um diese Probleme zu überwinden, wird versucht, die Informationen in ihrem Kontext auszulegen und weitreichende Verallgemeinerungen zu vermeiden.

Auf den nächsten Seiten werden neue Umschriften und Interpretationen von akkadischen Texten dargelegt. Für ein tiefgehendes Verständnis der Wetterphänomene in der Divinationskunde wurden einige Tafeln erstediert, d.h. kopiert, transliteriert, übersetzt und kommentiert.

Zur Erleichterung einer schnellen Suche lässt sich ein Glossar der Wettertermini mit Verweisen auf die Zitate anzeigen. Letztlich finden sich im Anhang ein Glossar der Logogramme und der akkadischen Wörter in den Texten, die im Rahmen dieser Arbeit zum ersten Mal ediert wurden, sowie die Tafelkopien.

Die Zeitrechnung ist, wenn nicht ausdrücklich angegeben, als vor Christus zu verstehen.

Einführung in die Witterung und das Klima Mesopotamiens

In diesem einführenden Kapitel wird ein Überblick über den mesopotamischen Wetterablauf und seine regionalen Unterschiede gegeben. Bei einem direkten Vergleich zwischen den aktuellen Klimaeigenschaften und den geographischen Erwähnungen der Keilschrifttexten ist jedoch Vorsicht zu genießen: Obwohl die klimatischen Zustände des II. und I. Jahrtausends v. Chr. von den aktuellen nicht erheblich abweichen,[1] wäre eine Untersuchung der Klimageschichte aufgrund der Textbasis methodisch unangemessen. Der alleinige Zweck dieser Einführung ist die Kontextualisierung aller Naturphänomene, die eine wichtige Rolle in der Kulturgeschichte und im Alltag Mesopotamiens spielten.

Der berücksichtigte geographische Bereich schließt, von Nord nach Süd, die heutigen südostanatolischen Provinzen und Teile Ostanatoliens der Türkei bis zum Vansee, das syrische Territorium östlich von Aleppo, die westlichen an den Irak grenzenden Provinzen des Irans und letztlich das ganze irakische Land, von der Bergregion im Norden bis zur arabischen Wüste und zum Persischen Golf ein. Mit diesen Regionen beabsichtigen wir nicht den traditionalen Forschungsraum der Altorientalistik zu beschreiben,[2] sondern den geographischen Raum, auf den sich die Mehrheit der auf den nächsten Seiten vorgestellten Quellen bezieht.

Die geo-klimatischen Studien des Nahen Ostens verfolgen meist einen monografischen Ansatz auf Grundlage der modernen Landesgrenzen,[3] indem die verschiedenen Klimagebiete der aktuellen politischen Geographie angepasst werden. Zu einer besseren Übersicht entscheiden wir uns hingegen für eine Unterteilung der uns beschäftigenden Gesamtregion anhand der durchschnittlichen Niederschlagsmenge und der Hydrografie.[4] Fünf Klimazonen lassen sich von Süden nach Norden identifizieren:

- **a.** Die Südliche Wüste
- **b.** Die Alluvialebene
- **c.** Die Niedrige Dschazira und das Steppengebiet Südostsyriens
- **d.** Die Vorgebirgsregion des Nordiraks und die Hohe Dschazira in Nordostsyrien
- **e.** Das Bergland des Taurus- und Zagrosgebirges.

Der Hauptteil dieser Gebiete gehört heute zur allgemeinen Subtropenregion, die von einem ariden oder semi-ariden Klima geprägt ist.

Zusätzlich zu den klimatischen Aspekten wird eine Übersicht des Windsystems und des landwirtschaftlichen Kalenders als sinnvoll erachtet, um das Fortbestehen der dort siedelnden

---

1 Siehe Reculeau 2002: 531 und Neumann, Sigrist 1978: 241.

2 Streck 2006: 8-9.

3 Siehe Wirth 1962, Guest 1966, Wirth 1971, Taha, Harb, ... 1981, Kerbe 1987 und Hütteroth, Höhfeld 2002: 74-95.

4 Siehe Nützel 2004: 5-7, und auch Rösner 1991: 13-14.

Menschen und die enge Verknüpfung der Wasserversorgung mit dem Erfolg der Agrarwirtschaft hervorzuheben.[5]

a. Die Südliche Wüste

Mit dieser Definition bezeichnet man den nördlichen Teil des nordarabischen Trockengebiets, das sich bis zum Südwesten Iraks und Südosten Syriens zieht. Die Verdunstung ist hier stärker als die geringen Niederschläge (0 bis maximal 150 mm pro Jahr), die sich fast ausschließlich auf den Winter, zwischen November und März, konzentrieren. Der Sommer beginnt bereits Ende April und dauert bis Ende Oktober an, so dass nur zwei Jahreszeiten wahrzunehmen sind. Die hohe Temperatur, die zwischen Juni und September auch 30 Tage lang über 40° C bleiben kann und die Trockenheit erlauben den landwirtschaftlichen Anbau nur unter schwierigen Bedingungen.[6]

b. Die Alluvialebene

Das Flusstal erstreckt sich auf etwa 600 km in die Länge und 200 km in die Breite und dehnt sich nordwestlich von Hit am Euphrat und Samarra am Tigris in Richtung Südosten aus.[7] Die Schwemmebene wird als subtropische, halbtrockene Region betrachtet, die sich im Allgemeinen durch eine starke Kontinentalität der saisonalen Temperaturen auszeichnet. Es handelt sich um eine Tiefebene ohne deutliche Anhöhen über 200 Meter und führt südlich zu den Marschen; mehr als 7750 Quadratkilometer Sumpf gibt es in der Nähe der südöstlichen Küste. Dieser besteht aus einer Mischung aus frischem und fluvialem Wasser sowie Brackwasser und wird von zahlreichen Flusskanälen durchquert, einige auch schiffbar.[8]

Die aktuellen durchschnittlichen Höchsttemperaturen steigen im Juli in Nasiriyah und Diwaniyah bis 43° C mit einem winterlichen Minimum von 6° C;[9] in Bagdad schwankt die durchschnittliche Temperatur im Januar zwischen maximal 15° C und minimal 4° C, während die ständige Sonneneinstrahlung einen Hitzedurchschnitt zwischen 43° C und 25° C im Juli hält.[10] In der Tat lassen sich zwei klar definierte Jahreszeiten markieren und zwei kürzere Übergangszeiten, die die eben beschriebenen unterbrechen: Der lang andauernde und vollkommen trockene Sommer mit intensiver Sonneneinstrahlung von Ende Mai bis Anfang Oktober und der feuchtere Winter von Dezember bis Februar. Der kurze Frühling bzw. Herbst erstreckt sich nur über die Monate März-April, wo die Pflanzen schnell wachsen, bzw. November.[11] Der jährliche Niederschlag im Mittel- und Südirak überschreitet nicht die Menge von 200 mm im Jahr,[12] ein zu geringer Durchschnitt, um Regenfeldbau zu betreiben,

---

5 Hrouda 1991: 13.
6 Guess 1966: 20; Nützel 2004: 5.
7 Blaschke 2018: 57-75 und 494-499.
8 Al-Handal, Hu 2014: 31-33.
9 Taha, Harb, … 1981: 236-238.
10 Alex 1985: 181.
11 Guest 1966: 18 und 20.
12 Taha, Harb, … 1981: 221.

für den das Minimum theoretisch 250 mm im Jahr wäre.[13] Darüber hinaus lässt sich eine Abweichung vom Durchschnittswert des Regens mitrechnen, die die Jahressummen unzuverlässig macht. Somit ist die Bedeutung des Wasserfaktors und der Wasserversorgung groß.[14]

Hauptfaktoren der Hydrographie sind offenbar die zwei größten Flüsse Euphrat und Tigris mit ihrem Netz von Bewässerungskanälen und Zuflüssen.[15] Der Tigris hat den höchsten durchschnittlichen Jahresabfluss (38,8 Milliarden m^3/Sek bei Bagdad, der Euphrat nur 26,4 Milliarden bei Hit).[16] Die Wasserführung sowie die Breite des Flussbettes variieren deutlich je nach Jahreszeit: Die Menge des Abflusses des Tigris' schwankt zwischen 4099 m^3/Sek infolge der Schneeschmelze in Taurus- und Zagrosgebirge im März und 283 m^3/Sek im Oktober bei Bagdad. In denselben Hoch- bzw. Niedrigwassersperioden senkt die Wasserführung des Euphrats von 3120 auf 232 m^3/Sek bei Hit; sein maximaler Abfluss wird, nach einem anfänglichen Schwellen im März, nur während der ersten Tage im Mai erreicht.[17] Mit den ersten Regenerscheinungen im Herbst und dann mit den konsistenten Regenfällen im Januar-Februar ist es nicht ungewöhnlich, einige frühzeitige Überschwemmungen im Frühjahr zu beobachten.[18] Die Geographie der Schwemmebene ermöglicht heute wie in der Antike Bewässerungsanlagen, die in einigen Zonen über ein breites Kanalnetz verfügten, wie im Süden nördlich der Marschen.[19]

Sand- oder Staubstürme treten als typisches atmosphärisches Ereignis der Region in jeder Jahreszeit auf. Im Südirak beträgt die jährliche Häufigkeit sogar 30 Tage, allein die Hälfte findet nur während des Sommers statt. Der Frühling führt hingegen zu relativ häufigen Gewittern mit Donnern.[20] Weitere seltene Phänomene sind Nebel, Hagel und Schnee. Ersteres erscheint für ca. drei Tage zur Winterzeit im Südirak in den Flusstälern, wird somit also seltener gesehen als im Norden. Hagel und Schnee sind fast abwesend in dieser Umwelt (unter einem Tag pro Jahr).[21]

c. Die Niedrige Dschazira und das Steppengebiet Südostsyriens

Dieses semi-aride Gebiet entspricht dem südöstlichen Territorium des heutigen Syriens, wo die Mündung des Habur in den Euphrat übergeht. Viele Aspekte verbinden diese mit der unter *b* beschriebenen Region, darunter die jährliche Niederschlagsmenge zwischen 100 und 200 mm,[22] ungenügend zum Regenfeldbau.[23] Hier in der Niedrigen Dschazira an der Grenze zur Wüste ist das Klima ebenso kontinental, sogar mehr noch als in Babylonien mit einer

13 Siehe die Diskussion in Nützel 2004: 6-7; Sanlaville 1985: 18.
14 Hrouda 1991: 20-21.
15 Hrouda 1991: 13.
16 Blaschke 2018: 30.
17 Blaschke 2018: 34.
18 Insbesondere kommt die Flut des Tigris Mitte Februar bei Bagdad und drei Wochen später bei Hit am Euphrat an (Ebeling 1957-1971: 96).
19 Blaschke 2018: 496.
20 Taha, Harb, ... 1981: 222.
21 In den Jahren 1941-70 haben die Stationen von Bagdad, Diwaniya und Nasiriyah durchschnittlich nur 0,1 Tage pro Jahr Schnee aufgenommen (Taha, Harb, ... 1981: 243).
22 Wirth 1971: 93; Taha, Harb, ... 1981: 239.
23 Nützel 2004: 6-7.

durchschnittlichen Höchsttemperatur von 40° C im Juli-August und einer minimalen Temperatur von 2° C im Januar in Deir ez Zor.[24] Die höchsten Niederschläge kommen im Winter vor, dank west-ostwärts ziehender Zyklone aus der mediterranen Depression.[25] Das saisonale System folgt nahezu demselben Schema des Mittel- und Südiraks.[26] Die Ankunft der nördlichen Zyklone bewirkt insbesondere kalte Lufteinbrüche auch aus Nord-Nordwest, die zu Winterwetter und Frost führen können, infolge derer die Temperaturen des Binnenlandes auf -7 bis -12° C sinken würden. Die sogenannten Etesien sind die beständigen Luftströmungen, die den Sommer charakterisieren, und bringen die andauernde Wärme, Austrocknung und das typische wolkenarme Wetter aus dem trockenen Hochland Anatoliens.[27]

Die Position des Euphrattals, sonst isoliert in der Trockensteppe, war darüber hinaus der Schlüssel der antiken politischen Relevanz dieses „leeren Gebietes“. Dank des Wassers des mittleren Euphrat, dessen Flussmenge durch seine drei Zuflüsse Sajour, Balih und Habur ansteigt, war und ist heutzutage immer noch die landwirtschaftliche Aktivität auf den niedrigeren Flussterrassen des Talbodens möglich.[28]

Im Mittellauf des Euphrat steigt das Flusswasser von November-Dezember mit dem ersten winterlichen Regen an, ab Januar-Februar sind die ersten Fälle von Hochwasser (bisweilen sehr stark) verzeichnet,[29] einen Monat früher als die konsistenteren Überschwemmungen von März, bis zum höchsten Abfluss von April-Mai, wenn der Schnee des Taurus geschmolzen ist.[30] In dieser Region waren damals verschiedene Bewässerungsdistrikte zu finden: Aus dem aB Briefarchiv der Stadt Mari sind drei Hauptkanäle zurückzuverfolgen: Der Kanal Išîm-Yahdun, der heute von Der ez-Zor nach Tell Ashara führt; der Mari-Kanal oder Hubur Kanal, der im südlichen Teil des Terqa-Distrikts entspringt; und der Kanal des Habur, der bis Ṣuprum lief.[31] Die Wasserversorgung erfolgte durch das Management eines Systems von kontrollierten Becken, Schleusen und Rinnen.[32] Das sommerliche Niedrigwasser erlaubte allerdings keine weiter entfernte Bewässerung des Kernlandes und das stellt nur eine der schwierigen landschaftlichen Bedingungen dar, die das Steppengebiet Südostsyriens beeinflussen.[33] Ferner werden wir dieses Thema sorgfältiger in den nächsten Abschnitten analysieren.

Gewitter treten während der Übergangsphasen durchschnittlich ein bis vier Tagen im Frühling/Herbst und 10-15 Tage pro Jahr auf.[34] Die Tage mit Nebel in Südostsyrien sind etwa 10 im ganzen Jahr, darunter 8 in Dezember und Januar, während Schneefälle nicht viel häufiger als in der Alluvialebene sind.[35]

---

24 Taha, Harb, ... 1981: 232 und 237.
25 Wirth 1971: 82.
26 Wirth 1971: 80.
27 Wirth 1971: 77, 85.
28 Sanlaville 1985: 21-22.
29 Für eine tiefere Untersuchung der jährlichen Wasserführung des Euphrat siehe Reculeau 2018: 483-491.
30 Sanlaville 1985: 24-25;
31 Durand 1998: 577-78.
32 Blaschke 2018: 488.
33 Blaschke 2018: 487.
34 Taha, Harb, ... 1981: 204.
35 Taha, Harb, ... 1981: 243 und 246.

d. Die Vorgebirgsregion des Nordiraks und die Hohe Dschazira in Nordostsyrien

Wir führen nun eine etwas grünere Region im Mittellauf des Tigris ein, die geographisch im Hügelgebiet der irakischen Provinzen nördlich von Bagdad liegt (Ninive, Arbil, Kirkuk, Salah al-Din und Diyala), sowie die Sinjar-Berge, den Mittel- und Oberlauf des Euphrat an der Mündung des Balih und das Hochland der Habur-Dreiecke einschließt. Das Gebiet war grundsätzlich das Land der Assyrer und im Westen, in der Steppe der Hohen Dschazira, das Land der Hurriter, das oft in der Korrespondenz von Mari am Anfang des II. Jahrtausends und später des neuassyrischen Reiches im VIII. und VII. Jahrhundert erwähnt wird.[36]

Die Höhenunterschiede sind selbstverständlich erste abweichende Faktoren im Vergleich zu den Regionen *b* und *c*: Das Gebiet *d* liegt durchschnittlich auf 400 bis 500 m über NN, 600 m auf dem Abd el-Aziz und bis 800 m auf dem Jabal Sinjar und Jabal Bishri. Diese Landschaft dehnt sich westlich vom Tigris in das dreieckige Tal des Kleinen Habur und seiner Nebenflüsse Jaghjagh, Nahr el Avej und Sirgan bis zum Vorgebirge des Taurus aus.[37] Genauso wie im Nordirak kann die Natur hier von einer größeren Menge an jährlichem Regen zehren, die zwischen 300-400 mm pro Jahr beträgt,[38] so dass Regenfeldbau in zunehmendem Maße möglich ist. Insbesondere verfügt die Mittelebene des Tigris über ein besseres Terrain zum Anbau: Die Flussterrassen sind zum ersten im Vergleich zur Schwemmebene in geringem Umfang der Bodenversalzung ausgesetzt, darüber hinaus ermöglicht die Nähe zum Fluss die erforderliche Befeuchtung des Bodens auch ohne Wasserkanalisierung. Die Chance auf Erfolg des Trockenfeldbaues ist jedoch aufgrund der nicht ungewöhnlichen Dürreperioden allzu gering, sodass künstliche Bewässerung nicht weiter praktiziert wird.[39] [40] Dieselben Umstände gelten nach wie vor für das Diyalatal und die sogar trockenere Hohe Dschazira,[41] wo die Landwirtschaft zusätzliche Techniken zur Wasserversorgung benötigt.[42]

Während die Sommer aus den bereits erwähnten Gründen komplett trocken bleiben, sind die Winter hier von Dezember-Januar dreimal so regnerisch im Vergleich zur Alluvialebene.[43] Die Temperaturen sind mehr oder weniger vergleichbar mit dem Rest Mesopotamiens, dennoch werden hier etwa 36 Tage Frost im Winter (hauptsächlich nachts) dokumentiert.[44] Für den Sommer sind hohe Durchschnittstemperaturen wie in den südlichen Gebieten zu erwarten: 42-43° C werden im Juli und August von den irakisch-kurdischen Wetterstationen und etwa 40° C von den syrischen im Nordosten aufgezeichnet.[45] Infolge des starken Kontinentalklimas sind Minima von 2,5° C in Mosul und 1,3° C in El Haseke und

36 Für weitere Verweise siehe Liverani 2011.

37 Guest 1966: 3-20.

38 Wirth 1971: 92 und Guest 1966: 240.

39 Kühne 1991: 28; Wilkinson 1995: 9; Blaschke 2018: 490-91.

40 Adams 1965: 4-5.

41 Die jährliche Niederschlagsmenge in den syrischen Provinzen Raqqa und El Haseke überschreiten sogar nicht 300 mm (Taha, Harb, ... 1981: 239; meteoblue.com).

42 Für die Diskussion über das Verhältnis zwischen Regenfeldbau und Bewässerung in Nordmesopotamien siehe Kühne 1991, McClellan 2000 und Nützel 2004: 6-7.

43 Taha, Harb, … 1981: 239-240.

44 Sanlaville 1985: 15.

45 Taha, Harb, ... 1981: 237-238.

einige Sonderfälle von Glatteis bis April zu beobachten.[46] Besonders in den Übergangsperioden ist das ganze Gebiet darüber hinaus deutlich von den Effekten des nordwestlichen Windes geprägt, infolge dessen klares Winterwetter und Unwetter erscheinen können.[47]

Heftige Gewitter können im Winter und öfter im Frühling von Donnern begleitet werden.[48] Schneefälle kommen häufiger als im Süden vor mit einer Durchschnittsdauer von zwei Tagen in El Haskene und einem Tag in Mossul.[49]

e. Das Bergland des Zagros- und Taurusgebirges

Zwischen dem subtropischen Gebiet des Iraks und dem Hochland Irans breitet sich die Zagrosbergkette 1400 km von Nordwesten nach Südosten aus, ungefähr ebenso lang wie das Taurusgebirge.[50] Während die iranischen Gipfel in verschiedenen Punkten Höhen von über 4000 m über NN erreichen können, befinden sich die höchsten Kämme des südöstlichen Taurus in der Region Hakkari Dağları an der Grenze zu irakischem Kurdistan. Etwa 300 km westlich des Vansees entspringen dank der Schneeschmelze die Hauptflussläufe des Euphrats und des Tigris, deren Wasser abwärts durch das Sanli Urfa- bzw. Mardin-Plateau zwischen 900 und 600 m über NN fließt. Auf der irakischen Seite des Zagros sind die zwei anderen relevanten Seen in großer Höhe, nämlich der Urmia- und der Dokansee, wo die antike Siedlung von Tell-Shemshara lag.

Es handelt sich um ein richtiges Bergklima mit einem jährlichen Niederschlag zwischen 700 und 1200 mm, der sich hauptsächlich zwischen Januar und März konzentriert: Die Ursache für solch ergiebige Regenmengen lässt sich auf die Höhe der Berge zurückführen, die sich „den vom Westen kommenden feuchten winterlichen Luftmassen als Regenfänger" entgegenstellen.[51] Daher sind die Niederschläge an der Westflanke des Gebirges stärker als an der Ostflanke.[52]

Obwohl der Sommer überwiegend trocken und warm mit durchschnittlichen maximalen Temperaturen über 30° C ist, sind die winterlichen Tage des Bergklima von fast ständigem Frost gekennzeichnet. Die Monate Januar und Februar haben oft niedrigste Temperaturen im Durchschnitt zwischen -3 und -5° C und Nächte unter -10° C.[53] Im Winter bleiben Großteile der Taurus- und Zagros-Regionen lange von Schnee bedeckt, der oft auch in die niedriger liegenden Täler fällt. Die mildere Saison fängt ab Mai-Juni an und ist ebenso wie in den anderen Gebieten von starker Kontinentalität geprägt.[54]

46 Taha, Harb, ... 1981: 232-233 und Sanlaville 1985: 15.
47 Wirth 1971: 85.
48 Taha, Harb, ... 1981: 221.
49 Taha, Harb, ... 1981: 243.
50 Nützel 2004: 3.
51 Hrouda 1991: 15-16.
52 Nützel 2004: 3.
53 Die Daten wurden stichprobenweise aus den Wetterstationen der Städte Elazığ (1062 m über NN), Hakkari (1697 m) in der Türkei, und Piranshahr (1444 m) im westlichen Iran ausgewählt (alle Wetterdaten aus meteoblue.com).
54 Guest 1966: 20.

Das Windsystem

Eine Schematisierung der relevantesten Luftströmungen lässt sich als eine Doppelachse, ungefähr in Richtung Nordwest-Südost und Nordost-Südwest, skizzieren.[55] Der Wind aus Nordwest hat zweifellos die wichtigste Auswirkung auf die Umwelt der Region und die größte Inzidenz.[56] Dieser Luftstrom kommt aus dem Mittelmeer und kann für trockene Hitze sowie für Unwetter sorgen. Nachdem er über die Berge geströmt ist, bringt der aus Nordwesten kommende Wind, im Irak *shamal* genannt, meistens das typische klare und trockene Wetter des Sommers.[57] Der Zyklonzug aus dem Östlichen Mittelmeer wirkt hingegen im Winter, indem er Polarlufteinbrüche aus Russland durch den Süden der Türkei führt, die die Temperaturen bisweilen auf unter -5° C abkühlen und für regnerisches Wetter im Nahen Osten sorgen.[58]

Bemerkenswert ist ebenso der Wind aus Nordosten: Die Hochdruckluft aus Zentralasien wird in Richtung der Arabischen Halbinsel gelenkt, infolgedessen trockene und kalte Witterung auftreten kann.[59]

Von Februar bis Mai weht mitunter eine trocken-heiße Saharaströmung aus Südwesten im ganzen Gebiet. Der *samum,* so lautet der moderne Name (eine andere Variante ist *suhili*),[60] ist aufgrund seiner starken Hitze besonders gefürchtet und kann im Frühling Ursache von Sandstürmen und Schäden für die Landwirtschaft sein.[61]

Zum letzten ist die Luftmasse, die aus der Monsunregion des Persischen Golfs in Richtung der mediterranen Depression strömt, zu betrachten. Sie wird heute *kaus,* oder auch *sharqi,* genannt, wörtlich „östlicher Wind", der in die Gegenrichtung des *shamal* weht und häufig Ursache von Unwetter und Bewölkung ist. Während des Winters und des Frühlings wird dieser Wind in 60 % der Fälle von Niederschlägen, feuchter Luft und oft von Gewitter begleitet.[62]

In der Antike wandten die Mesopotamier die vier oben beschriebenen Windrichtungen als Bezeichnung für Kardinalpunkte an. Das deutet laut Neumann darauf hin, dass die konventionelle Windrose der babylonisch-assyrischen Tradition „ein Achtel" entgegen dem Uhrzeigersinn umgestellt werden muss.[63] Der *ištānum,* der „Nordwind", wörtlich „der Günstige",[64] oder einfach der Nordpunkt, spiegelt unseren Nordwesten und daher die ideologische Position von Nordbabylonien in der geographischen Anordnung Mesopotamiens. Der *šadûm*, der „Bergwind" und traditionell „Ostwind", entspricht dem Strom aus dem Zagrosgebirge im Nordosten.[65]

55 Für die komplette Zyklogenese siehe Kerbe 1987: 33-64 und Hütteroth, Höhefeld 2002: 74-79.
56 Neumann 1977: 1051-1053.
57 Beaumont 1976: 53-54.
58 Kerbe 1987: 47-48.
59 Kerbe 1987: 61.
60 Neumann 1977: 1053.
61 Wirth 1971: 77, 85.
62 Neumann 1977: 1050-53 und Adams 1965: 4.
63 Neumann 1977.
64 Nach T. Jacobsen würde der akkadische Nam vielmehr "Einzigartiger" und "Regelmäßiger" bedeuten (Neumann 1977: 1052).
65 Neumann 1977: 1050-1055.

Die Effekte der Winde beeinflussen vor allem die Landwirtschaft der berücksichtigten Gebiete. Für den Nordwestwind lassen sich Beispiele anführen: Er kann einerseits als angenehme trockene Luft wahrgenommen werden, die Linderung gegen die Hitze verschafft und Sonnenschein für die Ernte bringt, andererseits bricht die Kaltluft unter besonderen Umständen aus Nordwest ein, infolge deren die Ölbaumkulturen ernsthaft geschädigt werden können.[66]

Landwirtschaftlicher Kalender

Wie bereits besprochen, ist der Jahreszeitenablauf überwiegend zweigeteilt, ein langer Sommer, ein etwa dreimonatiger Winter und zwei kurze Übergangsphasen. Diese Spaltung stimmt zu großen Teilen mit den akkadischen Termini für die Hauptsaisonen überein, die anhand der Temperatur bezeichnet werden. *ummātu* wird gleichermaßen für „Hitze" und „Sommerzeit" verwendet, genauso wie *kuṣṣu*, „Kälte" oder „Winter".[67] Eine weitere Unterscheidung der Jahreszeiten konnte in Bezug auf das Pflanzenwachstum festgestellt werden: Das „Frühlingsgras" (im weiteren Sinne ist der Frühling die „Grassaison")[68], akkadisch *dīšu*, geht der Erntezeit, *ebūru,* voran, die in manchen Fällen als Synonym für „Sommer" verwendet wird.[69]

Der Agrarkalender beruht in ähnlicher Weise auf einem sommerlichen und winterlichen Kultivierungssystem. Im heutigen Syrien beginnt das Landwirtschaftsjahr Ende Oktober, sobald sich die ersten Schauer ankündigen. Eine gute Niederschlagsmenge ist für den Feldpflug in dieser Phase wesentlich, bis die Pflanzen dank dem stärkeren Sonnenschein im März ein schnelles Wachstum zeigen. Die Zeit März-April spielt die wichtigste Rolle für den Erfolg der Winterernte, die normalerweise zwischen Mai und Juni eingeholt wird.[70] Die Feuchte des Frühjahres ermöglicht in einigen Zonen die Feldbestellung von Sommerfrüchten, die im Spätsommer oder Anfang Herbst erntereif sind. In der Diyala-Region und im Irak allgemein folgt das Anbausystem einer ähnlichen Prozedur, die Erntezeiten sind allerdings etwas früher.[71] Unten ist ein kurzgefasstes Schema der modernen jährlichen Aktivitäten der zwei Regionen zu finden:[72]

Oktober-November	Winteranbau: Bewässerung und Pflug der Felder; Saat der Gerste; Saat anderer Getreidesorten und der Linsen Sommeranbau: Letzte Ernte
Dezember-Januar	Winteranbau: Letzte Saat der Gerste (in trockenen Jahren)
Februar	Winteranbau: Bewässerung

66 Wirth 1971: 85.
67 Streck 2011b: 597.
68 CAD 3, "D", S. 164.
69 CAD 4, "E", S. 20.
70 Kerbe 1987: 184-186.
71 Wirth 1962: 101.
72 Wirth 1971: 231 und Adams 1965: 14-16.

März	Winteranbau: Bewässerung Sommeranbau: Vorbereitung und Saat der Sommerfrüchte
April	Winteranbau: Frühernte der Gerste Sommeranbau: Saat des Sommergemüses
Mai	Winteranbau: Ernte der Gersten und des Weizens am Ende des Monats Sommeranbau: Vorbereitung für Reis
Juni	Winteranbau: Ernte des Weizens Sommeranbau: Saat des Reises und Sesams
Juli-August	Winteranbau: Dreschen der Gerste und des Weizens
September	Sommeranbau: Ernte des Sesams

Aus einem Vergleich der textuellen und der geo-klimatischen Daten lassen sich gewisse Abweichungen des mesopotamischen Agrarsystems feststellen. Laut Neumann, Sigrist 1978 wurde die Wintergerste in der aB Zeit infolge einer Phase zwischen 2500-800 v. Chr., in der Kaltlufteinbrüche seltener auf den Nahen Osten wirkten, im März-April geerntet, in etwa einen Monat früher als heutzutage.[73] Dieser warmen Periode folgte in der nB Zeit eine feuchtere, in der die Pflanzen Ende April-Anfang Mai erntereif wurden. Dennoch sind sich die Autoren einig, dass die Textangaben der aB Zeit vorsichtig betrachtet werden sollten, da der Jahreskalender dieser Zeit erheblichen Schwankungen unterlag.[74]

Landsberger bietet ein relevantes Vorbild des Agrarjahres anhand von Texten der Ur III-Zeit, dem man einige wenige Unterschiede zum modernen System entnimmt.[75]

Oktober-November	Saat der Gerste; Bearbeitung und Lieferung der Datteln
Dezember	Letzte Saat der Gerste
Januar	Zeit für die Regeneration des Bodens
Februar	Vorbereitung der Sommersaat
März	Sommersaat
April	Ernte der Frühgerste
Mai	Schnitt, Dreschen und Bearbeitung der Gerste; Pflug der Feuchtböden
Juni	Letzte Bearbeitung der Gerste und Verschiffung; Saat der Brachfelder; Pflug der Feuchtböden

73 Die Ernte beginnt heute am 10.-15. April in der Umgebung Baghdads und an den ersten Tagen von April in Basra (Neumann, Sigrist 1978: 245).

74 Neumann, Sigrist 1978: 240-250.

75 Für ein besseres Verständnis dieses Themas siehe Landsberger 1949: 284-85 und Salonen 1967: 201.

Juli	Einlagerung der Gerste; Saat der Brachfelder; Pflug der Feuchtböden
August	Sommerpause; Vorbereitung der Dattelernte
September	Frühsaat der Gerste; Dattelernte

Ein weiterer Faktor, der für das antike und heutige Aufeinanderfolgen des landwirtschaftlichen Kalenders zu berücksichtigen ist, ist die Bodenversalzung. Besonders in der Schwemmebene sind die Felder dem Risiko ausgesetzt, dass die Erträge aufgrund dieses Phänomens geringer ausfallen. Zur Lösung dieser Problematik wurden verschiedene Techniken angewendet, darunter eine exakte Dosierung des Bewässerungswassers, dessen Überschuss sonst die Versalzung ansteigen lässt.[76] In Südmesopotamien konnten darüber hinaus Brachjahre die Dauer der Flächenproduktivität etwas verlängern, die andernfalls nicht mehr als 100-200 Jahre im Südirak und 200-400 im Norden garantiert.[77]

Unterschiedliche Wetterbedingungen in der Alluvialebene und im Mittellauf des Euphrat

Durch die Betrachtung der Umwelt unserer Quellen wurde es möglich, eine bessere Einsicht in die Vielfalt der Ökosysteme und der klimatischen Aspekte dieser Regionen zu gewinnen. Aus diesem Überblick gehen trotz der genannten gemeinsamen Grundlinien diverse Unterschiede hervor, die zwischen den beiden ähnlichen Gebieten festzustellen sind. Besonders der Höhenunterschied spielt hierbei eine entscheidende Rolle: Die lehmige alluviale Ebene des Iraks ist die niedrigste in Höhe und Breite im Vergleich zum etwas höheren Steppengebiet Ostsyriens. Die Region des mittleren Euphrat ist zudem im Norden, Nordwesten und, noch deutlicher, im Westen von gebirgigem Gelände umgegeben. Die Ketten des Antilibanon und des Hermon wirken wie eine Barriere, die Regen und Feuchtigkeit aus dem Mittelmeer nicht nach Mittelsyrien eindringen lässt.[78] Dies erschwert die Wasserversorgung der Region, die zusätzlich durch die Unbeständigkeit der Niederschlagsmenge gering ist. Insbesondere scheinen die Übergangszeiten diesem Phänomen, das unter anderem den mittleren Irak und Ostanatolien beeinflusst,[79] unterworfen zu sein: Regen wird nur zwischen Oktober und Mai erwartet, dennoch findet laut modernen klimatischen Studien eine deutliche Variabilität des Niederschlages, die zwischen 93 % und 146 % schwankt, in der heutigen westlichen Wüste Syriens für diese Periode statt. Das bedeutet, dass diejenige Periode unbeständiger ist, die die größte Wichtigkeit für die Landwirtschaft besitzt.[80] Dies kann entweder zu einer Reihe von Dürrejahren[81] oder zu heftigen Regengewittern mit einer Niederschlagsmenge von mehr als 20 mm in der feuchten Jahreszeit führen.[82] Zusammen-

76 Für eine tiefere Lektüre zum Thema Versalzung siehe Streck 2008b: 597-598.
77 Blaschke 2018: 497.
78 Wirth 1971: 71.
79 Nützel 2004: 6 und Hütteroth 2002: 79-81.
80 Traboulsi 1991: 47-54.
81 Wirth 1971: 92.
82 Kerbe 1987: 280-297 und Traboulsi 1991: 54.

fassend ist die Niederschlagsmenge Syriens nicht von ihrer Häufigkeit sondern von der Ergiebigkeit der Unwetter charakterisiert, weshalb das syrische Wetter als „launenhaft“ beschrieben werden kann.[83]

In der Niedrigen Dschazira werden die Auswirkungen der kalten Luftmassen häufiger als in der Schwemmebene beobachtet, die oft das Land unerwartet abkühlen. Die Dattelpalme, einziger Großbaum von landwirtschaftlichem Nutzen im Südirak, kann hier meistens nicht angebaut werden.[84] Niedrigere Temperaturen sind häufiger anzutreffen, wenn auch nur in geringem Maße. Zwischen November und März lassen sich ungefähr 22,5 Tage Frost erfassen, was im Gegensatz zu den 40° C des sommerlichen durchschnittlichen Maximums ziemlich eindrucksvoll erscheint.[85] Die Hitzeperiode Ostsyriens ist ihrerseits relativ erträglich und es werden nur selten mehr als 43° gemessen, maximal 20 Tage pro Jahr, im Vergleich zu den über 100 Tagen im Südirak. Wie bereits erwähnt, ist die Region den kalten Lufteinbrüchen mehr ausgesetzt, was den Anbau und die Viehzucht im Winter deutlich beeinflusst. Ein Beispiel dafür sind die Dürrejahre 1931/32 und 1932/33, in denen es bei den Nomadenstämmen der Dschazira aufgrund der Kaltwindeinbrüche einen Verlust von bis zu 80 Prozent des Viehbestandes gab.[86]

Schwierigkeiten treten auch bei mittelstarkem Wasserablauf des Euphrats und des Haburs auf, indem die Wasserführung sich in verschiedenen Jahren als unregelmäßig erweist. Reculeau 2018 präsentierte einen ausführlichen Beitrag über die Rekonstruktion der zwei Flussläufe: Das maximale Niedrigwasser ist im September-Oktober zu finden; mit dem Herbst steigt das Wasserniveau, bis einige Hochwasserepisoden dank des winterlichen Regens im Januar-Februar vorkommen; in Jahren mit einem ergiebigem Abfluss ist bisweilen ein kurzes Hochwasser im März zu beobachten; April-Mai geschieht endlich die wichtigste Überschwemmung, nach der das Wasser langsam während des Sommers absinkt.[87] Abhängig von den unbeständigen jährlichen Niederschlägen kann sowohl eine lange Niedrigwasserphase als auch ein zu starker Abfluss im Februar-März zur Vernichtung der Winterernte führen. Aus der Kombination von hydro-geologischen und philologischen Studien geht diese Form von Unregelmäßigkeit des Kanalsystems in der aB Zeit bezüglich der Stadt Mari hervor. Die Wintergerste war in Mari wichtiger Teil des Anbaus und die Pflanzen wurden im ersten Monat des mesopotamischen Kalenders reif. Eine perfekte zeitliche Abfolge sah theoretisch erstens die Einfuhr der Ernte und danach das Steigen des Wassers des Euphrats und des Haburs vor. Falls das Einbringen aus gewissen Gründen verschoben werden musste und das Hochwasser zu früh stieg, geriet man in Schwierigkeiten.[88]

Alle bisher vorgestellten Problematiken konvergieren abschließend in den entscheidenden Unterschied zu den irakischen Flusstälern. Es wurde bereits über die Prekarität des Regenfeldbaus in diesen Gebieten gesprochen, für den ein minimaler und empirisch ermittelter Grenzwert von etwa 400-500 mm Niederschlag aufgrund des Dürrerisikos

83 Kerbe 1987: 295.
84 Sanlaville 1985: 17.
85 Sanlaville 1985: 20.
86 Wirth 1971: 95-96.
87 Reculeau 2018: 483-485.
88 Reculeau 2011: 56-57.

berechnet wird.[89] Es ist in diesem Zusammenhang zu beachten, dass ein Kanalnetz außerhalb der Flusstäler in der Dschazira aufgrund des Niveauunterschieds zwischen Flusstal und Steppe nicht möglich ist. Im Gegensatz zur Schwemmebene selbst ist Bewässerung nur im Flusstal möglich. All dies verhinderte zwangsläufig das Bauen eines dichten Kanalnetzes wie das in Babylonien und Assyrien.[90] Die künstliche Bewässerung, die deshalb für den Anbau der Niedrigen Dschazira unerlässlich ist, wurde überdies im II. Jahrtausend v. Chr. dadurch erschwert, dass sich verstreute Siedlungen entwickelt hatten. Die Städte entstanden an Erweiterungen des Flusstales, wo die Bewässerung und daher der Ackerbau praktikabel waren. Das wirkte sich auf die Sozialgeographie und auf die Wirtschaft der Region aus: Die syrischen Zentren lagen zerstreuter als die babylonischen und waren wegen der Distanz zueinander in gewisser Hinsicht autonom.[91]

In den folgenden Seiten wird versucht zu erklären, wie die Konsequenzen widriger Witterungsbedingungen aus der Perspektive des mesopotamischen Menschen bekämpft werden konnten.

89 Reculeau 2011: 74 und Nützel 2004: 6; für eine Vertiefung siehe auch Wirth 1962: 31-32.
90 Blaschke 2018: 487-490; Durand 2002: 564-65.
91 Sanlaville 1985: 24-25.

I. Das Wetter im Alltag

1. Methodisches Vorgehen

Wenn wir uns an einem bestimmten Ort der Erdoberfläche befinden und wir den spürbaren Zustand der Erdatmosphäre beobachten, gilt die Aufmerksamkeit in dem Moment dem, was als „Wetter“ bezeichnet wird.[1] Das Wechseln der Lufttemperatur, die ihrerseits direkt von der Sonne beeinflusst wird, generiert die verschiedenen Jahreszeiten, die von Kälte oder Wärme geprägt sind, Regen oder Hitze, Feuchtigkeit oder Wind. Im Akkadischen lautet das Wort für „Wetter“ *ūmu,* wörtlich „Tag“,[2] das ebenso „Zeit“ bedeutet,[3] und es konnte durch verschiedene Adjektive besser bestimmt werden.

In diesem Teil werden die Informationen zu Wetter- und Wasserphänomenen, Zuständen der Erdoberfläche und der Atmosphäre, Temperatur und Jahreszeiten in den akkadischen Alltagstexten zusammenzutragen und auszuwerten. Durch diesen Untersuchungsansatz wird bezweckt, eine genauere Betrachtung der Umwelt Mesopotamiens aus der Perspektive des Menschen anzustellen.

Dieser erste Teil umschließt Briefe und andere Alltagstexte, darunter Berichte, Aufzeichnungen und Verwaltungstexte, aus dem II. und I. Jahrtausend in akkadischer Sprache. Die zeitliche und sprachliche Abgrenzung der Arbeit spiegelt die Notwendigkeit wider, die Studie einer solchen Menge von Belegen einzuschränken. Einige wenige Königsinschriften aus dem nA Reich werden in das Korpus einbezogen, soweit sie alltägliche Thematiken behandeln.

Die Auswertung der Dokumentation erfolgt nach den verschiedenen meteorologischen Phänomenen, die in einzelnen Kapiteln besprochen werden. Die meisten Belege wurden einem der folgenden Bereiche zugeordnet: „Landwirtschaft“ (Ackerbau und Viehzucht), „Bewässerung“, „Reise, Verkehr und Transport“, „kultischer oder ominöser Kontext“, „Himmelsbeobachtungen“, „Armee und Feldzüge“, „Redewendungen“ und allgemein „Berichte über Wetterereignisse“, wenn die enthaltenen Informationen keinem bestimmten Bereich einschlägig zuzuordnen sind.

In diesem Kapitel werden 302 Texte behandelt, die einen Bezug auf meteorologische Phänomene besitzen. Die folgende Graphik 1 korreliert die Belege zu Wetterphänomenen mit den verschiedenen Alltagsaktivitäten:

1 https://brockhaus.de/ecs/enzy/article/wetter-meteorologie.
2 Streck 2018a: 68.
3 Streck 2018c: 246.

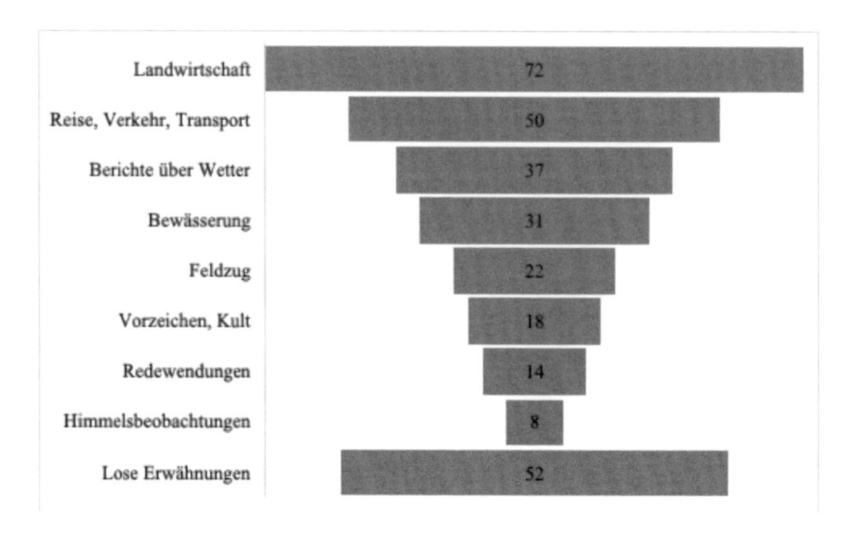

Graphik 1: Erwähnungen je nach Kontext

Da die berücksichtigten Belege aus unterschiedlichen Zeiten und Orten stammen, ist es schwierig, ein vollständiges Bild des Einflusses des Wetters auf den Alltag des mesopotamischen Menschen zu gewinnen. Es ist zu betonen, dass nicht nur eine Zeitspanne von über 1000 Jahren zwischen den frühesten und den spätesten Texten liegt, sondern dass auch die Dokumentation für die aB Zeit viel umfangreicher als die für die späteren Perioden (siehe Graphik 2) ist. Insbesondere erwies sich das Mari-Archiv mit mehr als 130 Belegen von Wettererscheinungen als sehr ergiebig für die vorliegende Untersuchung. Dies führt dazu, dass allgemeine Aspekte der Witterung von unvollständigen Informationen bedingt sind und bloß in ihren zeitlichen Rahmen ausgewertet werden können.

Da die Belege geographisch weitgestreut sind, müssen verschiedene Klimazonen innerhalb Mesopotamiens berücksichtigt werden. Die unterschiedliche Wahrnehmung der Wetterphänomene verändert sich in Abhängigkeit von der Geographie und lässt sich anhand der überlieferten Berichte interpretieren. Darüber hinaus möchten wir erwägen, wie die lokalen Verwaltungen zur Bewältigung von Schwierigkeiten infolge widriger Wetterbedingungen reagierten.

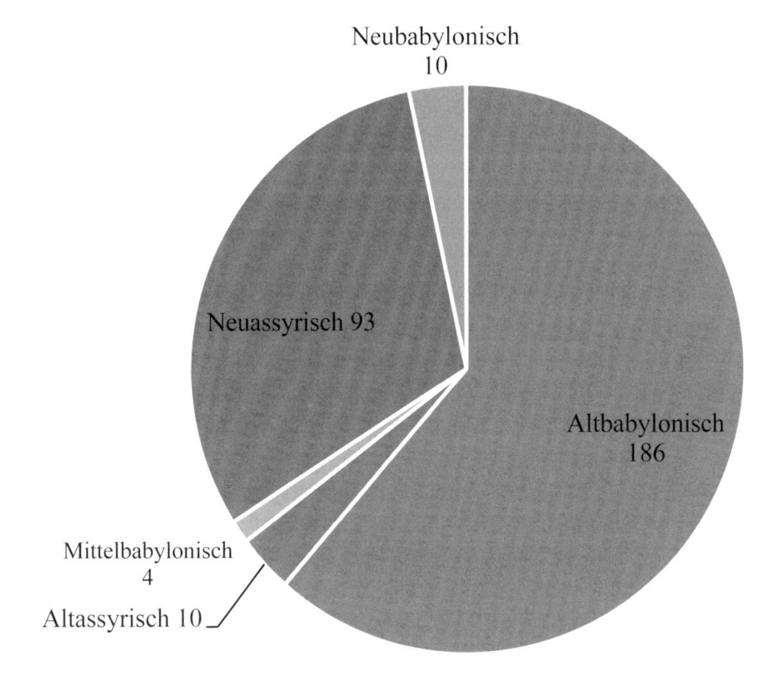

Graphik 2: Chronologische Verteilung der Belege

2. Hochwasser

Das neben Regen am häufigsten belegte Wetterphänomen ist das Hochwasser von Euphrat, Tigris und der Kanäle Mesopotamiens. Es erscheint in unterschiedlichen Formen: Als heftige Überschwemmung infolge der Schneeschmelze im Bergland oder starker Niederschläge, die unaufhaltsam Häuser und Felder zerstört oder bloß als hoher Wasserstand im Fluss, der durch die Verstopfung der Bewässerungskanäle verursacht wird. Die Gewalt des Hochwassers hallt in der literarischen Tradition der Sintflut aus zwei Jahrtausenden wider und zeugt davon, wie sehr sich diese vernichtende Urkraft auf das gesamte Kulturerbe Mesopotamiens auswirkte.[4]

2.1. Landwirtschaft

Das jährliche Hochwasser ist der Punkt, um den sich der Agrarkalender in Mesopotamien dreht. Die überfluteten Felder sind eine gute Gelegenheit für den Landwirt, Zeit und Mühe bei seiner Arbeit zu sparen, denn die Feuchtigkeit erleichtert die Vorbereitung des Bodens und der Saat deutlich.[5] Ein guter Wasserabfluss war notwendig, um alle Anbauflächen zu bewässern, indem das Hochwasser den Wasserdruck in den Kanälen erhöhte. Hierzu war die Öffnung der Dämme für den Beginn des landwirtschaftlichen Jahres vorgesehen: „Zur Zeit der Saat werden wir ihn (den Kanal) am Anfang des Winters öffnen“,[6] ist in einem Brief aus dem nA Reich zu lesen. In einigen Fällen wird eine Überschwemmung aufgrund ihrer positiven Auswirkung auf das Pflanzenwachstum erwähnt, wie im folgenden Brief aus Kalḫu des VIII. Jahrhundert:

CTN 5, ND 2462, Z. 9-15
[*zu-u*]*n-nu* a.meš [*ma-a*]*ʾ-da a-dan-niš* [*i*]*k-ta-ra-ra ni-bu* [*š*]*a*$^?$ a.meš *ma-aʾ-da* [*a*]*-dan-niš* buru$_{14}$ [si]g$_5$*-iq a-dan-niš* [*š*]*i-qu i-tal-k*[*a*]

[Der Re]gen hat sehr viel Wasser gebracht. Der Anstieg des Wassers ist [se]hr stark. Der Ernte geht es sehr [gu]t. Die Bewässerung ist angekommen!

Die Mehrheit der Belege bezieht sich auf heftige Überschwemmungen als Bedrohung für die Bepflanzung. Eine aB Quelle aus Babylonien liefert uns ein Beispiel der destruktiven Kraft dieses Phänomens: „Es gibt gar keine Gerste! Das Wasser hat 300 (Kor, 9000 l) (Gerste) weggeschleppt“.[7]

Bei der herannahenden Erntezeit konzentriert sich die Aufmerksamkeit hauptsächlich auf die angeschwollenen Flüsse, weil das jährliche Hochwasser in der Regel nur kurz nach der Reifung des Getreides auftritt. Der Zufluss des Wassers zu einer landwirtschaftlich empfindlichen Jahreszeit konnte unumkehrbare Schäden für das Land bedeuten und die Ernte der Provinz ruinieren.[8] Die Besorgnis der Beamten wegen der Unberechenbarkeit des

4 Wasserman 2020: 1.

5 Landsberger 1949: 284.

6 SAA 15, 156, Z. 16'-17': *a-na si-man* še.numun.meš *a-ra-ši pa-an tak-ṣi-a-ti ni-ip-ti*; es geht um den Damm oder einen Kanal der Diyala.

7 AbB 14, 168, Z. 7-8: *mi-im-ma uṭ-ṭe*$_6$*-tum ú-ul i-ba-aš-ši* 5 *šu-ši mu-ú it-ta-šu-nim.*

8 Durand 1998: 614.

Phänomens wird uns besonders in den Mari-Briefen überliefert: Die Arbeit auf den Feldern wurde zu dieser Jahreszeit fast hektisch, wie die wiederholten Berichte an den König zeigen. ARM 13, 124 und ARM 14, 69 sind gute Beispiele für Briefe aus der Umgebung von Mari, in denen die Gouverneure von Terqa bzw. von Saggaratum ihre Sorge ausdrückten: Obwohl alle Voraussetzungen für eine gelingende Ernte bestanden, lief man Gefahr, einen Teil oder sogar den ganzen Ertrag zu verlieren. Der Zeitdruck zwang die Stadtverwaltung, die Erntearbeit schnellstmöglich ausführen zu lassen, weshalb oft nach zusätzlichen Hilfsarbeitern verlangt wurde. Die Kooperation zwischen der Hauptstadt und den peripheren Zentren ist im Mari-Archiv gut dokumentiert und sollte zur Erntezeit die Angelegenheit von höchster Bedeutung sein, wie der Brief FM 16, 31 erläutert:

FM 16, 31, Z. 5-12, 17-18

[...] *iš-tu na-ri-im ap-ṭú-ra-am-ma a-na e-bu-ri-im na-ru-um mi-lum ù sé-ki-ru-um i-ḫi-iš-ma a-n[a s]a-mu-i-la a-na* lú.meš [*na-aḫ*]*-ra-ri-im aš-pu-ur-ma* [*mi-i*]*m-ma* lú *ṣa-ba-am ú-ul* [... *iṭ-ru-d*]*a-am* [... *i-na-an-na*] *às-qú-du-um* [lú *ṣa-ba-am iṭ-ru*]*-dam-ma*

Nachdem ich den Fluss geöffnet habe, waren der Fluss und das Hochwasser zur Ernte. Und der Kanalaufseher eilte hin und ich sandte an Samu-ila (mit Bitte um) [Hi]lfsleute, aber er hat mir gar keine Arbeitsmannschaft [geschickt]. [...] Nun hat mir Asqudum [eine Mannschaft gesch]ickt.

Der Absender, Rip'i-lim, Beamter des Zimri-lim, findet nur dank Asqudum, Würdenträger des Palastes, Hilfsarbeiter, da der Kollege aus Terqa ihm die Entsendung von Männern verweigerte.

Wir betrachten weitere ähnliche Episoden der königlichen Korrespondenz, aus denen die Relevanz einer koordinierten Intervention zur Rettung des Anbaus hervorgeht. Fehler oder Bedenken konnten nämlich fatal sein, berichtet Sammetar, hoher Beamte des Mari-Palastes:

LAPO 16, 230 (A.1101)[9]

8.	*tu-ša e-bu-ur ze-er be-lí-ia mi-lum it-ba-al*	„Es war, als ob eine Überschwemmung die Ernte, den Ertrag meines Herrn weggespült
9.	*ú-ul-ma i-na ri-iḫ-ṣí-im ir-ra-*[*ḫ*]*i-*[*iṣ*]*-ma*	hätte, oder sie infolge einer Flutkatastrophe zerstört worden wäre
10.	*ù be-lí ku-úš-šu-dam ú-ul i-le-*[*i*]	und mein Herr sie nicht (mehr) hätte greifen können!
11.	*ú-ul i-na qa-at nu-ku-ra-a-tim*	Auch nicht wegen Feindseligkeiten
12.	*ze-er ma-a-at be-lí-ia e-bu-ur šu-ul-mi-im*	wurde ein Ertrag des Landes meines
13.	[*ú*]*-ul i-ṣí – id*	Herrn, eine gute Ernte, eingebracht.
14.	[*ù*] *be-lí a-na ša-pa-ri-im ba-a-aš*	(Aber) mein Herr schämt sich,
15.	*an-ni-tam i-na pa-ni-tim ma-ḫa-ar*	(Briefe) zu schicken.“Das ist, was ich
16.	*be-lí-ia aš-ku-un*	früher in Gegenwart meines Herrn darlegte.

9 Umschrift und erste Edition des Textes in Dossin 1973: 184-187.

17.	*pí-qa-at be-lí ú-ul ú-<ḫa>-as-sí-sú-ma*[10]	Vielleicht hat man meinen Herrn nicht daran erinnert und mein Herr schrieb nicht an Yarim-Lim bezüglich dieses Berichtes.
18.	*ù be-lí a-na ṣe-er ia-ri-im-li-im*	
19.	*aš-šum ṭe*$_4$*-mi-im ša-a-tu ú-ul iš-pu-ur*	

Das Management der regionalen Kanalisierung, das Reculeau bereits beschrieben hat,[11] benötigte eine gründliche Kontrolle auf jeder Ebene des Staatsapparates und regelmäßige Messungen des Wasserstandes sowohl des Euphrats als auch des Haburs.[12] All diese Vorbereitungen bezweckten die Vermeidung von unvorhergesehenem Anschwellen der Flüsse. Wenn die Regulierung des Wasserdurchflusses in den Schleusen nicht ausgereicht hätte, musste man bereit sein, zu improvisieren und die Ernte mit allen Mitteln zu schützen. Im Brief FM 16, 11 wird mit der ungünstigen Situation des kommenden Hochwassers zur Erntezeit dadurch umgegangen, dass Bäume gefällt und aufgehäuft werden, um das Ufer zu erhöhen: „Wir haben überlegt, weil der Fluss im Hochwasser ist und weil wir unsere Arbeit nicht beenden können. Aber die Gerste ist reif und wir haben Buschwerk gefällt“.[13]

2.2. Bewässerung

Die Überflutungen hatten offensichtlich Folgen auf die Wasserwirtschaft. Wenn es zu spät war, der Wasserpegel zu schnell und zu stark stieg und die Dämme beim Überlaufen beschädigt wurden, musste man auf schnelle und wirksame Techniken zurückgreifen. Einige Mari-Briefe bestätigen uns eine interessante Praktik zum Umbau der Uferstrukturen am Kanal des Habur in der Ortschaft Sagarātum. In den Briefen ARM 14, 13 und 19 geht es um Bauarbeiten an den *muballiṭātum,* der lokalen Bezeichnung für Wehrdämme.[14] Die Schäden werden mit Schilf repariert: Dieses Material war multifunktional in der mesopotamischen Umwelt, da es dank seinem reichliches Wachstums in der Region überaus leicht verfügbar war und da andere Bauhölzer nicht vorhanden waren.[15] Bei Hochwasser fangen die Leute der Provinz Maris mit dem Schilfsammeln an, um nicht unvorbereitet auf die Bauarbeiten zu sein: „Von vor dem Sonnenaufgang bis zur Mahlzeit ist der Habur eine Elle gestiegen. Die Leute aus den Distrikten Terqa und Sagarātum sind gekommen, um Schilf zu sammeln“.[16] Der Brief ARM 14, 13, der in einer ähnlichen Situation verfasst wurde, beschreibt die Verwendung des Schilfs: „Schilfe wur[den gesetzt]. [Das] ist viel? (Arbeit). Das ist außerhalb [meiner]

10 Ergänzung von Durand 1998: 363, Fußnote d.

11 Reculeau 2010: 194-204; eine vorherige Übersicht über das besiedelte Kerngebiet, das die Distrikte von Saggaratum, an der Mündung des Habur in den Euphrat, Terqa und der große Distrikt von Mari zwischen den Wadis Mišlan und Der einschließt, ist in Durand 1998: 577-78 und Lafont 2000: 129-138 zu lesen; in Reculeau 2018 sind detaillierte Karten des ganzen Gebietes im Anhang zu finden.

12 ARM 27, 101, Z. 11-12: *mi-lum ša ḫa-bu-úr* 2 *am-ma-tim i-na* 1 *mu-ši-im ú-ra-ad-de-em-ma,* „das Hochwasser des Habur ist 2 Ellen (etwa 1 Meter, Powell 1990: 459) in einer Nacht gestiegen“.

13 FM 16, 11, Z. 22-26: *ni-iš-ta-al-ma aš-šum* íd.da *mi-lum-ma ši-pí-ir-ni qú-ut-ta-am la ni-le-ú*! *ù še-um ba-ši-il* giš.*šu-ra-am nu-ka-sí-*[*im*].

14 Wörtlich kann dieser Terminus „Lebensretter“ übersetzt werden.

15 Streck 2009-2011: 182-29.

16 ARM 14, 19, Z. 14-20: *la-ma ša-ḫa-aṭ* dingir.utu *a-di* bur kùš-*tam ḫa-bu-ur* [*i*]*m-la-a-am ṣa-bu-um ša ḫa-la-aṣ ter-qa.*ki *ù ha-la-aṣ sa-ga-ra-tim.*ki *a-na* giš.ḫi.a.[*š*]*u-ri-im le-qé-em il-li-*[*kam*].

Möglichkeiten. Möge mein Herr Bahdi-lim befehlen, mir 200 Männer zu schicken!“.[17] Was genau damit gemeint ist bleibt unklar; ansonsten dienen Schilfmatten zur Verstärkung von Kanalwänden.

Aus Sippar erhalten wir weitere Auskünfte über dringende Notmaßnahmen zur Verstärkung der Kaimauer des Irnina-Kanals. Hier soll die Arbeitsmannschaft zusammen mit einer Militärgarnison den Kai befestigen: „[bei fallen]dem (Wasser) werden sie den Kai des Irnina verstärken und mit Erde den Kai des [Euphrats erhöhen ...]“.[18]

Das zerstörerische Potenzial des Hochwassers erforderte viel Arbeit, die zur Not auf dem ganzen Territorium durchgeführt werden musste. Die Organisation der Fron zum Umbau des Kanales am Wadi von Der ist das Thema des Briefes ARM 6, 7, in dem beschrieben wird, dass 2000 Männer dafür nicht ausreichen.[19] Die hohen Zahlen verdeutlichen die Bedeutung der Arbeiten gegen Überschwemmungen. Ein großer Teil der Kraft des Landes musste für dieses wichtige Ereignis aufgeboten werden, das die Interessen der Allgemeinheit betraf.

Viel Arbeit musste auch in den Wiederaufbau bei Schäden im Kanalnetz aufgewendet werden. Eine Folge des Hochwassers war das Brechen der Uferdämme mit anschließender Überschwemmung des nahen Ackerlandes. Einige Briefe aus Mari verdeutlichen den Hintergrund des Schadens: Sumu-ḫadu berichtet dem König vom bedauerlichen Umstand eines Durchbruchs an der Schleuse des Balih, nachdem man die Bewässerungskanäle verschlossen hatte, um den Transport des Getreides per Schiff auf dem Kanalweg zu erlauben. Das Kanalnetz bedurfte täglicher Aufsicht über das ganze Gebiet und manchmal sogar rund um die Uhr: „Gestern, am Anfang der Nacht ist das Wasser flussaufwärts von der Brücke, die an der Schleuse des Balihs liegt, wo die Rinne ist, ausgetreten. Sofort, trotz meiner Krankheit, bin ich aufgestanden, habe mich auf meinen Esel gesetzt, bin dorthin geritten und habe mithilfe einer Schleuse? das Wasser abgeleitet“.[20]

Das Textkorpus aus Mari scheint besondere Aufmerksamkeit auf den jährlichen Durchfluss zu legen. Aus der Korrespondenz von Yaqqim-Adad aus der Provinz Sagarātum sind verschiedene Texte (ARM 14, 13-21) bezüglich der Kanalverwaltung zur Hochwasserzeit erhalten. Zu diesem Thema gehört auch die Briefgruppe ARM 6, mit den Nummern 1, 2, 3 und 7, die von Bahdi-lim, Präfekt von Mari,[21] angesichts der Überschwemmungen der Wadis um die Stadt Mari verschickt wurde. Obgleich wir die Datierung der Briefe nicht genau kennen und die Schriftstücke bloß in loser Reihenfolge lesen können, fassen diese Texte die Schäden an den Kanälen, den Kanalbau am Habur sowie ihre meteorologischen Ursachen im Detail zusammen. Dem König wird ausführlich über das steigende Wasser-

17 ARM 14, 13, Z. 48-50: giš.ḫi.a.*šu-ri-im iš-*[*ša-ak-n*]*a ši-ip-ra-nu-ú* [*an-nu-tum*? *m*]*a-du ú-ul ša e-mu-qí-*[*ia b*]*e-lí ba-aḫ-d*[*i-li-im li*]*-wa-e-er-ma* 2 me *ṣa-ba-am li-iṭ-ru-*[*dam-ma*]; innerhalb desselben Briefes wird auch eine gewisse Schwierigkeit erwähnt, Holzmaterial zur Reparatur des Kanales zu beschaffen.

18 AbB 2, 70, Z. 15-19: [*i-na mi-i*]*q-tim* kar íd.*ir-ni-na ú-da-an-na-nu* [*ù i-na* saḫ]ar.[ḫ]i.a kar *ša* í[d.buranun-*tim ù-ša-aš-pa-ku*.

19 ARM 6, 7, Z. 12.

20 FM 1, S. 94 (LAPO 17, 813 [A.250]), Z. 9-18: *am-ša-li i-na pa-an mu-ši-im e-le-nu-um ti-tu-ri-im ša ba-ab* dingir.*ba-li-ḫi-im a-šar ma-ša-al-lim mu-ú ib-ba-at-qu qa-tam a-na qa-tim-m*[*a q*]*a-du mu-ur-ṣí-ia et-bé-ma* anše.la.g[u.ḫ]i.a-*ia ar-ka-ab al-li-ik-ma i-na ša ša-la-li me-e ab-tu-uq*.

21 Birot, Kupper, Rouault 1979: 72; Bahdi-lim wird auch in der anderen Gruppe ARM 14 erwähnt.

niveau[22] und die Instandhaltung der Bewässerungsanlagen[23] sowie über den bereits erwähnten Bedarf an Arbeitskräften berichtet.[24] Von höchster Relevanz ist auch die Person des Kanalaufsehers, den der Absender der Briefe ARM 14, Nummer 15, 16 und 17 als zwingend erforderlich bezeichnet. Für diese wichtige Rolle ist eine zuverlässige Person[25] notwendig, „deren Auge scharf ist“,[26] damit der Habur nicht verwahrlost. Laut Bahdi-lim war das Ackerland des Distriktes Mari der Gefahr des überfluteten Wadis ausgesetzt: „Das Wadi von Dir und das Wadi von Mišlan – (ihr Hochwasser) kam am selben Tag. Das Wadi von Dir überschwemmte 100 *ikû* (etwa 6 km^2) der Felder der *muškēnū*“.[27]

Die aB Quellen aus Babylonien und die der späteren Zeiten enthalten leider nur wenig Informationen über dieses Thema. Obwohl nur sehr wenige Alltagstexte das Management der Kanäle während des Hochwassers beschreiben, finden wir Erwähnungen von Eindämmungen der jährlichen Überschwemmung in Inschriften aus der Zeit Sanheribs und Asarhaddons. Der Tebilti Fluss sei, laut der Siegelinschrift RINAP 3, San. 2, Z. 46-47 in der Gründung des Südwest-Palastes, verantwortlich für die schwere Beschädigung von religiösen Gebäuden, weil die von den Vorfahren gebauten Anlagen unzureichend gewesen seien. Asarhaddon rühmte sich hingegen, den Tempel von Gula in Borsippa neu erbaut zu haben, nachdem dieser verheerende Folgen der „Stärke der zerstörerischen Überflutung“ erlitt.[28]

2.3. Reise und Verkehr

Unter den mesopotamischen Fortbewegungsmitteln waren die eigenen Füße das wichtigste.[29] Andere Fortbewegungsmittel hingen von der Morphologie des Geländes, von der Dauer und Länge der Route und natürlich vom Wetter ab. Durch an Wagen angeschirrte Zugtiere, meistens Esel, konnte ein schnellerer Transport auch von größeren Lasten erfolgen. Die Karawanen mussten während ihrer Reisen zwangsläufig Flüsse und Kanäle überqueren, weshalb ein hoher Wasserstand ein großes Hindernis auf dem Weg darstellte. Insbesondere scheinen die aB Texte aus Südbabylonien Situationen von aufgrund von Hochwasser abgebrochenen Reisen zu behandeln, was auf die Hydrographie der Region zurückzuführen ist. Der Frühling konnte sehr ungünstig sein, um aufzubrechen:

AbB 6, 4, Z. 20-23
šum-ma a-na ge-er-ri-im mi-im-ma la ta-la-ak pa-ni ša-at-ti ù ša-ma-tu ù mi-lu-um i-na na-ri-im

Oder gehe gar nicht auf Geschäftsreise! Es ist Frühling und es gibt Regen und Hochwasser im Fluss.

22 ARM 14, 13, Z. 42; ARM 14, 15, Z. 8-9; ARM 14, 18, Z. 2’; ARM 14, 19, Z. 15.
23 ARM 14, 13, Z. 33 und 45-46; ARM 14, 14.
24 ARM 14, 13, Z. 4-5 und 50-51; ARM 14, 14, Z. 24-25; ARM 14, 18, Z. 11’-14’; ARM 14, 19, Z. 17-19.
25 ARM 14, 16, Z. 1’: [lú].*sé-ki-rum tak-*[*lum*].
26 ARM 14, 16, Z. 6’-7’: lú.*s*[*é-ki-ra-am*] *ša i-in-šu na-aw-ra-at.*
27 ARM 6, 3, Z. 5-6: *na-aḫ-lum ša di-ir.*ki *ù na-aḫ-lum ša mi-iš-la-an.*ki *i-na* ud 1.kam *il-li-ku-nim na-aḫ-lum ša di-ir.*ki 1 me iku a.šà *ša* lú.*mu-úš-ke-nim iṣ-pu*; siehe auch ARM 6, 2, Z. 5-7.
28 RINAP 4, Es. 147, Z. 18: *ina du-un-nu a-gi-i ez-zu-tu.*
29 Streck 2006-2008: 301.

Der Absender des Briefes AbB 10, 32 warnt den Adressaten ebenso vor dem Risiko der kommenden jährlichen Überschwemmung: „Zögerst du noch einen Monat, (dann) wird das Hochwasser dorthin steigen“.[30] Die Karawanen sollten daher lieber „vor dem Steigen des Hochwassers“ abfahren,[31] nämlich vor dem Anfang des Frühlings. Das ist grundsätzlich der allgemeine Hinweis für die Reisenden, die ohne Schwierigkeiten vorankommen wollten.[32] Ein weiterer Beweis dafür, dass dieses Phänomen beim Verkehr als hochgefährlich wahrgenommen wurde, ist zudem eine Verszeile des berühmten nA Hymnus an Šamaš, Sonnengott und auch Beschützer der Reisenden und der Händler:[33]

BWL, S. 130, Z. 69: l[ú.dam.gà]r *na-áš ki-si ina e-de-e tu-še-zib*

Du rettest den Händler, der (seinen) Beutel trägt, vor der Überflutung.

2.4. Feldzug

Auch für die Feldzüge waren die Wetterbedingungen entscheidend. Die jährlichen starken Überschwemmungen verwandelten die mesopotamische Landschaft in eine Sumpflandschaft, in der Straßen und Kanäle unpassierbar wurden; das heißt, dass die Armee vermutlich weder marschieren noch fahren konnte, ohne enormen Aufwand zu betreiben.

Die Kriegsführung ist eine Thematik, die gerne von den nA Schreibern angesprochen wird. Wir erhalten interessante Einsichten in die Rolle des Hochwassers in Zusammenhang mit der Armee. Asarhaddon erzählt: „Im Monat Nisannu (I.), im ersten Monat, bin ich von meiner Stadt, Assur, abmarschiert. Ich überquerte? Tigris und Euphrat während ihres Hochwassers und durchquerte schwierige Bergländer wie ein wilder Stier“.[34] Generell wurde das Militär vorzugsweise vor dem Frühling, vor dem Hochwasser, mobilisiert.

2.5. Redewendungen

Die Wetterterminologie wurde heute wie in der Antike idiomatisch für Metaphern und Sprüche verwendet. Einige Naturphänomene eignen sich dafür, Gefühle und alltägliche Lebenszustände darzustellen, oder menschliche Verhaltensweisen zu beschreiben. Der Alltag inspiriert die Redewendungen, die von den typischen Wettererscheinungen des mesopotamischen Klimas inspiriert werden. Einige Ausdrücke in den Briefen weisen Ähnlichkeiten mit dem figurativen und metaphorischen Stil der akkadischen Sprichwörter auf.[35] Aus den Mari-Texten lässt sich ein interessantes Beispiel anführen: Es handelt sich um einen sehr empathischen Brief von Išme-Dagan an seinen Bruder Yasmaḫ-Adad, Söhne des Šamši-

30 AbB 10, 32, Z. 37-38: iti 1.kam *tu-la-pa-at-ma mi-lum i-na-ši-a-am.*

31 AbB 12, 120, Z. 7: *la-ma mu-ú i-na-aš-šu-ni.*

32 Im Brief ARM 10, 76 geht es um die Reise der Ibni-šarrim, die aufgrund der Überschwemmung des Habur unterbrochen wird.

33 Foster 2005: 627, 630, 633.

34 RINAP 4, Esa. 34, Z. 11-12: *ina* ⸢iti.bára⸣ iti *reš-tu-u ul-tú* uru-*ia aš-šur* ⸢*at-tu*⸣-*muš* íd.idigna íd.buranun.ki *ina mi-li-*⸢*ši-na e-te-bir*? kur.meš⸣ *mar-ṣu-ú-ti ri-*⸢*ma*⸣-*niš áš-tam-di-iḫ.*

35 Wasserman 2013: 22-23.

Adad. Der Empfänger befindet sich in einer Phase der Trauer aufgrund der vielen Sorgen, die ihm seine hohe Position bereitet. Yasmaḫ-Adad steht obendrein vor einer wichtigen Entscheidung, während er sich weit weg von zuhause ohne seine engsten Vertrauten befindet. Dieser Zustand wird vom Bruder folgendermaßen ausgedrückt:

ARM 4, 70, Z. 21-24
ṭe4-ma-am ma-aḫ-re-em-ma ma-li i-ma-qú-ta-[*kum*] *i-na mi-il li-ib-bi-*[*k*]*a* [*an-ni*]*-tim*[36] *ta-ša-pa-ar*

Über relevante Entscheidungen, so viele wie du treffen wirst, im Hochwasser deines Herzes [sollst du] (mir) schreiben.

Die Verwendung des Terminus' *mīlu* zusammen mit *libbu* scheint ein *hapax* zu sein. In der Bildersprache ist die Überschwemmung mit den Konzepten von Gewalt und Macht verbunden[37] und könnte hier bildlich den seelischen Konflikt beschreiben, der den Prinzen plagen. Es ist aber nicht ausgeschlossen, dass die Wendung doch auf die „Fülle des Herzens" anspielt, d.h. auf die Seelengröße des Empfängers.[38]
Ein Brief des Hammi-ištamar, eines Stammeshäuptlings und Alliierten von Mari, an Zimri-lim beschreibt das Zusammenstehen der amurritischen Stämme angesichts des elamischen Feindes durch die Metapher sich vermischender Wasser:[39]

LAPO 17, 733 (A.3080), Z. 18-24
ke-em-mi i-qa-ab-bu-ú um-ma-a-mi a-lum an-nu-um dumu*-si-im-a-al ù a-lum an-nu-um* dumu*-ia-mi-na ú-ul ki-ma mi-li-im ša na-ri-im ša e-li-im a-na ša-ap-*[*lim*] *uš-ta-ma-ḫa-ru*

Man sagt: „Dieses Dorf ist sim'alitisch und jenes ist yaminitisch, (aber) stehen sie einander nicht wie die Überflutung des Flusses von oben bis unten gegenüber?"

Die poetische Metapher spiegelt die Umwelt der Region wider.

---

36 Für die Ergänzung siehe Durand 1998: 135, Fußnote 44.
37 Streck 1999: 181-182.
38 AHw, S. 653 interpretiert es als „unbesorgt" (mit Fragezeichen), während die Übersetzung in CAD 10, „M-2", S. 72 „high spirits" nicht vollkommen zum Kontext des Briefes zu passen scheint.
39 Streck 2000: 51-52.

3. Regen

3.1. Landwirtschaft

Auf verschiedene Weise können meteorologische Phänomene auf die Landwirtschaft Einfluss nehmen. Dieser kann positiv oder negativ sein. In unserem Fall ist jedoch eine Mehrheit von Belegen vorhanden, die die ungünstige Wirkung des Wetters auf die Kultivierung und die Viehzucht betonen. Wie bereits hinsichtlich des Hochwassers erwähnt, beschreiben die Wetterberichte häufiger Ungewöhnliches oder Unerwartetes. Bei einer festgelegten jährlichen Prozedur, wie der Feldbestellung, sind normalerweise unvermutete Ereignisse und Abweichungen der Niederschlagsmenge Ursache von Schäden am Ertrag meldepflichtig. Aus diesen Gründen wurden viele Briefe als Meldung eines Problems verfasst. Es bestehen anderseits gewisse Ausnahmen: „Seit langem gab es keinen Regen am Militärfort. (Aber) einen Monat (lang) ist der Regen da, (sodass) die Gerste aufgegangen ist“.[40] Nach einer Dürreperiode kommt eine Regenphase, wahrscheinlich am Ende des Winters, die die Gerstenfelder um das Fort von Der zur Reife bringt. Das Eintreffen des Regens ist eine positive Nachricht, die mehrfach in den Briefen auftaucht.

Außer aus Mari sind verschiedene ähnliche Berichte aus nA Zeit vorhanden, in denen der Regen begrüßt wird, wie im bereits zitierten Kalḫu-Brief CTN ND 2462, Z. 7-9. Auf der Grundlage des Überblickes über das mesopotamische Klima wurde die große Bedeutung des Niederschlages für den Regenfeldanbau in Assyrien darrgestellt.[41] König Sanherib unterstreicht das Fehlen von Bewässerungsanlagen in der Region von Ninive was ein relevanter Beweis der Abhängigkeit vom Regenwasser ist.[42] Sanherib sagt über den Zustand der antiken Siedlung von Ninive: „Ihr (Ninives) Gebiet wurde zu einem Brachland wegen des Wassermangels und war mit Spinnennetzen bewebt. Die Bevölkerung kannte keine Bewässerung und richtete (nur) den Blick nach oben für Regen und Schauer aus dem Himmel“.[43] Die Briefe beschränken sich darauf, in den meisten Fällen das Ereignis kurz mitzuteilen, in manchen Fällen überliefern sie auch das Datum wie SAA 19, 166:

SAA 19, 166, Z. 2-15
[*ina*] ⌜gi$_6$⌝ *ša* ud ⌜27.kam⌝ *a-di na-me-ra-ni ina* 27.kam ud-*mu gab-bi-šú ina* gi$_6$ *ša* ud 28.kam gi$_6$ *gab-bi-šú* [a].⌜an⌝.meš *ma-a'-da* [*a*]-⌜*dan*⌝-*niš i-zu-nu-nu* [*zi*]-⌜*i*⌝-*nu* a.meš [*ma*]-⌜*a'*⌝-*da a-dan-niš* ⌜*ik*⌝-*ta-ra-ra ni-bu* ⌜*ša*⌝ a.meš *ma-a'-da* ⌜*a*⌝-*dan-niš* buru$_{14}$ ⌜sig$_5$⌝-*iq a-dan-niš*

[In] der Nacht des 27. hat es bis zum Morgen, den ganzen 27. Tag und die Nacht des 28. die ganze Nacht, sehr viel geregnet. Es ist sehr viel Regenwasser gefallen. Die Menge des Wassers ist extrem groß! Die Ernte wird sehr gut sein!

---

40 ARM 27, 105, Z. 5-9: *iš-tu pa-na zu-un-nu i-na* bàd-*ṣa-bi-im*.ki *ú-ul ib-aš-šu-ú iš-tu* ud-*mu* iti.k[am] *zu-un-nu ib-ba-*[*š*]*u-ma še-um ú-ṣé-em.*

41 Streck 2008a: 291.

42 Siehe Radner 2000: 237.

43 RINAP 3, San. 223, Z. 6-7: *ta-me-ra-tu-šú ša i-na la ma-mi na-mu-ta šu-lu-ka-ma qé-e et-tu-ti ù* un.meš.-*šú* a.meš *ši-qi la i-da-a-ma a-na zu-un-ni ti-ik* an-*e tur-ru-ṣa* igi.2.meš-*šun.*

Die wiederholte Betonung der Niederschlagsmenge scheint auf die Außergewöhnlichkeit des Phänomens hinzudeuten. Andere Schreiben aus verschiedenen Städten und Provinzen des nA Reiches informieren den Souverän über die Wirkung des Regens auf die Anbaufelder in kürzerer Form am Ende der Tafeln: Beispiele dafür haben wir aus Assur,[44] Arrapha[45] und Aššur-nirka-uṣur,[46] häufig durch die wiederkehrende Formel *mû/zunnū ma'da adanniš izunnū*, „es regnet sehr viel". Es wurde infolgedessen erwartet, dass der König sich freuen konnte, wie man in SAA 15, 4, Z. 10'-11' äußert, und dass er ohne Sorgen um die Landwirtschaft des Landes ruhig schlafen konnte.[47]

Regenepisoden als Hindernis für den Anbau lassen sich anführen. Asqudum schreibt an den König von Mari über die Notwendigkeit, die Gerste schnellstmöglich zu ernten, bevor der Regen eintrifft.[48] Schwierigkeiten mit Regen bei landwirtschaftlichen Aktivitäten werden auch in Südbabylonien zur aB Zeit von einem Landverwalter gemeldet. Während die Felder in der Stadt Pi-Ilim schon seit dem VIII. Monat (September/Oktober) bestellt worden sind,[49] kann das Saatpflügen des *eqlum ša pāni ṣērim* („Feld vor der Steppe") aufgrund mehrmaliger herbstlicher Regenfälle nicht erfolgen:

AbB 14, 59, Z. 19-23
[šum]-ma-an la ša-mé-e-em [i-n]a e-re-ši-im ka-lu-šu-ma-an ga-me-e[r š]a-ma-a-tum ša-la-a-aš iz-nu-na-a-ma a.šà-*am a-na wa-ar-ki-šu ut-te-er-ra* [...]

Wenn es keinen Regen gegeben hätte, wäre (schon) alles mit dem Saatpflügen fertig. Dreimal ist der Regen gefallen und hat die Felder zu seinem früheren (unbestellten) Zustand zurückgebracht.

Ungünstiges Wetter konnte die Arbeit unterbrechen und daher zu Verzögerungen der landwirtschaftlichen Planung führen.

Auch bei der Viehhaltung scheint der Regen manchmal unwillkommen zu sein. Ein Text aus Mari bezeichnet den Regen als Grund für eine unregelmäßige Schur und Mangel an Scherern: „An diesem Tag ist ein zusätzlicher? Regen gefallen und hundert Schafe wurden noch nicht geschoren. Meiner Berechnung nach könnte man die Schafschur in fünf Tagen vervollständigen, aber durch die schwierige Lage werde ich sie (erst) [in] zehn oder zwölf Tagen beenden, (und zwar) infolge des Regens und des Mangels von Scherern".[50] Wir kennen die negativen Auswirkungen des Regens leider nicht im Detail: Laut archäologischen

44 SAA 1, 92, Z. 11'-13'.
45 SAA 15, 4, Z. 7'-8'.
46 SAA 19, 15, Z. 6.
47 SAA 15, 4, Z. 7'-11': a.an.meš *ma-a'-da a-dan-niš i-ta-lak* buru$_{14}$.meš *de-e-qe* šà-*bi šá* lugal *be-lí-ia lu-u* dùg.ga, „es ist sehr viel Regen gekommen. Die Ernte ist in gutem Zustand. Möge das Herz des Königs, meines Herrn, sich darüber freuen".
48 ARM 26-1, 58, Z. 25.
49 AbB 14, 19, Z. 9.
50 ARM 2, 140, Z. 7-18: ud-*ma-am ša-ti-ma ša-mu-u ta-ḫi-it-tum iz-nu-un-ma* 1 me udu.ḫi.a *ú-ul ib-ba-aq-ma i-na ta-ši-ma-ti-ia i-na* ud 5.kam udu.ḫi.a *i-na ba-qa-mi-im* [*ú*]-*ša-al-la-mu* [*i*]*d-da-an-na* [*i-na* u]d 10.kam *ú-lu-ma* 12.kam *ú-ša-al-la-am i-na ša-me-e ù i-na la* lú.meš *ba*-[*qí*]-*mi-im* (neue Lesung in Durand 1998, 854, Fußnote 174); für das Wort *taḫḫitu* siehe Streck 2019: 51.

Studien im Bereich der Verarbeitung der Schafwolle wurden die Schafe vor der Schur gewaschen (wie es heute noch gemacht wird) und so konnte ein schlammiger Boden ein Problem darstellen. Im Übrigen kann ein Schafpelz, der zu nass ist, schimmeln oder zu schwer für eine korrekte Weiterverarbeitung werden.[51]

Letztlich unterliegt die Futterversorgung auch in der Region Babylonien schlechten Wetterbedingungen: „Jedenfalls sind sie (die Schafe kaum) genügend, um den Opferschauer mit Lämmern zu versorgen, und ich bin in der Stadt steckengeblieben. In der Regenzeit füttert man (die Schafe) bei ihnen sogar mit einem Pilzbrei".[52] Diese Situation wird wegen des Einsetzens des Regens in AbB 14, 179 beschrieben. In dieser schwierigen Zeit waren die Viehzüchter gezwungen, die Tiere mit dem zu ernähren, was diese Jahreszeit natürlicherweise anzubieten hat.[53] Das Thema Winter und die darauffolgende Bodenfeuchtigkeit lässt sich in einem weiteren aB Brief aus Qaṭṭunān nachweisen: „Die Regen waren aufeinanderfolgend?, (sodass) Pilze im Distrikt gesprossen sind".[54]

3.2. Bewässerung

Der Wasserstand hängt nicht nur von der Schneeschmelze im Bergland ab, sondern auch von der Häufigkeit der Niederschläge. In Kapitel 1 wurden die Einflüsse des Hochwassers und die implizite Wirkung des Regens auf die Bewässerungsanlagen unter Bezugnahme auf diverse Briefinhalte behandelt. Um Wiederholungen zu vermeiden, werden wir nun nicht weiter die Entwicklung der Wasserstände in Zusammenhang mit dem Kanalmanagement erläutern. Dennoch soll eine Episode von besonderem Interesse für die Umwelt der Mari-Region erwähnt werden. Die drei größten Wadis des Mari-Distriktes schneiden das Plateau westlich der Stadt Richtung West-Osten und münden in den Kanal Hubur, auch Mari-Kanal genannt.[55] In der nassen Jahreszeit kam es nicht selten vor, dass die Schluchten der Wadis überschwemmt wurden und daraus Schäden an den Kanalanlagen folgten.[56] Die kurze Zeit für das Entstehen dieses Phänomens lässt sich anhand des Briefs LAPO 17, 812 nachweisen. Anscheinend war eine einzige Nacht ausreichend, damit die Wadischluchten sich mit Regenwasser füllten: „Am gestrigen Tag fiel weit entfernt Regen ins Wadi. Am Tag danach gab es keinen Regen, nur 2 Stunden nach Tagesanbruch kam das (Hochwasser vom) Wadi an. Die ganze Nacht bis zum Sonnenaufgang eilte ich zu Hilfe. [...] Das (Wasser im) Wadi hat keinen Schaden verursacht, es hat (aber) die Hälfte des Feldes vollständig bewässert.

51 Siehe Völling 2018: 129-31.

52 AbB 14, 179, Z. 18-21: maš.šu.gíd.gíd *i-da-an-na ka-aš-da ù i-na li-bi a-lim-ma ka-lì-a-ku i-na zu-na-ti-šu-nu ra-bi-i-ku / ka-mu-nim-ma ú-ša-ka-lu.*

53 Ethnologischen Beschreibungen der Region des mittleren Euphrats zufolge sei das Sammeln von Pilzen eine ergänzende Nebentätigkeit rezenter Kleinviehnomaden während der winterlichen Wanderung (Streck 2000: 56).

54 FM 2, 62, Z. 7-10: *zu-un-nu ir-ku-⸢su⸣-ma ka-am-a-tum i-na ḫa-al-ṣí-im it-ta-ab-še-e*; das Verb *rakāsu* ist hier in einer bisher unbekannten intransitiven Funktion belegt. Die Übersetzung beruht auf dem Kontext.

55 Die Wadis werden heute Wadi es-Souab, Wadi Bir el-Ahmar und Wadi er-Radqa genannt (Reculeau 2018: Karten 1/2 und 3).

56 Lafont 2000: 132.

Möge mein Herr sich darüber freuen!".[57] Denn plötzliche heftige Unwetter in der Niedrigen Dschazira, die die Wadis anschwellen lassen, sind nicht selten.[58]

3.3. Berichte über den Regen

Einige Texte berichten über das Wetter, ohne es mit spezifischen Themen zu verknüpfen. Zu einem großen Teil haben wir es mit kürzeren Meldungen als den oben besprochenen Texten zu tun, die oft am Ende der Tafel als separater Abschnitt ohne Kontext zu lesen sind. Die in mehreren Briefen enthaltenen Zeitangaben stellen ein weiteres interessantes Element dar. Es wird davon ausgegangen, dass solche detaillierte Meldungen zur Information über die Wasserversorgung in den Anbaufeldern geschickt wurden, obwohl der Zweck sonst nicht ersichtlich ist. Dieser Dokumententyp ist lediglich in der königlichen Korrespondenz der Reiche Mari und Assyrien belegt ist.[59]

Der Regen ist nicht das einzige Phänomen, das in dieser Form aufgezeichnet wurde. In den nächsten Abschnitten werden wir diese kurzen, aber wertvollen Berichte eingehend betrachten.

Zunächst zeigen mehrere Texte aus Mari die Ausrichtung Aufmerksamkeit der Schreiber auf regnerische Episoden, die aus diesem oder jenem Grund außergewöhnlich scheinen.

ARM 13, 133, Z. 5-9
iti.*ki-nu-*[*n*]*im* ud 7.kam *i-*[*n*]*a mu-ši-šu* [*š*]*a-m*[*u*]*-um ti-ku-*[*um*][60] *i-na te*[*r*]*-qa*.ki *iz-nu-un*

Am 7. Tag des Monats Kinūnum (VII.) in der Nacht ist ein Regenschauer auf Terqa gefallen.

Abgesehen von der Grußformel bildet dieses Zitat den ganzen Inhalt des Briefes. Es wurde für relevant gehalten, einen Regen im Kinūnum (VII. Monat des Mari-Kalenders) zu melden, der ungefähr zwischen Mitte September und Mitte Oktober beim gregorianischen Kalender auftrat, die Periode, in der Regenfälle nur sporadisch erscheinen. Auch in MARI 8, S. 327, A.3394 ist Regens das einzige Thema der Meldung: „Zwei Tage und die Nacht hat es geregnet. Leben wurde dem Land meines Herrn bereitet! Möge mein Herr sich darüber freuen!".[61] ARM 14, 107 enthält einen Bezug auf einen drei Tage anhaltenden Regen in den letzten drei Zeilen: „Es hat drei Tage und drei Nächte im [Distrikt] geregnet. Dem Distrikt

57 Edition bei Durand 1988: 347-348, Fußnote d, Z. 5-14, 18-22: *i-na pa-ni-im* ud-*mi-im ru-qí-iš-ma a-na na-aḫ-li ša-mu-u iz-nu-um-ma ša-né-em* ud-*ma-am ú-ul ša-mu-ú* ud-*mu-um ma-la-ak bi-ra na-aḫ-lum ik-šu-dam ka-al mu-ši-im a-di ši-hi-iṭ* dingir.utu *an-ḫa-ri-ir-ma* [...] *na-aḫ-lum mi-im-ma* [*ú*]*-ul ú-ga-al-li-il* [*mu-ta*]*-at* a.gàr.ḫi.a [*ša*]*-qú-um-ma iš-*[*t*]*e-qí* [*be-l*]*í li-iḫ-du*; siehe dazu ARM 33, 80, Z. 10.

58 Kerbe 1987: 295.

59 Wie auf S. 16 besprochen, stammen die meisten Belege von Wetterphänomenen allgemein aus dem Mari-Archiv und aus Ninive.

60 Neue Lesung bei Durand 1998: 628 (LAPO 17, 816).

61 MARI 8, S. 327, A.3394, Z. 7-11: ud 2.kam *ù mu-ši-tam ša-mu-um iz-nu-un bu-ul-ṭú a-na ma-a-*[*at*] *be-lí-ia iš-ša-ak-*[*n*]*u be-lí li-iḫ-du*.

[geht es gut$^{?}$]".[62] Abimekim, ein hoher Beamter des Mari-Palastes, hält seinen Souverän mit einem Bericht über einige positive Leberschauomina auf dem Laufendem. Unter einigen weiteren Nachrichten informiert er den König darüber, dass „es im Monat Ebūru-II (Schaltmonat), am 10. Tag, die ganze Nacht geregnet hat".[63] Am Ende eines Briefs schreibt ein Gouverneur aus der Umgebung von Mari, dass „Regenschauer an den Sonnenuntergängen und sein Frost zurückgekommen sind".[64]

In Abschnitt 2.1. wurden einige Meldungen an den König Assyriens in einem eindeutigen Zusammenhang mit dem Zustand des Ackerlandes vorgestellt. Ein nA Brief wahrscheinlich aus Kar Šarrukin, SAA 15, 32, erwähnt zwei Tage mit Regen in einer ähnlichen Form wie in ARM 14, 107.[65] Auch in diesem Fall bleibt der Zweck des Berichtes unklar, denn der Schreiber lässt sogar den Monat aus. Die kurzen Meldungen in SAA 1, 82 und SAA 1, 178 scheinen hingegen mit Überfällen von arabischen Halbnomaden in der Umgebung von Assur bzw. in Westsyrien verbunden zu sein. Geringe Niederschläge hätten die Araber gezwungen, nach neuen Weiden auf assyrischem Territorium zu suchen und die Assyrer in Unruhe zu versetzen.[66]

Eine Reihe fragmentarischer Briefe ohne Absender in SAA 5, mit den Nummern 273 bis 276 berichtet über ergiebige Regenfälle, bisweilen mit angegebenem Datum.[67] Es ist möglich, dass SAA 5, 274 und 275 zumindest die Tiefenmessung des Wassers in einer Zisterne betreffen, mehr lässt sich aber den Tafeln nicht entnehmen.[68]

3.4. Vorzeichen und kultische Kontexte

Die Alltagstexte liefern Informationen über die Rolle des Wetters in der Divination. Auch Alltagsphänomene können Zeichen des Übernatürlichen sein.[69] Die Aufgabe der Seher und der Propheten bestand darin, den göttlichen Eingriff in den Alltag – in unserem Fall die meteorologischen Ereignisse – auszuwerten und zu interpretieren. Der erste Schritt der divinatorischen Prozedur umfasst die aufmerksame Beobachtung von besonderen Phänomenen; infolgedessen entstehen regelmäßige Berichte, in denen die Ereignisse klassifiziert und entschlüsselt werden.[70] Wir haben dennoch keinen Hinweis auf eine Sammlung von Wetteromina analog zu den von Durand benannten „Proto-*šumma ālu*" und „Proto-*šumma izbu*".[71]

---

62 ARM 14, 107, Z. 11'-13': [*ù*] *ša-mu-um* ud 3.kam [*ù*] 3 *mu-še-e-tim i-n*[*a ḫa-al-ṣí-im i*]*z-nu-un ḫa-al-ṣú-*[*um ša-lim*].

63 ARM 26-2, 455, Z. 4-6: iti *e-bu-ri-im taš-ni-tim* ud 10.kam *ša-mu-um ka-al mu-ši-im iz-nu-un*; siehe auch ARM 33, 267, Z. 5-9.

64 ARM 26-2, 496: 14-15: *ti*$_{9}$*-ik ri-ba-tìm ú šu-ri-pu-šu it-tu-ra-am.*

65 SAA 15, 32, Z. 9'-10': ud 18.kám *zi-nu ma-a'-da it-ta-la-ak* ud 23.kám *i*$^{!}$-⌜*zu*$^{!}$-*nun*$^{!}$⌝, „es hat am 18. viel, sowie am 23 geregnet".

66 SAA 1, 82, Z. 6-10.

67 SAA 5, 273, Z. 1; SAA 5, 274, Z. 1-2; SAA 5, 275, Z. 2; SAA 5, 276, Z. 3-1'.

68 Die Tafel wird genauer auf S. 76 ausgewertet.

69 Vergleiche Durand 1988: 489: „On a l'impression d'un monde où plus rien ne peut être dépourvu de signification ni être contingent".

70 Das ist eine Bezugnahme auf den Divinationsprozess (Schritte 1 und 2) aus Koch 2015: 24-29.

71 Durand 1988: 488.

An und für sich konnte eine regnerische Episode ein positives Vorzeichen sein, indem sie sich als günstig für den Anbau des Landes erwies. Die letzten Zeilen von ARM 28, 117, aus der Region Idamaraṣ, in der nördlichen Peripherie des Mari-Reichs, sehen wie viele in Abschnitt 3.3. zitierten Berichte aus, außer, dass hier das Wort *naḫmum* vorkommt,[72] d.h. ein Begriff westsemitischer Herkunft,[73] der „Wohlstand" übersetzt werden kann.[74] In einem weiteren Brief aus Qaṭṭunān, einer Stadt der nördlichen Provinz Maris, wird der Regen wie folgt interpretiert:

ARM 27, 2, Z. 7-14, 18-20

iti.[*k*]*i*-[*i*]*s-ki-sí* ud 3[+x].ka[m] ba.zal-*ma* [*i*]*š-t*[*u*] *sí-ma*-[*an* n]íg.gub *a-di* iti.*ki-is-ki-s*[*í* ud] 14.kam ba.zal-*ma ša-mu-um ka-a-ia-n*[*i-i*]*š iz-nu-un a-na na*-[*a*]*m-la-ka-at be-lí-ia ù* lú.meš *ḫa-na na-aḫ-mu-u*[*m*] *be-lí lu-ú ḫa-di* a-šà *e-re-ša-am iš*-[...] *i-na qa-at ša-ma-tim ú-ul* [*ḫi-ṭì-tum*?] *ša-mu ip-pé-tu-ma* a.šà *im-ta-k*[*i-ru-ma e*]*-er-re-eš*15 [...]

[...] Vom Tag 3+x.? des Monats Kiskissum[75], von der (Abend)Mahlzeit an, bis zum 14. Tag des Kiskissum,[76] hat es durchgehend geregnet. Für das Reich meines Herrn und für die Hanäer (bedeutet) das Wohlstand! Möge mein Herr sich darüber freuen! Die Felder [x x] säen. [...] Der Regen hat keinen [Schaden verursacht]. Der Himmel öffnete sich und bewä[sserte] die Felder, (so dass) ich säen werde ...

naḫmum lässt sich im Mari-Archiv in mindestens drei weiteren Texten nachweisen. Obgleich Regen in diesen Fällen nicht ausdrücklich erwähnt wird, liegt dieses Thema jedoch sehr nahe.[77]

---

72 ARM 28, 117, Z. 20-21: *i-na li-ib-bi ma*-[*tim*] *zu-un-nu ka-a-ia-nu ù na-aḫ-mu be*-[*lí lu-ú*] *ḫa-di,* „im Land regnet es unaufhörlich und das ist Wohlstand! Der Herr soll sich darüber freuen!". Es handelt sich um den einzigen Beleg für *naḫmum* ohne Mimation. Denn dieser Terminus wird fast immer in Nominalsätzen verwendet, könnte die in ARM 28, 117 belegte Form alternativ einen Stativ Plural bezeichnen, d.h. „die Regen sind beständig und günstig?" (siehe Streck 2000: 107 *naḫāmu*).

73 Die westsemitische Wurzel *N'M* ist in der mesopotamischen Onomastik anhand Keilschrifttexte aus Mari, Alalaḫ und Sippar (Huffmon 1965: 238) belegt, obwohl kein von *N'M* abgeleitetes Wort in den akkadischen Wörterbüchern eingetragen wurde. Die *QaTL*-Form von *N'M* bildet Personennamen wie *na-aḫ-mi*-dingir.*da-gan*, *Na'mī-Dagan*, „meine Lieblichkeit ist Dagan" (Streck 2000: 332). Es handelt sich hier um die ältesten Belege der Wurzel *N'M* (Kogan 2015: 194).

74 Siehe Streck 2000: 107. Etwas anderes ist die Auslegung in Durand 1988: 491 und Birot 1993: 43, Fußnote b.

75 Wahrscheinlich der 13. Tag, obwohl es das Zeichen 13 genauso wie 3 sein könnte (siehe Kopie der Tafel bei Birot 1993: Anhang, Tafel 2); Kiskissum ist in Mari der XI. Kalendermonat (Hunger 1980: 301), und unser Januar/Februar.

76 D. h. bis zum Spätabend.

77 Die letzte Angelegenheit des Briefes ARM 26-1, 247 kann wie folgt übersetzt werden: „In diesem Distrikt herrscht Wohlstand. Möge sich mein Herr darüber freuen und möge Ismaḫ-Šamaš, der Seher, die Füße meines Herrn küssen!" (*i-na ḫa-al-ṣí-im an-ni-im na-aḫ-mu-um be-lí li-iḫ-du-ú ù iš-ma-aḫ*-dingir.utu máš.šu.gíd.gíd *li-li-kam-ma še-pé be-lí-ia li-iš-ši-iq*). Für die Bedeutung von *naḫmum* als „Wohlstand" vermutlich infolge von Regen lassen sich die folgenden Belege anführen:
FM 8, 31, Z. 29-33: [*š*]*a-ap-li-iš li-ra-am*-[*mu-ú*] *na-aḫ-mu-um it-t*[*a-a*]*b-ši ù ḫa-na*.meš *a-di mé-eḫ-re-et sa-ma-nim*.ki *a-na sa-ka-ni*[*m*] *pa-nu-š*[*u-nu*] *ša-ak-nu*, „sie (die Sutäer) können sich talabwärts ansied[eln]: Wohlstand ist entstanden und die Hanäer haben [vor], sich gegenüber von Samanum niederzulassen".

Aus einigen Alltagstexten geht eine divinatorische Bedeutung des Regens hervor. So sagt der Absender von ARM 10, 141, man solle sich freuen, denn „es war gewiss ein (gutes) Omen, dass es regnete!".[78] Bei positiven Ankündigungen kann der landwirtschaftliche Aspekt schwer vom divinatorischen getrennt werden. Wetterereignisse wie Regen wurden als deutliches Vorzeichen interpretiert, wobei sich die genauen Interpretationsregeln nicht immer definieren lassen. Die Mari-Briefe und die späteren Omenkompendien sind zeitlich und inhaltlich zu weit voneinander entfernt, um konkrete Vergleiche zu ziehen. Gewisse grundlegende Ähnlichkeiten zeigen gleichwohl, dass die wirtschaftlichen bzw. klimatischen Auswirkungen im Zusammenhang mit der innenwohnenden Bedeutung der Wetterphänomene stehen.[79]

Andere Zeugnisse bestätigen den positiven Aspekt des Regens und beschreiben das im Kontext kultischer Situationen. Die Herkunft dieser Texte ist ebenso das nordmesopotamische Gebiet, das stärker vom Regenfeldbau und folglich vom Kult des Wettergottes geprägt war.[80] In ARM 13, 111 schickt sich Kibri-Dagan an, ein Opfer für die Götter Lagamal und Ikšudum darzubringen, deren Statuen sich auf der Prozession von Mari nach Terqa befinden.[81] Es erscheint ein göttliches Zeichen in Form von ergiebigem Nachtregen: „das Opfer meines Herrn und des Landes wird [dem Gott?] dar[gebracht]. Dieses Opfer hat [der Gott wohl]wollend angenommen und bis Mittenacht ist ein starker Regen gefallen!".[82] Das ist überdies nicht der einzige glückliche Zufall während eines Kultopfers, da uns ein Text aus Tell-Rimah einen noch tieferen Einblick in die gleiche Thematik bietet.

OBTR 16, Z. 11-28

ni-qí-a-am a-bi a-na dingir.iš$_8$.dar *be-lé-et tar-ba-ṣí-im ú-ša-bi-il-ma ki-a-am ni-qí-a-am ma-ḫa-ar* ⌜*il*⌝*-tim ú-ka-*⌜*an*⌝-[*ma*?] *ù ša-mu-um ir-ṭù-u*⌜*p*⌝ *za-na-na-am ù a-na-ku aš-*

ARM 26-1, S. 491 *na-aḫ-mu-um di-šu-um na-wu-um ša be-lí-ia*, „es gibt Wohlstand, Frühlingsgrass (und) das Weideland meines Herrn".

78 ARM 10, 141, Z. 25-26: *lu-ú it-tum i-nu-ma ša-mu-ú iz-nu-nu.*

79 Die im Brief ARM 27, 2 besprochene Regenepisode findet doch einige Entsprechungen unter den standardisierten Omina des I. Jahrtausends. Die Tafel 48 der Serie *Enūma Anu Enlil* behandelt Vorzeichen des Regens in bestimmten Monaten und an bestimmten Tagen; für den 13. XI. sind die folgenden meistens positiven Apodosen zu lesen:
CM 43, T. 48, Z. 11': diš *ina* iti.zíz min *nu-ḫuš* un.meš *ma-ṭe-e / ša-qé-e* [ki.lam], „wenn dito im Šabāṭu (XI.), wird es Überfluss für die Bevölkerung (und) eine Ab-/Zunahme der Geschäfte geben".
CM 43, T. 48, Z. 48': diš ud 13.kám min *na-pa-áš* buru$_{14}$ úš.meš gal.meš an.ta ki.lam, „wenn dito am 13. Tag, wird die Ernte üppig, es wird Tote geben, Zunahme des Geschäfts".

80 Schwemer 2018: 70; bezüglich der besonderen Verehrung von Wettergottheiten unter den amurritischen Stämmen im mittleren Euphrat siehe Streck 2000: 66-67.

81 Lagamal wird als Unterweltsgottheit identifiziert (Lambert 1983: 418-19); Ikšudum ist hingegen einer der vier Hunde des Marduk. Ihre im Text beschriebene Reise von Mari nach Terqa bleibt von unklarer Bedeutung (Lambert 1980: 45).

82 ARM 13, 111, Z. 12-17 (neue Übersetzung bei Durand 2000: 137): siskur.[siskur.re] *ša be-lí-ia* [*ù*] *ma-tim a-n*[*a* dingir? ... *in*]*-na-qí* siskur.siskur.re *še-tu* [dingir *da*]*m-qí-iš im-ḫu-ur* [*ù a*]*-di mu-*[*š*]*u-um ma-ši-il* [*ša-mu-u*]*m ra-bi-tum* [*i*]*z-nu-un*. Leider ist nicht zu lesen, wem eigentlich das Opfer geweiht wurde, ob es für die zwei reisenden Götter oder für den Sturmgott gedacht ist.

šum ni-qí-a-am[83] *ša a-bi-ia aḫ-ta-*⌜*du*⌝ *ù a-bi-*[*ma*?][84] *il-tum i-ra-*[*am*] *aš-šum ša-me-e-em* ⌜x⌝ *a-nu-um-ma a-bi* ìr-*sú li-ša-al*

Mein Vater brachte ein Opfer an Ištar, Göttin des Palasthofes und während er so gerade dabei war, das Opfer im Angesicht der Göttin [festzu]setzen, da fing es an, zu regnen. Ich habe mich über das Opfer meines Vaters gefreut, (denn) die Göttin hat fürwahr meinen Vater [lieb]! Möge nun mein Vater seinen Diener bezüglich des Regens fragen.[85]

Dieser Brief, der bisher in diesem Sinne nicht kommentiert wurde, ist klarer Ausdruck der Wahrnehmung eines Vorzeichens durch die Menschen.[86] Anlässlich religiöser Zeremonien galt die allgemeine Aufmerksamkeit hauptsächlich Wetterphänomenen, derer hoher ominöser Bedeutung sich die Bevölkerung bewusst war. Regen scheint in den zwei beschriebenen Situationen als Beweis des göttlichen Wohlwollens, dennoch sollten wir vorsichtig sein, ein Konzept anhand von wenigen Belegen zu vereinfachen. Neben den Vorteilen, die das Regenwasser mit sich bringt, existieren andere Episoden, in der man den Regen mit einer unheilvollen Wertung versieht. Ein anderer Text beschreibt eine Versammlung der Stämme im *maḫanum*, im Nomadenlager im Gebiet von Mari.[87] Das Wort *maḫanum* wurde zuvor als Ortsname auf Grundlage eines Eponyms von König interpretiert: „Das Jahr, in dem Zimrilim einen großen Thron an Adad des *maḫanum* widmete".[88] Ebenso manifestiert sich der Wettergott während der obengenannten Versammlung:

ARM 26-1, S. 492, A.1191, Z. 4-11
i-na ma-ḫa-nim lú.meš *ḫa-na ka-lu-šu pu-*[*uḫ-ra-am*] *ip-ḫu-ur-ma ù aš-šum ša-mu-um iz-nu-nu a-na* dingir.iškur *ni-ib-ki ù a-na šu-lum be-lí-ne ni-ik-ru-ub ù* 2 lú.meš *i-na aḫ-ḫi ḫa-li-ḫa-du-*[*un*] *il-li-ku-nim-ma ki-a-am iq-bu-né-ši-im um-ma-mi i-na ma-an-za-zi-ka is-sú-ḫu-ka ù* é-*ka im-šu-ḫu iš-me-ma ir-ṭu-up ba-ke-*[*em*][89] *ù aḫ-ḫu-šu it-ti-šu-ma i-ba-ku-ú*

Die Hanäer waren alle zusammen in (ihrem) Lager versammelt und da (es anfing), zu regnen, richteten wir unsere Tränen auf Adad und wir beteten für das Wohlergehen unseres Herrn. Dann kamen zwei Männer, die zu den Brüdern von Hālī-Hadūn gehören,

83 Ungewöhnlicher Akkusativ nach *aššum*.

84 Es gibt zwei mögliche Ergänzungen: Entweder ist es *abīma* zu lesen, also Akkusativ Singular mit einer -*ma*-Partikel als Betonung (siehe Streck, M. P., 2018: *Altbabylonisches Lehrbuch*, §315b); eine weitere Option wäre *abīja* mit Ergänzung von *-ia* in der Funktion eines übergeordneten Genitivs, demnach wäre die spezifische „Göttin meines Vaters" gemeint. Aufgrund des Kontextes optieren wir für die erste Lesung.

85 *warassu* bezieht sich wahrscheinlich auf denselben Absender des Briefes, der sich in der Grußformel als „dein Sohn" erklärt. Hat er eine irgendeine Funktion bei der Auslegung des beschriebenen Ereignisses?

86 Der Brief behandelt höchstwahrscheinlich kein spezifisches Ritual für den Regen, da solche Praktiken normalerweise ausschließlich an den Wettergott gerichtet sind.

87 Für die Etymologie von *maḫanum* siehe Streck 2000: 103.

88 FM 5, S. 258, ZL10: mu *zi-im-ri-li-im* giš.gu.za gal *a-na* dingir.iškur *ša ma-ḫa-nim ú-še-lu-ú*; siehe auch Durand 1988: 492.

89 Dem Verb *raṭāpu*, oder *ratābu* folgt normalerweise der Infinitiv im Akkusativ (CAD 14, „R", S. 217).

und sie sagten zu uns: „Man hat dich (Hālī-Hadūn) deines Postens enthoben und dein Haus geplündert“. Er hörte zu, (dann) brach er in Tränen aus und seine Brüder weinten zusammen mit ihm.

Durand 1988 zufolge wurde der von Adad gesandte Regen als Zeichen des Gottes wahrgenommen.[90] Die Anwesenden sahen in den Regen eine göttliche Erscheinung, die in diesem Fall Unglück bedeutete. Die versammelten Hanäer verzweifeln und hoffen, dass dem König kein Unfall geschieht. Die negative Bedeutung des Regens wurde dadurch bestätigt, dass eine unglückliche Nachricht einen wichtigen Angehörigen des Stammes erreicht. Jede Veränderung in der Atmosphäre konnte entscheidend sein, um Rückschlüsse auf die Zukunft zu ziehen. Auch Menschen, die sich nicht von einem professionellen Seher beraten lassen konnten, achteten auf zufällige himmlische Erscheinungen.

Der älteste Beleg, den wir als indirekte Quelle für eine Himmelsbeobachtung betrachten können, stammt auch aus dem Mari-Archiv: „Am Tag, (an dem) Šamaš-īn-mātim kam, hat es geregnet und ich konnte die Vorzeichen nicht ausführen“.[91] In diesem Fall beeinträchtigt der Niederschlag den Erfolg der Vorhersage, indem die Regenwolken den Himmel bedecken, und wirft Fragen in Bezug auf die praktische Handlung des Sehers auf.

Alltagstexte über Beobachtungen zwecks Omina sind vielmehr in der nA Zeit belegt. Die Schreiber des Palastes sandten zahlreiche Schriftstücke, damit der König jederzeit über mögliche Vorzeichen des Alltags und des Wetters informiert wurde. Diese Phänomene werden oft innerhalb der Briefe beschrieben und im Rahmen der Omentradition kommentiert und ausgelegt.[92] In ähnlicher Weise wie die aB Regenberichte wurde ein kurzer Kommentar zu zwei Omina verfasst, die das Eintreffen des Regens und des Hochwassers ankündigen. Hier wird der König durch die gewöhnliche Wendung aufgefordert, sich infolge der zitierten Vorzeichen aufzuheitern: „Bel und Nabû [lassen] das Herz des Königs, meines Herrn, [aufleben]! Der König, mein Herr, kann sich in seinem [Herz] freuen, (denn) es wird im Monat [… ein Wol]kenbruch regnen.“[93]

Positive Apodosen wurden gerne mitgeteilt, damit der König nur die gute Seite eines Ereignisses sehen konnte, das an sich offensichtlich schlecht für das Land war. Somit schreibt Akkullanu, Astrologe und Priester des Assur-Tempels,[94] über eine Dürreperiode im bekannten Brief SAA 10, 100 mit 11 unterschiedlichen himmlischen Vorzeichen: Der geringe Niederschlag habe anscheinend einen schweren Verlust der Ernte zur Folge, aber Akullanu versucht trotzdem, die Vorzeichen positiv auszulegen: „Wenn ein Zeichen am Himmel vorkommt und es nicht gelöscht werden kann, wenn es dir in Bezug auf Regen passiert, lass den König den Weg (des Kriegs) gegen die Feinde nehmen: Er wird erobern, wo immer er hingeht; seine Tage werden lang sein“.[95]

---

90 Durand 1988: 492.

91 ARM 26-1, 143, Z. 4-5: ud-*um* dingir.utu-*i-in-ma-tim ik-šu-dam ú-um-šu ša-m*[*u*]-*um iz-nu*-[*un*]-*ma te-re-tim ú-ul i-pu-úš*.

92 Koch-Westenholz 1995: 54-55.

93 SAA 8, 498, Z. 1’-5’: dingir.en *u* dingir.ag šà-*bi šá* lugal *be-lí*-[*ia*] [*ú-bal-la-ṭu* šà]-*bi* ⸢*šá*?⸣ lugal *be-lí*-⸢*ia*⸣ *lu-ú* [*ṭa-a-bi*] *ina* šà iti.[… a].an *ra-aḫ*?-⸢*ṣu*?⸣ *i-za-an*-⸢*nun*⸣ (bezüglich der Apodosis siehe AOAT 326, S. 203, T. 14, N. 89: im.a.an.meš *ri-ḫi-ṣu* šur-*nun*).

94 Radner 1998: 95.

95 Akkullanu zitiert ein mB Omen von einem gewissen Ea-mušallim für den König Marduk-nadin-aḫḫe

Nicht alle Berichte zitierten kanonisierte Wetteromina.[96] Im SAA 15, 6 lesen wir eine hintergründige Protasis, deren Rückschluss uns leider aufgrund des Abbruchs unbekannt ist:

SAA 15, 6, Z. 4-4'
ina gi₆ *ša* ud 5.kám ta giš.gag.meš a.an *ú-sa-ri-ia mu-šu ka-*[*l*]*a-na-ri-šú gab-bu ù*! *ka-la* ud-*me* a.[an *it-tu-ri*]-⸢*da*⸣ [... *aš*]-*šur* [...] *at-ta-ḫar ú-m*[*a-a*] *ša* a.an *a-na* lugal ⸢*be-lí*⸣-[*iá*] *up-ta-si-ir*

In der Nacht des 5. Tages hat es angefangen, „Nägel" zu regnen. In der Nacht, die ganze Morgenfrühe und den ganzen Tag ist der Regen [gefall]en. Assur ... habe ich empfangen. Nun habe ich meinem Herrn über den Regen berichtet.

Es ist nicht klar, was genau mit giš.gag, akkadisch *sikkatu*, „Nagel"[97] gemeint ist. Eine Möglichkeit ist, dass Hagel gemeint ist – dieser wird bisweilen mit positiven Apodosen in den Omenantologien eingetragen. Die Protasis „es regnet Nägel" erinnert zudem an ein anderes Omen der Serie *šumma ālu*, dessen Apodose leider abgebrochen ist:

OP 17, T. 2, Z. 78: diš gír.šu.i *iz-nu-na tè-be-e* [...][98]
Wenn es Rasiermesser regnet, Aufhebung [...]

War das Rasiermesser des Barbiers, *patar gallabi*, eine Variante für „Nägel"? Und deuten ferner beide Begriffe auf eine besondere Form von Regen oder auf den Hagel hin? Die Fragen sind hier leider schwierig zu beantworten.

3.5. Reise, Verkehr und Transport

Über Land oder auf dem Fluss musste sich der Reisende den Wetterbedingungen aussetzen. Es existierte selbstverständlich ein Straßennetz für den Fernverkehr in ganz Mesopotamien, Pisten, die die syrische Steppe durchquerten[99] und von der Levante über Mesopotamien nach Elam führten. Mit Ziegeln gepflasterte Straßen gab es wohl nur in den großen Städten.[100] Es ist leicht vorstellbar, dass derjenige, der sich auf den Weg machen wollte, den Wetterumständen entsprechend ausgeliefert war, vor allem der Schwierigkeit, über schlammigen Straßenboden zu laufen oder zu fahren.[101] In diesem Zusammenhang lesen wir beispielsweise, dass ein Transport von Gerste erfolgen musste, „bevor das Wasser hinabfällt".[102] Sogar Boten aus Ešnunna sind aufgrund eines zwei-tägigen Regens gezwungen, in der Stadt

(Koch-Westenholz 1995: 41), SAA 10, 100, Z. 8'-11': *šum-ma* giskim *ina* an-*e* du-*kam-ma pi-iš-šá-tu la ir-ši šum-ma a-na ma-qa-at* a.an.meš *ib-ši-ka* ⸢3.20⸣ kaskal.meš *na-ki-ri šu-uṣ-bit* [*e*]-*ma* du-*ku i-kaš-šad* ud.meš-*šú* gíd.da.meš.

96 Koch-Westenholz 1995: 54-55.

97 CAD 15, "S": 247 ff.

98 Die Apodosis ist wahrscheinlich [uru *u na-me-e-šú*], "Erhebung der Stadt und ihrer Umgebung" zu ergänzen (Freeman 1998: 71, Fußnote 78).

99 Siehe Joannès 1997: 393-416.

100 Streck 2008c: 301.

101 Siehe FM 7, 49 auf S. 43f.

102 AbB 14, 55, Z. 14: *la-ma mu-ú im-qú-ú-tu.*

Mari zu bleiben: „Sie (die Boten) sahen, dass es geregnet hat, und hielten sich (hier) auf",[103] schreibt ein Würdenträger an den König Zimrilim.

Der Einfluss des Wetters auf die Flussnavigation ist aufgrund der geringen und lakonischen Belege nicht immer leicht zu erkennen. Ein von Tuttul versendetes Schriftstück meldet den Abbruch einer Schifffahrt über den Euphrat, da die Regen „anfingen, zu fallen und es (nun) durchgehend regnet".[104] Es wird jedoch nicht berichtet, ob das Risiko die schlechte Sicht, oder die vom Regen verstärkte Strömung, oder eine mögliche Schädigung der Schiffsladung betraf. Jedenfalls wurde der Wolkenbruch als störend und hinderlich für die Schifffahrt empfunden.

3.6. *Redewendungen*

Während wir Regen fast immer mit „schlechtem Wetter" assoziieren, wurde dies im trockenen Mesopotamien Regen ganz überwiegend positiv angesehen. Dennoch werden Wolken und Regen bisweilen als negative Metaphern gebraucht, wie in der folgenden aB Brief: „Warum lassen die Wolken auf mich R[egen fallen]?", und weiter „ich bin derjenige, auf den es täglich regnet!".[105]

103 ARM 33, 267, Z. 19-21: *ki-ma ša-mu-um iz-nu-un i-mu-ru-ma ik-ka-lu-ú.*

104 ARM 5, 79, Z. 15'-16': *ša-ma-a-tum it-te-ep-te-ma ka-a-ia-an i-za-an-nu-na.*

105 AbB 6, 93, Z. 8-9, 22-23: *am-mi-[nim i]-na mu-uḫ-ḫi-ia ú-pu-ú i-z[a-nu-nu-m]a, a-na-ku ú-mi-ša i-na mu-uḫ-ḫi-ia ša-mu-ú i-za-nu-nu.*

4. Dürre und Niedrigwasser

4.1. Landwirtschaft

Wassermangel ist in der trockenen Landschaft Mesopotamiens eine häufige Problematik, mit der der Mensch zu leben gelernt hat. Einige Textstellen dokumentieren die Reaktion der Bevölkerung auf den Wassermangel. Hierzu mussten praktikable Alternativen zur Fortsetzung der landwirtschaftlichen Aktivitäten gefunden werden. Eine einfache Option war es, die Arbeit auf ein besser bewässertes Ackerfeld zu verlagern. Zugtiere und Menschen konnten sich dann zu umliegenden Landstücken bewegen: „Wie du weißt, gibt es im Fluss kein Wasser und meine vier Pflugrinder sind ohne Arbeit. Finde mir 90 *iku* Feld und schreibe mir, dann soll man die Rinder zu dir transportieren und ich will Gerste produzieren“.[106] Ähnlich ist das Verlangen eines anderen Absenders, der aufgrund der dürrebedingten Hungersnot nach einem Ersatzfeld fragt. Das Feld ohne Wasserversorgung wird in Erwartung von zukünftigen besseren Umständen und neuer Fruchtbarkeit brachliegen gelassen.[107]

Eine Wanderung war unter bestimmten Umständen eine vorübergehende Lösung, um andere günstigere Orte während einer ungünstigen Zeit zu nutzen. Der Ausdruck *šattum dannat*, der wörtlich „das Jahr/die Jahreszeit ist schwierig“ bedeutet, gilt für schlechte Wetterbedingungen, seien es Frost oder Dürre.[108] Der König von Ašlakka, einem wichtigen Zentrum innerhalb des Habur-Dreiecks in der Region Idamaraṣ, schickt den folgenden Brief nach Mari.

ARM 28, 51, Z. 9-13
[m]u 1.kam *da-an-na-at-ma ù* lú.meš *mu-úš-ke-num* dumu.meš *aš-l*[*a-k*]*a-a*.ki *aš-šum bu-ta-al-lu-ṭì-im a-na na-ba-al-ka-at-ti ša-di-im it-ta-al-ku*

Diese? [Jahr]eszeit ist schwierig[109] und die (armen) Bürger, Einwohner der Stadt Ašlakka, sind gegangen, um die Bergen zu durchqueren, um sich mit dem Lebensnotwendigen zu versorgen gegangen.

Die Stadt lag am oberen Ende der Hohen Dschazira, am Fuße des Tur Abdin-Gebirges (durchschnittlich 900 bis 1200 m über NN).[110] [111] Aber warum die Berge durchqueren, um sich mit Nahrung zu versorgen? Obwohl sich das Adjektiv *dannum* oft auf Winterwetter bezieht, lässt sich schwer vorstellen, dass die Leute von Ašlakka während des Winters durch die Berge gezogen seien, während die Region vom Frost befallen war. Hinter dem Tur Abdin, Richtung Norden, ist das Hohe Tal des Tigris’ (heute die Provinz Diyarbakir in der Türkei)

106 AbB 3, 29, Z. 5-11: *ki-ma ti-du-ú mu-ú i-na* íd-*im ú-ul i-ba-aš-šu-ma* 4 gu$_4$.apin.ḫi.a-*ia re-qú* 90 iku a.šà *am-ra-am-ma šu-up-ra-am-ma* [gu]$_4$.ḫi.a *li-su-ḫu-ni-kum-ma še-a-am lu-ša-li-a-am-ma.*

107 AbB 3, 74, Z. 17-21, 30-32.

108 CAD 17, “Š-2”, S. 206.

109 Kupper 1998: 76 übersetzt „la saison a été rude“, somit wird das Konzept von Dürre nicht deutlich gemacht.

110 Kupper 1998: 65.

111 Charpin, Ziegler 2003: 171-75.

zu finden, ein grünes Gebiet[112] auf einer Höhe von 600 bis 800 m über NN,[113] reich an Wasser. Es lässt sich demnach vermuten, dass die Bevölkerung im Notfall eine kleine Wanderung unternahm, um sich in einem üppigeren Gebiet verpflegen zu können.

Eine Königsinschrift Assurbanipals berichtet von Elamitern, zu denen er „Getreide, Lebensversorgung der Menschen", schickt. Und weiter: „So hielt ich seine (des elamischen Königs) Hand! Seine Bevölkerung, die aufgrund der Hungersnot flüchtete und sich in Assyrien aufhielten, bis es (wieder) regnete und (wieder) geerntet wurde – diese Bevölkerung … schickte ich (zurück) zu ihm".[114] Solche Wanderungen sind darüber hinaus in weiteren nA Alltagstexten belegt und konnten zum Zweck der Nahrungssuche für die Zuchttiere erfolgen. Ein Brief aus der urartäischen Region des Taurus' berichtet Folgendes: „Bezüglich der Steuer auf das Heu, über die der König, mein Herr, [mir schrieb, es gab keinen Reg]en im Monat Du'uzu (Juni-Juli) und das Wasser ist gering. Die stellvertretenden Häuptlinge und die Anführer der Stadt sind (von den Bergen) heruntergekommen, um Stroh zu nehmen".[115]

4.2. Bewässerung

Der Wasserdurchfluss hängt weitgehend von der Schneeschmelze der Taurus- und Zagrosgebirge im Frühling ab, wie zuvor besprochen.[116] „(Weil) es weder geregnet noch geschneit hat, gibt es kein Wasser im Fluss".[117] In diesem nA fragmentarischen Brief sind leider keine Angaben zu den Korrespondenten zu lesen. Die Erwähnung des Schnees lässt allerdings eine Herkunft aus der Vorgebirgsregion des oberen Tigris' vermuten. Der Schreiber scheint sich bewusst zu sein, weshalb Niedrigwasser im Fluss in seiner Umgebung auftritt. Es stellt sich die Frage, ob die Bewohner des Flusstales auch wussten, dass der Schneefall im Bergland ihr Hochwasser bedingte. Dieser Brief beweist jedenfalls, dass der mesopotamische Mensch die natürlichen Ressourcen seiner Umwelt im Blick hatte.

Zwei einzigartige Dokumente verbinden den Wasserstand mit astrologischen Beobachtungen. FM 6, 79 und 80 (M. 7633 und A.81) verknüpfen die Erscheinung des Wagengestirnes mit einem geringeren Abfluss des Euphrats als normalerweise.

FM 6, 80, Z. 18-22
iš-tu ka-⌜ak⌝-ka-bu-um ni-rum iš-ḫi-ṭà-am a-di ud 10.kam-*ma mu-ú* 2 *ú-ba-na-tim* 3 *ú-ba-na-tim i-ma-aṭ-ṭú-ú wa-ar-ka-nu-um* ud-*mu-um* 2 *ú-ba-na-tim* ud-*mu-um* 3 *u-ba-na-tim* íd.da *i-ma-al-la*

112 Taha, Harb, …1981: 194-95.
113 https://earth.google.com/web/.
114 RINAP 5, Asb. 3, IV, Z. 19-22: dingir.nisaba *ba-laṭ* zi-*tim* un.meš *ú-še-bil-šú-ma aṣ-bat* šu.2-⌜*su*⌝ un.meš-*šú šá la-pa-an su-un-qí in-nab-tu-u-nim-ma ú-ši-bu qé-reb* kur *aš-šur*.ki *a-di zu-un-nu ina* kur-*šú iz-nu-nu ib-ba-šu-u* $buru_{14}$ … un.meš … *ú-še-bil-šú-ma*.
115 SAA 5, 21, Z. 1'-6': *šu-uḫ* še.in.[nu] *ša* lugal *be-lí* [*iš-pur-an-ni*] *ina* šà iti.šu a.[an *la-a-šú*] a.meš *i-si-ṣu* lú.2-*u* lú.gal.uru.meš *gab-bu i-tu-ur-du* : še.in.nu *i-si-qi-u*.
116 Siehe Einführung S. 4f.
117 SAA 5, 26, Z. 9-1': *la-a zi-*⌜*i*⌝-[*nu*] *la-a ku-up-*⌜*pu*⌝ *i-zi-nu-nu-*[*ni*] a.meš *ina* íd *la-*[*áš-šú*].

Seitdem der „Jochstern“ (heliakisch) aufgegangen ist, bis zum 10. Tag ist der Wasserpegel von 2 zu 3 Finger gesunken, aber später wird der Fluss einen Tag 2 Finger und den Tag (danach) noch 3 Finger steigen.

FM 6, 79, Z. 5-12
iš-tu ⸢*ka*⸣*-ak-ka-bu-um ni-rum is-ḫi-ṭú mu-ú i-*⸢*na*⸣ íd.*p*[*u-r*]*a-ti*[*m*] ⸢*e-li ša*⸣ [*š*]*a-*[*d*]*a-ag-di-im* [*im-ṭ*]*ú-ma* [*ma*]*-al* ⸢4⸣ *ú-ba-na-tim* [*im-ṭ*]*ú-*⸢*ú ù*⸣ *i-na* íd.⸢da⸣ dingir.ḫilib [*mu-ú e-li š*]*a mi-né-tim im-ṭú-ú*

Seitdem der „Jochstern“ (heliakisch) aufgegangen ist, ist der Wasserpegel des Eu[phra]ts mehr als das letzte Jahr [gesun]ken, insgesamt 4 Finger. Im Hubur-Kanal ist [das Wasser mehr a]ls über den üblichen Maßen gesunken.

Laut Reculeau 2002 bezeichne hier *nīrum*, üblich „Joch“, nicht den Stern Arktur,[118] sondern einen Stern, der zwischen dem 25. und dem 28. November zum heliakischen Aufgang kam. Als mögliche Kandidaten werden Altair oder Deneb genannt.[119] Diese Vermutung beruht auf astronomischen Berechnungen sowie auf den Kontext des Briefs. Im November ist der Euphrat von einem niedrigen Wasserstand charakterisiert, der später im Laufe von Dezember zur Zeit der Wintersaat steigt.[120] Es ist jedoch schwierig, die Erwähnung des *nīru*-Sternes in Bezug auf das Niedrigwasser zu begründen. Eine Verknüpfung der Beobachtung mit divinatorischen Zwecken kann nur vermutet werden, da wir über keine ähnlichen Belege verfügen. Schließlich ist es anzunehmen, dass die zwei Briefe die gleiche Beobachtung in zwei verschiedenen Situationen des Königsreichs von Mari besprechen.[121]

4.3. Reise, Verkehr und Transport

Sich auf den Weg zu machen, wenn die Landschaft komplett trocken war, ohne Gelegenheit die Trinkflasche im Fluss zu füllen und ohne die sporadische Vegetation als Schutz vor der Sonne, war zweifellos etwas Unerwünschtes. In dieser Hinsicht erzählt uns der Brief ARM 26-1, 14 von den vielen Schwierigkeiten eines solchen heißen Klimas.[122]

Bootsverkehr war nur auf gewissen Flussabschnitten möglich, denn der Wasserlauf war nicht überall schiffbar. Stromschnellen und Niedrigwasser stellten deutliche Hindernisse für die Schifffahrt dar.[123] Darüber schreibt Warad-ilišu, Obermusiker des Palastes von Mari, an Zimri-lim, der für eine andere Art zu reisen optiert: „Am 4. Tag wird das Boot am Fort Yaḫdun-lim ankommen. Der Euphrat ist niedrig und Pfähle (für die Wägen) wurden em[pfangen]. Am Ende des Monats Malkānum[124] (II.) werde ich meine Karawane

118 Der „Jochstern“ mul.*nīru* wird häufig laut CAD 11, „N-II“, S. 264 mit Arktur geglichen, der zum Gestirn Bärenhüter gehört.

119 Reculeau 2002: 537.

120 Siehe Graphik in Reculeau 2002: 529.

121 Der Absender von FM 6, 80 ist Hammi-šagiš, hoher Würdenträger von Zimri-lim, während FM 6, 79 von Tarim-Šakim an Yasmah-Adad geschickt wurde.

122 ARM 26-1, 14 wird auf S. 62f. kommentiert.

123 Blaschke 2018: 447-49.

124 Der Monatsname entspricht dem II. Monat des Mari-Kalenders, d.h. April-Mai.

versammeln".[125] Es besteht dabei wiederum eine auffällige Diskrepanz zwischen der kalendarischen Angabe und dem saisonalen Phänomen: Das Niedrigwasser ist typisch für die Sommerzeit, besonders an deren Ende (September-Oktober), mit einem durchschnittlichen Abfluss von 250 m^3/Sek.[126] Der Monat Malkānum entspricht hingegen Mitte April bzw. Anfang Mai, der Periode mit dem größten jährlichen Abfluss.[127] An diesem Punkt sind drei Szenarien denkbar: Entweder, wie Durand in seiner Edition vorschlägt, hat der Kalender im 5. Jahr Zimri-lim zwei Monate Verzögerung trotz des Schaltens eines Monats jeweils im zweiten und im vierten Jahr.[128] [129] Somit läge das Niedrigwasser zwischen Juni und Juli, was in Jahrgängen von durchschnittlichem niedrigem Abfluss nicht ungewöhnlich wäre.[130] Oder dieses Datum gehört zu einem anderen Teil des Briefes in Hinblick auf zukünftige Pläne des Absenders und das Niedrigwasser datiert in den September-Oktober. Die dritte Möglichkeit ist, dass die Ankunft in Terqa über den niedrigen Fluss ein vergangenes Geschehen war: Vielleicht war es ein paar Monate vor Malkānum (wie es aus dem Text am besten verstanden wird), d. h. Februar, wo das Wasser allerdings normalerweise sehr reichlich ist. Wir müssen zugeben, dass eine Lösung dieses Problems hier nicht möglich ist.

Dürre und Niedrigwasser hatten schließlich auch einen positiven Aspekt, nämlich die leichtere Überquerbarkeit der Flüsse. Dies erleichterte deutlich den Transport von wertvollen Ladungen, wie im Fall der *lamassu*-Statuen, der geflügelten Schutzdämonen, im nA Brief SAA 5, 298: „Die *lamassātum* sollen schnell antre[ten?]. Solange das Wasser im Fluss [niedrig] ist, [möge man sie] über den Fluss queren lassen!".[131]

4.4. Feldzug

Wie zuvor in Abschnitt 3.1. erwähnt, waren Dürreperioden bisweilen Ursache von schlimmer Hungersnot, die die Bevölkerung eines Landes in die Knie zwingen konnte. Aus einem militärischen Blickwinkel betrachtet, kamen Dürrezeiten gut gelegen, um die Schwachstellen des Feindes auszunutzen. Ein relevanter Brief aus der Korrespondenz eines nA Königs offenbart das Vorhaben zweier Verschwörer, nämlich Marduk-šarrani und Merodach-Baladan, eine nord-östliche Stadt Babyloniens der assyrischen Kontrolle zu entreißen, während diese sich in Wasserknappheit befindet: „Es gibt kein Wasser in Dur-Šarruku. Wenn

125 FM 7, 10, Z. 8-10: *i-na* ud 4.kam *a-na* [bà]d *ia-aḫ-du-li-im*.ki giš.má *i-ka-aš-ša-ad* íd.ud.ki[b].n[un] ⌈*na*⌉-*di*-[*i*] *ù ma-ša-ad-da-tum ma-a*[*ḫ-ra*] ⌈*i*⌉-*na re-eš* iti.*ma-al-ka-nim ge-er-ri ú-pa-ḫa-ar-ma*.

126 Reculeau 2002: 528.

127 Zu der Zeit strömt der Euphrat zw. 3000-3500 m^3/Sec (Reculeau 2002: 528).

128 Eine Verspätung von zwei Monaten der Saison ist auch in AbB 10, 195, ZZ. 10'-11' bewiesen: *ša-at*-[*t*]*um* iti 2.kam [...] *uḫ-ḫa-ra-a*[*t*], „die Saison ist zwei Monate verspätet".

129 Der Brief ARM 26-1, 14 beschreibt die Landschaft entlang des Euphrat im VI. Monat des 5. Jahres Zimri-lim und bezeichnet diese Zeit als der Beginn der schwellenden Wasserströmung, die normalerweise ab Anfang November erfolgt. Deshalb ist es denkbar, dass die Verzögerung des Kalenders in diesem Jahr sowieso wichtig sein musste (Durand 2002: 35, Fußnote a; Durand 1988: 114, Fußnote d).

130 Reculeau 2002: 529.

131 SAA 5, 298, Z. 12-15: dingir.alad.dingir.lama.[meš] *ar-ḫi-iš li-ik-ba*-[*su-ni*] *a-du* a.meš *ina* íd [*e-ṣu-ni*] íd *lu*-[*še-bi-ru*].

du hierherkommst und einen Angriff machst, würdest du sie (maximal) in einem Tag einnehmen.“[132]

4.5. Redewendungen

Trockenheit kommt auch in Sprichwörtern vor:

> **SAA 21, 83, Z. 2’-4’**
> *an-ḫu šá i-na qaq-qar ṣu-*⌜*um*⌝*-mu* [*i*]*-ta-at-ti-qu* a.meš [*ma*]*-áš-qí-*⌜*i*⌝ [*ul i*]*-*⌜*maš*⌝*-ši-iḫ*[133]
>
> Ein erschöpfter (Mann), der durch ein „Gebiet des Durstes“ gelaufen ist, misst [nicht] das Wasser an der [Trä]nke ab.

Wer gelitten hat, verschwendet keine Zeit mit Feinheiten. Menschen, die sich an das trockene Klima anpassten, konnten die Not im sogenannten „Gebiet des Durstes“ gut verstehen.

---

132 SAA 15, 189, Z. 10’-13’: *ma-a* a.meš *ina* uru.bàd.lugal-*uk-ki la-áš*-[*šu*] *ma-a ki-ma ta-at-tal-ka ina* ugu-*ḫi ta-as-sak-na am-mar* ud-*me-ka ta-ṣab-bat-su.*

133 Beachtenswert ist die Alliteration *mašqû-imaššiḫ.*

5. Kälte und Winter

Dieses Kapitel befasst sich mit Kälte und der kalten Jahreszeit, zwei Begriffe, die sich terminologisch im Akkadischen nicht unterscheiden lassen. Ein erheblicher Teil der Belege beschäftigt sich interessanterweise mit kaltem Wetter. In den warmen Subtropen deutet die große Anzahl von Berichten über dieses Phänomen daher auf einen Bedarf hin, die alltägliche Arbeit im Hinblick auf unvorhersehbare oder gefährliche Wetterbedingungen zu planen. Die Nachteile der kalten Jahreszeit werden durch ein zutreffendes zweisprachiges sumerisch-akkadisches Sprichwort umschrieben: „Der Winter ist böse, der Sommer hat Heil“.[134]

5.1. Landwirtschaft

Kaltes Wetter stellte ein Problem für die Viehzucht dar. Insbesondere in den nördlicheren Regionen Mesopotamiens konnten niedrige Temperaturen zu schwerwiegenden Folgen für die Tiere auf den Viehweiden führen. Ein Text aus dem Mari-Archiv wurde aus der Region von Razama am Sindjar-Gebirge geschickt. Hier muss das Klima deutlich strenger als in Mari gewesen sein, weshalb das Vieh des Königs Šarriya plötzlich aufgrund der Kälte dezimiert wird: „Die Schafe, über die mein Bruder mit Hizzi gesprochen hat, möge er mir geben! In dieser Jahreszeit ist die [Käl]te bitter geworden und meine Schafe sind aufgerieben worden!“.[135]

Eine Bestätigung, dass der Winter eine kritische Zeit für das Vieh war, bietet der Brief FM 7, 31. Er nennt verschiedene Gründe, warum zwei Beamte nicht im Winter nach Mari reisen sollten: „Der Win[ter] ist nun [angekommen … Wer] würde sich um die Schafe kümmern?“,[136] fragt der Absender den König. In der Annahme, dass es sich nicht um eine Ausrede zur Vermeidung einer anstrengenden Reise handelte, war eine aufmerksame Kontrolle des Viehs in dieser Jahreszeit so vonnöten, dass man lieber die Abreise auf den Frühling verschob. Eine ähnliche Situation geht aus anderen Briefen hervor, nach denen die Lieferung von Schafen sicherheitshalber nicht im Winter erfolgen durfte, sondern während der „Grassaison“.[137] Abgesehen von der wärmeren Temperatur, war der Frühling auch deshalb günstiger, da die Tiere mehr Grünland auf dem Weg zur Weide vorfanden.

Ochsen wurden in einigen Regionen für den Winter zu geschützten Orten geführt. Qaṭṭunan scheint in Maris Umgebung die Stadt der Wahl zu diesem Zweck zu sein: Dank ARM 27, 110 erhalten wir Auskunft davon, dass dieses Zentrum bevorzugt war, um die Tiere zu mästen: „Bezüglich der Ochsen von …, die Yasim-Sumu für das Futter hierhergeschickt

134 BWL, S. 241, Z. 38-39: [*ku-u*]*ṣ-ṣu le-mun um-ma-a-tum šul*!*-ma i-šá-a.*

135 ARM 28, 160, Z. 5-12: udu.ḫi.a *ša a-ḫi a-na ḫi-iz-zi iq-bu-ú li-id-di-na-am i-na ša-at-*[*t*]*im an-ni-tim* [*ku-ṣ*]*ú-um id-ni-in-*[*m*]*a* [u]du.ḫi.a-*ia it-ta-ag-ma-ra.*

136 FM 7, 31, Z. 13-15: *i-na-an-na ku-uṣ-*[*ṣú-um ik-šu-ud … ša pa-an* udu.ḫi.a *it-ta-na-a*[*p*]*-la-su* [*ma-an-num*].

137 ARM 10, 48, Z. 10-16; SAA 15, 61, Z. 9-15.

hat ... (Am) Ende des Monats Dagan (VIII.) sind diese Ochsen angekommen (und) sie wurden in den Monaten Liliyatum (IX.) und Belet-biri (X.) gefüttert".[138]

Im nA Reich waren die Züchter darauf bedacht, dass die Pferde nicht an der Kälte zu leiden hatten. Im Brief SAA 21, 79 wird auf die Risiken der Kälte für Pferde hingewiesen: „Wir pflegten (die Pferde) am Neumond des XII. Monats (ungefähr Mitte Februar) zu schicken. Mach dich auf den Weg! Wenn lahme (Pferde) ein Hindernis wurden, dann sandten wir sie früher im XI. Monat. (Es besteht die Gefahr, dass) sie durch bittere Kälte (oder auch) aufgrund (normaler) Kälte aufgrund der Kälte sterben".[139] Tierentsendungen wird zudem in den Kalḫu-Briefen erwähnt: In einem Schreiben aus einer nördlichen Region sind detailliertere Auskünfte über die Gefahr von Kälte für Pferde und Reisende zu lesen.

CTN 5, ND 2359, Z. 1-7
[... x2]0? anše.k[ur.ra.meš] *pa-*[*n*]*i-ú-te ú-se-b*[*i-la*] *ina ša-lu-ši-ni ki an-n*[*i-i*] *ku-pu-u i-di-*[*i*]*n* íd.meš *i-dan-na* lú.érin.meš anše.kur.ra.meš *ša i-si-ia ina ku-pe-e* [*m*]*é-e-tú*

Die ersten [(1)2]0? Pf[erde] habe ich gebra[cht]. Im vorletzten Jahr, wie dieses, war der Schnee heftig, die Flüsse strömten schnell. Berittene Truppen, die mit mir waren, sind aufgrund des Frostes gestorben.

Transporte zu Fuß oder per Pferd waren in den kalten Monaten nicht zu unterschätzen, ein Thema, das wir in den nächsten Abschnitten weiter besprechen werden. Auch in diesem Auszug ist die erwähnte Verbindung zwischen großen Mengen von Schnee und dem Hochwasser (Z. 5) herauszustellen.

Der Winter war darüber hinaus keine günstige Zeit zur Durchführung von landwirtschaftlichen Aktivitäten. Für die Feldbestellung und die Pflege der Zuchttiere gab es günstige und ungünstige Jahreszeiten, was ein guter Landwirt nicht vernachlässigen sollte. Der folgende Auszug zeigt das schlechte Ergebnis einer fehlenden Vorbereitung auf die kalte Periode:

AbB 10, 96, Z. 1-2"
i-n[*a*] *a-*[*ḫ*]*i ša-at-tim ú-*[*u*]*l* [...] *e-re-ša-am up-pu-lam i-na* iti.*e-lu-n*[*im*] *e-re-ša-am tu-ša-ar-ri-ma tu-*[...] a.šà *i-na a-ḫi ša-at-tim ú-ul te-i-il* gu4.ḫi.a *ú-ul ta-ap-ṭu-ur-ma i-na da-an-na-at ku-uṣ-ṣi tu-uš-ta-mi-is-sú-nu-ti ù i-na-an-na ša-at-tum ga-am-ra-at-ma* a.šà *i-na e-re-ši-im ú-ul ta-ak-m*[*i-is* ...]

Zu Beginn des Jahres nicht [...] Zu pflügen hast du zu spät mit dem Saatpflügen im Monat Elūnum[140] begonnen [...] oder hast du das Feld zu Beginn des Jahres nicht

---

138 ARM 27, 110, 5-21: *aš-šum* gu4.ḫi.a *ša nu-*x*-di*? *ša* [*i*]*a-s*[*i-i*]*m-su-mu-ú a-na* šà.gal *iṭ-ru-d*[*u*] ... iti.dingir.*da-gan ga-mì-ir-ma* gu4.ḫi.a *šu-nu ik-šu-du-nim* iti.*li-li-ia-tim ù* iti.dingir.nin-*bi-ri* gu4.ḫi.a *šu-nu i-ku-lu*.

139 SAA 21, 79, Z. 9-3': *ina* šà iti *šá* iti.še *ni-šap-par al-ka ki-i* lú.gìr.ad4 *ik-rim-u-ni nu-uḫ-tar-rip ina* šà iti.zíz *ni-is-sa-par ina dan-ni-te šá ku-uṣ-ṣu ina ku-uṣ-ṣi-im-ma ina ku-uṣ-ṣu i-mut-tú*. Die Gefahr von Erfrierung bezieht sich voraussichtlich nicht auf die Reise der Pferde, da Der XI. Monat (Januar-Februar) genauso kalt, wenn nicht kälter, wie der XII. (Februar-März) ist.

140 VI. Monat des babylonischen Kalenders, unser August-September.

(vertraglich) gebunden. Die Rinder hast du nicht ausruhen lassen, du hast sie in der eisigen Kälte sterben lassen! Und nun ist das Jahr zu Ende und du bist damit noch nicht fertig, das Feld zu besäen!

Der Terminus *erēšu* bedeutet „pflügen“ oder „saatpflügen“.[141] Z. 2 muss sich auf diese zweite Arbeit beziehen, mit der ein gewissenhafter Bauer vorher anfangen muss: Laut dem oben vorgestellten Anbausystem ist das Pflügen der Felder sowohl vor dem Sommer zu leisten, wenn die Erde von den Hochwassern und Regen befeuchtet ist, als auch während des Sommers. Wir wissen dank anderer aB Belege, dass das Ackerland, besonders im Frühjahr, einige Monate lang überschwemmt bleiben konnte: “… Von jetzt an werden die Felder drei Monate lang aus dem Wasser nicht emporkommen”.[142] Im VI. Monat (August-September) ist der Boden bereits hart und versalzt schnell noch vor der ersten Frühsaat, wenn diese nicht vorbereitet wurde.[143] Zudem war es ein enormer Irrtum, die Zugochsen in tiefstem Winter nicht im Stall zu lassen. Obwohl die Kälte nicht immer so extrem war, wurde die Leistung der Zugtiere beeinträchtigt und der Bauer befand sich im XII. Monat (Februar-März), am Ende des Jahres, in der ungünstigen Lage, die Wintersaat nicht vervollständigt zu haben.

Einer der Vorteile des Winters besteht darin, dass die Obstbäume zu dieser Zeit wenig Pflege erfordern und deshalb bevorzugt gepflanzt werden. Die wertvollen Feigenbäume, die der König von Mari speziell aus Šubat-Enlil transportieren ließ, sollen laut dem Beamten lieber im Winter in die Erde umgepflanzt werden, damit sie nicht sterben: „Warum hat mein Herr mir doch nicht im Winter befohlen, diese Bäume zu nehmen (und) warum sind sie jet[zt …] während der Blütezeit der Stecklinge nicht eingepflanzt worden?“.[144] Diese Aussage entspricht auch der modernen Prozedur zur Einsetzung des Feigenbaums.

5.2. Transport und Schifffahrt im Winter

Die Temperatur ist selbstverständlich von der Geographie und der Geomorphologie abhängig, weshalb es nicht überrascht, dass die Mehrheit der Berichte über Kälte aus Berggebirgen und aus dem Hügelland Obermesopotamiens kommt. Ein Brief aus dem Kültepe-Archiv, aA *kārum Kaneš* im anatolischen Binnenland, bietet uns ein Beispiel für die Fortbewegung im Alltag. Ein Geschäftsmann lässt seine Schwester nicht zur Hauptstadt Assur über das schwierige Hochland gehen: „Weil es bitterkalt ist, ist es ungünstig für sie, zu gehen“.[145] Gefahren des winterlichen Fernverkehrs lassen sich durch eine Meldung an den König von Mari nachweisen. Sie handelt von einer Reise mit einem Säugling:

FM 7, 49

6.	*ku-uṣ-ṣú-um*	Der Winter
7.	*ik-šu-dam ki-i* lú.tur.tur *i-il-la-ak*	

141 Salonen 1967: 326.

142 AbB 2, 158, ZZ. 21-23: *iš-tu i-na-an-na* iti.3.kam *i-na me-e ú-ul i-li-a-nim*; siehe auch AbB 8, 130, ZZ. 7'-8'; ARM 27, 101; ARM 27, 102, ZZ. 36-37.

143 Salonen 1967: 231.

144 FM 3, 129, Z. 13-16: *ku-uṣ-ṣa-am-ma* [*be*]-*lí am-mi-nim la iq-*⌜*bé-em*⌝*-ma* giš.ḫi.a *šu-nu-*⌜*ti*⌝ [*li*]-*il-qú-nim-ma i-na-an-*[*na* …] *i-na pé-re-eḫ sí-ka-tim la iz-za-aq-pu*.

145 AKT 8, 189, Z. 36: *ki-ma ku-ṣú da-nu-ni-ma lá na-ṭù-ma lá ta-lá-ka-ni*.

		ist angekommen. Wie könnte so ein
8.	*at-la-ak* lú.tur *li-il-li-ik*	kleines Baby reisen?
		Geh du los! Soll das Baby auch
9.	anše.kur.ra.ḫi.a gu$_4$.ḫi.a *ù mi-im-ma*	mitgehen?[146]
10.	[*šu-b*]*u-ul-tam ša it-ti* lú.tur *a-na a-ḫi-ia*	Pferde, Ochsen und die ganzen
		Transportgüter, die ich mit dem
11.	[*ú-š*]*a-a*[*b*]*-ba-l*[*u*?] *i-na ru-s*[*é*]*-e i-na*	Baby zu meinem Bruder
12.	*ku-uṣ-ṣí*	schicken werde – zur Regenzeit,[147]
13.	[*li*]*-il-li-ik* [*a-l*]*a-ka-am ú-ul i-le-i*	im Winter,
		soll (all dies) mitgehen?
	[...]	Es kann (doch) nicht reisen![148]
16.	[*i-na-an-na*] iti 2.kam lú.tur *šu-ú* [...]	[...]
		[Im Moment] ist das Baby zwei
18.	[*a-di* ud]*-mi ṭà-bu-tim*	Monate (alt) [...]
19.	[*a-na š*]*u-bu-ul-tim*	[Bis zu] einer besseren Zeit
20.	[*ú-ul da*]*-mi-iq* [...]	[für den] Transport
		[ist es nicht gü]nstig, (loszugehen).

Die Fahrt des kleinen Yarim-lim von Aleppo nach Mari wird aufgrund des Wetters verworfen. Der Weg zwischen Mari und der Hauptstadt des Yamhad-Reiches wird hier als besonders gefährlich eingestuft, wahrscheinlich weil die breite Wüstensteppe entlang des Euphrats in dieser Jahreszeit schlammig und beschwerlich war. Die Reise wird demnach auf eine andere Jahreszeit verschoben.

Außer den Karawanen war auch der Schiffsverkehr vom kalten Wetter abhängig. Dank der Texte aus Mari können wir auch einen Blick auf die Reisen auf dem Fluss werfen. Der Brief ARM 26-1, 18 erzählt von einer Schifffahrt von Mari vermutlich nach Aleppo. Es handelt sich um einen Transport des *alûm*, einer sperrigen Trommel[149] für die Hochzeitsfeier des Königs. Der Transport musste wegen der unerträglichen Kälte unterbrochen werden:

ARM 26-1, 18, Z. 9-13, 30-32
i-na a-la-ki!*-ia i-na* giš.má.tur.ḫi.a *ku-uṣ-ṣú-um iṣ-ba-ta-an-ni-ma ṣa-bu-um ka-lu-šu i-na ku-uṣ-ṣí-im* [*i*]*t-ta-ak-ki-ìs-ma ša-da-ad* giš.má.tur.ḫi.a *ú-ul i-le-i* [*e-t*]*e-qa-am e-ti-iq-ma ṣí-di-ti ka-la-ša i-na* giš.má.tur.ḫi.a *e-*[*z*]*i-ib-ma* [...]
[*ṣa-b*]*a-am i-na tu-ut-tu-ul*.ki *a-na di-pa-ri-im* [*as*]*-ḫu-ur-ma ú-ul ú-ta um-ma šu-nu-ma* ⌜*ku*⌝*-ṣ*[*u*]*-*⌜*um-ma*⌝ [...]

Während meiner Reise überfiel mich die Kälte auf dem Schiff und die ganze Mannschaft ist wegen der Kälte behindert. Sie konnte die Schiffe nicht schleppen. Ich zog weiter und ließ alle Vorräte im Schiff [...] *(Es folgt ein Versuch der Mannschaft*

146 Die Form des Prekativs *lillik* hat wahrscheinlich hier sowie auf Z. 12 die Funktion einer Frage (Streck, M. P., 2021: *Altbabylonisches Lehrbuch*, §184e).
147 Übersetzung nach Durand 2002: 165-67.
148 Das Verb bezieht sich wahrscheinlich auf das Baby.
149 CAD 1, „A-1", S. 377.

das alûm *abzuladen und es wird nach Hilfe der Leute aus Tuttul verlangt ...)* Eine [Mann]schaft habe ich in Tuttul mithilfe des Leuchtsignals gesucht, (aber) nicht gefunden, (denn) sie (haben gesagt): „Es ist (zu) k[alt]". [...]

Die Unmöglichkeit, zu segeln sowie die Boote zu schleppen, lässt sich vielleicht dadurch erklären, dass die Ufer oder sogar das Flussbett mit einer Eisschicht bedeckt waren.

5.3. Feldzug

Generell war die Kriegsführung von den klimatischen Bedingungen abhängig. Die Feldzüge waren unterschiedlich lang[150] und fingen zu verschiedenen Zeiten im Jahr an.[151] Eine Militärkampagne im Winter bereitete ohnehin mehr Schwierigkeiten. Deshalb war es vernünftiger, auf die ersten Tage milden Wetters zu warten. Ein von Šamšī-Adad aus Tell-Shemshara abgesandter Brief informiert über die Absicht, mit den ersten Frühlingstagen in den Krieg gegen den Feind zu ziehen: „Es ist Winter und diese zwei kalten Monate kann ihn nicht greifen … [Am] ersten Tag, [wenn] das Wetter (wieder) gut wird, werde ich [mit] der ganzen Truppe hinaufziehen und ihn ausfragen!".[152] Der Brief wurde in einer Region am Oberen Tigris und Zab abgefasst, wo der Winter deutlich härter als im Rest Mesopotamiens ist.

Falls ein Feldzug aus strategischen Überlegungen über den Herbst hinaus ausgedehnt werden musste, hatte die Armee keine andere Möglichkeit, als im befestigen Feldlager zu überwintern. Das war unbeliebt. In einem Brief bittet Ibal-pī-El Zimrilim darum, mit der Armee aufzubrechen, bevor der Winter einbricht: „Seit ein Gott den Feind vernichtete und der Winter zurückkehrte, warum hältst du die Diener deines Bruders auf? Gib mir den Befehl, damit ich losgehen darf und damit der Soldat vor der Kälte sein Haus erreichen kann".[153] Die Soldaten, die grundsätzlich normale Bürger waren und schon unter der Zwangsrekrutierung und den Kämpfen litten,[154] sollten vor den klimatischen Schwierigkeiten geschützt werden.

Auch Unterhalt und Logistik waren im Winter schwierig. Der Palast von Mari sorgte für Vorräte in Höhe von ca 1000 Kalorien täglich pro Soldaten.[155] Der Proviant musste von den Soldaten selber getragen werden. Der Transport schwerer Kriegsgeräte erfolgte dagegen mit Booten oder durch von Ochsen gezogenen Wagen.[156] Während des Marsches war die logistische Unterstützung Aufgabe der zentralen Verwaltung.[157] Ein Beweis für die Wichtigkeit einer hochkalorischen Ernährung bei kaltem Wetter sind die Briefe ARM 26-2,

150 Klengel 1983: 243.

151 Fales 2010: 171.

152 ShAr 3, Z. 22-28: *ku-uṣ-ṣú-ma* iti 2.kam *an-nu-tim ka-ṣú-*⸢*tim*⸣ [*q*]*a-tam ú-ul ub-ba-al-*[*š*]*um* [x x]-*pa-ak-ka-šu*?-[*ma*? *ki*]-⸢*i*⸣ ud 1.kam-[*ma iš-tu* ud]-*mu iṭ-ṭì-b*[*u it-ti*] *ka-bi-it-ti ṣa-bi-im* [*e-l*]*e-em-ma a-ša-al-*⸢*šu*⸣.

153 ARM 2, 24, Z. 9-12: [...] *iš-tu* lú.kúr dingir-*lum ú-ḫa-li-qú ù* ud-*mu ku-uṣ-ṣí-im ik-šu-du a-na mi-nim* ìr.meš *a-ḫi-ka ka-le-et wu-e-ra-an-ni-ma lu-ut-ta-la-ak ù la-ma ku-uṣ-ṣí-im* lú.uku.uš é-*sú li-ik-šu-ud.*

154 Klengel 1983: 245.

155 Heute wird angenommen, dass ein Mann über 19 Jahren zwischen 2000 und 3000 Kalorien pro Tag konsumieren sollte.

156 Glock 1968: 143-44.

157 Glock 1968: 144-45.

405, in dem die Truppe die versprochenen Schafe, Proviant für den kommenden Winter, beantragt, und ARM 26-1, 29 betreffs der Versorgung mit (Sesam-)Öl.

ARM 26-1, 29, Z. 12-20[158]
ša-ni-tam ṣa-bu-um ṣí-di-tam iṣ-ba-at ù ì.giš *ú-ul i-ba-aš-ši ù* ud-*um ku-uṣ-ṣí-im i-na-an-na* ì.ba-*sú-nu ú-up-pí-iš-ma* 8 gur 0.2 2 *qa* ì.giš ì.ba *ṣa-bi-im ar-ḫi-iš i-n*[*a* giš.má.ḫi.a] *li-iš-šu-nim-ma ar-ḫi-iš* [*li-im-ḫu-ru*] *be-lí i-de k*[*i-m*]*a ba-lum* ì.giš *ṣa-b*[*u-um* giš.tukul.meš] [*i*]*-na ku-uṣ-ṣí-im e-pé-ša-am u*[*l i-le-i*]

Übrigens hat die Armee die Vorräte genommen, aber es gibt kein Öl und das Wetter ist kalt! Nun habe ich ihre Ration ausgerechnet: 8 Kor und 22 Liter Öl, Ration des Heers soll man schnellstens über [Boote] liefern, (damit) sie es schnell [empfangen]. Mein Herr weiß, dass die Armee ohne Öl keinen [Kampf] wegen der Kälte führen [kann].

Die Truppe benötigt im Winter Energien, um kriegerischen Aktivitäten nachgehen zu können.

5.4. Bittbriefe und Sonstige

Die Kälte kann sich als Konsequenz von Widrigkeiten und Armut übersetzen lassen. Dieser Aspekt lässt sich anhand der Textsorte „Bittbrief" im Textkorpus gut nachweisen. Es handelt sich um bestimmte Schriftstücke, bei denen der Absender eine explizite höfliche Bitte an den Adressaten richtet.[159] Drei aB Briefe[160] zeigen eine deutliche Verbindung zwischen der gefühlten Kälte und dem Schreiber, der sich in Schwierigkeiten befindet. Solche Metaphern innerhalb von „Bittbriefen" scheinen im Laufe von einem Jahrtausend dieselbe Form beibehalten zu haben, da wir eine ähnliche Verwendung von *kuṣṣu* auch in einem nA Brief an den Kronprinzen finden: „Warum sterbe ich wegen Unruhe? und Kälte? Vor fünf Tagen sagte der König: ‚gebt Naṣiru ein Haus', aber niemand gab mir ein Haus!".[161]

Die erste Ursache des Frierens im Armutszustand ist ungeeignete oder einfach abwesende Kleidung. Im folgenden Schreiben wendet sich der Absender in jammervollem Stil an eine unzuverlässige Weberin.

AbB 5, 160, Z. 4'-8', 16'-17'
a-na na-aḫ-la-ap-tim ú-sa-li-a-ki-ma ú-ul te-re-mi-ni ki-ma ka-al-bi da-aḫ-ti ú-ul ta-ša-li di-im-ti ù di-ma-ti e-li-ki li-li-ik [...] *a-ka-lam i-šu-ú ù ú-u*[*l* ...] ⌜x x⌝ *ba-ri-a-ku ù ka-ṣi-a-*[*k*]*u* [...]

Um einen Mantel hatte ich dich gebeten, aber du empfindest kein Mitleid für mich. Als wäre ich ein Hund, kümmerst du dich nicht um mich! Mögen meine Träne und Tränen

158 Dasselbe Thema lässt sich im Brief ARM 26-1, 28 nachweisen.
159 Sallaberger 1999: 154-63.
160 Siehe AbB 8, 100, Z. 9; AbB 10, 4, Z. 37; AbB 14, 23, Z. 21-22.
161 SAA 10, 180, Z. 8-16: *am-me-ni ina la pa-ši-ri ina ku-ṣu a-ma-a-ti* 5 ud.meš *a-ga-a* lugal *iq-ta-bi um-ma* é *a-na* I.*na-ṣi-ru in-na-a mam-ma* é *ul id-di-na*.

auf dich fließen! […] Ich habe [kein[?]] Brot und keinen [Mantel[?] …] Ich bin hungrig und mir ist kalt.

Aus diesen Texten geht hervor, dass der Begriff des menschlichen Leidens eng mit der Wahrnehmung der Temperatur verknüpft war.

6. Frost, Schnee und Eis

Viele der im Folgenden besprochenen Belege sind hauptsächlich in Alltagstexten aus dem Bergland bzw. dem Vorgebirge enthalten, wo Schnee und Eis ein etwas häufigeres Winterphänomen als im Rest des Nahen Ostens sind. Inwiefern sich die Kälte damals auf die Bewohner der Bergregion auswirkte, wird uns durch einen nA Brief aus der Umgebung von Arrapha, heute Kirkuk im kurdischen Irak, geschildert. Thema der Nachricht ist der Bau von Wohnhäusern für Deportierte. Diese sollen „mit Bitumen beschichtet werden, wie in Baq[arru.[162] Der König, mein Herr, weiß, dass Schnee und Eis hier sehr heftig sind".[163] Bitumen diente der Abdichtung des Hauses.

6.1. Landwirtschaft

In der Hügellandschaft Assyriens, im heutigen Nordirak, ist der Schnee nicht so selten, wie man denken könnte. Die modernen Städte Mosul und Kirkuk haben durchschnittlich etwa einen Tag pro Jahr mit Schnee[164] und einen relativ kalten Winter mit einem durchschnittlichen Minimum zwischen 0° und 3° C.[165]

Einige Briefabschnitte aus der nA Zeit bieten uns die Gelegenheit, den Einfluss des Frostes auf einige landwirtschaftliche Aktivitäten betrachten zu können. Der Schnee scheint, laut SAA 15, 100 eine Bedrohung für die reifende Ernte in der Region von Kar-Šarrukin, im Zagros-Bergland, zu sein: „Die Ernte hat gekeimt, die Ehren sind sehr (vom Schnee) flachgedrückt, (aber) sie sind intakt?, und es regnet und schneit [...] durchgehend".[166] Dieser Bericht befindet sich, wie bereits in anderen Fällen bemerkt, am Ende der Tafel, der häufigen Position zur Aufzeichnung von Nachrichten über Ernte und Wetter. Dies wird weiter durch den Brief SAA 5, 105 bestätigt: „Bezüglich der jungen Bäume, über die der König, mein Herr, mir schrieb, es gibt heftigen Schnee und Eis, man kann sie noch nicht bringen".[167] In ähnlicher Weise wie im Text FM 3, 129 (S. 43) verhindert der Frost den Transport und das Einsetzen der Bäume in Dur-Šarrukin. Es wird stattdessen vorgeschlagen, sie am Anfang des XII. Monats (d. h. Ende Februar) zu bringen,[168] d.h. im letzten Monat des Winters, in der Hoffnung auf milderes Wetter.

---

162 Stadt der nA Provinz Arzuhina, am Unteren Zab, zwischen den Städten Arrapha und Arbela (Kuhrt 1995: 244).

163 SAA 15, 41, Z. 5-10: é.meš *ša e-*[*pu-šu-ni*] [*k*]*i-i* ⸢*ša*⸣ *ina* uru.*ba-q*[*ar-ri ku-up-ru*? *ina*] ugu-*ḫi-šú-nu li-ik-pa-r*[*u-ni*] lugal en *ú-da ki-i ku-p*[*u-u*] *qar-ḫa-a-te an-na-*[*ka*] *i-da-'i-nu-ni*.

164 Taha, Harb, ...: 243.

165 www.meteoblue.com.

166 SAA 15, 100, Z. 13'-16': še.*e-bu-ru pu-ru-u' kan-nu ma-ḫi-iṣ a-dan-niš da-ii-qi* mu? *ù* a.an.meš *ku-pu-ú a-*[x] *ka-a-a-ma-nu i-za-nu-un-nu*; das letzte Zeichen in Z. 14' (‚mu') ist unsicher.

167 SAA 5, 105, Z. 4'-7': *ina* ugu giš.*ziq-pi ša* lugal *be-lí iš-pu-ra-ni ku-up-pu qar-ḫu* kala-*an ú-di-ni le-ma-tú-ḫu*.

168 SAA 5, 105, Z. 7'-8'.

6.2. Das Reisen mit Schneewetter

ShAr 1 ist ein aB Brief von Šamšī-Adad an Kuwari betreffend die Entsendung eines Boten aus Šušarra, dem antiken Tell-Shemshara, dessen Umgebung von alpinem Klima charakterisiert ist: Die Reise muss unternommen werden, bevor die Route durch die Berge zugeschneit ist und der Weg gefährlich wird.

ShAr 1, Z. 52-63
la-ma k[ur].ḫi.a kaskal.ḫi.a ⌜*šu-ri*⌝*-pa-am i-ṣa-ba-tu a-na ṣe-ri-ia ṭú-ur-da-šum* [...] *šum-ma la ki-am-ma* kur.ḫi.a kaskal.ḫi.a *šu-ri-pa-am ṣa-ab-tu a-la-kam ú-ul i-le-i ma-aḫ-ri-ka-*⌜*ma*⌝ *li-ši-ib*

Bevor die Berge und die Straßen durch Schnee gesperrt werden, schicke ihn! (den Boten) zu mir! [...] Wenn es nicht möglich ist, die Berge und die Straßen schon durch den Schnee gesperrt sind und er nicht losgehen kann, (dann) lass ihn bei dir bleiben.

Der Text folgt mit der Beschreibung einer Route, die anscheinend in der Felsschlucht am Zab unterhalb des Dukan-Sees zu lokalisieren ist.[169] Im Hochland des Zagros' machten Schnee und Frost häufig die Straßen unpassierbar und waren deshalb zwei besonders beachtete Phänomene. Ein ähnliches alpines Klima herrscht auch in Anatolien, wie Hinweise auf Schneefälle in den aA Briefen aus dem *kārum* Kaneš zeigen.[170] Die Texte geben Zeitangaben, wie „wenn der Schnee viel wird",[171] oder „bei der Schneeschmelze".[172]

Auch in der Habur-Region konnten die Wege verschneit sein. ARM 28, 123 berichtet von den Herausforderungen der Karawanen aufgrund von Regen und Schnee, *ša-mu-ú ù sa-al-gu₅*: „Wir reisten zu unserem Vater, aber Regen und Schnee hielten uns zurück".[173] Trotz der Seltenheit dieses Phänomens stießen die im Brief beschriebenen Reisenden an der Route zwischen Nagar und Qaṭṭunan auf Schnee. Es ist vorstellbar, dass diese Route von der Provinz Idamaraṣ nach Mari entlang des Mittleren Habur führte, eine Strecke, die bereits der Hohen Dschazira zugerechnet werden kann.

Texte des I. Jahrtausends aus Assyrien widmen dem Schnee eine besondere Aufmerksamkeit. Die Korrespondenz der nA Provinzen gibt uns Informationen über verschiedene Wege und Bergpässe, die der Schnee blockierte. Tušḫan, heute in der türkischen Provinz Diyarbakir, Urartu und das westliche Zagros-Bergland sind die Ortschaften, die oft von den assyrischen Gouverneuren in Bezug auf Schnee erwähnt werden. Während der Absender von SAA 5, 146 nur aus der Tür zu schauen braucht, um festzustellen, dass die Reise unmöglich wäre, erzählt Dur-Aššur dazu in seinem Brief SAA 19, 61: „Der Schnee ist sehr heftig. Ich habe Späher geschickt, (aber) sie suchten herum und (sagten): ‚Wo sollen wir

169 Eidem 2001: 72.

170 AKT 5, 18, Z. 49; AKT 6B, 329, Z. 19; AKT 7A, 284, Z. 16; AKT 10, 2a, Z. 11: Hier wird das Wort *ku-pá-ú-um/ku-pá-um* für „Schnee" verwendet.

171 AKT 6B, 329, Z. 19: *ki-ma ku-pá-um ma-du-ni.*

172 AKT 10, 2a, Z. 11: *i-na pa*!(AP)*-ṭá-ar ku-pá-e-em.*

173 ARM 28, 123 Z. 8-9 (neue Lesung des Briefes ARM 2, 57): *pa-ni-ne a-na ṣe-er a-bi-ni ni-id-di-i*[*n*]*-m*[*a*] *ša-mu-ú ù sa-al-ku ik-la-an-né-ti.*

hingehen?'".[174] Die Bergstraßen konnten bei solchen Wetterbedingungen anscheinend schnell unpassierbar werden. Gelegentlich waren die Routen der Provinzen Kalḫu und Arrapha am Ende des Winters sogar eingeschneit. Im nA Text CTN 5, ND 2777 ist zu lesen: „In Bezug darauf, was der König mir schrieb: ‚Geh nach Kalḫu am 1. Nisannu (I. Monat, März-April)', wir öffnen die Wege, aber der Schnee ist schon aufgetreten und füllt (die Straßen). Der Schnee ist extrem stark geworden!".[175] Es gab Schneefälle im Frühjahr, die den Weg unpassierbar machen konnten.

6.3 Feldzug

Für die Armee waren Eis und Schnee ein Problem. Ein assyrisches Bataillon, das bei der Belagerung einer feindlichen Stadt im Schnee steckenblieb („sie können nicht aufbrechen aufgrund des Sch[nees]"),[176] brauchte umgehend Vorräte, um nicht in der bitteren Kälte zu sterben.[177] Während seines Feldzugs gegen Elam musste sogar Sanherib Vorkehrungen treffen, damit der Marsch der Armee durch die Bergpässe nicht vom Frost behindert wurde. Der König äußert seine Besorgnis über den letzten Teil des Wegs, den die Truppen von Assyrien Richtung Südosten zur elamischen Königsstadt Madaktu begehen mussten:

RINAP 3, San. 22, V, Z. 6-10
ḫar-ra-nu a-na uru.*ma-dak-ti* uru lugal-*ti-šú a-la-ku aq-bi* iti.*tam-ḫi-ri* en.te.na *dan-nu e-ru-ba-am-ma šá-mu-tum ma-at-tum ú-šá-az-ni-na* a.an.meš-*šá* a.an.meš *ù šal-gi na-aḫ-lu na-at-bak* kur-*i a-du-ra pa-an ni-ri-ia ú-ter-ma a-na* nina.ki *aṣ-ṣa-bat*

Ich befahl den Marsch nach Madaktu, Stadt seines Königtums. Im Monat Tamḫīru kam eine bittere Kälte und es regnete viel.[178] Ich machte mir Sorge um Regen und Schnee in den Felsschlucht(en) und Abhängen des Gebirges. (Deshalb) „drehte ich mein Joch um" und nahm (den Weg) nach Ninive.

Sanherib wusste, dass der Bergweg nach Elam am Anfang des Winters (Tamḫīru ist der IX. Monat, nämlich Dezember-Januar)[179] für seine Armee problematisch werden konnte. Denn Madaktu und Susa sind im Nordwesten vom Zagros-Hochland geschützt. Das schlechte Wetter ließ dem König keine andere Möglichkeit, als den Marsch durch die Berge abzubrechen und zurückzukehren.

Nicht immer war der Frost ein Nachteil für die Kriegsführung. In Rahmen eines Konfliktes in Urartu wird ein Vorschlag im Brief SAA 5, 145 zitiert: „Vielleicht, sobald es starken Schnee gibt, können wir uns gegen ihn aufstellen".[180]

---

174 SAA 19, 61, Z. 15-18: ku-pu-ú : kala-an a-dan-niš lú.da-a-a-lì a-sa-par : i-su-ḫu-ru-ni ma a-a-ka ni-i[l-l]ak.

175 CTN 5, ND 2777, Z. 5-10: ša lugal be-lí iš-pur-an-ni ma-a ud 1.kam ša iti.bár a-na uru.kal-ḫa ir-ba ḫu-la-a-ni ni-pat-tu i-šak-kan ku-pu-u ú-ma-la ku-pu-u i-di-in a-dan-niš.

176 SAA 5, 126, Z. 4'-5': ta igi ku-[pe-e] la il-lak-ka.

177 SAA 5, 126, Z. 5-4'.

178 Wörtlich: „Viel Regen ließ seinen Regen regnen".

179 RINAP, San. 230, Z. 38 enthält eine Variante mit dem Monat Ṭebētu (X.).

180 SAA 5, 145, Z. 10-14: ma-a i-su-ri ki-ma ku-pu-u i-di-i-ni ma-a ni-za-qu-pu ina ugu-ḫi-šu.

6.4. Eislager in Mari

Unter den verschiedenen Briefen aus dem Mari-Archiv fallen 17 Texte über das Auffinden, die Sammlung, den Transport und die Einlagerung von *šurīpu*, Eis und Schnee, auf. Charlier 1987 behandelt die Eislager in Mari. Eine Überarbeitung desselben Themas veröffentlichte Joannès 1994.[181]

Die Texte, die die Eislager besprechen, sind die folgenden: ARM 1, 21; ARM 2, 91; ARM 2, 101; ARM 3, 29; ARM 5, 6; ARM 13, 32; ARM 13, 121; ARM 13, 122; ARM 14, 25; ARM 26-2, 400; FM 2, 76, FM 2, 77; FM 2, 78; FM 2, 79; FM 2, 80; FM 2, 82; FM 3, 153. Damals war das wertvolle Eis auf zwei Arten auffindbar. Die erste bestand darin, das Eis im Winter in den nördlichen Bergen zu verladen. Zweitens konnte man auf Hagel warten, der allerdings nicht oft in der Region auftrat.[182] Durch kaltes Quellwasser konnte das Eis aufbereitet und kalt gehalten werden.[183]

Die Briefe ARM 5, 6 und FM 2, 82 nennen Eis oder wahrscheinlicher Schnee in der Umgebung der Städte Ziranum, Nihriya und Šubat-Šamaš, alles Orte am Oberlauf des Euphrats auf über 500 m NN. Die Eisbrocken wurden sorgfältig gesammelt[184] und nach Mari transportiert. Diese Tätigkeit erfolgte vorzugsweise bei Sonnenuntergang oder in der Nacht, um die hohe Tagestemperatur zu vermeiden.[185]

Die Nachfrage nach dem Luxusprodukt Eis, das als Hauptzutat eines frischen Getränks zusammen mit Wein konsumiert wurde,[186] schien am königlichen Hof von Mari sehr groß zu sein. Alle solche Angelegenheiten wurden laut den Briefen mit großer Beachtung organisiert und durchgeführt.[187] Der Wert des Eises ist ARM 13, 32 zu entnehmen, wo es als köstliches Geschenk für die elamischen Gesandten im Mari-Reich dargebracht wird: „Ich ließ eine Kanne Wein, zwei schöne Widder und das Eis, das man zu meinem Herrn brachte, den Elamern liefern“.[188] Interessant wäre es zu wissen, welche Techniken zur Konservierung des Eises während des Transportes im mesopotamischen subtropischen Klima angewendet wurden; große Kisten mit dem bereits erwähnten kalten Quellwasser wären eine Möglichkeit.[189] Für den Verzehr bei Hofbanketten lassen sich kostbare Kühlgefäße aus Silber und Bronze, *mukaṣṣītu* genannt, nachweisen. Obwohl dieser nicht in Wörterbüchern vorkommt, ist der Begriff von der aB Zeit am Hof von Mari[190] bis zur nB Zeit gut belegt.[191]

An den Sicherheitsmaßnahmen während aller Phasen des Transportes und der Lagerung lässt sich die hohe Wichtigkeit des raren Produktes erkennen. Das Eis sollte unter ständiger

181 Charlier 1987: 1-10; Joannès 1994: 137-150.

182 Charlier 1987: 2.

183 Joannès 1994: 142-144.

184 FM 2, 76, Z. 5: *aš-šum šu-ri-pí-im pu-ḫu-ri-im.*

185 FM 2, 76, Z. 7; FM 2, 78, Z. 13.

186 Siehe ARM 5, 6, Z. 13-21 (Dossin übersetzte *šurīpum* aber „Mineralstein“); FM 2, 82, Z. 26.

187 FM 3, 153, Z. 18-20: *ù aš-šum šu-ri-pí-im ša be-lí iš-pu-ra-am a-ḫu-um ú-ul na-di*; „bezüglich des Eises, über das mein Herr mir schrieb, gab es keine Nachlässigkeit!“.

188 ARM 13, 32, Z. 6-9: 1 dug giš.geštin 2 udu.níta *dam-qú-tim ù šu-ri-pa-am ša iš-tu ma-ḫa-ar be-lí-ia ub-lu-nim a-na* lú.nim.ma [*ú-ša-b*]*i-il.*

189 Joannès 1994: 144.

190 ARM 31, 34, Z. 18: 1 gal.*mu-ka-ṣí-tum* tur kù.babbar, “1 kleines Kühlgefäß aus Silber”.

191 Siehe dazu ARM 31,168, Z. 32’; ARM 31, 37, Z. 58’; ZA 74, p. 89, 32ff.; AOAT 236, 103, Z. 7. Die nB Belege werden in Jursa 2003: 235-236 kommentiert.

Bewachung stehen, sogar wenn es in der Lagerkammer war.[192] Um die Konservierung des Eises zu garantieren, musste die Eiskammer, akkadisch *bīt šurīpi*, ein großer Raum mit der Kapazität für eine erhebliche Menge Eis sein.[193] „Häuser des Eises“ sind auf Grundlage diverser Briefe in Mari, Terqa, Sagarātum[194] und sogar im Archiv von Tell-Rimah belegt. In diesem letzten Archiv wird auf die Verwendung des „Eises von Qaṭṭara“,[195] eine weitere Stadt am Sindjar-Gebirge, hingewiesen: „Die Göttin, du und Belassunu trinkt (es) regelmäßig: Möge die Eis(kammer) überwacht werden“.[196]

192 FM 2, 82, Z. 22: šu-ri-pu-um lu-ú na-ṣi-ir.

193 Laut FM 2, 82, 16-18 werden 20 Männer gebraucht, um insgesamt fast 300 kg Eis zu transportieren (Joannès 1994: 147, Fußnote c).

194 Charlier 1987: 1.

195 OBTR 79, S. 73, Z. 4.

196 OBTR 79, S. 73, Z. 6-11: dingir.il-tu at-ti ù be-la-as-su-nu ši-ta-at-te-e ù a-na šu-ri-pí qa-tu-um lu-ú na-aṣ-ra-at.

7. Gewitter

Neben der Tatsache, dass ein Gewitter Regen und Sturm bringt, wurde es in Mesopotamien außerdem als „numinose Gewalt“ und Äußerung des Wettergottes Adad wahrgenommen.[197] Daher besitzt es eine ominöse Konnotation. Donner und Blitz wirken sich in der Regel nicht direkt auf die alltäglichen Aktivitäten des Menschen aus. Der Donner war jedoch, aufgrund seiner charakteristischen beängstigenden Wirkung, die eklatanteste Offenbarung des Gottes. Seine akkadische Bezeichnung lautet in den meisten Fällen *Adad rigimšu iddī*, wörtlich „Adad stieß sein Gebrüll aus“.[198]

Das vorliegende Kapitel wird nicht wie die anderen gegliedert sein, da die Belege für Gewitter in den Alltagstexten fast ausschließlich die Vorzeichenkunde betreffen. Nur wenige Texte, die keinen ausdrücklichen Verweis auf Omina enthalten, wurden identifiziert. „Berichterstattungen“ aus dem Mari-Archiv, wie die Texte ARM 23, 63, ARM 23, 90 und ARM 23, 102, lassen uns mehr an Protokolle denken als an normale Mitteilungen.[199] Es ist schwierig festzustellen, ob diese Berichte der Zukunftsdeutung aus Wetterphänomenen dienten.[200] Dennoch ist unbestreitbar, dass diese „Memoranda“ die Erscheinung des Wettergottes mit genauen zeitlichen Angaben wiedergeben.[201] Leider ist die Verknüpfung zwischen der Erwähnung von Wagen und Donnern, geschrieben *rigmāt ilim*, in der Tafel ARM 23, 63 nicht verständlich.[202] ARM 23, 102 ist gut erhalten: „Im Monat Hibirtum (V.) [am Tag ...] residiert der König in (der Stadt) Saggaratum; in der Nacht, in der mittleren Wache hat Adad wie an einem Frühlingstag mehrmals gedonnert; es hat geregnet. Am 19. Hibirtum am Mittag hat Adad in Mari gedonnert; es hat nicht geregnet“.[203] Der Monat Hibirtum entspricht unserem Juli-August, der trockensten Zeit des Jahres.

Ähnlich wird in ARM 23, 90 ein anderes Sommergewitter für den 22. des VI. Monats (August-September) genannt:

ARM 23, 90

iti.kin.dingir.inanna ud 22.kam ba.zal-*ma* dingir.iškur *ri-gi-im-šu id-di aš-šum a-na li-ti-ik-tim a-ma-ri-im* dub-*pu-um an-nu-um ša-ṭe*$_4$*-er*

Im Monat Ulūlum (VI.) am 22. Tag am Abend[204] ließ Adad seinen Schrei los. Um das Messgerät[?] zu überprüfen, ist diese Tafel geschrieben.

197 Schwemer 2018: 70.

198 CAD 11, “N”, S. 94.

199 Schwemer 2001: 225-26.

200 Durand 1998: 628.

201 Schwemer 2001: 225.

202 ARM 23, 63, Z. 2-7: *a-na* giš.mar.gíd.da.ḫi.a *ša a-*[*na* dingir.*ḫ*]*a-at-ta i-il-la-ka a-na ri-ig-ma-at* dingir-*lim ù a-na* giš.mar.gíd.da.ḫi.a *ša na-sa-qí-im*, “für die Wägen, die z[u Ḫ]atta gehen (sollen), für den Schrei des Gottes und für die Wägen, die auszuwählen sind“.

203 ARM 23, 102, Z. 1, 4-12: iti.*ḫi-bi-ir-tim* [...] *i-na mu-ši-im mi-ši-*[*il*] *ma-aṣ-ṣa-ar-*[*tim*] *ki-ma ša* ud-*um di-ši-*[*im*] dingir.iškur *ri-ig-ma-ti-šu* [*id-di*] *ša-mu-ú-um iz-nu-un* iti.*ḫi-bi-ir-tim* ud 19.kam *mu-uṣ-la-lam* dingir.iškur *ri-*[*ig-ma-ti-šu*] *i-na ma-ri.*ki *id-d*[*i*] *ša-mu-ú ú-ul iz-*[*nu-un*].

204 Wörtlich „der Tag ist vorbei“.

Das Wort *litiktum* ist von *latākum,* „prüfen“, „rechnen“ abgeleitet und meint vermutlich ein Gerät zur Messung der Niederschlagsmenge.[205] Die Funktion sowie die genaue Übersetzung von *litiktum* ist noch fraglich. Weitere Argumente und Vermutungen werden auf den nächsten Seiten dargelegt.[206]

Der König von Mari erhielt einige Briefe von seinem Beamten Abimekim, der Vorzeichen für Zimrilim sammelte. In einem Brief, der verschiedene Omina behandelt, berichtet Abimekim von Regen im Schaltmonat (ungefähr März),[207] in einem anderen meldet er eine Nacht mit mehreren Donnern.[208] Der ominöse Kontext des Donners lässt sich anhand von weiteren Schriftstücken und Vergleichen etwas besser umreißen. Am Ende eines fragmentarischen Briefes aus Mari lesen wir:

ARM 26-1, 167, Z. 1’’’-3’’’
[… ding]ir *ri-ig-mu-u*[*m in-na-di*] sag iti *ḫa-al-ṣ*[*ú-um … aš-šum na-ba-a*]*l-ku-tim* uzu *š*[*u*]*-ú im-q*[*ú-tam …*]

[... der Go]tt … ein Gebrüll [wurde ausgestoßen ...] am Anfang des Monats[209] der Distr[ikt ...] Dieses Omen ist (als Vorzeichen) [einer Rebelli]on ge[fallen].

Obwohl der Monatsname sowie andere Details nicht zu lesen sind, wissen wir aus späteren Vorzeichenserien, dass Donner ein schlechtes Omen für das Land war. Es folgt ein Vergleich mit *iqqur īpuš*-Exzerpten aus dem I. Jahrtausend:

***iqqur īpuš* 88, Z. 4**: diš *ina* iti.sig$_4$ ditto[210] ḫi.gar *ina* kur g[ál]
Wenn (Adad) im Simanu (III.) ditto (brüllt), wird es eine Erhebung im Land geben.

Es ist nicht bekannt, ob sich der Mari-Brief auch auf den III. Monat bezog. Beide Texte, die immerhin 1000 Jahre auseinanderliegen, weisen einige Ähnlichkeiten auf. Zudem findet sich ein weiteres Beispiel für das Gebrüll des Gottes Adad im VII. Monat in der Bibliothek Assurbanipals, infolgedessen Feindseligkeit angekündigt wird.[211]

Im nA Archiv von Kuyunjik sind die zwei bekanntesten Berichte (SAA 10, 42 und SAA 10, 69) über einen Blitzeinschlag überliefert: Dieses Phänomen wird im Akkadischen *miqit išāti* bezeichnet, „das Fallen des Feuers“, das von einem Blitz verursacht wurde.[212] „In der Stadt Harihumba ist ein Blitz eingeschlagen und hat die Felder der Assyrer verbrannt“, so beschreibt der Gelehrte Balasî das Phänomen dem König im Brief SAA 10, 42, dem ferner das Zitat des Omens folgt: „Wenn Adad ein Feld (eines Mannes) innerhalb oder außerhalb der Stadt überflutet, oder wenn er den *ṭibḫu*[213] des Wagens setzt, oder wenn er irgendetwas

205 Bardet, Joannès, … 1984: 81, Fußnote a.
206 Siehe dazu auch Durand 1988: 403-404.
207 ARM 26-2, 455, Z. 4-6.
208 ARM 26-2, 454, Z. 8-9: *i-na mu-ši-šu* [dingir.išku]r *iš-ta-*[*ás-si*].
209 Laut Durand 1988: 332 ist der Ausdruck *rēš warḫim* vielmehr als „Ende des Monats“ zu übersetzen.
210 Es bezieht sich auf die Protasis dingir.iškur gù-*šú* šub-*di*.
211 SAA 8, 444, Z. 1-2: diš *ina* iti.du$_6$ dingir.iškur gù-*šú* šub-*di nu-kur-tu ina* kur gál-*ši*.
212 Maul 1994: 117-118.
213 Die Bedeutung ist unklar, wahrscheinlich ein Gegenstand mit Rädern.

verbrennt, wird dieser Mann 3 Jahre im Elend und in Jämmerlichkeit leben".[214] Ähnliche Vorzeichen sind in den späteren Serien *šumma ālu* und *Enūma Anu Enlil* zu lesen.[215] Das Ereignis wird dementsprechend als großes Unglück angesehen und der Absender empfiehlt als Abwehr des Unheils die Durchführung des *namburbi*-Rituals.[216]

Diese beiden Dokumente sind nicht die einzigen Hinweise auf Blitzschlag, die in Alltagstexten vorkommen. Informanten des Mari-Palastes teilen ein interessantes Geschehen im Brief ARM 26-1, 244 mit:

ARM 26-1, 244, Z. 4-15
i-ša-tum a-na é dingir.tišpak *i-na eš-*[*nun*]*-na*.ki *im-qú-ut-ma in-na-ḫi-iz-ma ka-li mu-ši-im i-ku-ul … ù i-ge-ru-um ša a-na be-lí-ia im-ta-na-qú-tam ma-diš da-mi-iq be-lí lu ḫa-di.*

Ein Blitz schlug in den Tempel von Tišpak in Ešnunna. (Feuer) verbreitete sich und brannte die ganze Nacht durch … Die ominöse Äußerung, die sich immer wieder für meinen Herrn ereignet, ist sehr gut. Möge mein Herr sich darüber freuen!

Zur Deutung dieses Ereignisses ist das Wort *igerrû*, oder *egirrû*, relevant. Es handelt sich um einen gebräuchlichen Begriff der Wahrsagekunst, der einen zufällig ausgestoßenen Ton mit orakelhaftem Wert bezeichnet.[217] Die Praxis, solche Äußerungen zu erkennen, ist in der mesopotamischen Tradition und später im klassischen Griechenland bezeugt, wo sie Kledonomantie genannt wird.[218] Im Kontext des Briefes von Mari scheint *igerrû* eine klare Anspielung auf den Blitz zu sein, der auf den Tempel der Stadt fiel. Es wurde bereits darauf hingewiesen, dass das Geräusch des Donners mit der Stimme des Sturmgottes selbst identifiziert wurde. Auf den ersten Blick ist jedoch nicht klar, warum der König sich über diese Tatsache freuen sollte. Das Reich von Mari befand sich zu der Zeit in einer Konfliktphase mit Ešnunna,[219] weshalb ein schlechtes Vorzeichen für den Feind als ein gutes für die Stadt Mari wahrgenommen wurde.[220]

In der babylonischen Landschaft, in der Anhöhen selten sind, besaßen Tempeldächer die größte elektromagnetische Anziehung. Auch in der nB Zeit schrieb man über einen

---

214 SAA 10, 42, Z. 1'-8': a.šà *lib-bi* uru *lu-u qa-an-ni* uru dingir.iškur *ir-ḫi-iṣ lu ṭi-bi-iḫ ma-ga-ar-ri iš-kun lu-u i-šá-ti mì-im-ma ú-qa-al-li a-me-lu šu-u* 3 mu.an.na.meš *ina ku-ú-ri u ni-is-sa-te it-ta-na-al-la-ak.*

215 OP 20, T. 55, Z. 28: diš *ina* gìr.bal-*šu* izi *mim-ma ú-qal-li* šub a.šà na bi ug_7, „wenn ein Feuer während einer Überflutung etwas verbrennt: Verlassen des Feldes, dieser Mann wird sterben"; EAE 47, Z. 22: [diš nim.gír gi]m izi du-*kam la i-kal-la* dingir.iškur ud-*ta*? šúr-*iš* […], „wenn ein Blitz wie Feuer kommt und nicht aufhört, (zu brennen), wird Adad Hitze? in grimmiger Weise …" (CM 43, T. 47, S. 132, Z. 22).

216 Der Verlauf solcher Rituale wurde ausführlich in Maul 1994: 119-156 beschrieben.

217 CAD 4, „E", S. 44-45, Bedeutung 3.

218 Fälle von *kledon* sind auch in der terrestrischen Omen-Serie *šumma ālu* (Tafel 95) zu finden (Koch 2015: 254).

219 Durand 1988: 494.

220 Aus dem I. Jahrtausend gibt es ähnliche Beispiele von Omina, die die Erscheinung von Regen und Donner im Osten, und zwar in Elam, damals feindliches Land, betreffen: EAE Tafel 46, Z. 42', „wenn Adad in der Mit[te von …] donnert, wird der König von Elam durch eine Waffe sterben, die Bevölkerung des Landes wird Frieden haben" (CM 43, T. 46, S. 102, Z. 42').

ähnlichen Vorfall. Der Brief NBU C 91 enthält die Beschreibung der Folgen und des Durcheinanders nach einem Blitzeinschlag im Tempel des Nergal in Uruk.

NBU 91, Z. 7-16
ud 2.kam *šá* iti.šu.numun.na *ina mu-ši i-šá-a-ta ina* é dingir.gìr.unug.gal *ta-an-da-qu-ut* [...] *ina* giš.mi *šá* dingir.meš *šu-lum a-na mim-ma ma-la ina* šà-*bi* dingir.meš *a-na* è dingir.lugal-*mar-da nu-ul-te*!*-ti-iq*

Am 2. Du'uzu (IV.) in der Nacht ist Feuer auf den Tempel des Nergal gefallen. [...] Dank des Schutzes der Götter ist alles, was darin war, in gutem Zustand. Die Götter(statuen) haben wir in den Tempel des Lugalmarda hingebracht.

Der Text erzählt von weiteren organisatorischen Maßnahmen infolge des Brandes. Bemerkenswert ist die Meldung des Datums und der genauen Zeit (vermutlich Ende Juni), als die Katastrophe geschah. Es handelt sich jedenfalls auch hier um ein Gewitter im Sommer, wie zuvor in den Memoranden ARM 23, 102 und ARM 23, 90.

Während wir verschiedene kanonische Omina des Blitzeinschlags im Palast oder in einem Haus eines normalen Mannes haben,[221] ist uns kein Vorzeichentext mit einer offenbaren divinatorischen Konnotation für *miqit išāti* auf einen Tempeldach bekannt. Die ominöse Bedeutung dieses Phänomens ergibt sich nicht nur aus der obigen Erwähnung eines *namburbi*-Rituals, sondern auch aus einem Handerhebungsgebet an den Wettergott mit der Anleitung zur Reinigung des Gebäudes, in das der Blitz eingeschlagen hat:[222]

[Zugehörig zu:] Adad donner[te und so ist entweder ein Palast der St]adt oder ein Tempel der Stadt zerstört w[orden, oder die Ma]uer eines Tempels zerstört worden oder [die Mauer eines Palas]tes oder ein Mauersockel sind eingefallen, [und] Fe[uer] entbrannte.
[Ritualanw]eisung dafür: In der Na[cht fegst du] das Dach, [reines Wasser sprengst du, ein Trage]altärchen [ste]llst du vor Adad a[uf]. Datteln und Fe[inmehl schüttest du hin; *mirsu*-Getreidespeise], Sirup und [Butterschma]lz stellst du hin. Ein Opfer bringst du [dar; Schulterfleisch, Fettgewebe und Bratfleisch] bringst du heran.

Es besteht kein Zweifel an den negativen Eigenschaften, die dem Blitzeinschlag zugeschrieben werden. Im zweiten Teil dieser Arbeit soll tiefer in die Thematik der ominösen Bedeutungen von Wettererscheinungen eingegangen werden.

221 Siehe OP 20, T. 50-51, Z. 3-12 und Labat 1965: 134-139, *iqqur īpuš* N. 65, 66 und 66'.
222 Übersetzung nach Schwemer 2001: 668, Z. 33-38.

8. Wolken

8.1. Himmelsbeobachtungen

Omenberichte aus nA Zeit beziehen sich oft auf Himmelserscheinungen, die den Astrologen des Palastes für ihre Vorhersagen dienten.[223] In gewissen Fällen waren meteorologische Phänomene Gegenstand der Beobachtung. Ähnliches kennen wir auch aus dem aB Briefkorpus von Mari.[224]

Wolken verhinderten bisweilen die Beobachtung des Himmels, wie aus acht Texten aus Ninive hervorgeht.[225] Während der nA Text SAA 10, 147 über die Unmöglichkeit der Beobachtung einer Mondfinsternis aufgrund „starker Bewölkung"[226] spricht, behandeln andere Berichte aus SAA 10 die Verhinderung von Mondbeobachtungen am 29. Tag (Neumond) verschiedener Monate. Fast alle diese Meldungen weisen dieselbe Struktur auf. Als Beispiel wird SAA 10, 139 angeführt:

SAA 10, 139, Z. 12-6'
ina ud 29.kám *ma-ṣar-tu ni-ta-ṣa-ar bé-et ta-mar-ti* im.diri dingir.30 *la né-mur* iti.zíz ud 1.kám

Wir beobachteten am 29. Tag: Während der Beobachtung war es wolkig und wir sahen keinen Mond. 1. Šabatu (XI.).

Aus diesem Abschnitt, sowie aus anderen ähnlichen Dokumenten, lässt sich die Existenz einer Beobachtungsstelle in Ninive vermuten, von der die Divinationsexperten und ihre Assistenten (siehe Z. 2' *ni-ta-ṣa-ar*, 1. Person Plural) den Himmel betrachteten. Späteren Texten aus Babylon lässt sich entnehmen, dass die Astronomen der sogenannten *Tagebücher* möglicherweise auf dem Dach des Esagila-Tempels, des höchsten Gebäudes der Stadt, [227] den Himmel und den Horizont beobachteten.[228] Für alltägliche Observationen der Mondphasen hätte es dennoch genügt, sich in einer beliebigen erhöhten Position zu befinden, ohne ein spezifisches hohes Gebäude vorauszusetzen, sofern der Rauch und der Staub der Stadt die Luftqualität nicht beeinträchtigten.

Im Brief SAA 15, 5 geht es um den erfolglosen Versuch der Beobachtung „der Götter" am Himmel. Die Wolken verhindern hier die Sicht auf die Planeten, die Erscheinungsformen der Götter waren:[229] „Am 29. Tag beobachteten wir die Götter, (aber) es gab Wolken am Himmel, von daher sahen wir nichts".[230]

223 Hunger, Pingree 1999: 26.

224 ARM 26-1, 143, siehe S. 33.

225 SAA 10, 138; SAA 10, 139; SAA 10, 145; SAA 10, 146; SAA 10, 147; SAA 10, 151; SAA 15, 5; SAA 15, 165.

226 SAA 10, 147, Z. 6: *ur-pu da-na-at.*

227 Bis zur persischen Zeit war der Etemenanki, der Tempelturm, der höchste Punkt der Stadt, bevor er beschädigt wurde (Stevens 2019: 228).

228 Fincke 2016b: 139; Stevens 2019: 225-232.

229 Siehe Rochberg 2009.

230 SAA 15, 5, Z. 4-7: [ud] ⸢29⸣.kam dingir.meš [*ni-ta*]-*ṣar* im.⸢diri⸣ [*ina* an]-*e* ta *pa-ni* [*la*] ⸢*né*⸣-*mu-ru.*

8.2. Redewendungen

In einem aB Brief taucht die folgende kryptische Redewendung auf:

CUSAS 36, 83, Z. 4-7
mi-nam e-pu-uš-k[*a-ma*] *ki-ma ba-ar-ba-*⸢*ri-im*⸣ ud-*ma-am ér-pa-am* [*t*]*a-ši-ḫa-am*

Was habe ich dir getan? Du bist wie ein Wolf „an einem bewölkten Tag" gewachsen![231]

Der Absender, Šāt-Ea, beschwert sich bei Sîn-iddinam, der anscheinend viel zu habgierig nach den Gütern des Absenders war und sich auf Kosten anderer bereichert hat. Warum aber würde ein Wolf an einem bewölkten Tag zunehmen? Diese Wendung wurde wahrscheinlich durch den Reproduktionszyklus des Wolfes geprägt. Wir wissen, dass dieses Tier im II. Jahrtausend v. Chr. in Mesopotamien mit der Art *Canis lupus arabs* noch stark präsent war.[232] *ūmam erpam* kann als „bewölkte (Jahres)zeit" gelesen werden und würde im weiteren Sinne den Herbst bzw. den Winter darstellen. Die Wolfsjungen werden im Frühling geboren und werden in den ersten Monaten von den Eltern gefüttert, bis sie ausgewachsen sind. Im Herbst erreichen die Jungen tatsächlich ausreichendes Gewicht und Muskulatur, um mit dem Rudel zusammen zu jagen.[233] Auch die Annahme, dass die trächtige Wölfin während des Winters gefräßig nach Nahrung sucht, kann in Betracht gezogen werden. In diesem Kontext lässt sich der Ausdruck als bildliche Figur für die Habgier des jungen Wolfes auslegen, der in der winterlichen Jahreszeit auf der Jagd nach geschwächter Beute ist.

231 Diese alternative Lesung wurde freundlicherweise von Professor M. P. Streck vorgeschlagen. Die ursprüngliche Übersetzung lautet nach George 2018: 73 „one day you rushed down on me like a wolf".

232 Weszeli 2016-2018: 124-26.

233 Fritts, S. H., "wolf", *Encyclopedia Britannica,* 2021, February 12, www.britannica.com/animal/wolf.

9. Wetter und Jahreszeiten

Das folgende Kapitel behandelt die Wörter *ūmu* und *šattu*, „Tag“ und „Jahr“, in den Bedeutungen „Wetter“ und „Jahreszeit“ in alltäglichen Situationen.[234]

9.1. Landwirtschaft

Einige Briefe zeigen, dass das Wetter bisweilen als nicht mit der Jahreszeit übereinstimmend empfunden wurde. Ein Absender schreibt in einem aB Brief über Zuchttiere und Preise der Gerste „die Jahreszeit ist 2 Monate verzögert“.[235] Noch deutlicher erweist sich die Verzögerung der Saison als problematisch für die Landwirtschaft in einem aB Text aus Uruk.

AUWE 23, 76, Z. 4-15
wa-ar-ka-at[!] še-*e*-[*im* ...] *ša i-na bi-ti-i-ni i-ba-aš*-[*šu-ú*] *i-na ṭe*4-*e-em ra-ma-ni-i-ni ip-ru-us-ma ú-ku-lu-um ša* ka šár.x *i-na-an-na i-na qá-ti-ni i-ba-aš*-[*ši*] *mi-nu-ú-ma an-nu-ú-um* iti.ab.è *ù ša-at-tum a-na pa-ni ša* iti 4.kam *ú-ḫu-ra*[!]-⌜*at*⌝ *i-na an-ni-tim šu-zu*[!]-*ub-ka i ni-mu-ur*

Die Angelegenheit der Gerste ... die sich in unserem Haus befindet, hat er durch unseren eignen Bescheid geregelt und Essen für 3600[?] Münder ist jetzt in unseren Händen. Was (soll) das? Wir sind nun im ṭebētum (X.) und die Jahreszeit ist am Anfang des IV. Monats zurückgeblieben! In dieser Sache lass uns ein rettendes Eingreifen von dir sehen!

Es handelt sich um einen Gottesbrief an Ištar, an die mehrere Absender sich wenden, damit die Göttin den Gerstenanbau in einem Jahr mit schwierigem Wetter begünstigt.
Im mesopotamischen Mondkalender wurden auf Befehl der Regierung Schaltmonate eingefügt, um ein Auseinanderdriften der Monate und Jahreszeiten zu verhindern.[236] Dies geschah jedoch unregelmäßig, so dass es sich manchmal als schwierig erweist, die antiken Monatsnamen in unseren Kalender umzurechnen, zumindest vor dem I. Jahrtausend.[237] Im Zusammenhang mit den zwei letzten erwähnten Briefen ist es unsicher, ob es tatsächlich um unübliches Wetter geht.

Man nahm im Alltag Bezug auf einen allgemeinen Begriff „Wetter“ oder „Saison“, falls es nötig war, einen Vergleich zwischen unterschiedlichen Jahreszeiten auszudrücken. Es kommt oft vor, dass ein besonderer Zeitpunkt günstiger als ein anderer ist, zum Beispiel beim Waschen, laut einem assyrischen Brief aus Dur Katlimmu.

BATSH 4-1, 6, Z. 11-15
ud.meš *i-ka-ṣu-ú a-na ma-sa-e la-a i-lak pa-ni ṭé-mi ša* en-*ia a-da-gal a-na ka-ṣa-ri* en *li-iš-pu*-⌜*ra*⌝ *li-ik-ṣu-ru li-im-ḫi-ṣu a-di* ud.meš *ṭa-bu-ni li-im-si-ú*

234 CAD 20, „U“, S. 153 ff. und Vol. 17, „Š“, S. 198 ff.
235 AbB 10, 195, Z. 10’-12’: *ša-at-t*[*u*]*m* iti 2.kam *uḫ-ḫu-ra-a*[*t*].
236 ARM 26-2, 455 enthält einen Bericht über einen Nachtregen, der im Schaltmonat Ebūrum II., am Ende des 2. Jahres Zimri-lim, geschah (Charpin, ...1988: 381, Fußnote b).
237 Hunger 1980: 298.

Das Wetter wird kalt werden. Zum Waschen ist es jetzt nicht günstig. Den Bescheid meines Herrn erwarte ich. Zum Knüpfen möge mein Herr mir schreiben: Man soll knüpfen und weben! Sobald das Wetter gut wird, werden wir (auch) waschen.

Es wird hier auf ein künftiges besseres Wetter gehofft. Ein nB Brief aus Uruk sagt: „Die Rinder soll der Herr bis zum 20. ṭebētu (X.) nicht wegführen, sonst werden sie innerhalb eines Tages auf dem Weg [beim Re]gen abnehmen und es wird ihnen schlecht gehen. Im ṭebētu wird das (schlechte) Wetter ‚aufhören' und sie werden nicht abnehmen".[238] Hierbei tritt die weitere Frage auf, wie das Wetter im X. Monat, d.h. in unserem Dezember-Januar, milder als vorher werden könnte. Vermutete der Absender des Briefes, dass die Witterung ab dem 20. X. nicht mehr so regnerisch sein würde? Dies bleibt spekulativ.

9.2. Reise und Verkehr

Der Begriff „Wetter" findet auch in Situationen Verwendung, in denen die richtige Zeit zum Aufbrechen erwägt werden musste. In einem aA Geschäftsbrief aus Kültepe ist zu lesen: „Wenn diese (Güter) gehen und das Wetter noch kalt ist, übergebe Abu-šalim irgendeinem unserer Brüder, der sich um sie[?] (3. P. Pl. mask.) kümmern wird! Dann kann er abreisen. Wenn das Wetter heiß ist, soll er nicht losgehen!".[239] [240] In dieser Episode sorgt sich der Absender offenbar mehr aufgrund der Hitze als der Kälte während der Reise.

9.3. Feldzug

Feldzüge wurden vorzugsweise bei „gutem Wetter" geführt. Einige Briefe aus Mari bieten gute Beispiele dafür. Yassi-Dagan fordert den König Zimri-lim auf, einige Tausend Beduinen gegen die Armee von Ešnunna zu entsenden, sobald das Wetter noch angenehm warm ist.[241] Ein ähnlicher Bezug auf die günstige warme Jahreszeit findet sich im Rahmen des Feldzuges gegen Idamaraṣ: „Vor dem Winter, denn die (Wetter)bedingungen noch warm sind, mögen wir das Land in der Hand unseres Herrn überreichen".[242] Sîn-tiri, Gouverneur von Šubat-Šamaš, erinnert aber den König von Mari, dass der Feind selbst bei günstigen meteorologischen Bedingungen aktiver wird: „Das Wetter wird am Ende des [Monats] gut und der Feind geht (nun) öfter [herum]".[243] Dieses Schreiben wurde anscheinend am Ende des VII.

---

238 NBU 313, Z. 9-18: gu$_4$.meš *a-di-i* ud 20.kam *šá* iti.ab.è en *la ib-ba-k*[*u*] *ia-a-nu-ù ina* ud *iš-ten ina* kaskal [*š*]*a r*[*a*]*-a-du i-maṭ-ṭu-ú u pa-ni-šú-nu i-bé-'-šu ina* iti.ab.è ud-*mu i-pa-áš-šar-ma ul i-maṭ-ṭu-ú.*

239 AKT 8, 18, Z. 20-26: *i-nu-mì* : *a-n*[*i-tu*]*m ú-ṣí-a-ni* : ud-*mu-ú kà-ṣú a-bu-ša-lim* : *iš-tí ma-*⌜*ma-an*⌝ *i-na a-ḫe-ni* : *ša ú-ša-lá-ma-šu-nu pì-iq-da-šu-*⌜*ma*⌝ : *lu-ṣa-am šu-ma* ud-*mu-ú e-mu-ú la ú-ṣí-a-am.*

240 Siehe auch EA 7, Z. 54-60.

241 LAPO 17, 545, Z. 82: [*iš-t*]*u*[!] ud-*mu iṭ-ṭì-bu-ma iš-ta-aḫ-nu.*

242 ARM 28, 104, Z. 27-28: *la-ma ku-u-uṣ-ṣí-im ap-pi-iš qa-*[*t*]*um ša-aḫ-na-at ma-a-tam a-na qa-at be-lí-ia i nu-ma-a*[*l*]*-li*; LAPO 17, 545, Z. 82 zeigt eindeutig, dass das Verb *šaḫānu* sich auf das Wetter bezieht und nicht metaphorisch auf den „warmen" Zustand des Kampfes verwendet wird (für die Bedeutung „Wetterbedingung" von *qātu* siehe Streck, Wende 2022: 131).

243 MARI 6, S. 570, A.4259, Z. 16: ud-*mu iṭ-ṭì-bu.*

Monats geschickt, was dem Anfang des subtropischen Herbstes entspricht, wenn die Witterung einigermaßen mild ist.[244]

244 Villard 1990: 572.

10. Hitze und Sommer

In der Einführung wurden bereits die klimatischen Eigenschaften des Sommers in Mesopotamien zusammengefasst: In einem Gebiet, in dem die Höchsttemperaturen von Mai bis Oktober im Durchschnitt über 30° C betragen, ist es bemerkenswert, dass die Hitze niemals als Gefahr für die Landwirtschaft in den Alltagstexten belegt ist. Durch die Termini, die wir als „Hitze“ übersetzen, wird auch der Sommer bezeichnet, der ein natürlicher Teil des landwirtschaftlichen Kalenders ist.

10.1. Reise und Feldzug

Doch hatte die hohe Temperatur negative Auswirkungen auf Reisen von Menschen und Zugtieren. Laut einem Brief des kassitischen Königs Burna-Buriaš II. an den ägyptischen Pharao war es unmöglich, ein Geschenk nach Ägypten zu schicken: „Denn sie sagten ‚der Weg ist schwierig, das Wasser ist knapp und das Wetter ist heiß!‘, ließ ich dir kein großes schönes Geschenk liefern [...] Wenn das Wetter angenehmer wird, werde ich meinen nächsten Boten, der sich auf den Weg macht, ein schönes großes Geschenk an meinen Bruder liefern lassen“.[245]

Ein aB Text überliefert die Ansichten über das passende Wetter für eine Reise zwischen Aleppo und Mari. Nur dank der Nähe zum Euphrat, der durch Wasser und etwas Vegetation Erholung ermöglicht, ist diese Strecke erträglich.[246] Šibtu, die Frau von Zimri-lim, war die Tochter des Königs von Aleppo, Yarīm-lim, mit dem Mari ein Bündnis hatte.[247] In diesem Zusammenhang wird die Reise der Königin und ihres weiblichen Gefolges von der Heimatstadt nach Mari in einem Brief diskutiert, da die Zeit für die Karawane überaus unangebracht war.

ARM 26-1, 14[248]

5.	*aš-šum* kaskal.a *ša àš-qú-du-um i-il-la-ku*	Bezüglich des Wegs, den Ašqudum begehen wird
6.	*ù be-el-ti ú-ša-al-la-mu*	und bei der ich meine Herrin beschützen soll,
7.	*še-me-e-ku-ma* munus.meš *ma-da-tum-ma*	weiß ich Bescheid. Viele Frauen werden
8.	*it-ti be-el-ti-ia i-la-ka*	mit meiner Herrin reisen
9.	*ù* munus.meš *ša i-il-la-ka na-ar-ba*	und die Frauen, die mitkommen werden, sind sensibel.
10.	*ù ge-er-rum šu-ú ma-ad-ba-rum da-an*	Diese Route – die Steppe, ist eine schwierige.

245 EA 7, Z. 53-54: *ki-i iq-bu-ni-im-ma ge-er-ru da-an-n*[*a-at*] *mu-ú ba-at-qu ù* ud-*mu em-*[*mu*] *šu-ul-ma-na ma-'a-da ba-na-a ul ú-še-bi-la-ak-*[*ku*] [...] *ki-i* ud-*mu iṭ-ṭi-bu* dumu *ši-ip-ri-ia ar-ku-ú ša il-la-ka šu-ul-ma-na ma-'a-da ba-na-a a-na a-ḫi-ia ú-še-bé-la.* In Z. 59 werden die unterschiedlichen Wetter miteinander wiederum verglichen.

246 Sanlaville 1985: 20.

247 Birot, Kupper, Rouault 1979: 196.

248 Neue Edition des Textes in ARM 33, 143.

	[...]	
12.	ud-*mu an-nu-tum da-an-nu*	Dieses Wetter ist problematisch.
13.	*as-sú-ur-ri i-na ṣu-ú-mi-im*	Es steht zu befürchten, dass durch Durst
14.	*na-pi-iš-tum ú-lu mi-im-ma*	das Leben oder sonst etwas
15.	*i-qá-al-li-il-ma*	in Gefahr gerät (wörtl.: schwach wird)
	[...]	
17.	*a-li-ik ge-er-ri*	Kein Reisender begibt sich
18.	*ša-a-tu* iti *an-né-e-em ú-ul i-la-ak*	in diesem Monat auf diese Reise:
19.	*i-na d*[*i-š*]*i-im ú-lu ḫa-ra-ap-tim*	Am Anfang des Frühlings oder im Herbst
20.	*ge-er-ra-am ša-a-tu i-la-ku*	kann man sich auf diesen Weg machen.
	[...]	
22.	iti *an-nu-um*	Dieser Monat
23.	*a-di* ud 5.kam *i-ga-am-ma-ar*	ist in fünf Tagen vorbei.
24.	iti *e-ri-ba-am* iti.dingir.igi.kur	Im kommenden Monat Igi-Kur,[249]
25.	ud 10.kam *ú-lu* 5.kam-*ma* ud-*mu*	am 10. oder auch am 5. Tag,
26.	*i-ka-aṣ-ṣú-u pu-ra-tum*	wird es kühler werden und der Euphrat
27.	*me-šu i-ma-al-la-a ù a-na a-la-kim*	wird sich mit Wasser füllen.
28.	[*i-ṭà-ab*]-⸢*ma*⸣ [...]	Das wird [gut$^?$] für die Reise ...

Die Reise soll ursprünglich am Ende des Monats Hibirtum (V.) stattfinden, der unserem Juli-August entspricht. Zu Recht beschwert sich Sammētar, ein hoher Beamter des Palastes, beim König über diese leichtsinnige Planung der Reise. „Die Wüste (oder auch „Steppe") ist schwierig" (Z. 10) ist für uns nicht überraschend angesichts der Umwelt der Region sowie der Risiken, die die Reisenden einzugehen hatten. Der Würdenträger schlägt deshalb andere Jahreszeiten dafür vor, nämlich den Frühling oder den kommenden Herbst. Anfang Igi-Kur (VI. Mon.), der Ende August entspricht, sei es aber angenehmer zu reisen und das Wasser würde reichlicher sein. Die Textstelle bleibt jedoch teilweise unklar: Ist der Monat Igi-Kur tatsächlich so viel kühler und der Abfluss des Euphrats reicher? Die meteorologischen und hydrographischen Daten sagen uns, dass dies zumindest heute nicht der Fall ist.[250] Diese Jahreszeit ist im Gegenteil besonders trocken. Eine Lösung des Problems könnte wieder darin liegen, dass das Kalenderjahr um etwa zwei Monate verzögert war, womit der Anfang des Monats Igi-Kur am Ende des Oktobers liegen würde, eine deutlich kühlere Zeit mit einer Steigerung der Durchflussmenge des Euphrats.[251]

Die Gefahr hoher Temperaturen für die Frauen wird anhand der Quellen nicht nur in der Theorie bestätigt. In einem Brief wird das etwas unvernünftige Verhalten der aus Qatna stammenden Königin Beltum beschrieben, die in Begleitung einer unvorsichtigen Dienerin zur heißesten Tageszeit zum Ištar-Tempel ging: „Am Mittag (während der Siesta), wenn das Schloss des Palastes abgesperrt ist, brachten die Sängerinnen sie (die Königin) zum *šurārum-*

---

249 Monatsname des VI. Monats in Mari (Hunger 1980: 301).

250 Aus Taha, Harb, ... 1981: 235, 37, 39, Tab. III ergibt sich, dass man mindestens auf den vorgerückten September warten müsste, um eine deutliche Senkung der Temperaturen zu erfahren; Reculeau 2002: 529-31 zeigt deutlich, dass der niedrigste Abfluss genau mit Ende August/Anfang September übereinstimmt, was der Beschreibung im Brief widersprechen würde.

251 Reculeau 2002: 529; Durand 1988: 114, Fußnoten c und d.

Gebet hinaus. Im bunt(gemalten) Hof hat ein Sonnenstich sie betroffen. Seitdem ist sie krank".[252]

Ein weiteres Beispiel zeigt, wie beschränkt unsere Kenntnisse über die Wetterbedingungen bei der Navigation auf den Flüssen Mesopotamiens sind. In diesem handelt es sich um eine Fahrt flussabwärts über den Šamaš-Kanal, vermutlich in der Nähe von Sippar. Die Abreise der sechs Schiffe wurde in diesem Fall durch die Hitze verzögert:

AbB 12, 11, Z. 5-6, 16-23
aš-šum 6 má.ḫi.a íd.*ir-ni-na-ma šu-qá-al-pí-a-am* [...] *a-na-ku aš-šu*[*m*] *ṣe-tim a-di i-na-an-na ú-uḫ-ḫi-ir mu-ši-tam a-ra-ka-am-ma še-er-tam-ma i-na* ka íd dingir.utu *a-na-ku* 3 má.ḫi.a *ša ta-aš-pur-am* íd.ud.kib.nun.ki *iq-qá-la-*[*pí*]*-a-n*[*i-i*]*m* íd.*ir-ni-na na-qá-al-pí-am ú-ul i-le-a*

Hinsichtlich der sechs Schiffe, die über den Irnina-Kanal abwärts segeln werden [...] Ich habe wegen der Sonnenhitze bis jetzt Verspätung. In der Nacht werde ich an Bord gehen und am Morgen werde ich an der Mündung des Šamaš-Kanals sein. Die drei Schiffe, über die du mir geschrieben hast, werden über den Euphrat fahren, (da) sie über den Irnina-Kanal nicht abwärtsfahren können.

Wahrscheinlich ist hier auch die Abwesenheit einer Kabine auf dem Boot für diese Schwierigkeit verantwortlich. Die sommerliche Sonneneinstrahlung ist im Südirak besonders stark und kann um die wärmsten Stunden des Tages äußerst gefährlich werden. Gegen die Sonne konnte vorübergehend ein Zelt auf dem Deck aufgebaut werden.[253] Ikonographischen und schriftlichen Quellen zufolge schienen die diversen mesopotamischen Boote mit keiner Form von Schutzdach oder Schutzdecke, sowie keiner Kabine, ausgerüstet zu sein.[254] Kleine und größeren Schiffe hatten weder auf dem Deck noch Unterdeck Platz, außer für die Segel, die Ruderer und die Beladung. Das Problem der Hitze konnte dadurch behoben werden, dass die Navigation nachts unternommen wurde, wie der Text auf Z. 17-18 erzählt. Die Schiffe mussten daher über Leuchtmittel verfügen und die Matrosen mussten mit der Geographie der Zuflüsse und Kanäle so vertraut sein, dass sie auch in der Dunkelheit, bisweilen ohne Mondlicht, fahren konnten. Vielleicht hatte der Kanal auch sommerliches Niedrigwasser, weshalb die Navigation einiger Fahrzeuge nur über den tieferen Wasserlauf des Euphrats möglich war.

Ein poetischer Passus im Kudurru 2 von Nebukadnezar I. schildert schließlich die Anstrengungen des heißen Wetters während seines Feldzugs gegen Elam im XII. Jh. Soldaten und Tiere leiden schrecklich unter der Hitze der iranischen Hochebene: „Als ... die Windungen? der Wege die ganze Zeit wie Flammen brannten, gab es kein Wasser in den Auen, die Tränken waren abgeschnitten. Die Elite der Großen der Pferde blieb stehen, des

252 ARM 26-2, 298, Z. 42-48: *mu-uṣ*!(IṢ)*-la-lam i-nu-ma sí-ka-at* é.gal-*lim na-de-e ana* é *eš*$_4$*-tár a-na šu-ra-ri-im* mí.nar.meš *uš-te-ṣí-ši-ma i-na ki-sa-al* é dar.a *ṣé-tum il-pu-sí-ma iš-tu i-na* ud-*mi-šu mar-ṣa-*[*at*]. Ein Verweis auf dieses Vorkommnis findet sich wahrscheinlich in ARM 26-1, 136, Z. 11.

253 ARM 9, 22, Z. 10: *ḫu-ur-pa-*⌜*tim*⌝ [...] *ša* giš.má *iš-ša-ak-*[*n*]*u*.

254 De Graeve 1981: *Catalogue*, SS. 19-74; *Types of Boat*, SS. 77-131; *List of Illustrations* 211 und ff.

kriegerischen Mannes wendeten sich die Beine zurück. (Nur) der ausgewählte König zog dahin, die Götter trugen ihn!".[255]

255 AOAT 51, NKU I 2, S. 504, Z. I 17-22: ta … *tu-*⌈*ru*⌉ *šá ger-re-e-ti i-ḫa-am-ma-ṭu ki nab-li ja-'a-nu* a.meš *saḫ-ḫi bu-ut-tu-qu maš-qu-ú ni-is-qa šá* gal.meš anše.kur.ra.meš *it*!*-ta-ši-iz-zu ù šá eṭ-li qar-di pu-ri-da-šu it-tur-ra il-lak* lugal *na-as-qu* dingir.meš *na-šu-šu*; siehe S. 264.

11. Frühling und Herbst

Diese Jahreszeiten brachten Vorteile für andere wichtige Aktivitäten im Alltag. Die Baumfällung war anscheinend eine saisonale Prozedur, die am besten im Frühling oder im Herbst stattfand. Laut dem Mari-Text FM 2, 88 ist die Entsendung von Holzfällern für die Arbeit „*i-na di-ši-im ù ḫa-ra-ap-ti-im*" („im Neujahr und im Herbst") erforderlich.[256]

Das Konzept von „gutem Wetter" konnte auf verschiedenen Umständen beruhen, die nicht unbedingt unseren Vorstellungen entsprechen. Man könnte es besser als „günstiges Wetter" bezeichnen, worüber bereits im letzten und vorletzten Kapitel gesprochen wurde. Obwohl der Frühling die Zeit der Blüte und des Pflanzenwachstums ist, schien der Herbst dem Frühling vorgezogen zu werden, um sich auf den Weg zu machen (wie in ARM 26-1, 14). Die Monate von März bis Mai brachten andere Probleme mit sich, da der Durchfluss des Tigris und Euphrat deutlich stärker wird, wie bereits erläutert. Dennoch sind Belege für Feldzüge vorhanden, die am besten während der „Grassaison" durchgeführt werden sollten: „Möge mein Herr die Truppen in die Hand nehmen und … möge mein Herr zur Frühlingszeit handeln!".[257]

256 FM 2, 88, Z. 21-22.

257 ARM 2, 130, Z. 35-40: *ṣa-ba-am i-na qa-ti-šu be-lí li-iṣ-ba-at-ma ša i-na* ud-*um di-ši-im … be-lí li-pu-uš.*

12. Wind

Die geringe Vegetation machte die Steppengebiete, das Niemandsland, zu dem Ort, wo der Wind seine Kraft entfaltete, ohne dass ein Mensch Zuflucht suchen konnte.[258] Dies inspirierte die typischen Konnotationen des Windes in der Literatur und in der Mythologie Mesopotamiens.[259] Es mangelt jedoch auch nicht an Erwähnungen des Windes in den mesopotamischen Alltagstexten.

12.1. Landwirtschaft

Wind lässt sich als Grund für leichte Störungen bei landwirtschaftlichen Aktivitäten nachweisen. Während einige jährliche Ereignisse wie Hochwasser oder Kälteeinbruch erwartet werden und man sich auf sie vorbereiten kann, ist der Mensch dem Wind gegenüber weitgehend machtlos. Fehlender Wind kann zu Problemen während des Worfelns der Gerste führen: „Ich habe Verspätung, (weil) die Winde nicht richtig sind. Wenn der Wind richtig für mich gewesen wäre, hätte ich die Gerste (schon) gereinigt".[260] In AbB 14, 64 mit demselben Absender wird berichtet, dass sich der Wind gelegt habe und die Arbeit dadurch verzögert wurde. Luftströme führten auch in den Weingärten von Terqa zu Verzögerungen:

FM 11, 187, Z. 17-24
ù as-sú-ur-ri aš-šum ta-ar-mi-ik-tum ši-i ú-uḫ-ḫi-ra-am be-lí li-ib-ba-ti-ia i-ma-la ⌜12 ud⌝-[*mi*] *ša-rum šu-tu-um* [*aš-šum ki-am*]-*ma* [*ta-ar-mi-ik-ti*] giš.geštin *ša-a-tu* [*ú-uḫ-ḫi-ra*]-*am*

Hoffentlich ist mein Herr, weil der Austrieb? (des Weingartens) verspätet wurde, nicht von Ärger erfüllt. (Seit) zwölf Tagen ist der Südwind da, [deswegen hat] sich [der Austrieb] dieses Weingartens [verspätet].

Südwind weht hauptsächlich im Winter und Frühling bis April und wird in etwa 60 % der Fälle von Niederschlägen, feuchter Luft und oft von Gewitter begleitet.[261] Inwieweit Wind die Beschneidung erschwert, bleibt ebenso fraglich. Eine Vermutung ist, dass starker Regen oder dauerhaftes bewölktes Wetter zusammen mit dem Wind den Landwirt behinderte. Es passiert häufig, dass Weintriebe und Blumen infolge von Regen und Kälte eingehen oder fruchtlos bleiben.

Wind wird weiterhin im Zusammenhang mit der Beschneidung von Bäumen erwähnt. Der nA Brief CTN 5, ND 2718 aus Nimrud berichtet: „Es gibt Winde, sie sind nah. Die Bäume sind innerhalb der Stadt zahlreich, du sollst (sie) beschneiden!".[262] Dieser Text zeigt, dass das Herunterfallen von Ästen oder die Beschädigung der Bäume infolge starken Windes vermieden werden soll. Dass der Schreiber die unmittelbare Nähe des Windes ankündigt (Z.

258 Siehe Streck 2013: 146-149 und Streck 2018b: 116-118.

259 Siehe Streck 1999: 181 und Jiménez 2017.

260 AbB 14, 58: 7-9: *ša-ru-ú ú-ul i-ša-ru-ú-ma ak-ka-a-li šu-um-ma-a-an ša-ru-um i-iš-ši-ra-am še-a-am ka-la-šu-ma-an.*

261 Neumann 1977: 1050-53.

262 CTN 5, ND 2718, Z. 11-12: *ba-ši šá-a-ru lu qur-bu* giš.meš *ša* múru uru *ma-'a-*[*du*] *ta-šar-ri-me.*

11), zeigt eine Fähigkeit zur „Wettervorhersage", vielleicht das Ergebnis praktischer Erfahrung und aufmerksamer Beobachtungen des Wetters.

12.2. Reise und Transport

„Mit dem Wehen des Südwindes werde ich losgehen",[263] so meldet der Absender eines nB Briefes. Er spricht möglicherweise vom stromaufwärts Segeln auf den Flüssen. Der Süd(ost)wind, wenn er stark genug ist, treibt Boote über Euphrat und Tigris stromaufwärts.[264] Obwohl eine Schifffahrt nicht ausdrücklich erwähnt wird, wäre der *šūtu* hier ideal gewesen, um von Uruk mit dem Boot stromaufwärts nach Norden zu reisen.

Stürmische Winde waren häufig die Ursache für Schwierigkeiten bei Reisen in der kargen Landschaft des Nahen Ostens. In Ausnahmefällen konnten sie zum Abbruch der Reise führen, wie in CUSAS 36, 170 zu lesen ist: „Als ich vom Dorf Karisum aufbrach, hat [mich] fürwahr so ein Wind getroffen, dass ich (am) Dorf Redû nicht mehr weitergeh[en konnte]".[265] Manchmal passierte es, dass eine Karawane von einem Sturm überrascht wurde:

SAA 5, 249, Z. 6-12
ina gi6 *ša* ud 4.kam *šá-a-r*[*u*] *dan-nu ša a-dan-niš i-z*[*i-qa*] túg.*maš-kan*.meš *gab-bu mé-*[*ḫu-u*] *i-ba-áš-ši ú-ta-s*[*i-ḫi*] un.meš *ip-tal-ḫu a-dan-n*[*iš*] anše.kur.meš *ina* šà-*bi a-ḫa-*[*iš*] *it-ta-ad-bu-ku*

In der Nacht des 4. Tages gab es starken Wind, der heftig we[hte]. Das war so ein St[urm], dass er die Zelte abris[s], die Leute gerieten völlig in Panik (und) die Pferde legten sich aufeinander!

Diese Szene ist so bildlich umschrieben, dass sie keinen Kommentar benötigt. Interessanterweise wird hier sowohl das Verhalten der Tiere, die höchstwahrscheinlich einer militärischen Truppe gehörte, als auch das genaue Datum dieses meteorologischen Phänomens aufgeschrieben. Weiter unten im Brief sind einige Angaben astronomischer Beobachtungen enthalten. Das ungewöhnliche Verhalten der Pferde ist auf einen Sandsturm zurückzuführen, infolgedessen sie sich als Schutz gegen den Sand auf- und aneinanderlegen.

12.3. Vorzeichen

Von großem Interesse für das Verständnis von Windomina ist der nA Bericht SAA 10, 26, in dem der Schreiber dem König eine Finsternis interpretiert. Im Text werden alle divinatorischen Aspekte des Windes am 14. Tag des III. Monats erklärt: „‚Wenn das vorkommt, was ist seine Interpretation?': Der 14. Tag ist ‚das Ostland', der III. Monat ist ‚das Westland', die ‚Entscheidung' ist für die Stadt Ur und, wenn das passiert – die Region,

---

263 NBU 212, Z. 22-23: *it-ti* zi *šu-tu al-lak*.

264 Blaschke 2018: 451; De Graeve 1981: 13.

265 CUSAS 36, 170, Z. 9-12: *iš-tu* uru.ki *ka-ri-sú-um i-na a-la-ki-ia ša-ru* ⸢*lu*⸣*-ú iš-bi-iṭ-*[*an-ni*]*-ma* ⸢ki⸣.uru!.*re-du-ú a-la-*[*kam ú-ul e-le-i-m*]*a*.

auf die es wirkt, zusammen mit dem wehenden Wind sollen herausgeschrieben werden".[266] Die Zeit des Windvorkommens und die Richtungen während einer Mondfinsternis konnten verschiedene Regionen Mesopotamiens symbolisieren.[267]

12.4. Redewendungen

Aus dem Mari-Archiv ist ein langer Brief von Hammi-ištamar erhalten, der seine Verachtung für Yasmah-Adad zum Ausdruck bringt. Der junge nomadische Prinz[268] weigerte sich, an der Seite seines Bruders in den Krieg zu ziehen, und schickte stattdessen lediglich finanzielle Unterstützung. Diese wird ihm von Hammi-ištamar, wahrscheinlich einem hohen Beamten, als mangelnde Männlichkeit ausgelegt:

FM 1, S. 117, (A.1146) Z. 32-34
ú-la-a ma-ti-ma ša-ru-um em-mu-um ù ka-ṣú-um pa-ni-ka ú-ul im-ḫa-aṣ-ma li-pí-iš-tam la ka-at-tam na-še-e-ti

Nie hat je heißer oder kalter Wind dein Gesicht gepeitscht und du trägst einen Samen, der nicht dir gehört![269]

Der Wind peitscht und „prägt" das Gesicht des „echten" Mannes, der das Heim zum Reisen und Kämpfen verlässt, was nämlich Yasmah-Adad nie getan hat, unterstellt der Absender. Solche Auswirkungen des Reisens auf das Aussehen lassen sich in späteren Passagen der literarischen Sprache nachweisen. „Trockene Hitze und Frost rieben durchgehend mich und meine schöne Figur auf", so wird das Umherwandern des treuen Untertanen von Assurbanipal in einer nA Lobpreisung beschrieben.[270]

Wind ist in einigen Kontexten eine Metapher für Nichtigkeit.[271] In der Korrespondenz der nA Könige ist das deutlichste Beispiel zu sehen: „Die Wörter des Windes, die dieser ‚Nicht-Bruder' euch sagte, hat er auch mir gesagt. Ich habe sie gehört: sie sind Wind! Glaubt ihm nicht!".[272] Mittels dieses Briefs versucht Assurbanipal, die Babylonier davon zu

266 SAA 10, 26, Z. 3'-9': ud 14.kam kur.nim.ma.ki iti.sig$_4$ kur.mar.tu.ki eš.bar-*šú a-na* šeš.unug.ki *ù šum-ma is-sa-kan kaq-qu-ru* é *ú-la-pat-an-ni ù šá-a-ri a-li-ku is-se-niš i-na-sa-ḫa.*

267 Brown 2000: 141; für dieses Thema siehe Teil II.

268 Es handelt sich um ein Homonym des Sohnes des assyrischen Königs Šamši-Adad (Durand 1998: 137).

269 Das Wort *lipištu* ist in diesem Kontext interpretationsbedürftig. Die Bedeutungsnuance schwankt einerseits zwischen „offspring" (laut CAD 9, „L", S. 199) und „Sperma" (AHw, S. 554), andererseits zwischen „an abnormal membranous substance" (in Rahmen der Divinationskunde) und „Galle". Die Wendung kann entweder als Ausdruck der Verachtung für die unverdiente aristokratische Abstammung des Yasmah-Adad ausgelegt werden („du bist deiner Abkunft unwürdig", im weiteren Sinne), oder als Vorwurf von mangelnden männlichen Attributen. Eine Interpretation als reines Schimpfwort (*lipištu* kann ebenso „Scrotum" bedeuten, laut AHw, S. 554) wird in Morello 1992: 119, Fußnote h angesichts weiterer ähnlicher Belege in Mari-Texten verworfen.

270 SAA 9, 9, Z. 9-15: *ṣe-⌈ta⌉-a-te sa-rab-a-te il-ta-nap-pa-ta ba-nu-ú la-a-ni*; bezüglich der Reise in literarischen Texten siehe S. 252f.

271 George 2009: 91-92.

272 SAA 21, 3, Z. 3-6: *dib-bi ša šá-a-ri ša la*-šeš *a-ga-a id-bu-bak-ku-nu-ši gab-bu id-dab-bu-ú-ni al-te-me-šú-nu šá-a-ru la ta-qi-pa-šu.*

überzeugen, den trügerischen Worten seines Bruders Šamaš-šumu-ukin, der eine Revolte gegen Assyrien anzettelt, nicht zu folgen.[273]

273 Ahmed 1968: 62-103.

13. Sturm

Auch Sturm ist eine charakteristische Wettererscheinung der mesopotamischen Umwelt. Zusätzlich zu den häufigen Windstößen, die oft Sand oder Staub in die Atmosphäre erheben und wirbeln lassen, lassen sich meteorologische und sogar alltägliche Belege für plötzliche heftige Stürme im Winter nachweisen. Aus einem aB Schriftstück lesen wir von einer Bestellung einer neuen Tür bei einem „Rohrflechter“:[274] „Meine Tür aus Schilfrohr, darüber hinaus, dass sie alt ist, hat sie ein Sturm zerstört!“.[275] Besonders starke Staubstürme können sogar das Sonnenlicht im halbtrockenen Gebiet Mesopotamiens dämpfen. Dieses Ereignis tritt in einem etwas fragmentarischen aB Brief aus Karkemiš auf. Obwohl der Beleg nicht gesichert ist, könnte es sich um einen problematischen Transport von Holz für den König Maris handeln, denn „es gibt durchgehend Sand[stürme] im Land, … Wenn der Gott das Sonnenlicht für das Land wiederherstellt, werde ich alle Baumstämme liefern lassen, die mein Vater von mir verlangt“.[276]

Sturm und Sandsturm sind zwei Phänomene, die oft in idiomatischen Ausdrücken vorkommen.

AbB 10, 4, Z. 21-33
te-et-bé-e ta-ta-la-ak-ma ud 3.kam *ki-ma me-ḫe-e-em a-ba-aš-ši a-ka-la-am ù me-e ú-ul e-le-em-mi še-a-am ša am-ḫu-ru ù ša at-ta tu-ša-bi-la at-ta-a-ma ti-de-e i-na ki-mi-na-an-na ma-am-ma-an-ni a-na ma-am-ma-an-nim ú-ul i-ḫa-ba-at-ti qá-du-um bi-ti-ia la a-ma-at-ti*

Du bist weggegangen, abgereist. Drei Tage lang bin ich wie ein Sturm, Brot und Wasser nehme ich nicht. Du selbst kennst (die Menge der) Gerste, die ich bekam und die du mir geschickt hast. Jetzt gerade leiht niemand irgendetwas. Ich will nicht zusammen mit meinem Haushalt sterben!

Dieser Brief aus dem aB Dossier des Gimillija nennt uns einen anderen Aspekt des Sturmes: Der Schreiber, oder vielleicht die Schreiberin (ob der Name feminin oder maskulin ist, bleibt ungewiss) berichtet Gimillija von seinen Unglücksfällen und Sorge um Nahrungsmangel durch ausdrucksvolle und pathetische Sätze, damit der Empfänger Mitleid empfindet. Vermutlich wird Sturm als Metapher für Verlassenheit und Leere verwendet, weil das Haus des Briefsenders keine Gerstenvorräte hat. Wie der Wind steht auch der Sturm für Nichtigkeit in der Literatur.[277]

Der Schreiber des nA Briefes SAA 10, 29 lobt den Souverän Asarhaddon mit der Redewendung: „Wer könnte der Sonne irgendeinen Ratschlag (wörtlich: Rat oder nicht Rat) erteilen? Man sagt: ‚Derjenige, der dem König [Frech]heiten sagt und Lügen erzählt, dessen

---

274 AbB 3, 34, Z. 15: lú.ad.gub.

275 AbB 3, 34, Z. 13-14: gi.ig-*ti a-na ṣe-er-ma la-bi-ra-at ù me-ḫu-ú up-ta-si-is-sí.*

276 ARM 28, 21, Z. 12-13, 17-21: *i-na ma-a-tim* da.al.[ḫa.mun] *it-ta-ab-še-⌈e⌉ … i-nu-ma* dingir-*lum nu-ra-[am] a-na ma-a-tim iš-ta-a[k-nu]* giš.ḫi.a *ma-la-a ša a-b[i] i-qa-ab-bi-a-am ú-ša-ba-lam*. Die Z. 12-16 wurden von Durand 2005b: 68 ergänzt.

277 Streck 2018b: 118.

[Fundament] ist (nichts als) Sturm und seine Vorderseite Wind!‘“.[278] Nach George folgt dieses Zitat Stilmitteln der literarischen babylonischen Rhetorik.[279] Wind und Sturm als Metapher für Nichtigkeit hatten ihre Wurzeln in der literarischen Sprache Mesopotamiens und sind bis zur nB Zeit belegt. Darüber werden wir sorgfältiger in dem der Literatur gewidmeten Teil dieser Arbeit sprechen.

278 SAA 10, 29, Z. 7’-11’: [*man-nu šu*]-⸢*ú*⸣ *a-na* dingir.utu-*šú mil-ku la mil-ku* [*i-mal-lik*] ⸢*ma*⸣-*a ša it-ti* lugal *i-da-bu-ba* [*su-ul*]-⸢*le*⸣-*e u sur-ra-a-ti* [*i-šid-su*] ⸢*me*⸣-*ḫu-u ù pa-na-as-su* […] *šá-a-ru.*

279 George 2009: 92.

14. Hagel

Wir kommen nun zu dem am wenigsten belegten Wetterphänomen in den akkadischen Alltagstexten. Zwei Briefe geben Aufschluss über seltene Episoden von Hagel in den Gebieten von Mari und in Assyrien. Einer solchen raren Erscheinung entsprechen die interessanten Reaktionen der Schreiber, die wahrscheinlich den ominösen Wert des Hagels widerspiegeln. Der Brief aus Mari enthält eine Beschreibung eines Gewitters, eines „Schreis des Adad", das von einem starken Hagelschauer begleitet wird.

ARM 14, 7, Z. 3-7[280]
ud-*um tup-pí an-né-em a-na ṣe-er be-lí-ia* [*ú*]-*ša-bi-lam* [*r*]*i-ig-ma-a-at* dingir.iškur [*e*]-*li-ma* [*š*]*a i-na pa-ni-tim ri-gi-im-šu* [*ú*]-*da-an-ni-*[*i*]*n* na$_4$ *ra-ab-bi-tam it-ta-ad-di* [...] *ù* 20 udu.ḫi.a *ta-ma*$^!$*-ḫi-ra-am ú-ṭà-*[*ab*]*-bi-iḫ*

Am Tag, an dem ich diese Tafel an meinen Herrn geschickt habe, hat Adad gedonnert. Noch mehr als vorher hat er seinen Schrei erhoben. Er hat mehrmals einen starken Hagel losgelassen. Ich habe als Opfer$^?$ [281] [...] und 20 Schafe geschlachtet.

Das Auftreten des heftigen Gewitters und der außerordentlichen Hagelkörner musste anscheinend durch ein prächtiges Opfer an den Sturmgott empfangen werden.[282]

Der Hagel als ominöses Phänomen hat einige Parallelen. SAA 8, 423 enthält einen Omenbericht über Hagel, der im XI. Monat Wohlstand für die Bevölkerung besagt.[283] Dass Hagel als Zeichen der Gunst Adads wahrgenommen wurde, lässt sich im auf S. 34 besprochenen Brief SAA 15, 6 erkennen. In den EAE-Tafeln wird Hagel tatsächlich mit guter Ernte assoziiert:

CM 43, T. 48, Z. 63': diš *in me-e* an-*e* na$_4$ si.sá buru$_{12}$ šà kur ti-*uṭ*
Wenn es (Hagel)steine im Regenwasser (wörtlich Wasser des Himmels) gibt, wird die Ernte gedeihen, das Herz des Landes wird leben.

280 Neue Lesung bei Durand 1998: 628 und FM 8, 23.

281 Laut AHw, S. 1314 bedeutet *tamḫīru* „Darbringung", aber das Wort ist für diese Bedeutung schlecht belegt.

282 Laut Durand 1988: 492 wird der Hagel als ominöses Ereignis mit dem Kult des Baitylos' verbunden. Da Hagel auch außerhalb von Obermesopotamien ominös angesehen wird, ist diese Interpretation fraglich.

283 SAA 8, 423, Z. 5-1': diš *ina* iti.zíz na$_4$ du-*ik nu-ḫuš* un.meš [*ša*]-*qé-e* ki.lam, „wenn im Monat Šabaṭu (XI.) Hagel kommt: Wohlstand für die Bevölkerung und [An]stieg des Geschäftes".

15. Schlussfolgerungen

Die Menge der Belege für Wetterphänomene in den Alltagstexten erlaubt allgemeine Überlegungen über die Häufigkeit einiger Aspekte der Witterung, auch im Hinblick auf regionale geographische Unterschiede. Es überrascht uns zunächst nicht, dass Berichte über Wasserphänomene mehr als 50 % der analysierten Alltagstexte ausmachen, wie aus der Graphik 3 ersichtlich ist. Der Ackerbau ist nur dank der Wasserversorgung durch Bewässerungsanlagen gesichert, die auch von geringen Regenfällen gespeist werden, und das jährliche Hochwasser ist das augenfälligste Phänomen in Mesopotamien. Das erklärt die große Aufmerksamkeit, die Regen und Hochwasser entgegengebracht wurde.

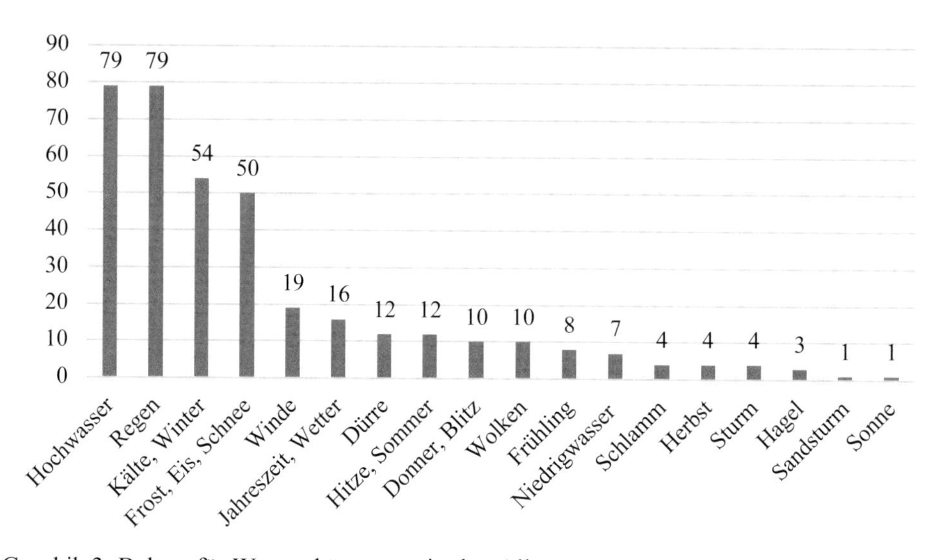

Graphik 3: Belege für Wetterphänomene in den Alltagstexten

Andere Wetterphänomene sind auch von Bedeutung: In einem Land, in dem die Temperaturen normalerweise nur in Sonderfällen bitterkalt werden und andernfalls oft auf über 30-40° C steigen, muss die beträchtliche Menge von Belegen für „kaltes Wetter" auffallen. Etwa 33 % aller Belege behandelt die als „Kälte", „Winter", „Frost" und „Schnee" klassifizierten Phänomene. Andere, wie die sommerliche Gluthitze, lassen sich viel seltener nachweisen. Es ist davon auszugehen, dass die antiken Bewohner nicht darauf achten mussten, was für sie die Normalität war.

Aufgrund der begrenzten Anzahl der Belege für Wetterphänomene in alltäglichen Texten sind allgemeine Aussagen zum Einfluss des Wetters auf den Menschen nur mit Vorsicht zu treffen. Trotzdem lassen sich einige Schlussfolgerungen ziehen. Es wurde in verschiedenen Kontexten hervorgehoben, dass besondere meteorologische Ereignisse häufiger in der Korrespondenz Berücksichtigung finden als „normale". Das subtropische sonnige Wetter muss nicht mitgeteilt werden, es ist keine Neuigkeit: Es bedeutete weder Gefahr, noch bedurfte es schnellen Handelns. Stattdessen spielen unvorhersehbare und nur gelegentlich vorkommende Wetterereignisse eine Rolle. Kälte und Winter erforderten vorbereitende Maßnahmen der Bevölkerung. Vor und während dieser wenigen Tage im Jahr galt das Augenmerk der gesamten Gesellschaft dem Wetter, wenn man bei seinen Arbeiten kein Risiko eingehen wollte. Phänomene wie Regen, Gewitter, Donner oder Schnee erwiesen sich in manchen Fällen als unberechenbar und erregten daher Aufmerksamkeit. Starke Regenfälle wurden aus der Perspektive ihrer positiven oder negativen Folgen für den Feldbau betrachtet, während Gewitter sich als ominöses Vorzeichen interpretieren ließ.

Es existierte ein schmaler und unsichtbarer Grat, der den Erfolg des Managements der Naturressourcen vom Unglück trennt. Im Wesentlichen lesen wir Beschreibungen der Auswirkungen, die die Wetterphänomene auf menschliche Tätigkeiten hatten. „Unwetter" in unserem modernen Sinne war damals ein facettenreicher Begriff, dessen Vor- und Nachteile diskutiert wurden: Regen und Hochwasser können ein Wundermittel für das Ackerland sein, aber sie können über ein bestimmtes Maß hinaus auch schädlich werden: „In den Trockengebieten … kann neben Wassermangel auch Wasserüberschuss zum Negativfaktor werden".[284]

Es bietet sich auch die Gelegenheit, Schlussfolgerungen in Bezug auf die Archivherkunft zu ziehen. Auf Grundlage der schriftlichen Quellen sowie gewisser geoklimatischer Studien entsteht der Eindruck, dass insbesondere die Region der Niedrigen Dschazira, das Kerngebiet von Mari, hauptsächlich von diesen Negativfaktoren betroffen wurde.[285] Zusammenfassend lässt sich sagen: Ebenso wie der durchschnittliche Niederschlag des syrischen Trockengebiets unzuverlässig ist und sich unregelmäßige Dürreperioden und schwere Regengüsse (besonders in den Übergangszeiten) abwechseln, so erweist sich auch der Wasserlauf des Euphrat als über die Jahreszeiten unbeständig. Dies war möglicherweise ursächlich für Naturkatastrophen. Auf Basis einer Berechnung von Durchschnittsrenditen in der Region Mari unterlag die landwirtschaftliche Produktion einer gewissen Variabilität, infolgedessen der Ertrag wahrscheinlich nicht immer für die Gesamtheit der Bevölkerung ausreichte.[286] Trotz der günstigen Position der Stadt Mari an der Kreuzung des Euphrats zwischen Babylonien, Obermesopotamien und der Levante scheint diese Umwelt uns angesichts schwer vorhersagbarer Wettererscheinungen ein fragileres Ökosystem im Vergleich zu den anderen Gebieten Mesopotamiens zu sein. Bei dieser Annahme wird jedoch eingeräumt, dass die unterschiedliche Größe der Textarchive noch keinen detaillierten Vergleich zwischen den einzelnen Klimaregionen Mesopotamiens ermöglicht.

Wichtig war für diesen Teil der Arbeit darüber hinaus, die Reaktionen von Verwaltungen und von Einzelpersonen auf vom Wetter bedingte Situationen zu betrachten. Die erwähnten unberechenbaren Variablen zwangen die lokalen Verwaltungen, die Naturereignisse auf ihrem Territorium ohne Unterbrechung zu beobachten. Die erste Maßnahme bestand tatsächlich in einer ständigen Kontrolle, in die Regierung und Landbesitzer viel Mühe und Zeit investierten. Zweitens ergibt sich aus den untersuchten Texten ein gewisses Bewusstsein für meteorologische Phänomene. Folglich zeigt sich die Notwendigkeit in

284 Rösner 1991: 21.

285 Reculeau 2011: 56-57 und Reculeau 2018: 483-491.

286 Die Regierung musste relativ oft das Getreide der Bevölkerung von woanders her beschaffen (Lafont 2000: 141), z. B. aus Aleppo oder der Hohen Dschazira, was bereits von dem erwähnten Brief LAPO 16, 230 (A.1101) auf der S. 19f. bestätigt wird.

bestimmen Situationen, Messverfahren für Naturelemente zu entwickeln, um wesentliche Aspekte des Anbaus und der Bewässerung zu verwalten. Neben den üblichen Messtechniken des Wasserdurchflusses, die beispielsweise in den Mari-Texten beschrieben werden, sind weitere Messverfahren belegt.

15.1. Messgeräte und Wetterkunde

Anhand des Textes ARM 23, 90 besprachen wir bereits den Begriff *litiktum*. Laut Edition geht es um eine Messung des Regenwassers. Das ist nicht das einzige Beispiel für Wassermessungen in Texten aus Mari. Das Verb *latākum* „prüfen, erproben" wird im Zusammenhang mit zu messendem Quellwasser gebraucht.

FM 2, 77, Z. 12-16
aš-šum me-e ša i-ni-im la-ta-ki-⌜*im*⌝ *ša be-lí iš-pu-ra-am a-na šu-ri-pí-im sà-aḫ*[!]*-nu-ma me-e ú-ul al-tu-uk*

Hinsichtlich der Überprüfung des Quellwassers, über die mir mein Herr schrieb, es (das Wasser) ist zu warm für Eis und (deshalb) prüfte ich noch nicht das Wasser.

Es gibt zudem Hinweise auf Wassermessungen im Brief FM 2, 75, in dem zwei Quellen auf ihre mögliche Nutzung überprüft werden.[287] Vermutlich waren die Tiefe und der Zulauf des Wassers sowie die Niederschlagsmenge zu errechnen. Die Form und praktische Anwendung solcher Messgeräte sind leider mangels detaillierter Beschreibungen nicht konkret nachzuvollziehen. Das Wort *litkum* taucht aber im *Diviner's Manual*, einem Kompendium aus der nA Zeit zur Interpretation von Vorzeichen, auf:[288] Es wird empfohlen, das *mašqû*-Gefäß zu überprüfen, „falls am Neumond der Tag bewölkt" sei.[289] Die Messung eines *mašqû*, im Sinne von „Wassertränke", kommt sogar im zitierten nA Sprichwort von SAA 21, 83 (S. 40) im Zusammenhang mit dem Verb *mašāḫu*, „messen", vor.

In den vorangegangenen Seiten wurden verschiedene nA Texte mit kurzen Berichten über Regen besprochen. Interessante Angaben der Regenmenge sind überdies in einigen fragmentarischen Texten erhalten. Sie betreffen wahrscheinlich die Menge des gefallenen Regens und auch den Wasserstand in Wasserbecken.

SAA 5, 274, Z. 1-7
[*zi*]-⌜*i*⌝-[*nu*] ⌜*ma*⌝-*a'*-⌜*da a*⌝-*dan-niš i*-⌜*zu*⌝-[*nun*] ⌜giš⌝.*pi-sa-nu* 1 *me* anše a.meš *u-se*-⌜*li*⌝

Es ist sehr viel [Re]gen ge[fallen]! Der Kasten ist 100 Homer[290] Wasser hochgestiegen.

287 FM 2, 75, Z. 15: *ú-l*[*a-at-ti-ik*]. Das Quellwasser wurde verwendet, wie bereits besprochen, um das gesammelte Eis kühl aufzubewahren.

288 Siehe Oppenheim 1974 und Willson 2002.

289 Willson 2002: 479-480 und Oppenheim 1974: 200, Z. 65: *e-nu-ma i-na bi-ib-lu* ud-*mu er-pu* gál-*ka li-ti-ik-šú* dug *maš-qu-ú*. Dieses Gefäß war vielleicht eine Wasseruhr, mit der ein Astrologe den genauen Beginn des neuen Monats festlegte (für die Wasser- oder Sanduhr in Mesopotamien siehe Brown, Folder, Walker 2000).

290 Ungefähr 20000 l (Lanfranchi, Parpola 1990: 192), eine beträchtliche Menge.

Der Passus erregt besonders aus zwei Gründen unsere Aufmerksamkeit. Zum ersten ist anzunehmen, dass der Schreiber hiermit die infolge des Regens gesteigerte Wassermenge mitteilen wollte: Dies setzt voraus, dass man damals mehr oder weniger regelmäßig den relativen Niederschlag berechnete, indem die neue Menge der früheren Messung vor dem Regenfall abgezogen werden konnte. Der Terminus *pisannu*, auch *pišannu* geschrieben, bedeutet „Kiste" bzw. „Entwässerungsrinne"[291] und ist ebenso in SAA 5, 275 belegt. *pisannu* wird mehrmals in den *Astronomischen Tagebüchern*[292] der spätbabylonischen bis zur parthischen Zeit in Verbindung mit Regen genannt. Als Beispiel kann eine meteorologische Aufzeichnung zitiert werden:

ADART 1, -567, Z. 8': ge$_6$ 18 18 a.an pisan di[b ...]
In der Nacht des 18. (und) am 18.: Regen, pisan dib.

Im CAD wird *pisannu* allgemein als meteorologisches Phänomen klassifiziert.[293] ‚an pisan dib' scheint sich jedoch auf das Wasserbecken zu beziehen, in dem Regenwasser gesammelt und gemessen wurde. ‚dib' steht wahrscheinlich für das Verb *kullu* „halten", pisan dib somit für *pisannu ukāl* „das Becken enthält (Regenwasser)". Hinweise auf eine beträchtliche Regenepisode zeigen sich dadurch, dass das Wort *rādu*, „Regensturm", ‚pisan dib' oft voransteht.[294] Für *pisannu* lässt sich auch ein Handerhebungsgebet vergleichen: „Wie die Regentropfen des Himmels an ihren Ort nicht zurückkehren, wie das Wasser des *pisannu* nicht zurückgeht":[295] Der Regen verbleibt im Becken und fließt nicht ab.

Die *Tagebücher* sind eine umfangreiche Sammlung von himmlischen Ereignissen, die sich aus sorgfältigen Beobachtungen rund um die Uhr ergeben. In den meteorologischen Abschnitten der Texte kommen auch Windrichtungen, die Position von Blitzen und Angaben zum Wasserstand vor.[296] Es würde deshalb nicht überraschen, wenn die kurzgefassten Aufzeichnungen der Niederschläge auf Messungen des Regenwassers zurückgehen.[297]

Meteorologische Messungen beziehen sich aber nicht nur auf Regen und sind nicht ausschließlich in Alltagstexten belegt. Zeile Ic 21 der nA Tafel der *Fabel der Pappel*[298] ist ein Beweis für die Verwendung von Windfahnen in Mesopotamien. Der Baum selbst führt die Vorzüge seines edlen Holzes auf und erzählt, wie der Mensch es für alle möglichen Aktivitäten nutzt, unter anderem:

CHANE 87, S. 170, Z. Ic 21: *iṣ-ṣur šá-a-ri maš-tak*[299] *šá-a-ri i-na-aṭ-ṭa-lu ru-bu-ú*

291 CAD 12, „P", S. 420-424.
292 Hunger, Pingree 1999: 139.
293 Pisannu B, CAD 12, „P", S. 424.
294 Hunger, Pingree 1988: 32.
295 Hunger, Pingree 1988: 31; siehe dazu den nB medizinischen Text in Tsukimoto 1999: 193, Z. 34: „Möge das Fieber wie das Wasser des *pisannu* nicht zurückkommen".
296 Pirngruber 2013: 199.
297 Für eine eingehende Diskussion siehe Teil III.
298 Jiménez 2017: 160-197, zuvor in Lambert 1960: 164-167 ediert.
299 Eine der zwei Versionen des Textes hat *ana maš-tak* (CHANE 87, S. 170, Z. Ic 21, B r 13). Jiménez 2017: 184-185 folgt nicht der früheren Übersetzung von Lambert 1960: 166 „for the direction of the wind" für (*ana*) *maštak šāri* und schlägt stattdessen „abode of the wind" vor. Obwohl noch umstritten, kann mit *maštaku* eine Ableitung von *latākum* vorliegen: Die Ableitung von *maštaku* aus *maltaku*,

Der Prinz schaut die Windfahne (wörtlich „Vogel des Windes“), die Prüfung$^{?}$ Des Windes, an.

Windrichtung und Geschwindigkeit wurden höchstwahrscheinlich mittels einer Windfahne geprüft, die die Gestalt eines Vogels hatte.[300]

Diese „Spuren“ der Verwendung von Messgeräten für Wettererscheinungen leiten die Debatte über das Entstehen einer rudimentären Wetterkunde ein. Während des ersten Teils der Arbeit wurde mehrmals betont, dass besondere Naturphänomene aufmerksam beobachtet wurden. Dies schließt eine sorgfältige Beobachtung des Wetters mit ein. Eine Überwachung von Regen und Wasserstand war relevant für den Ackerbau und die Vermeidung von Risiken und Naturkatastrophen. Dass viele Briefe Meldungen von Regen und Wasserstand mit Zeit- und Messangaben enthalten, ist Zeichen einer grundlegenden Kenntnis des Klimas und Wetters. Obwohl der Inhalt dieser Texte oft nur wenige Informationen vermittelt, lässt sich vermuten, dass ein verbreitetes Verständnis für Wetterphänomene sogar in gewissem Umfang ihre Vorhersagbarkeit ermöglichte. Die Kontrolle von Regenmengen und Eintreffen des Hochwassers diente der Staatsverwaltung dazu, die Ernteerträge zu schätzen.

Die empirische Beobachtung überschneidet sich mit der verbreiteten divinatorischen Bedeutung einiger Wettererscheinungen. Viele Regenfälle zum richtigen Zeitpunkt werden demzufolge auf verschiedenen Ebenen als glückliches Vorzeichen wahrgenommen. Dafür sind die Texte MARI 8, S. 327, A.3394, Z. 8, SAA 1, 92, SAA 10, 226 und SAA 15, 4 ein Beispiel. Einige Texte können als Vorläufer der meteorologischen Abschnitte der *Astronomischen Tagebücher* bezeichnet werden: Sie sind keine offensichtlichen Omenberichte, aber sie enthalten kurzgefasste Einträge täglicher Wetterphänomene ohne expliziten Grund. Dazu gehören die aB Texte ARM 23, 63, ARM 23, 90, ARM 23, 102, ARM 13, 133, und die nA SAA 5, 249, SAA 15, 6. Die Texte SAA 10, 138, SAA 10, 139, SAA 10, 145, SAA 10, 147, SAA 10, 151, in denen Wolken die Beobachtung des Mondes verhindern, sowie diverse andere Berichte sind Zeugnisse, dass die nA Gelehrten meteorologische und himmlische Ereignisse für ihre Könige Asarhaddon und Assurbanipal aufzeichneten.[301]

Die oben genannten Texte lassen sich nur in einiger Hinsicht mit bestimmten Tafeln unter den *Astronomischen Tagebüchern* vergleichen, die bereits als die anfänglichen Entwürfe der Himmelsbeobachtungen identifiziert wurden. Ein „Preliminary Diary“ weist besondere Merkmale in seiner Gestalt und in seinem Inhalt auf: Die Form der Tafel ist etwa viereckig und unterscheidet sich von den meisten Tagebüchern in ihrer Kürze, denn die Aufzeichnungen der „Preliminary Diaries“ decken einen Zeitraum von wenigen Tagen bis zu einem Monat ab. Über 44 Tafeln unter den *Tagebüchern* entsprechen dieser Typologie von meteorologischen und astronomischen „Notizen“.[302] Die kürzesten „Preliminary Diaries“ enthalten Eintragungen für nur drei Tage und lassen in einigen Fällen die

„Prüfung“, wird in CAD 10, „M-1“, S. 171-172 unter dem Lemma *maltaktu*, „Wasseruhr“, illustriert, das dieselbe lautliche Entwicklung aufweist: *maštaktu*, sowie *maštaku*, wäre das Ergebnis einer hyperkorrekten Bildung *lt* > *št* im I. Jt.

300 Jiménez 2017: 198-199 weist auf einen Eintrag in der IV. urra=*ḫubullu* lexikalischen Liste hin, in welchem die Begriffe für *iṣṣūr šāri*, „Windfahne“, nach *maš/ltaktu*, „Wasseruhr“, aufgelistet ist.

301 Robson 2019: 123-124.

302 Mitsuma 2015: 56-57; für eine ausführliche Beschreibung des Prozesses von den „Preliminary Diaries“ zu den „Standard Diaries“ siehe Haubold, Steele, Stevens 2019: 1-10.

Informationen über den Wasserstand im Fluss aus. Dennoch finden sich Wolken und Winde in fast jeder Tafel, manchmal zusammen mit Regen und Donner.

Abschließend bestehen erhebliche Unterschiede zwischen den oben besprochenen Texten aus Mari und Ninive und den Entwürfen der *Tagebücher*, allen voran die Grußformel, die in den nA Berichten normalerweise zu lesen ist sowie der Zeitraum der Wetterereignisse, der auf einen Tag begrenzt ist. Der ähnliche kurzgefasste Inhalt deutet wenigstens auf ein verbreitetes Interesse hin, tägliche Informationen über das Wetter zu sammeln. Eine Systematisierung der aufgenommenen Beobachtungen erfolgt lediglich in einer späteren Phase ab der zweiten Hälfte des I. Jahrtausends.

II. Vorzeichenkunde des Wetters

1. Das Wetter in der divinatorischen Tradition Mesopotamiens: Einführung in die Quellen und in die Methode für eine neue Auswertung

Meteorologische Ereignisse stellten einen relevanten Teil der mesopotamischen Divination dar. Sie wurden zunächst als ominöse Erscheinungen betrachtet, aus denen man wichtige Rückschlüsse auf die Zukunft des Landes ziehen konnte und dann als Ziel der divinatorischen Untersuchung berücksichtigt, um etwas über künftige Wetterbedingungen zu erfahren. Deshalb kommen zahlreiche Einträge hinsichtlich meteorologischer Phänomene sowohl in Protasen als auch in Apodosen von Omensammlungen vor. Die Protasen, die das Wetter allein oder in Kombination mit anderen Elementen behandeln, gehören zu den Omina, die ohne menschliches Eingreifen auftraten. Unter diesem Gesichtspunkt ist die Witterung in jedem Aspekt der Wahrsagekunst präsent: Obwohl die meisten Erwähnungen im Anschluss an himmlische und astrologische Phänomene überliefert sind, verbinden sich meteorologische Erscheinungen ebenso mit Vorzeichen der irdischen Sphäre.

Die meteorologischen Phänomene bewegen sich in einer Sphäre zwischen Himmel und Erde. Der Regen, der Schnee sowie die Blitze fallen beispielsweise aus den Wolken auf den Boden hinab, die in der Erdatmosphäre schweben und von den Winden geweht werden. Aus der menschlichen Perspektive kommen Sandstürme aus der Atmosphäre auf und wirken auf die Erdoberfläche ein, während Nebel von unten nach oben steigt. In den Augen des mesopotamischen Menschen waren daher solche Ereignisse, die wir heute als meteorologisch bezeichnen, Eigenschaften der Atmosphäre und der Lithosphäre. Die beiden Sphären waren in der mesopotamischen Weltanschauung eng verbunden, wie das *Diviner's Manual* ausdrücklich erklärt: „Ein Zeichen, das Unheil im Himmel ist, ist (ebenso) Unheil auf der Erde".[1]

Im Allgemeinen folgen aus Wetteromina Hinweise auf kommende Ereignisse, die das Land oder den König betreffen. Die Beobachtung der Phänomene ist die erste Stufe des divinatorischen Prozesses, auf der die Entschlüsselung der Vorzeichen beruht. Das Konzept eines empirischen Hintergrundes ist in der mesopotamischen Omenkunde jedoch noch nicht vollständig bekannt:[2] Während eine Protasis auf tatsächlichen Beobachtungen basieren kann, ist das Ereignis in der Apodosis oft nach unserer Logik nicht konsequent.[3]

Es lässt sich vermuten, dass der Himmel bereits seit dem Entstehen der ersten landwirtschaftlichen Siedlungen beobachtet wurde.[4] Zugleich schenkte man wahrscheinlich ebenso den bedeutendsten Wetterphänomenen in den verschiedenen Jahreszeiten Beachtung. Die allerersten überlieferten Wetteromina aus der aB Zeit weisen Kombinationen von

1 Oppenheim 1974: S. 200, Z. 41: *it-tum šá ina* an-*e lem-ne-tum ina* ki-*tim lem-ne-et.*

2 Koch-Westenholz 1995: 15-16.

3 Koch-Westenholz 1995: 13-14; Hunger, Pingree 1999: 5; Rochberg 2016: 164-192.

4 Fincke 2016b: 110.

grundlegenden astronomischen und meteorologischen Erscheinungen in Protasen auf.[5] Die Anzahl solcher Texte ist äußerst gering im Vergleich zu den Mondfinsternisomina. Aus insgesamt vier Tafeln lassen sich die ältesten akkadischen Wettervorzeichen entnehmen: Zwei Tafeln aus Mari,[6] die sogenannte Šilejko-Tafel[7] und BM 97210.[8] Regen, Hochwasser und Wind sind einige der wenigen Phänomene, die unterschiedslos in der Protasis zusammen mit Mond- (Šilejko-Tafel, Mondfinsternisse für jeden Monat im ARM 26-1, 248) und Sonnenomina (BM 97210) vorkommen.

Die Untersuchung der Schafseingeweide zu divinatorischen Zwecken lässt sich anhand eines umfassenderen Korpus' in der aB Zeit nachweisen.[9] Mithilfe dieser Technik wurde auch versucht, Antworten auf Schicksalsfragen des Landes zu finden, weshalb die meisten Erwähnungen der meteorologischen Phänomene für diese Periode in den Apodosen der Leberschauomina aus Babylonien überliefert sind.[10]

Die Knappheit an schriftlichen Quellen für die mB Zeit begrenzt eine vollständige Untersuchung der divinatorischen Entwicklung im Laufe der zwei Jahrtausende in Babylonien.[11] Aspekte der Witterung treten in diesem Zeitraum fast nur in Apodosen von Eingeweideschautexten auf. Die assyrische Tradition kann jedoch dank einer größeren Textmenge besser nachvollzogen werden. Es wurde festgestellt, dass die ersten Exemplare der himmlischen Serie EAE bereits im XIII. Jahrhundert gelesen werden konnten. Zum Ende des II. Jahrtausends gehört auch das Material, das für die ersten Tafeln der Serie EAE sowie *Mul.apin*[12] in Assyrien im Laufe des I. Jahrtausend weiter kopiert und kanonisiert wurden.[13]

Die reichliche Dokumentation des VIII. und VII. Jahrhunderts bezeugt die Standardisierung des divinatorischen Systems und die Praxis der Wahrsagetechniken im königlichen Palasthof. Aus der nA Zeit stammt der Großteil der Tafeln bezüglich himmlischer und terrestrischer Omina.[14] Die Mehrheit der meteorologischen Ereignisse steht nach wie vor oft in Verbindung mit astrologischen Phänomenen. Das Wetter ist hauptsächlich in der kanonischen Serie EAE präsent; allein 14 Tafeln sind ausschließlich diesem Thema gewidmet. Im Rahmen der Studien zur Divination wurden die meteorologischen Tafeln lange kaum berücksichtigt.[15] Die ausgereifteste Bearbeitung wurde in jüngster Zeit von Gehlken zu den Tafeln 42-49 durchgeführt. Hauptsächlich enthält dieser Teil der Serie Omina des Donners, des Blitzes, des Regens, des Windes und anderer atmosphärischer Phänomene, weshalb die Editionen von Gehlken[16] eine wesentliche Grundlage für die vorliegende Arbeit bilden. Eine umfassende Untersuchung der Wettertafeln EAE 36-41, die sich laut Gehlken

5 Fincke 2016b: 114.
6 ARM 26-1, 3 und ARM 26-1, 248.
7 Horowitz 2000: 203-205.
8 Fincke 2016b: 114, Fußnote 41; siehe S. 88f. dieser Arbeit für die Edition.
9 Maul 2005: 70-71.
10 CUSAS 18, 13-14 zitieren hingegen Wetterapodosen als Folge von Mondfinsternissen am 14., 15. und 20. Tag jedes Monats.
11 Koch-Westenholz 1995: 41-42.
12 Hunger, Steele 2019.
13 Koch-Westenholz 1995: 42-43.
14 Koch-Westenholz 1995: 51.
15 Hunger-Pingree 1999: 18.
16 Siehe Gehlken 2008 und Gehlken 2012.

auf Nebel und Wolken beziehen, war bislang aufgrund des fragmentarischen Zustandes nicht möglich.[17]

Neben den himmlischen Vorzeichenkompendien kommen divinatorische Aspekte des Wetters in weiteren Omenserien, deren Textzeugen aus dem I. Jahrtausend stammen, vor. Diese umfassen die Serie *iqqur īpuš*, in der verschiedene Ereignisse eine positive oder negative Konnotation für jeden Monat ankündigen, und *šumma ālu*, d.h. terrestrische Vorzeichen des Alltags.[18]

Ungefähr ab der Mitte des I. Jahrtausends erfolgte die Entwicklung einer neuen Form der Astrologie. Jahrhunderte sorgfältig eingetragener Beobachtungen erlaubten den Aufbau eines strukturierten Verständnisses, infolgedessen die himmlischen Mechanismen mit Genauigkeit berechnet werden konnten. Die Erscheinungen im Kosmos wurden daher *per se* und nicht mehr als Götterwille betrachtet.[19] Auch wenn frühere traditionelle Omina bis zum Ende des I. Jahrtausends weiter kopiert wurden, bleibt es umstritten, ob sie ihre ursprüngliche Funktion behielten.[20] Die Einführung des Zodiaks und der theoretischen Texte sind grundsätzlich die Quellen, die einen Fortgang in der Untersuchung der Himmelskörper von der nB und seleukidischen Zeit an darstellen.[21] Die schriftliche Dokumentation über die Wetterphänomene wurde mit Ausnahme weniger nB Tafeln und der *Astronomischen Tagebücher* in dieser späten Zeit geringer.[22]

Dieser Teil der Arbeit zielt insbesondere darauf ab, einerseits zu untersuchen, was am alltäglichen Wetter beobachtet wurde und andererseits welche Phänomene am wichtigsten vorherzusagen waren. Daraus ergibt sich eine Problematik angesichts der Methoden, auf der die Vorzeichenkunde im Laufe von fast zwei Jahrtausenden beruht. Es soll dazu dienen, ein grundlegendes Verständnis darüber zu erlangen, wie die Formulierung meteorologischer Protasen und Apodosen sich während etwa 1500 Jahre entwickelt hat, welche Eigenschaften jederzeit präsent sind und welche sich verändert haben.

Zur Bearbeitung dieser Thematik wurden alle Bezüge auf Wetterphänomene (einschließlich des Hochwassers, des Schlammes, der Dürre und auch des Regenbogens) gesammelt. Die Einteilung basiert auf dem divinatorischen Textgenre, demzufolge lässt sich das meteorologische Ereignis entweder in der Protasis, in der Apodosis oder in beiden untersuchen.

Dieser Teil der Arbeit ist wie folgt gegliedert: Das erste Kapitel behandelt Wettererscheinungen in der Protasis und das zweite das Wetter in der Apodosis; die Wetteromina, die auch auf atmosphärische Phänomene in der Apodosis hinweisen, sowie die späteren Wetterprognosen werden in einem separaten Kapitel behandelt. Jede Kategorie wird auch diachron betrachtet, um mögliche zeitliche Unterschiede herauszuarbeiten. Innerhalb dieser Kapitel werden die Omina nach einzelnen Wetterphänomenen gegliedert.

Die edierten EAE-Tafeln sind selbstverständlich die primäre Quelle und erweisen sich besonders reich an Wetteromina. Neben den kanonischen Texten lässt sich eine große Anzahl

17 Gehlken 2012: 6.

18 Siehe Labat 1965 und Freeman 1998, 2005, 2017.

19 Koch-Westenholz 1995: 51-52; Brown 2000: 189.

20 Koch-Westenholz 1995: 162-163.

21 Hunger-Pingree 1999: 159-242.

22 Für den Zweck der *Astronomischen Tagebücher* siehe einerseits Hunger, Pingree 1999: 139-144, andererseits Rochberg 2004: 62-63 und Van der Speck 1993: 94. Siehe rezent die Zusammenfassung in Pirngruber 2013: 198-205.

von Omenberichten aus dem nA Ninive-Archiv nachweisen, die oft kommentiert und zum Verständnis des Königs ausführlich erklärt wurden.[23] Von großer Bedeutung sind die neulich publizierten Ergänzungen zu den EAE-Tafeln.[24] Zudem wurden einige bisher noch nicht untersuchten Fragmente ediert.

Es ist schwierig, die Entstehungszeit aller Texte zurückzuverfolgen, da insbesondere die späteren mehrmals durch unterschiedliche Schreibschulen kopiert wurden.[25] Eine Datierung stellt sich allerdings für das II. Jahrtausend, d.h. vor der Kanonisierung, etwas leichter dar. In groben Zügen lassen sich die Belege in der folgenden Tabelle je nach ihrem Zeitraum zusammenfassen:

	Belege in Protasis	**Belege in Apodosis**	**In Prot. und Apod.**
aB	10	76	3
mB	2	13	–
mA	1	10	–
I. Jt. v. Chr.	±500	±700	±130

Im Folgenden ist kein Katalog sämtlicher Wetterbeobachtungen in den Protasen und Apodosen der mesopotamischen Omina beabsichtigt. Vielmehr sollen einige typische Beispiele gegeben werden.

23 Hunger, Pingree 1999: 23-26.
24 Siehe Fincke 2013, 2014, 2015, 2016a, 2018 und 2020.
25 Hunger, Pingree 1999: 12f.

2. Das Wetter in den Protasen

Der empirische Hintergrund der Wetteromina wurde bereits im vorherigen Unterkapitel genannt: Gehlken vergleicht viele Wetteromina mit heutigen Sprichwörtern, die sich auf meteorologischen Erfahrungen stützen.[26] Dies ist aber nicht immer der Fall, etwa bei irrealen Wetterprotasen wie „wenn Adad wie ein Skorpion brüllt“,[27] oder „wenn Adad an einem Tag ohne Wolken donnert“.[28] Eine erhebliche Anzahl von solchen Omina entspricht offensichtlich der Notwendigkeit alle Möglichkeiten einer Erscheinung, mitsamt den Unrealistischen, aufzulisten. Diese Schematisierung ist charakteristisch für die sogenannte mesopotamische „Literaturwissenschaft“[29] und spiegelt die theoretische Struktur der meisten Wetterprotasen in den EAE-Tafeln 44 und 45 wider, in denen die Vorzeichen aller möglichen tierischen Geräusche des Donners,[30] sowie der Wiederholungen des Donners (der „Schrei Adad“s kann sich bis 30 mal wiederholen) enthalten sind.[31] Andere Abschnitte behandeln das Erscheinen von Blitzen, *sankullu*-Blitzen und Donnern in verschiedenen Teilen und Richtungen des Himmels.[32] Interessant in diesem Zusammenhang ist die Reihenfolge unterschiedlicher Arten von Regenfällen[33] und von Gegenständen, die wie der Regen hinabfallen, darunter Erbsen, Datteln oder Sesam.[34]

Ein binäres Schema ist oft Grundvoraussetzung der divinatorischen Paradigmen. Je nach Kontext und Kombination der Elemente tragen Aspekte wie die Position (oben-unten, rechts-links), die Richtung (zum Beispiel von Norden nach Süden), das Datum, die Uhrzeit, die Farbe und andere Qualifizierungen eines Phänomens eine positive bzw. negative Konnotation für die Prognose.[35] Mehrere Omina des Donners in EAE-Tafel 46 scheinen diesem Mechanismus zu folgen.

CM 43, T. 46, S. 108, Z. 58’: diš dingir.iškur *ina* 15 30 šúr-*iš is-si* buru$_5$.ḫi.a zi-*ma* un.meš *i-ber-ra-a*
Wenn Adad rechts vom Mond wütend donnert, werden sich die Heuschrecken erheben und die Bevölkerung wird verhungern.

Die in der Apodosis beschriebenen Folgen basieren offensichtlich nicht auf der Ursache-Wirkung-Beziehung, sondern vielmehr sind sie eine Projektion von symbolischen Werten, die in den beobachteten Elementen erkannt wurden. Außerdem spielen Himmelskörper und himmlische Ereignisse in der Wetterdivination eine wichtige Rolle. Die meteorologischen Phänomene werden oft mit Planeten, Gestirnen und Konstellationen kombiniert

26 Gehlken 2012: 4.
27 CM 43, T. 44, S. 15, Z. 2’.
28 CM 43, T. 45, S. 68, Z. 16’.
29 Koch-Westenholz 1995: 97.
30 Es existieren beispielsweise Omina für Adad „wenn er wie ein Wolf bellt“, oder „wenn Adad wie ein Schaf schreit“ (CM 43, T. 44, N. 12, 14).
31 CM 43, T. 44, S. 15-21, N. 1-41, beispielsweise N. 31: diš dingir.iškur 7-*šú* gù; T. 45, S. 42-46, Z. 1’-31’.
32 CM 43, T. 44, 45 und 46.
33 CM 43, T. 48, S. 184-185, Z. 55’-60’.
34 CM 43, T. 46, S. 97-100, Z. 30’-38’.
35 Brown 2000: 142; Koch-Westenholz 2015: 152-157.

und bilden komplexe Omina. Das Rationale bei der Verfassung eines Omens erscheint bisweilen kryptisch und schwer auszuwerten. Es ist deshalb in gewissen Texten nötig, auf spezifische Paradigmen zu verweisen, die von diversen Autoren in den letzten Jahren erforscht wurden.[36] Für das Verständnis eines divinatorischen Textes sollte darüber hinaus berücksichtigt werden, dass die Symbolik bisweilen mit der religiösen oder mythologischen Tradition verbunden sein kann, die nicht immer eine eindeutige Auslegung zeigt.[37]

EAE-Tafel 47 beginnt in ihrer kanonischen Version mit Omina des Blitzes in verschiedenen Teilen des Himmels, aus denen sich andere Wettererscheinungen ergeben.[38] Meteorologische Ereignisse als Konsequenz von anderen Wetterphänomenen werden im Kapitel II.4. über die Witterung in Protasen und in Apodosen benannt.

Die Mehrheit der Omina der EAE-Tafel 48 sind, trotz des fragmentarischen Zustands, als eine umfassendere Variante von *iqqur īpuš* 95 und 96 erkennbar, nämlich Eintragungen des Regens für den 6. Tag jedes Kalendermonats.[39] Diesem Abschnitt folgen die Omina des Nebels ebenso für jeden Monat, die *iqqur īpuš* 98 entsprechen.[40] Im Generellen halten die EAE-Tafeln 42-49 eine ähnliche thematische Reihenfolge wie der meteorologische Abschnitt der Serie *iqqur īpuš* ein. Die ersten behandelten Wetterphänomene sind Donner und Blitze des Adad (Tafel 42-43),[41] Varianten von *iqqur īpuš* 88-91, während der letzte Teil mit Südwind, wie *iqqur īpuš* 99, und Stürmen endet.[42]

Mehrere Vorzeichen der Tafel EAE 46 behandeln Gewitter in Bezug auf verschiedene Planeten und Gestirne, darunter Orion, der Wagen, die Plejaden, Jupiter und der Mond.[43] Dennoch ergibt sich eine hohe Inzidenz der Witterung im Zusammenhang mit Himmelskörpern auch in nicht-meteorologischen EAE-Tafeln und in den nA Omenberichten, wie aus der folgenden Tabelle ersichtlich.

36 Rochberg 2004: 55-58; Koch-Westenholz 2015: 77-82; für weitere Bibliographie siehe auch Koch-Westenholz 2015: 13-14.

37 Rochberg 2016: 146-147.

38 CM 43, T. 47, S. 127-135, Z. 1-34.

39 CM 43, T. 48-A, S. 168, Z. 1-19 und T. 48-B, S. 175, Z. 1'-36'.

40 CM 43, T. 48-B, S. 187, Z. 71'-83'.

41 Gehlken 2008: 257-314.

42 Für die Ähnlichkeiten zwischen EAE und *iqqur īpuš* siehe Koch-Westenholz 2015: 229-230 und Gehlken 2012: 5; die Erdbeben befinden sich aber bei *iqqur īpuš* in einem späteren Abschnitt als in den Wettertafeln, in denen sie in der Tafel 47 zusammen mit Blitzen und Regenbogen eingeordnet wurden.

43 Gehlken 2012: 81-121. Die Gesamtheit der meteorologischen Sektionen von EAE wurde noch nicht vollständig ediert, siehe S. 95f.

Wetterphänomene in Protasen in Verbindung mit	**Anzahl der Belege**
Mondfinsternissen	80
Mond	29
Sonne	73
anderen Gestirnen und Planeten	15

Die Daten zeigen eine besondere Häufigkeit der Kombinationen mit Mondfinsternissen und Sonne. Es ist festzustellen, dass die Sonne immer in Verbindung mit den vier Winden und verschiedenen Arten von Wolken erscheint, während die Mondfinsternisse fast exklusiv mit dem Wind zusammenhängen. Eintragungen für Mondomina zusammen mit Wetter sind hingegen facettenreicher und beziehen vielfältige Phänomene ein, in denen der Donner und die Wolken am häufigsten auftreten. Für eine umfassende Betrachtung der meteorologischen Divination werden ebenso Vorzeichentexte in den folgenden Seiten untersucht, die nicht zu den Adad-Tafeln der EAE-Serie gehören.

Die terrestrischen Omina mit Wetter in der Protasis vertreten nur die Minderheit der Belege und sind hauptsächlich innerhalb der Serie *šumma ālu* enthalten. Hier finden sich Omina der Blitzschläge und *sankullu*-Blitze.[44] Hierbei ist zwischen dem üblichen Blitz, *birqu*, dem irdischen Phänomen des Feuers infolge eines Blitzeinschlags, im Akkadischen *miqit išāti* oder *izišubbû*, zu unterscheiden. Letzterer gehört zu einem eigenen Abschnitt von *šumma ālu.*[45] Ein großer Teil der Tafel 61 widmet sich allen Formen austretenden Wassers aus dem Fluss. Auch in diesem Kontext bestehen Überschneidungen mit den *iqqur īpuš*-Tafeln, indem Vorzeichen des Regens und Regenstürme je nach Monat eingetragen werden.[46]

2.1. Die ältesten Wetterprotasen

Eine Tafel aus dem aB Mari (ca. 18. Jh.) enthält über zwanzig eingetragene Vorzeichen der Schafseingeweide, darunter einen Hinweis auf das Hochwasser: „Wenn ‚der Weg' links und rechts fällt, wird es Plünderung geben, der Feind wird angreifen und das Vieh wegbringen; wenn es volles Hochwasser gibt, wird er (der Feind) die Ernte des Landes wegnehmen."[47] Wie bereits angemerkt, handelt es sich um keine echte Protasis, sondern um eine Variation des davor zitierten Omens bezüglich des *padānum*, und zwar „des Wegs", falls das

44 OP 17, T. 6, N. 27; T. 7, N. 14; T. 20, N. 9, 19-20.

45 OP 20, T. 50-51, N. 3-12; T. 55, N. 28'.

46 OP 20, T. 61, N. 68-79 entspricht *iqqur īpuš* Tafel 103 und OP 20, T. 61, N. 80-91 *iqqur īpuš* 104.

47 ARM 26-1, 3, Z. 3-5: *šum-ma pa-da-nu-um a-na i-mi-it-tim ù šu-mé-lim ú-ša-am-qí-it* [*n*]*é-ke-em-tum* gal [*n*]*a-ak-rum i-ša-ḫi-iṭ-ma bu-la-am i-ta-ba-al šum-ma mi-lu-um i-ma-al-la-ma e-bu-ur ma-tim i-le-qé.*

Hochwasser zur Zeit der Leberschau vorkommt.[48] Nur die Tafel 103 der Serie *iqqur īpuš* überliefert ähnliche Apodosen der Überschwemmung.[49]

Für die vorliegende Untersuchung ist die sogenannte Šilejko-Tafel, die unbekannter Herkunft ist, relevanter.[50] Zusammen mit ARM 26-1, 248 ist sie eine der wenigen Tafeln mit himmlischen und meteorologischen Phänomenen, die aus der aB Zeit erhalten sind. Die Protasen der insgesamt neun Omina befassen sich mit Erscheinungen des Mondes und mit atmosphärischen Zuständen, darunter das Auftreten von Wolken. Der Großteil der Exzerpte zeigt Ähnlichkeiten mit der wenig erforschten EAE-Tafel 37,[51] in der das Aussehen der täglichen bzw. der nächtlichen Atmosphäre beobachtet wird. Der Inhalt der Apodosen bezieht sich, wie häufig bei himmlischen Vorzeichen, auf positive oder negative Prognosen über das Wohlergehen des Landes. Einige Apodosen enthalten Wettervorhersagen.[52] Die kryptische Formulierung einiger Protasen erschwert teilweise, sie auf inhaltlicher Ebene einzuordnen. Es lässt sich behaupten, dass das Wetter in der Tafel implizit an diversen Stellen erwähnt wird, in Protasen sowie in Apodosen. Die Omina II und III sind aufgrund der ungewöhnlichen Form zu zitieren:

> **ZA 90, S. 204:** II) [diš *š*]*a-mu-ú ki-ma ṣe-et wa-ar-ḫi-im pa-nu-šu-nu na-am-ru-ú ù ḫa-bi-ba-am*
> ⌜*i*⌝-[*šu*?] *ša-at-tum da-am-qá-at*
> [Wenn der H]immel – sein Gesicht wie das Mondlicht leuchtet und er ein Gemurmel [hat?], ist das Jahr gut.
>
> III) diš *pa-ni ša-me-e a-di bi-bu-lim il-ta-nu-um i-la-ak* dingir.nisaba *i-ba-aš-ši*
> Wenn das Gesicht des Himmels bis zum Neumond (wie Mondlicht leuchtet), wird der Nordwind wehen und es wird Korn geben.

Horowitz zufolge sei das abgekürzte Omen III nach dem Text von II zu ergänzen.[53] Wir haben es deshalb wahrscheinlich mit zwei Vorzeichen des Donners[54] an einem klaren Tag[55] zu tun. An dieser Stelle verbleiben noch einige Zweifel, da ein Donner an einem Tag ohne Wolken laut Quellen des I. Jahrtausends auf negative Ereignisse hindeuten würde.[56] Diese Omina der Šilejko-Tafel weisen nicht zufällig Ähnlichkeiten mit der auf S. 96f. erstedierten EAE-Tafel 37 (36) bezüglich des Aussehens des Himmels auf.[57]

---

48 Durand 1988: 67, Fußnote d.

49 Siehe *iqqur īpuš* 103, Z. 3, 10.

50 Horowitz 2000: 194-195.

51 Horowitz 2000: 203.

52 ZA 90, S. 204, Z. 7, 10 und 14.

53 Horowitz 2000: 206.

54 Die Bedeutung des akkadischen Wortes *ḫabibu* kann nur dank eines astrologischen Kommentars des I. Jahrtausends in diesem Kontext zurückverfolgt werden. In BPO 3, K.148, N. 1 ist tatsächlich die Gleichung *ḫabibu rigmu* zu lesen und daher kommt die Übersetzung „Grollen" (des Donners).

55 Horowitz 2000: 206, II.

56 Apodosen in SAA 8, 1, Z. 5 und SAA 8, 101, Z. 8': „Es wird Dunkelheit / Hungersnot geben".

57 Siehe beispielsweise Tafel B (K 2249) Vs. Z. 25-26.

Die Wolken sind ebenso das Thema des neunten und letzten Omens der Šilejko-Tafel. Hier werden die Farben der Wolken am Mittag beobachtet, die eine Wettervorhersage für den dritten Tag in der Apodosis determinieren: „Wenn ein sehr großer … einer roten, glänzenden und schwarzen Wolke am Mittag (am Himmel) steht und dauerhaft den (ganzen) Tag bleibt, wird das Wetter am dritten Tag wolkig, aber es wird weder bis Morgengrauen nieseln, noch wird am 3. Tag der Himmel [insges]amt bewöl[kt sein]“.[58] Die Farben sowie Formen und andere Eigenschaften der Wolken sind wichtige Elemente der himmlischen Divination des I. Jahrtausends.[59]

Unter den wenigen aB meteorologischen Omentafeln blieb bisher ein Exemplar aus dem British Museum noch unediert. Die Herkunft von BM 97210 ist leider unbekannt.[60] Auf Grundlage der Paläographie ist davon auszugehen, dass sie in Babylonien zur spätaltbabylonischen Zeit verfasst wurde.[61] Die Größe, 7,3 x 4,8 x 1,8 cm im Querformat, erinnert an andere aB Omentafeln, wie ARM 26-1, 248.[62] Die Tafel gliedert sich in insgesamt achtzehn Zeilen und in drei von Trennlinien unterteilte Sektionen. Die Vorderseite beginnt mit drei interessanten Sonnenomina der Nachtwachen, aus denen sich Rückschlüsse auf das Schicksal des Königtums ergeben. Von der folgenden Sektion über Adad steht das erste Vorzeichen noch auf der Vorderseite. Dieser Abschnitt endet auf Zeile 12 auf der Rückseite. Die letzten Exzerpte behandeln Sonnenerscheinungen in Verbindung mit Winden. Leider weist die untere Mitte eine Lücke auf, die die Zeilen nicht vollständig lesbar macht. Die letzte Zeile enthälte ein teilweise beschädigtes Kolophon.

BM 97210

Vs.

I)	1.	diš dingir.utu *ina ba-ra-ar-ti* igi.[d]u$_8$	Wenn die Sonne bei der Abendwache gesehen [wird]:
	2.	*ša-aḫ-lu-uq-ti* maš ⸢*ni*⸣-*ši*	Untergang der Hälfte$^{?}$ der Bevölkerung.
II)	3.	diš dingir.utu *ina* múru-*tim* igi.du$_8$	Wenn die Sonne in der mittleren Nachtwache gesehen wird:
	4.	*ba-ar-tum a-na* lugal	Aufstand, bezüglich des Königs.
III)	5.	diš dingir.utu *ina ša-tu-ur-ri* igi.du$_8$	Wenn die Sonne bei der dritten Nachtwache gesehen wird,
	6.	*i+na* uru *šu-a-tu* lugal *ša-nu-ma* ì.gál	wird es einen anderen König in dieser Stadt geben.

58 ZA 90, S. 204, IX, Z. 21-27: diš x [x x] *šu-tu-ru-um ša er-pe-e-tim* [*sa*]-⸢*am*⸣-*ti-im* [*na-w*]*e*$^{?}$-*er-ti-im ù ṣa-l*[*i-im-tim i-na*] *mu-uṣ-la-li-im it-ta-zi-iz-z*[*u-ma* ud-*ma-a*]*m uš-te-te-eb-ru-ú i-na ša-al-ši* [ud-*mi* ud-*mu-u*]*m i-ru-pa-am-ma a-di na-ma-ri-*⸢*im*⸣ *ú-la i-na-tu-u*[*k ka-l*]*i-iš* ud 3.kam *ša-mu-ú ú-la i-ka-*[*ta-mu*].

59 Siehe zum Beispiel NISABA 2, VI, N. 9-11. Es ist anzunehmen, dass ganze EAE-Tafeln (höchstwahrscheinlich die Tafeln 38-41) ausschließlich dieses meteorologische Phänomen behandelten (Koch-Westenholz 1995: 173); siehe die folgenden Kapiteln.

60 BM 97210 wurde 1902 in das British Museum aufgenommen, nachdem sie über die Antiquitätenhändler Frau F. A. Shamas und Herrn Antoine P. Samhiri gekauft wurde (https://www.britishmuseum.org/collection/object/W_1902-1011-264).

61 Siehe Kopie von BM 97210 im Anhang.

62 Siehe Kopie in Guichard 2020.

IV)	7. diš dingir.iškur *a-na si-ma-ni-šu ú-ḫi-ra-am*	Wenn Adad bezüglich seiner (richtigen) Jahreszeit spät ist,
	8. *e-še-er* dingir.nísaba	wird das Korn gut sein.
Rs.		
V)	9. diš dingir.iškur *a-na si-ma-ni-šu iḫ-ru-up*	Wenn Adad bezüglich seiner (richtigen) Zeit früh ist,
	10. *la e-še-er* dingir.nísaba	wird das Korn nicht gut sein,
	11. *zu-un-nu i+na ša-me-e mi-lum i+na* íd	Regen im Himmel und Hochwasser im Fluss
	12. *i-ḫa-*[*ar*]*-ru-pa-am*	werden früh sein.
VI)	13. diš *ina ni-pí-iḫ* ⸢dingir.utu im⸣.u$_{18}$.lu *sa-ad-*⸢*ra*⸣*-at*	Wenn beim Sonnenaufgang der Südwind stetig ist,
	14. *ni-šu* ninda *i-ka-la*	wird die Bevölkerung Brot essen.
VII)	15. diš min im.si.a$^{!}$ min k⸢ur-*tam*$^{?}$ x x x⸣ ka$^{?}$ *ša-ak-ni-ša i-bé-al*	Wenn dito der Nordwind dito, wird das L[and$^{?}$ ...] ihre Gouverneure$^{?}$ beherrschen.
VIII)	16. diš eš$_{5}$ im.kur.ra eš$_{5}$ [...] x-*ta-me*	Wenn dito der Ostwind dito …
IX)	17. diš limmu$_{5}$ im.mar.tu limmu$_{5}$ [... *ú-še/uš-te*]*-eš-še-er*	Wenn dito der Westwind dito … [wird ... lei]ten
	18. im.gíd.da {aš} dingir.utu dingir.iš[kur]	Tafel des Šamaš und [Adad …]

Die Struktur der Omina zeigt sowohl einige Besonderheiten als auch Unklarheiten. Es folgt ein kurzer Kommentar des Textes.

I) Z. 2: Ungewöhnliche Apodosis; *mišil nišī*, „Hälfte der Bevölkerung" ist sonst nicht belegt. Allerdings sind *izbu*-Apodosen des I. Jahrtausens in ähnlicher Weise formuliert, zum Beispiel „ein neuer König wird die Hälfte des Landes zerstören".[63]

II) Z. 4: Übliche Apodosis in verschiedenen Typen von Omina. Für die aB Zeit findet sich die gleiche Schreibweise im bekannten Leberschaumodell des British Museums Bu 1889-04-26, 023.[64]

I, II, III) Die Unmöglichkeit, die Sonne in der Nacht scheinen zu sehen, bestätigt, dass eine empirische Grundlage für die Omina nicht immer notwendig war. Die Sonne, die bei der Dämmerung aufging, könnte die Inthronisierung eines neuen Königs symbolisieren.

63 HANE-M 15, T. 5, N. 126: maš kur záḫ.

64 CT 6, 1-3, Z. 24: *a-na* lugal *ba-ar-tum* (http://oracc.museum.upenn.edu/cams/barutu/corpus).

IV und V) Die Protasis des vierten und fünften Omens stellt eine der Besonderheiten der Tafel dar, da Adad ohne die Bestimmung irgendeiner seiner meteorologischen Erscheinungsformen sonst nicht erwähnt wird. Für diese abgekürzte Form sind Vergleiche aus der EAE-Wettertafel 45 in drei Omina des Donners vorhanden, in denen auch die Formulierung *ana simānišu* zu finden ist;[65] häufig ist die Präposition *ina* dem Wort *simānu* vorangestellt.[66] Es lässt sich vermuten, dass es sich in BM 97210 um eine ältere einfachere Version desselben Vorzeichens handelt.

> **CM 43, S. 47-48, T. 45,** N. 6': diš dingir.iškur *ana la si-ma-ni-šú* gù.gù-*si* a.an.meš kud.meš ḫa.a dingir.é-*a* si.sá buru14
> Wenn Adad zu seiner Unzeit mehrmals donnert, wird der Regen aufhören, Zerstörung von Ea, Wohlstand der Ernte.
> N. 7': diš dingir.iškur *ana la si-ma-ni-šú up-pi-la bi-ib-lu4 ri-iḫ-ṣu* gál
> Wenn Adad nicht zu seiner Unzeit spät ist, wird es Überschwemmung und Flutkatastrophen geben.
> N. 8': diš dingir.iškur *ana la si-ma-ni-šú* gù-*si* si.sá bur[u14]
> Wenn Adad zu seiner Unzeit schreit, wird es eine gute Ernte geben.

„Die richtige Zeit" des Adad entspricht in jedem Fall dem Winter.[67] Es ist deshalb zumindest plausibel, dass sich die Protasen in IV und V auf das späte bzw. frühe Eintreffen des Sturmgottes in der erwarteten Jahreszeit beziehen. Die nA Omina sind im Vergleich zur Verneinung von BM 97210 gegensätzlich formuliert.

Inhaltlich sind die Apodosen von IV und V bei anderen Omina gut belegt. Für die Kornernte wird das Logogramm der Göttin Nisaba (Z. 8 und 10), die die Gottheit des Kornes und der Fruchtbarkeit war,[68] genauso wie in der Šilejko-Tafel verwendet.[69] Hervorzuheben ist die enge Verbindung zwischen dieser Göttin und den Gestirnen: Nisaba wird laut den Quellen des späten III. Jahrtausends als Verantwortliche für die Jahreszeitenabfolge und Interpretin der himmlischen Vorzeichen angesehen.[70] Der zweite Teil der Apodosis in V ist mit späteren Texten vergleichbar: „Wenn Adad donnert, werden der Regen und das Hochwasser früh sein".[71] In BM 97210 scheint das frühe Auftreten der feuchten Jahreszeit doch eine Konsequenz der vorgezogenen Erscheinung Adads zu sein.

VI) Die Sonne im Zusammenhang mit Winden ist eine häufige Kombination der EAE-Sonnenomina, obwohl die Apodosis in Z. 14 keine Entsprechung in den EAE-Tafeln 23-29

---

65 CM 43, S. 47-48, T. 45, Z. 7'-9'.

66 CAD 15, „S", S. 269b.

67 Dazu siehe *iqqur īpuš* 105, Z. 11: dingir.zíz.a *šá* dingir.iškur gú.gal an-*e u* ki-*tim*, "Šabāṭu (XI. Mon., Januar/Februar) ist (der Monat) des Adad, des Kanalsinspektors des Himmels und der Erde".

68 Michalowski 2000: 575.

69 Jedoch unterscheiden sich die Logogramme: Šilejko-Tafel, ZA 90, S. 204, Z. 7, dingir.nisaba; BM 97219, Z. 8, dingir.nísaba.

70 Koch-Westenholz 1995: 32-33; Fincke 2016: 111-113.

71 AfO Bh. 22, EAE 22-II, VI, N. 2: be dingir.iškur gù-*šú* šub a.an *u mi-lum ḫar-pu*.

findet. Dass die Bevölkerung Brot zu essen hat, ist eine positive Folgerung, die auch in späteren Omina vorkommt.[72]

VII-IX) Aufgrund einer Lücke erhalten wir nur einen Teil der Protasen und wenige Zeichen der Apodosen dieser letzten Eintragungen. Es ist jedenfalls offensichtlich, dass die Omina VII-IX Varianten von VI für jede Windrichtung darstellen: Die Tageszeit und der Stativ *sadrat* werden durch Wiederholungszeichen angegeben. Das übliche dito-Zeichen ist normalerweise bloß ‚min'.[73] In einer Inschrift aus Dur-Kurigalzu findet sich dennoch eine Parallele der Verwendung einer Zahlenfolge für die Wiederholung der oberen Zeile.[74] Alle vier Winde werden in der traditionellen Reihenfolge Süd-, Nord-, Ost- und schließlich Westwind eingetragen, die ebenso der Nummerierung 1 bis 4 entspricht. In Zeile 15 wird statt des erwarteten im.si.sá für „Nordwind" fehlerhaft im.si.a geschrieben;[75] es sieht so aus, als ob der Schreiber mit dem Logogramm im.diri, nämlich *erpetu*, „Wolke", in Verwirrung geraten wäre.[76] Die letzte Apodose des IX. Omens auf Z. 17 endet höchstwahrscheinlich mit dem Verb *ešēru* entweder im Š- oder Št-Stamm. Beide ergänzte Verbalformen *ušeššer* und *ušteššer* deuten auf eine Vorhersage hin, in der eine Gottheit oder der König das Reich „in Ordnung bringt" bzw. „gerecht leitet". Eine mögliche Ergänzung wäre *šarru mātam (ul) uštešer*, „der König wird das Land (nicht) gedeihen lassen".[77]

Z. 18: Der Begriff ‚im.gíd.da' kann die akkadischen Termini *imgiddû*, oder *giṭṭu*, eigentlich eine längliche einkolumnige Tafel, bezeichnen.[78] Das Logogramm wird in Kolophonen ab der aB Zeit an aber ebenso für Tafeln im Querformat verwendet, die Omenauszüge oder Kommentare enthalten.[79] Angesichts der Form und des Inhalts von BM 27910 kann ‚im.gíd.da' auch als *liginnu* gelesen werden, eine Art von Dokumenten, die divinatorische Auszüge enthält. *liginnu*-Tafeln wurden überdies für Lehrzwecke abgefasst,[80] was auch im Fall von BM 27910 aufgrund der vermerkten Besonderheiten vermutet werden kann. Damit verweist der Kolophon auf eine umfangreichere Sammlung von Sonnen- und Wettergottomina in der aB Zeit, die uns allerdings noch unbekannt ist.[81]

---

72 CM 43, S. 106, T. 46, Z. 53': dingir.iškur *ina* múru 30 gù-*šú* šub-*ma* dingir.tir.an.na *šá* múš-*šá ma-diš* sa$_5$ 30 gim *gam-lì* nigin šub-*tì* giš.má.meš : nita.me un.me ninda *nap-šá* gu$_7$.meš, „wenn Adad inmitten des Mondes donnert und ein Regenbogen, dessen Erscheinung sehr rot ist, den Mond wie ein gebogener Stock umgibt, wird es einen Verlust von Schiffen / von Menschen geben; die Bevölkerung wird viel Brot essen".

73 Borger 2010: 431.

74 Poebel 1947: 3, Z. 3-7 (auf den Text wurde freundlicherweise von M. P. Streck verwiesen).

75 Borger 2010: 389.

76 ‚diri' besteht grundsätzlich in der Kombination der Zeichen ‚si+a'.

77 Siehe K 2066, Tafel 1 der astrologischen Kommentare *šumma Sîn ina tāmartīšu*, Rs. Z. 15: diš 30 *ina* igi.lal-*šú* gim dingir.*ma-mi* lugal kur-*su ul uš-te-eš-šèr*, „wenn der Mond bei seiner Erscheinung wie die Muttergöttin ist, wird der König sein Land nicht gerecht leiten". Andere aB Leberschauomina enthalten Apodosen wie *ilum kibis awīlim ušeššer*, „der Gott wird den Mann auf den richtigen Weg führen" (YOS 10, 11, I, Z. 2, siehe AHw, S. 255).

78 CAD 5, „G", S. 112-113.

79 Frahm 2011: 29.

80 CAD 9, „L", S. 183-184.

81 Laut Hunger 1968: 163 ist zudem festzustellen, dass die meisten Kolophone mit der Bezeichnung im.gíd.(da) den Personennamen des Eigentümers bzw. des Schreibers der Tafel tragen.

Die unterschiedliche Schreibung der Präposition *ina* ist bemerkenswert. In den Protasen wird *ina* stets mit dem Zeichen aš geschrieben (Z. 1, 3, 5 und 13), während es in den Apodosen ‚i+na' geschrieben wird (Z. 6 und 11). Möglicherweise hat der Schreiber die Protasen und Apodosen aus unterschiedlichen Quellen zusammengestellt. Während die Schreibung *ina* ‚aš' in den Protasen, die erst ab dem mB Zeit gängig wird und die Verwendung der Logogramme igi.du$_8$ und ì.gál auf eine mögliche spätaltbabylonische Entstehung der Tafel hinweisen, sprechen die Schreibung ‚i+na' sowie die unkontrahierte Form *i-bé-al* (Z. 15) für die Abschrift der Apodosen aus einer älteren Zeit.

Insgesamt sind neun Omina enthalten, genauso wie in der Šilejko-Tafel.

Aus dem vorliegenden Überblick über die wenigen aB Omina können allgemeine Merkmale zusammengefasst werden: Es werden besonders Wetterphänomene beachtet, die auch zur späteren Zeit in größerem Umfang behandelt werden, insbesondere Donner, Wolken und Winde. Die thematische Unterteilung der Exzerpte in Sektionen ist zudem ein Beweis für das Bestehen einer grundlegenden Struktur der himmlischen Vorzeichen, deren Verständnis allerdings von der Quellenknappheit beschränkt wird.

2.2. Die Wolken und atmosphärische Trübungen

Wolken gehören zu den Wettererscheinungen, die wahrscheinlich am einfachsten beobachtet werden konnten. Sie verfügen über unterschiedliche Größe, Form, Farbe, bewegen sich ständig in der Atmosphäre und lassen sich im Rahmen der Divination besonders flexibel deuten. In den Vorzeichentexten werden wichtige Variablen der divinatorischen Untersuchung durch mehrere Begriffe für Wolken ausgedrückt. In den Protasen sind die allgemeinsten Wörter belegt, vor allem durch die Logogramme im.diri für *erpetu*/*urpatu* und ud šú für *ūmu erpu*, der allgemeine Ausdruck für „bewölkter Tag", sowie *termini technici* für weitere Wolkenformen: *nīdu* kommt beispielsweise im Zusammenhang mit Sonnenomina in den EAE-Tafeln 28 und 29 vor und kann als „Wolkenbank" übersetzt werden.[82]

Vorzeichen, in denen Wolken allein vorkommen, sind sehr rar. Es existiert kein Abschnitt in der terrestrischen Omenserie *iqqur īpuš*, der ausschließlich diesem Wetterphänomen gewidmet ist. Die meisten Vorzeichen erwähnen Wolken als Variable von Sonnenphänomenen oder neben anderen meteorologischen Ereignissen. Selbstverständlich sind Wolken eng mit dem Unwetter verbunden. Daraus entstehen komplexe meteorologische Omina, wie in der Tafel 90 der Serie *iqqur īpuš*, die mit der standardisierten Protasis beginnen „wenn im Monat ... Adad donnert, der Tag bewölkt ist, der Regenbogen erscheint und es blitzt".[83] Solche Exzerpte werden unter anderen in den nA Omenberichten an den König erwähnt zusammen mit weiteren relevanten Informationen über die täglichen Wetterbedingungen und Notizen. Ein Beispiel ist der Text SAA 8, 43, in dem sechs Einträge für Omina bezüglich des Unwetters im V. Monat enthalten sind.[84] Nach dem ersten Zitat von *iqqur īpuš* 90, Z. 8 wird dazu ein Auszug der EAE-Wettertafeln angeführt und kommentiert.

82 CAD 11, „N-2", S. 210-211.

83 *iqqur īpuš* 90: diš *ina* iti.x dingir.iškur gù-*šú* šub-*ma* ud šú-*up* an šur dingir.tir.an.na gil nim.gír *ib-riq*.

84 Dieselben Omina werden auch in SAA 8, 80 zitiert.

SAA 8, 43

4.	diš *ina* ud nu šú dingir.iškur *is-si* *ú-me la er-pi*	Wenn Adad an einem Tag ohne Wolken donnert,
5.	*da-'u-um-ma-tú ina* kur gál-*ši*	wird es Dunkelheit im Land geben.
6.	ud-*mu la er-pi* iti.ne	„Ein Tag ohne Wolken“ ist der Monat Abu (V.).

Ein Donner bei klarem Himmel mitten im Sommer deutete daher auf ein negatives Zeichen hin. Interessanterweise wird die Glosse für die akkadische Umschrift der Logogramme ud nu šú eingefügt, um Missverständnisse beim Lesen zu vermeiden.

Die Wolken wurden oft in Beziehung zum Mond, jedoch seltener zu Gestirnen beobachtet. Im Allgemeinen ermöglicht ihre Vielgestaltigkeit zahlreiche Kombinationen, für die im Folgenden einige Beispiele angeführt werden. In einigen Kontexten ist die Position der Wolke das Entscheidende, wie in den Sonnenomina:

PIHANS 73, T. 26, I, N. 34: [diš 20 kur-*m*]*a* im.diri igi-*šú* du$_{6}$-*ma u* im.si.sá du a […]
[Wenn die Sonne aufgeht], eine Wolke ihr Gesicht verdeckt und der Nordwind weht, […]

Es ist gewöhnlich, dass die Wolken andere Himmelskörper, vor allem die Sonne, verdecken, ebenso kann der Himmel während des Auftretens anderer Phänomene bewölkt sein.

Die Form und Größe sind weitere wichtige Komponenten. Es existieren mehrere Typen von Wolken: einige werden im Text beschrieben, wie beispielsweise eine „Wolke, die so groß ist wie die ganze (Sonne)“;[85] andere werden mit ihren spezifischen Namen definiert. Zusätzlich zu dem bereits erwähnten Terminus *nīdu* findet sich auch *ḫupû*. Dieses Wort bedeutet wörtlich „Scherbe“, oder „Holzspan“,[86] aber es scheint im Kontext der Sonnenomina die typischen schuppenartigen Wolken zu beschreiben, die in der meteorologischen Sprache „Altocumuli“ genannt werden.[87] In der ersten Zeile von SAA 8, 384 verwendet der nA Schreiber das Wort *ḫupû*:

SAA 8, 384, Z. 1-2: [diš ud á] im.mar.tu *ḫu-pí-a*[88] *i-ta-rim* su.gu$_{7}$ lugal mar.tu *ú-kal-*⌜*lam*⌝
[Wenn der Tag auf der] West[seite] sich mit „Wolkenscherben“ bedeckt, zeigt das Hungersnot für den König des Westens.

Zur Bestimmung dieser Wolkenform wird in einem anderen Exzerpt das Adjektiv *zikaru*, „männlich“, verwendet, das uns leider nichts über deren Gestalt verrät.[89]

85 PIHANS 73, T. 26, I, N. 31: [diš 20 kur-*ma* i]m.diri *šá ma-li-šú ma-ṣa-at ina* igi-*šú* [diri … a]n$^{?}$ […].
86 CAD 6, „Ḫ“, S. 243.
87 https://www.britannica.com/science/cumulus
88 In PIHANS 73, T. 26, I, N. 6 und III, N. 2-5 wird es *ḫu-pe-e* geschrieben.
89 PIHANS 73, T. 26, III, N. 3.

In Abhängigkeit vom Licht, von der Temperatur und von Staubschichten in der Atmosphäre können die Wolken alle möglichen Farben annehmen, die von Weiß bis Dunkelblau und von Lila bis Gelb reichen. Bei speziellen atmosphärischen Bedingungen sehen sie sogar mehrfarbig oder irisierend aus.[90] Zu den ominösen Charakteristiken der Wolken gehören tatsächlich auch die Farben: Schwarz, Weiß, Rot/Braun und Gelb/Grün sind die häufigen Töne, die bereits ab der aB Zeit mit Wolken assoziiert werden, wie im Fall der Šilejko-Tafel. Kanonische EAE-Tafeln überliefern diese vier Wolkenfarben auch im Abschnitt der Sonne.[91]

Wolken als divinatorisch relevantes Phänomen sind *per se* weder gut noch böse. Vielmehr ist ihre Dekodierung fast ausschließlich vom Kontext der anderen himmlischen Komponenten abhängig. Die Wolken werden als häufige Variable innerhalb eines breiteren Schemas eingetragen und übertragen keine spezifische Gutartigkeit bzw. Bösartigkeit. Einige Omina der Wolken zielen auf einfache Wettervorhersagen, die gemäß unserer Logik eine meteorologische Konsequenz darstellen würden: „Wenn die Sonne am Untergehen ist und eine entfernte Wolke in ihrer (der Sonne) Position steht, ist der Tag bewölkt".[92] Ein weiteres Beispiel aus den nA Texten lautet „wenn Wolkenbänke aus dem Sonnenaufgang hinaufgehen, werden Regen und Hochwasser kommen".[93] Fraglich bleibt außerdem, ob solche Beispiele von Apodosen das Ergebnis einer empirischen Beobachtung oder eine Kombination auf der Grundlage des divinatorischen Mechanismus' sind. Im ersten Omen könnte es sich um ein phonetisches Spiel zwischen *erebu*, „Sonnenuntergang", und *ūma erpa*, „bewölkter Tag", bei dem das Adjektiv „bewölkt" logographisch ebenso ‚šú' geschrieben ist, handeln. Die Homographie bzw. Homophonie zusammen mit der Analogie ist ein wesentliches Prinzip des divinatorischen Systems.[94] [95] Dank der Kommentare der nA Berichte kann der Grundsatz einiger Einträge für Wolken feststellt werden, die auf einem Wortspiel beruhen.

SAA 8, 65

8.	diš 30 *ina* igi.lal-*šú* / *ina* im.diri.meš diri-*pu* *ur-pa-a-ti* / *i-qi-lip-pu*	Wenn der Mond bei seiner Erscheinung in die Wolken schwebt,
9.	a.kal *il-la-ak*	wird das Hochwasser kommen.
1'.	*né-eq-él-pu-u a-la-ku*	„Schweben" ist „gehen".
2'.	diš 30 *ina* igi.lal-*šú* / an-*ú* / dub-*ik* *šá-mu-u šá-pi-ik*	Wenn der Mond bei seiner Erscheinung den? Himmel anhäuft?,[96]
3'.	*zu-un-nu iz-za-nun*	wird es regnen.

90 https://www.meteoros.de/themen/atmos/beugung-interferenz/irisierende-wolken/.

91 PIHANS 73, T. 26, Komm. Cb, Z. 4-8.

92 KASKAL 11, S. 125, Z. 11': diš 20 šú-*ma ina* gišgal-*šú* i[m].diri sud gub ud šú-*am*.

93 SAA 8, 401, Z. 5-6: diš *ina* kur 20 *ni-du a-ṣi* a.an *u* a.kal du.meš.

94 Rochberg 2010a: 20-22; für eine Vertiefung in das Thema siehe Rochberg 2016: 131-192.

95 Diese Prinzipien liegen auch dem Entstehen der Keilschrift zugrunde (darüber siehe Glassner 2021: 301-302).

96 Das Pluraletantum *šamû* kann nicht Subjekt des Stativs *šapik* sein. Vielmehr ist *šapik* offenbar mit *šamû* konstruiert (vergleiche an-*e šapik* in ResOr 12, S. 153, Z. 10; siehe die folgenden Fußnoten).

4'. *ina* im.diri *šá-pi-ik-ti in-na-mar-ma* Er (der Mond) wird in einer aufgehäuften Wolke gesehen.

Diese zwei Mondomina werden dem König ungefähr Schritt für Schritt erklärt und verständlich gemacht. Die erste Zeile enthält ein homographisches Wortspiel des Logogramms diri in seinen unterschiedlichen Lesungen *urpatu* und *neqelpû*. Das Verb wird dann kommentiert und mit dem Verb der Apodosis korreliert. Im Kommentar zum zweiten Omen (Z. 5') verdeutlicht der Schreiber, dass *šapik* auf eine Stelle aus EAE hinweist. EAE-Tafel 1 enthält ein Vorzeichen des Neumondes beim bewölkten Himmel, infolgedessen Regen vorhergesagt wird.[97] Die Entschlüsselung basiert auf einem Kommentar aus *šumma Sîn ina tāmartīšu*, in welchem das Verb *šapāku* alternativ in Korrelation mit einer „geschwollenen Wolke" gebracht wird.[98] Neben dem eindeutigen Verweis geschwollener Wolken auf den Regen könnte auf ein Wortspiel der verschiedenen Bedeutungen des Verbs *šapāku* geschlossen werden: Dieses würde darin bestehen, dass *šapāku* außer „stapeln", oder „aufhäufen", auch „schütten" und „gießen" bedeutet.[99] Der „aufgehäufte" Himmel oder „aufgehäufte" Wolken würden daher auf Niederschlag hindeuten.[100]

2.2.1. Die EAE-Tafeln der Wolken und atmosphärischen Trübungen

Die EAE-Tafeln 36-42 sind bislang aufgrund ihres fragmentarischen Zustandes nicht umfassend ediert worden.[101] Diese Tafeln enthalten Omina der Wolken und anderer atmosphärischer Trübungen. Im folgenden werden 24 Fragmente dieser Tafeln aus dem British Museum erstediert.[102] Fast alle Textzeugen kommen aus den Ausgrabungen in Kuyunjik und waren, ähnlich wie die anderen EAE-Tafeln, Bestandteil der sogenannten Bibliothek Assurbanipals. Für die Nummerierung der verschiedenen Fassungen der EAE-Tafeln siehe Koch 2015: 163-167.

Für ein Glossar der Logogramme und der akkadischen Wörter siehe den Anhang dieser Arbeit. Für Kopien der Text siehe das Ende der vorliegenden Arbeit.

---

97 NISABA 2, I.4, N. 32: diš 30 *ina ta-mar-ti-*(*šú*) iti an *šá-pi-ik* an šur.

98 ResOr 12, S. 153, Z. 10-11: diš 30 *ina ta-mar-ti* iti an-*e šá-pi-ik* : an-*e ša-pu* an šur *šá-qu-ma* igi kimin ki 20 igi-*ma* bu *šá-pa-ku šá* im.diri bu *šá-pu-ú šá* im.diri *ina* im.diri *šá-pu-ti* igi-*ma*, „wenn der Mond bei seiner (ersten) Erscheinung des Monats den? Himmel aufhäufen? / den Himmel bläht?, wird es regnen und (wenn) er (bei seiner Erscheinung) hoch gesehen wird / wird er zusammen mit der Sonne gesehen; ‚bu' ist *šapāku*, „aufhäufen", bezüglich der Wolke; ‚bu' ist *šapû*, „geschwollen sein", bezüglich der Wolke: „er (der Mond) wird in einer geschwollenen Wolke gesehen". Bei der Übersetzung besteht die Schwierigkeit darin, die Stative der Verben *šapāku* und *šapû* transitiv zu übersetzen.

99 CAD 17, „Š-1", S. 412: Bedeutungen 1 und 2.

100 Siehe auch das Omen in SAA 8, 41, Z. 1-3.

101 Gehlken 2012: 6; Koch-Westenholz 2015: 173.

102 Zur Identifizierung der ausgewählten Tafelfragmente sind die Veröffentlichungen von Virolleaud Anfang des 20. Jahrhunderts (Virolleaud 1908-1909, 1910 und 1912) sowie die Liste in Reiner 1998 von großer Bedeutung gewesen. Der Zugang zum Fragmentarium des Projektes EBL (https://www.ebl.lmu.de/), der mir freundlicherweise von Prof. Dr. Enrique Jiménez gestellt wurde, war darüber hinaus wesentlich, um fehlende unpublizierte Fragmente zu ermitteln und zu kollationieren. Eine Sichtung und Dokumentation der originalen Texte im British Museum fand im Februar 2022 statt.

1) EAE-Tafel 37 (36)

Im folgenden wird die erste Tafel des meteorologischen Abschnitts der EAE-Serie ediert. Laut Kolophon K 2874+18737 (A) Rs. 21 handelt es sich um die Tafel 37 von EAE.[103]

Gruppe 1 *EAE-Tafel 37 (36)*				
Tafel	**Tafelnr.**	**CDLI-N.**	**Beschreibung**	**Inhalt**
A	K 2874+ 18737	P238191	Etwa 9,3x6,6x2,8 cm; nB Duktus; oberer Teil der Vs. bzw. unterer der Rs. mit erhaltenen Protasen und Apodosen, insg. 23 Zeilen auf der Vs. und 21 auf der Rs.	Vs.: Omina „wenn der Tag dunkel ist"; Rs.: Meistens „wenn an einem (un)bewölkten Tag"; Kolophon mit Nummerierung (EAE 37) und Stichzeile der folgenden Tafel
B	K 2249	P394293	Etwa 8,5x15,2x2,8 cm; nA Duktus; Vs. mit fragmentarischen Protasen und Apodosen, Rs. meistens vollständige Apodosen und abgebrochene Protasen; insg. 39 Zeilen auf der Vs. und 44 Rs.	Vs.: Omina „wenn der Sonnenschein des Tags", wenn Protasis erhalten; Rs.: „wenn an einem unbewölkten Tag"
C	1879,0708.96	P451832	Etwa 3,8x7,6 cm; nA Duktus; Fragment des oberen rechten Tafelrandes; letzte Zeichen der Apodosen	Vs.: Apodosen der Sektion „Wenn das Aussehen des Tags"; Rs.: Schlusszeilen der Tafel und Reste des Kolophons
D	1879,0708.31 8	P451933	Etwa 2,8x4,4 cm; nA Duktus; Fragment des mittleren rechten Tafelrandes; letzte Zeichen der Apodosen; es könnte sich um dieselbe Tafel von 1879,0708.96 handeln	Zeichenreste der Sektion „wenn der Sonnenschein des Tags wie …"
E	K 10645	P398799	Etwa 6,9x7,6 cm; nA Duktus; Fragment des linken mittleren Randes; fragmentarische Protasen	Vs.: „Wenn der Tag donnert/schreit"; Rs.: „Wenn der Strahlenglanz des Tages"
F	K 12366	P239108	Etwa 2,2x2,5x2,4 cm; nB Duktus; Fragment des linken mittleren Randes; anfängliche Zeichen der Protasis	Vs.: „Wenn der Tag schreit"; Rs.: „Wenn der Strahlenglanz des Tages"

103 Siehe Reiner 1998: 222 und 224; Gehlken 2012: 221 und ff., RGb, II.

G	K 2176	P394236	Etwa 2,4x3,3 cm; nA Duktus; Fragment des linken Tafelrandes; Protasen erhalten	Protasen der Sektion „wenn der Strahlenglanz des Tages" und „wenn der Tag bewölkt ist"
H	Rm II.121	P424949	Etwa 5,7x4,7 cm; nA Duktus; Fragment des rechten unteren Tafelrandes	Abgebrochene Omina der Sektion „wenn der Tag schreit"
I	K 22214	P423764	Etwa 2,5x2,6 cm; nA Duktus; kleines Fragment mit 7 abgebrochenen Zeilen	Apodosen der Sektion „wenn der Tag schreit"
J	Sm 555	P425468	Etwa 4,1x3 cm; nA Duktus; zweikolumniges Fragment, nur rechter Schlussteil einer Spalte lesbar	Apodosen der Sektion „wenn der Tag schreit/donnert"

A) K 2874+18737
Literatur: Peterson 2022: ebl.lmu.de/fragmentarium/K.2874; Gehlken 2012: 221-224; Reiner 1998: 224; Virolleaud 1909: XXXV.
Herkunft: Kuyunjik.
Anzahl der Omina: 14 vollständige Omina auf der Vs. und elf auf der Rs. sind erhalten; fragmentarische Apodosen in der unteren Hälfte der Vs. (11) und in der oberen Hälfte der Rs. (6) zu lesen.
Struktur: Die Vs. überliefert meistens gut erhaltene Omina des dunklen Tages, während die letzten Zeilen der Rs. den Omina des Tages ohne Wolken gewidmet sind; eine Trennungslinie zeigt das Ende der Tafel vor dem Kolophon mit der Stichzeile der folgenden Sektion.

B) K 2249
Literatur: Peterson 2021: ebl.lmu.de/fragmentarium/K.2249; Gehlken 2008: 221-224; Reiner 1998: 222; Virolleau 1912: CIV.
Herkunft: Kuyunjik.
Anzahl der Omina: 39 Zeilen auf der Vs. mehrheitlich fragmentarisch; in den meisten Fällen ist der Anfang der Protasis sowie das Ende der Apodosis abgebrochen; die Vs. *joint* mit K 2874+18737 mit Sicherheit bei der Z. 22; die Rs. enthält 44 fragmentarische Protasen und einigermaßen gut erhaltene Apodosen im mittleren Teil der Tafel.
Struktur: Einzeilige Omina; die Vs. überliefert Vorzeichen der Sektion „wenn der Sonnenschein des Tags"; das Subjekt der Rs. ist abgebrochen und lässt sich sporadisch ergänzen; keine Trennlinien erhalten; kein Tafelende erhalten.

C) 1879,0708.96
Literatur: Boos 2019: ebl.lmu.de/fragmentarium/1879%2C0708.96
Herkunft: Kuyunjik.
Anzahl der Omina: Vs. 9 Zeilen, Rs. 12 Zeilen, Schlussteile von Apodosen; Rs. Kolophon in 2 fragmentarischen Zeilen erhalten.

Struktur: Untere rechte Seite der Tafel; Omina teilweise auf zwei Zeilen; Kolophon mit Trennlinie; Vs. 2 *joint* mit K 2874+18737 Vs. 20; Rs. 1 = A Rs. 10b. = B Rs. 38; Ende der Tafel 37 (36).

D) 1879,0708.318
Literatur: Boos 2019: ebl.lmu.de/fragmentarium/1879%2C0708.318
Herkunft: Kuyunjik.
Anzahl der Omina: 7 Zeilen mit fragmentarischen Apodosen.
Struktur: Nur Vs.; Omina der Sektion „wenn der Sonnenschein wie … ist"; Z. 2 *joint* mit B Vs. 23-24.

E) K 10645
Literatur: Peterson 2021: ebl.lmu.de/fragmentarium/K.2249
Herkunft: Kuyunjik.
Anzahl der Omina: 14 abgebrochen Zeilen auf der Vs., meistens Protasen; die Vs. entspricht K 2249 Vs. Z. 31f.; 12 fragmentarische Zeilen auf der Rs., die mit dem Anfang der Rs. K 2249 übereinstimmt.
Struktur: Einzeilige Omina; Vorzeichen der Sektion „wenn der Tag schreit" auf der Vs.; Rs. weitgehend abgebrochen, Zeichen der Apodosen erhalten; Rs. Z. 10 *joint* mit K 2249 Rs. 1.

F) K 12366
Literatur: Jiménez 2020: ebl.lmu.de/fragmentarium/K.12366; Reiner 1998: 260.
Herkunft: Kuyunjik.
Anzahl der Omina: 5 abgebrochene Zeilen mit anfänglichen Zeichen der Protasis auf Vs. und 7 auf Rs.
Struktur: Protasen der Sektion „wenn der Tag schreit" (Vs.) und „wenn der Strahlenglanz des Tages …" (Rs.); Z. 1 *joint* mit K 10645 Vs. 6.

G) K 2176
Literatur: Jiménez 2020: ebl.lmu.de/fragmentarium/K.2176; Reiner 1998: 220; Virolleau 1912: CXVI.
Herkunft: Kuyunjik.
Anzahl der Omina: 15 fragmentarische Protasen auf Vs.; Rs. enthält nur drei abgebrochene Zeilenanfang ‚diš'.
Struktur: Nur Rs.; Vorzeichen der Sektion „wenn der Strahlenglanz des Tags …" und „wenn der Tag bewölkt ist"; Z. 12 stimmt mit K 2249 Rs. 7 überein.

H) Rm II.121
Literatur: Stadhouders 2018: ebl.lmu.de/fragmentarium/Rm-II.121; Reiner 1998: 284.
Herkunft: Kuyunjik.
Anzahl der Omina: 16 fragmentarische Zeilen mit meistens abgebrochenen Protasen und Apodosen.
Struktur: Nur Vs. erhalten; Einzeilige Omina; Vorzeichen der Sektion „wenn der Tag schreit"; Z. 7 *joint* mit K 2249 Vs. 37.

I) K 22214
Literatur: Mitto 2020: ebl.lmu.de/fragmentarium/K.22214
Herkunft: Kuyunjik.
Anzahl der Omina: 10 abgebrochene Apodosen.
Struktur: Nur Vs.; Vorzeichen der Sektion „wenn der Tag schreit"; Z. 3 *joint* mit K 2249 Vs. 37.

J) Sm 555
Literatur: Heinrich 2019: ebl.lmu.de/fragmentarium/Sm.555; Reiner 1998: 276.
Herkunft: Kuyunjik.
Anzahl der Omina: 11 Schlussteile von Apodosen; erste Zeichen einer weiteren Spalte vorhanden.
Struktur: Nur Vs.; zweikolumnige Tafel, nur linke Kolumne erhalten; Z. 2 stimmt mit K 2249 Vs. 39 überein.

Die Vorzeichen der EAE-Tafel entsprechen den folgenden meteorologischen Sektionen:

1-11: „Wenn der Tag dunkel ist";
35-45: „Wenn der Sonnenschein des Tags";
50-54: „Wenn der Tag brüllt", im Sinne von Donner;
55-58: „Wenn der Tag schreit" (wie oben).
Zwischen Nr. 58 und 70 sind die Protasen abgebrochen.
70-77: „Wenn der Strahlenglanz des Tags verblasst";
78-83?: „Wenn der Tag bewölkt ist"; nach der N. 82 folgen einige fragmentarische Protasen;
104-111: „Wenn an einem (nicht) bewölkten Tag";
113-116: Omina verschiedener Zustände der Atmosphäre;
117-119: Omina der Tageslänge.

Exzerpte aus diesen Abschnitten von EAE werden oft in den nA Omenberichten zitiert. Mehrere Zeilen lassen sich durch Kommentare sowie Briefe mit divinatorischem Inhalt aus Ninive ergänzen. Die Seher des Palasthofes scheinen besonders die Vorzeichen der Sektion „wenn an einem (nicht) bewölkten Tag" zu bevorzugen.

Text:

1. A Vs. 1. diš ud *ḫa-dir* mí.kúr.meš *ina* kur gál.meš un.meš su.gu$_7$ igi.me níg.šu-*ši-na* sig$_5$ *ana* ki.lam è.meš kúr kalag.ga kur kur-*ád*

Wenn der Tag dunkel ist, wird es Feindschaften im Land geben, die Bevölkerung wird Hungersnot erfahren und ihre Güter auf dem Markt (unter Wert) verkaufen, ein starker Feind wird das Land erreichen.

2. A Vs. 2. diš ⸢ud⸣ *ḫa-dir-ma* dingir.iškur mu$_7$.mu$_7$ dingir.iškur buru$_{14}$ kur ra-*ma* egir mu *me-šer-tum ina* kur gál-*ši* : nu gál

Wenn der Tag dunkel ist und Adad wiederholt brüllt, wird Adad die Ernte des Landes überschwemmen und am Ende des Jahres wird es Ertrag im Land geben / nicht geben.

3. A Vs. 3. ⸢diš ud *a*⸣-*dir-ma* dingir.iškur *ana* im.limmu.ba mu$_7$.mu$_7$ dingir.iškur buru$_{14}$ kur ra-*ma* su.gu$_7$ *ina* kur gál-*ši*

Wenn der Tag dunkel ist und Adad in die vier Himmelsrichtungen wiederholt brüllt, wird Adad die Ernte des Landes überschwemmen und es wird Hungersnot im Land geben.

4. A Vs. 4. ⸢diš ud⸣ *ḫa-dir-ma* nim.gír *ana* im.limmu-*ma* ḫi.ḫi *me-ḫe-e* dal.ḫa.mun im.limmu.ba *a-la-ku la i-kal-li*

A Vs. 5. bala nam.gilim.ma *ana* kur e$_{11}$-*da*

Wenn der Tag dunkel ist, es in die vier Himmelsrichtungen blitzt und wenn Stürme, Sandsturm und die vier Winde nicht zu wehen aufhören, Dynastie der Vernichtung; (der Feind) wird auf das Land hinuntergehen.

5. A Vs. 6. diš ⸢ud *ḫa-dir-ma*⸣ im.u$_{18}$.lu *ra-kib* buru$_5$.ḫi.a zi-*a*

Wenn der Tag dunkel ist und den Südwind reitet, werden sich die Heuschrecken erheben.

6. A Vs. 7. diš ⸢ud *ḫa-dir-ma*⸣ im.si.sá *ra-kib* gu$_7$-*ti* dingir.u.gur *bu-lum* tur

Wenn der Tag dunkel ist und den Nordwind reitet: Fressen des Nergal, das Vieh wird sich verringern.

7. A Vs. 8. diš ud *ḫa-dir-ma* im.kur.ra *ra-kib* giš.tukul gu.ti-*i ina-rù*

Wenn der Tag dunkel ist und den Ostwind reitet, werden die Waffen von Gutium totschlagen.

8. A Vs. 9. diš ud *ḫa-dir-ma* im.mar.tu *ra-kib* nam.gilim.ma kimin *bu-lam* dingir.iškur ra

Wenn der Tag dunkel ist und den Westwind reitet, Vernichtung / Adad wird das Vieh überschwemmen.

9. A Vs. 10. diš ud *ḫa-dir-ma* ud.da-*su ka-ṣa-át* bala nam.gilim.ma kúr *ina* aš.te tuš-*ab*

Wenn der Tag dunkel ist und sein Sonnenlicht kalt ist, Dynastie der Vernichtung, der Feind wird den Thron besteigen.

10. A Vs. 11a. diš ud *ḫa-dir-ma* ud.da-*su* gim izi tab-*át* su.gu$_{7}$ *dan-nu ina* kur gál :

Wenn der Tag dunkel ist und sein Sonnenlicht wie Feuer brennt, wird es schwere Hungersnot im Land geben.

11. A Vs. 11b. diš ud *ḫa-dir-ma* du$_{7}$.du$_{7}$ ḫi$^{!}$.gar[104] *dan-nu* gar-*an*

Wenn der Tag dunkel ist und (der Wind$^{?}$) unaufhörlich stößt, wird es einen schweren Aufstand geben.

12. A Vs. 12. [diš ...] ⸢x ud⸣-*mu* [i]m.mar.tu en ⸢kin⸣.sig du-*ik* kúr *dan-nu* zi-*ma* kur ḫul-*pat*

[Wenn] … am Tag$^{?}$ der Westwind bis Abend weht, wird ein starker Feind revoltieren und das Land zerstören.

13. A Vs. 13. [... z]i-*ut* bu⸢rus$_{5}$⸣.ḫi.a ⸢buru$_{14}$ kur⸣ nu si.sá kimin burus$_{5}$.ḫi.a zi-*ma* buru$_{14}$ gu$_{7}$

… Erhebung der Heuschrecken, die Ernte des Landes wird nicht gedeihen / die Heuschrecken werden sich erheben und die Ernte essen.

14. A Vs. 14. [...] ⸢x⸣ *ma* tab *u* níg.gi.na-⸢*ma*$^{?}$ gál an.mi gar-*ma* ba⸣la lugal mar *šá* nam.gilim.ma [… ga]r$^{?}$

… es … und Stetigkeit gibt, wird es eine Finsternis geben, Dynastie des Königs von Amurru der Vernichtung …

15. A Vs. 15. [...] an.mi dingir.u[tu$^{?}$ ...]

… [Sonn]enfinsternis …

16. A Vs. 16. [...] ⸢kur gál⸣-*ma ta-ri-tum ina* sila ⸢tur-*šá*$^{!}$⸣ šub-[*d*]*i*

… Land ist, wird ein Kindermädchen ihr Kind auf der Straße verlassen.

104 Das Logogramm ist *bārtu* zu lesen.

17. A Vs. 17. [...] buru₁₄ ⌜kur a⌝l.s[i]g₅

… die Ernte des Landes wird [gut] sein.

18. A Vs. 18. [... a].an dingir.iškur ra

… Regen, Adad wird überschwemmen.

19. B Vs. 1. [diš ud ud.da]-*su* gim *ina* […]

[Wenn der Sonnenschein?] des Tages wie …

20. B Vs. 2. […] *ana* šá izi […]

21. B Vs. 3. [diš ud múš.meš-*šú* gi]m *qut-*⌜*ri*⌝ *ina* [igi mu dingir.iškur ra-*iṣ* …]

[Wenn das Aussehen des Tags wi]e Rauch ist, [wird Adad] am [Anfang des Jahres überschwemmen …]

22. B Vs. 4. [… gi]m nim.gír […]

[… wi]e Blitz …

23. A Vs. 19. [...] ⌜x⌝ *i-bar-ru* šub-⌜*ti* er⌝im-*an*

B Vs. 5. [… *i*]-*bar-ru* šub […]

C Vs. 1. […] gar-*an*

… flimmert, Niederlage der Armee.

24. [diš ud múš-*šú u*]*k-ku-lu u* ud.da-*su ina* ⌜x⌝ […] ⌜x⌝-*ma* kur záḫ

A Vs. 20. […] ⌜x⌝-*ma* kur záḫ

B Vs. 6. [diš ud múš-*šú u*]*k-ku-lu u* ud.da-*su ina* ⌜x⌝ […]

C Vs. 2. […-*m*]*a* kur záḫ

Wenn das Aussehen des Tags verdunkelt ist und sein Sonnenschein in … und das Land wird zerstört.

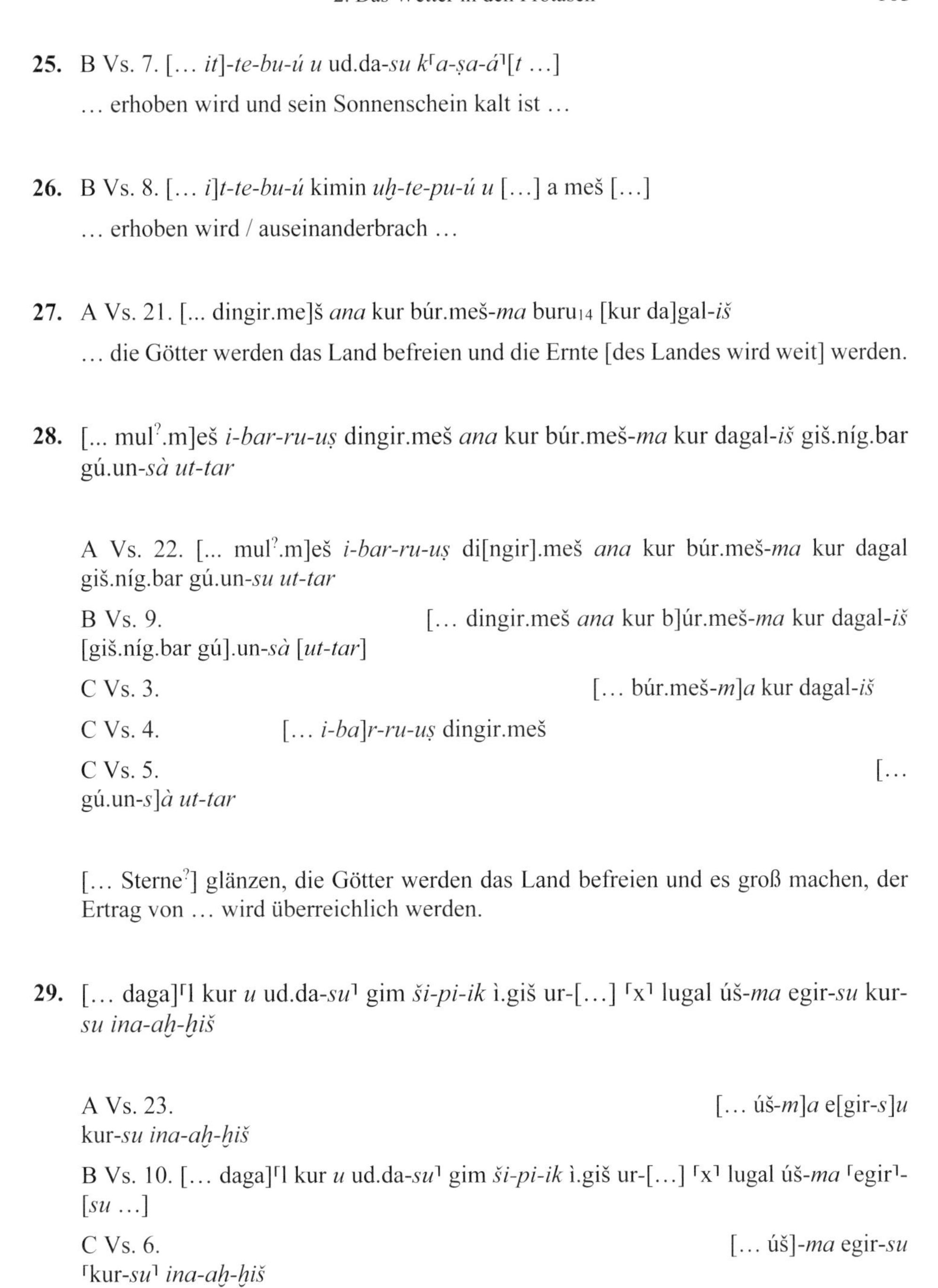

25. B Vs. 7. [… *it*]-*te-bu-ú u* ud.da-*su k*⸢*a-ṣa-á*⸣[*t* …]

… erhoben wird und sein Sonnenschein kalt ist …

26. B Vs. 8. [… *i*]*t-te-bu-ú* kimin *uḫ-te-pu-ú u* […] a meš […]

… erhoben wird / auseinanderbrach …

27. A Vs. 21. [... dingir.me]š *ana* kur búr.meš-*ma* buru$_{14}$ [kur da]gal-*iš*

… die Götter werden das Land befreien und die Ernte [des Landes wird weit] werden.

28. [... mul$^{?}$.m]eš *i-bar-ru-uṣ* dingir.meš *ana* kur búr.meš-*ma* kur dagal-*iš* giš.níg.bar gú.un-*sà ut-tar*

A Vs. 22. [... mul$^{?}$.m]eš *i-bar-ru-uṣ* di[ngir].meš *ana* kur búr.meš-*ma* kur dagal giš.níg.bar gú.un-*su ut-tar*

B Vs. 9. [… dingir.meš *ana* kur b]úr.meš-*ma* kur dagal-*iš* [giš.níg.bar gú].un-*sà* [*ut-tar*]

C Vs. 3. [… búr.meš-*m*]*a* kur dagal-*iš*

C Vs. 4. [… *i-ba*]*r-ru-uṣ* dingir.meš

C Vs. 5. [… gú.un-*s*]*à ut-tar*

[… Sterne$^{?}$] glänzen, die Götter werden das Land befreien und es groß machen, der Ertrag von … wird überreichlich werden.

29. [… daga]⸢l kur *u* ud.da-*su*⸣ gim *ši-pi-ik* ì.giš ur-[…] ⸢x⸣ lugal úš-*ma* egir-*su* kur-*su ina-aḫ-ḫiš*

A Vs. 23. [… úš-*m*]*a* e[gir-*s*]*u* kur-*su ina-aḫ-ḫiš*

B Vs. 10. [… daga]⸢l kur *u* ud.da-*su*⸣ gim *ši-pi-ik* ì.giš ur-[…] ⸢x⸣ lugal úš-*ma* ⸢egir⸣-[*su* …]

C Vs. 6. [… úš]-*ma* egir-*su* ⸢kur-*su*⸣ *ina-aḫ-ḫiš*

… und sein Sonnenschein wie das Gießen des Öls … der König wird sterben nach seinem (Tod) wird sein Land gedeihen.

30. B Vs. 11. [… ud.da-*su ma-’*]*a-diš nam-rat* i[m…]

C Vs. 7. […] zi […]

[Wenn … sein Sonnenschein se]hr hell ist …

31. B Vs. 12. [… ud.da-*su* …] sa$_5$-⸢*at*⸣ […]

[Wenn … sein Sonnenschein] rot ist …

32. B Vs. 13. [… ud.da-*su* ...] gi$_6$-*at* dingir.u[tu …]

[Wenn … sein Sonnenschein] schwarz ist, die So[nne …]

33. B Vs. 14. [… ud.da-*su* ...] sig$_7$-*at* lugal […]

[Wenn … sein Sonnenschein] gelb ist, wird der König …

34. B Vs. 15. […]x ir im.u$_{18}$.l[u zi-*ma*$^?$] *ana* im.kur kimin *ana* im.mar *is*-[*ḫur* …]

[Wenn …] der Südwind [sich erhebt$^?$ und] sich in Richtung Osten / Westen wen[det …]

35. B Vs. 16. [diš ud ud.da-*su* nu gál] kur *ip-pi-r*[*a ma-na-a*]*ḫ-tam* igi-*mar* ki.lam šub […]

[Wenn der Sonnenschein des Tags nicht zu sehen ist], wird das Land Krieg [und Leid]en erleben, der Markt wird stürzen …

36. B Vs. 17. [… b]u *ana*$^?$ un.meš kur *šu-a-t*[*um* …]

… der$^?$ Bevölkerung dieses Landes …

37. B Vs. 18. [… buru$_{14}$ si.s]á mí.kúr gál ri-i[g …] erín/[si]g$_5$ […]

… die Ernte wird gedeihen, es wird Feindschaft geben …

38. B Vs. 19. [… ku]r *nu-šur-re-e* [še$^?$]

… Verminderung [der Gerste$^{?}$].

39. B Vs. 20. […] ⸢x x⸣ du$^{?}$ *u* dingir.utu ki.gub-*su* dara$_{4}^{!}$-*míš* gál im.mir kimin im.ku[r …]

… und die Position der Sonne dunkel ist und der Nordwind / Ostwin[d …]

40. B Vs. 21. [… *ina l*]*i-la-a-ti* du-*ik ina ur-ri-šú* dingir.utu *i'-dar-ma nu-šur-re-e* še : ⸢x x⸣ g[ál]

[Wenn … am] Abend weht (und) am Morgen sich die Sonne verdunkelt: Verringerung der Gerste / es wird … ge[ben.]

41. B Vs. 22. diš ud ud.da-*su ka-*⸢*ṣa-á*⸣*t* [lugal] úš-*ma* dumu-*šú* aš.te dib

D1. […] x […]

Wenn der Sonnenschein des Tags kalt ist, wird der [König] sterben und sein Sohn wird den Thron greifen.

42. B Vs. 23. ⸢diš u⸣d ud.da-*su ka-ṣa-át u* igi.bar-*ma* dingir.utu tù[r.nígin an].mi gar-*ma* lugal úš-*m*[*a*]

B Vs. 24. egir-*šú* ib⸢ila-*š*⸣*ú* [*i*]*na* aš.te tuš-*a*[*b*]

D2. [… lugal] úš-*ma* egir-*šú* ⸢ibila-*šú*⸣ *ina* aš.te tuš-*ab*

Wenn der Sonnenschein des Tags kalt ist, er gesehen wird und die Sonne von einem Ha[lo umgeben ist], wird eine [Finst]ernis geschehen, der König wird sterben und nach ihm wird [sein] Erbfolger auf dem Thron sitzen.

43. B Vs. 25. [diš ud u]d.da-*su* gim ud.⸢da⸣ [iti *ka-ṣa-át*] nun úš

D3. […] nun úš

Wenn der Sonnenschein des Tags wie [das Mondlicht] kalt ist, wird der Fürst sterben.

44. B Vs. 26. [diš ud ud].da-*su* gim [… a.ma.ru *n*]*a-aš-pan-tim* gar-*ma* kur-*su un-na-*[*aš*]

D4. [… kur-*s*]*u un-na-aš*

[Wenn der Sonnen]schein [des Tags w]ie …, wird eine verheerende [Überflutung] stattfinden und sie wird sein (des Königs$^?$) Land schwächen.

45. B Vs. 27. [diš ud ud.d]a-*su* g[im$^?$ …] a.an.meš *ina* an-*e* a.kal *ina* idim gá[l]

D5. […] gál.meš

[Wenn der Sonnen]schein [des Tags] wie … wird es Regen im Himmel und Hochwasser in der Quelle geben.

46. B Vs. 28. [… *bi-i*]*b-lum* kur tùm buru$_{14}$ sig$_5$ gán.ba g[i.na]

D6. […] sig$_5$ gán.ba gi.n[a]

… eine Überschwemmung wird das Land wegbringen, die Ernte wird gut sein und das Geschäft wird stabil sein.

47. B Vs. 29. [...] ḫul-*tim* gu.ti-*i* kur-*su* kar-[...]

D7. [… kur]-⌜*su* kar⌝ [...]

… schlecht für Gutium, sein Land wird weggenommen werden …

48. B Vs. 30. [... *i-r*]*u-up* úš.meš gál.meš un.meš kur tur [...]

[... wol]kig ist$^?$, wird es Tote geben und die Bevölkerung wird abnehmen …

49. [...] dingir.meš galga kur *ana* mí.ḫul galga.[meš]

B Vs. 31. [...] dingir.meš galga kur *ana* mí.ḫul galga.[meš]

E Vs. 1. […]

H1. [… din]⌜gir.meš⌝ […]

… die Götter werden eine bösartige Entscheidung für das Land treffen.

50. [diš ud mu$_7$].⸢mu$_7$-*ma*⸣ [*zi-qí-qu* zi-*a* an].mi lugal uri.ki dingir.iškur kur *šu-me-ra* r[a-*iṣ*]

B Vs. 32. [diš ud mu$_7$.mu$_7$-*ma zi-qí-qu* zi-*a* an].mi lugal uri.ki dingir.iškur kur *šu-me-ra* r[a-*iṣ*]

E Vs. 2. [diš ud mu$_7$].⸢mu$_7$-*ma*⸣ […]

H2. [… lu]gal uri.[ki …]

[Wenn der Tag wiederholt] donnert und [der Sturmwind weht: Fin]sternis des Königs von Akkad, Adad wird das Land Sumer über[schwemmen].

51. [diš ud$^?$ … mu$_7$].⸢mu$_7$$^?$-*ma* a.a⸣[n … gán.b]a gi.na kur gu$_7$ kur [...]

B Vs. 33. [... gán.b]a gi.na k[ur g]u$_7$ kur [...]

E Vs. 3. [diš ud$^?$ … mu$_7$].⸢mu$_7$$^?$-*ma* a.a⸣[n …]

H3. [… gi.n]a kur gu$_7$ […]

[Wenn der Tag$^?$ … mehrfach donnert] und Regen … wird das Land ein stabiles [Gesch]äft genießen, das Land …

52. [diš ud$^?$ mu$_7$].⸢mu$_7$$^?$-*ma* im.limmu$_5$⸣.ba ḫ[i.ḫi …] ⸢x⸣ é.m[eš ḫu]l? *ana* giš nu [...]

B Vs. 34. […] ⸢x⸣ é.m[eš ḫu]l? *ana* giš nu [...]

E Vs. 4. [diš ud$^?$ mu$_7$].⸢mu$_7$$^?$-*ma* im.limmu$_5$⸣.ba ḫ[i.ḫi …]

H4. […] ⸢x⸣ é.meš […]

[Wenn der Tag$^?$ mehrfach donnert] und es in die vier Himmelsrichtungen bl[itzt …] Häuser …

53. [diš ud$^?$] ⸢x x⸣ -⸢*ma* nim.gír *ana*⸣ im.limmu$_5$.b[a … ḫ]i.ḫi […] dingir.iškur r[a …]

B Vs. 35. […] dingir.iškur r[a …]

E Vs. 5. [diš ud?] ⸢x x -*ma* nim.gír *ana*⸣ im.limmu5.b[a …]

H5. [… ḫ]i.ḫi […]

I1. […] ⸢x⸣ […]

[Wenn der Tag …] es in die vier Himmelsrichtungen … blitzt, … Adad wird übersch[wemmen …]

54. [diš ud] *za-mar ir-*⸢*mu-um*⸣ dingir.iškur gù-*šú* man-*ma* ⸢x⸣ [...] ⸢x⸣ mar šúr-*iš* mu7.mu7 [...] an.mi 20 g[ar ...]

B Vs. 36 [...] an.mi 20 g[ar ...]

E Vs. 6. [diš ud?] *za-mar ir-*⸢*mu-um*⸣ dingir.iškur gù-*šú* man-*ma* ⸢x⸣ [...]

F Vs. 1. ⸢diš ud *za-mar ir-mu*⸣-[*um* …]

H6. […] ⸢x⸣ mar šúr-*iš* mu7.mu7 […]

I2. […] ⸢x x x x *iš* mu7.mu7⸣ […]

[Wenn am Tag] schnell donnert und der Schrei von Adad sich verändert … er rasend mehrfach brüllt … wird eine Sonnenfinsternis ge[schehen …]

55. [diš ud] *is-si ina* mu *šu-a-tum* á.zág [...] kimin su.gu7 kimin a.an […]

B Vs. 37. [...] kimin a.an [...]

E Vs. 7. [diš ud] *is-si ina* mu *šú-*⸢*a*!⸣*-a-tum* á.zág […]

F Vs. 2. diš ud *is-si ina* mu *š*[*u-a-tum* …]

H7. [...] kimin su.gu7 kimin a.an [...]

I3. [... kimin su].⸢gu7 kimin a.an⸣ […]

Wenn der Tag schreit, wird der *asakku*-Dämon in diesem Jahr … / Hungernot / Regen […]

56. diš ud *is-si-ma* 30 *a-dir* [...] lugal lugal kur-*ád* lú lú [...] kimin [...]

B Vs. 38. [...] lú lú x [...]
E Vs. 8. [diš ud *i*]*s-si-ma* 30 *a-dir* [...]
F Vs. 3. diš ud *is-si-ma* 30 [*a-dir* …]
H8. [...] lugal lugal kur-*ád* lú lú [...]
I4. [... kúr-*á*]*d* lú lú
I J1. [...] kimin [...]

Wenn der Tag schreit und der Mond dunkel ist … wird ein König einen anderen besiegen, sowie ein Mann einen anderen …

57. [diš ud *i*]*s-si-ma* 20 *a-dir* dingir.en.líl su.gu$_7$ ⸢*ina* kur gar-*an*⸣

B Vs. 39 [... su.gu$_7$] *ina* kur [...]
E Vs. 9. [diš ud *i*]*s-si-ma* 20 *a-dir* [...]
H9. [...] dingir.en.líl su.gu$_7$ *ina* [kur ...]
I5. [... s]u.gu$_7$ *ina* k[ur …]
I J2. [... *a-di*]*r* dingir.en.líl ⸢su.gu$_7$ *ina* kur gar-*an*⸣

[Wenn der Tag s]chreit und die Sonne bedeckt ist, wird Enlil eine Hungersnot im Land hervorrufen.

58. diš ud *is-si-ma* é.meš *ú-tab-ba-ta-ni a-bu-ub* un.meš *šá* kur tur-*ir*

E Vs. 10. [diš ud] *is-si-ma* é.meš *ú-tab-ba-ta-ni* ⸢*a*⸣-[*bu-ub* un.meš ...]
F Vs. 4. diš ud *is-si-ma* é.[meš …]
H10. [... *ú-tab*]-*ba-ta-a-ni a-bu-ub* un.me *šá* [...]
I6. [... *ú-tab-ba-ta-n*]*i* ⸢*a-bu-ub*⸣ un.[meš …]
I J3. [... u]n.meš *šá* kur tur-*ir*

Wenn der Tag schreit und die Häuser zerstört werden, wird eine Überflutung die Bevölkerung des Landes dezimieren.

59. ⸢diš ud *tuk-ka-šú*⸣ gim *šá* a.maḫ *i-ḫad-du-ud* a.kal du-*ma bi-ib-lum ub-bal*

E Vs. 11. [diš ud] *tuk-*⸢*ka*?⸣*-šú* gim *šá* a.maḫ *i-ḫad-du-ud* a.k[al …]

F Vs. 5. ⸢diš ud *tuk-ka-šú*⸣ […]

H11. [... *i*]*-ḫad-du-ud* a.kal du-*ma bi-ib-lum* ⸢*ub*⸣*-*[*bal*]

I7. [... a.ka]l ⸢du-*ma bi-i*⸣[*b-lum* …]

I J4. [... du-*m*]*a bi-ib-lum ub-bal*

Wenn der Tag wie das Getöse des Dammbruchs grollt, wird das Hochwasser kommen und eine Überschwemmung wird (das Land) wegbringen.

60. [diš ud] ⸢á⸣ ⸢im.u$_{18}$.lu⸣ *ḫu-pí-a i-ta-ram* su.gu$_{7}$ lugal uri.ki *ú-kal-lam* kimin su.gu$_{7}$ lugal nim.ma.ki *ú-k*[*al-lam*] kimin su.gu$_{7}$ lugal su.bir$_{4}$.ki *ú-k*[*al-lam* kimin] su.gu$_{7}$ lugal mar.tu *ú-k*[*al-lam* kimin] su.gu$_{7}$ lugal kur dù.a.bi *ú-k*[*al-lam* …]

E Vs. 12. [diš ud] ⸢á⸣ [im.u$_{18}$.lu] *ḫu-pí-a i-ta-ram* s[u.gu$_{7}$ …]

H12. […] *i-ta-*⸢*ram*⸣ su.gu$_{7}$ lugal uri.ki *ú-k*[*al-lam*]

I8. [... s]⸢u.gu$_{7}$ lugal uri⸣.[ki …]

I J5. [… u]ri.ki *ú-kal-lam* // u //[105]

E Vs. 13. […] kimin [su.gu$_{7}$ …]

H13. […] su.gu$_{7}$ lugal nim.ma.ki *ú-k*[*al-lam*]

I9. [... su].⸢gu$_{7}$ lugal nim⸣.[ma.ki …]

E Vs. 14. […] ⸢kimin⸣ […]

---

105 Zwischen den zwei Trennlinien, die Kolumne I von Kolumne II trennen, ist ein Winkelhacken zu sehen, dessen Funktion unklar bleibt.

H14. [...] su.gu$_7$ lugal su.bir$_4$.ki° *ú-k*[*al-lam* ...]

I J6. [... su.g]u$_7$ lugal su.bir$_4$.ki kimin

H15. [...] su.gu$_7$ lugal mar.tu *ú-k*[*al-lam* ...]

H16. [...] su.gu$_7$ lugal kur dù.a.bi *ú-k*[*al-lam* ...]

I J7. [...] lugal kur dù.a.bi kimin

[Wenn der Tag] (auf) der Südseite mit Wolkenscherben bedeckt wird, zeigt das Hungersnot für den König von Akkad / Hungersnot für den König von Elam / Hungersnot für den König von Subartu / Hungersnot für den König von Amurru / Hungersnot für den König der Gesamtheit.

61. H17. [...]

I J8. [...] *i-zi-qa*

62. I J9. [...] du-da

63. I J10. [... g]i.na

64. I J11. [...] ⸢x⸣ ni$^?$ aš

65. E Rs. 1. [...]

66. E Rs. 2. [...] ⸢x x⸣ [...]

67. E Rs. 3. [...] ⸢tùr sig$_7$ nígin⸣ [...]

... von einem gelben Halo umgeben ist ...

68. E Rs. 4. [...] tùr sig$_7$ ⸢nígin⸣ [...]

… von einem gelben Halo umgeben ist …

69. E Rs. 5. [… gi]š.ḫur ⸢nígin⸣ […]

G1. […] x […]

… von einer Zeichnung umgeben ist …

70. E Rs. 6. […] ⸢x⸣ *i-šag-gúm* x […]

G2. [diš ud si-*šú* šub-*ma*] dingir.iš[kur …]

[Wenn der Strahlenglanz des Tages verblasst und] Ada[d] … brüllt […]

71. [diš ud s]i-*šú* šub-*ma* nim.gí[r …] ⸢x *uš-tab*⸣-*ba-lu*4 ⸢x⸣ […]

E Rs. 7. […] ⸢x *uš-tab*⸣-*ba-lu*4 ⸢x⸣ […]

F Rs. 1. [diš ud s]i-*šú* š[ub-*ma* …]

G3. [diš ud si-*šú* šub-*m*]*a* nim.gí[r …]

[Wenn der Strahlen]glanz des [Tages verblasst u]nd ein Blitz … ausgetrocknet werden? …

72. diš ud si-*šú* šub-*ma mé-ḫu-ú*? zi-*ma* gi6-*su* ⸢du⸣ […]

E Rs. 8. [… *me-ḫu*]-*ú* zi-*ma* gi6-*su* ⸢du⸣ […]

F Rs. 2. diš ud si-*šú* šu[b-*ma* …]

G4. [diš ud si-*šú* šub-*m*]*a mé-ḫu*-⸢x⸣ […]

Wenn der Strahlenglanz des Tages verblasst und sich ein Sturm erhebt und in seiner Dunkelheit dahinzieht …

73. diš ud si-*šú* šub-*ma me-ḫe-e* im.u18.lu zi-*a* ⸢x⸣ […]

E Rs. 9. […] im.u$_{18}$.lu zi-*a* ⸢x⸣ […]

F Rs. 3. diš ud si-*šú* šu[b-*ma* …]

G5. [diš ud si-*šú* šub-*m*]*a me-ḫe-e* i[m.u$_{18}$.lu …]

Wenn der Strahlenglanz des Tages verbla[sst] und sich Stürme (im) Süden erheben, …

74. diš ud si-*šú* šub-*ma me-ḫe-e* im.si.sá zi-*a* g[i$_6$]-*su* en [*šat-ur-ri* …]

B Rs. 1. [… gi$_6$]-*su* en [*šat-ur-ri* ...]

E Rs. 10. […] im.si.sá zi-*a* g[i$_6$-*su* en …]

F Rs. 4. diš ud si-*šú* šu[b-*ma* …]

G6. [diš] ⸢ud si-*šú* šub-*ma*⸣ *me-ḫe-e* i[m.si.sá …]

Wenn der Strahlenglanz des Tages verblasst, sich Stürme (im) Norden erheben und und in seiner Dunkelheit bis die letzte [Nachtwache wehen …]

75. diš ud si-*šú* šub-*ma me-ḫe-e* im.kur.ra zi-*a* [g]i$_6$-*su* en *šat-u*[*r-ri* ...]

B Rs. 2. [... g]i$_6$-*su* en *šat-u*[*r-ri* ...]

E Rs. 11. [… i]m.kur.ra zi-*a* [gi$_6$-*su* ...]

F Rs. 5. diš ud si-*šú* šu[b-*ma* …]

G7. diš ud si-*šú* šub-*ma me-ḫe-e* i[m.kur.ra …]

Wenn der Strahlenglanz des Tages verblasst, sich Stürme (im) Osten erheben und und in seiner [Dunk]elheit bis die letzte Nacht[wache wehen …]

76. diš ud si-*šú* šub-*ma me-ḫe-e* im.mar.tu zi-[*a*] gi$_6$-*su* en *šat-ur-ri* ⸢x⸣ [...]

B Rs. 3. [...] gi$_6$-*su* en *šat-ur-ri* ⸢x⸣ [...]

E Rs. 12. […] ⸢im.mar.tu⸣ zi-[*a* …]

F Rs. 6. ⸢diš ud si-*šú*⸣ šu[b-*ma* …]

G8. diš ud si-*šú* šub-*ma me-ḫe-e* i[m.mar.tu …]

Wenn der Strahlenglanz des Tages verblasst, sich Stürme (im) Westen erheben und in seiner Dunkelheit bis die letzte Nachtwache [wehen …]

77. diš ud si-*šú* šub-*ma me-ḫe-e* [im.limmu.ba … z]i.meš-*ni* dingir.iškur r[a ...]

B Rs. 4. [… z]i.meš-*ni* dingir.iškur r[a ...]

E Rs. 13. […] ⌜zi⌝.[meš …]

F Rs. 7. ⌜diš ud si-*šú* šu⌝[b-*ma* …]

G9. diš ud si-*šú* šub-*ma me-ḫe-e* [im.limmu.ba …]

Wenn der Strahlenglanz des Tages verblasst und sich Stürme in die [vier Himmelsrichtungen] erheben, wird Adad überschwemmen …

78. B Rs. 5. [… an.m]i gar kimin ki.lam gi.[na ...]

G10. diš ud šú-*am-ma sa-am-tú*? pa ⌜x⌝ […]

Wenn der Tag bewölkt wird und die Röte? … wird eine Finsternis geschehen / das Geschäft wird sta[bil sein ...]

79. B Rs. 6. [...] ⌜x⌝ pa an šur-*nun*

G11. diš ud šú-*ma* a_7*-*ku_6*-*ku_6*-tum* […]

Wenn der Tag bewölkt ist und ein *akukūtu*-Phänomen … es wird regnen.

80. B Rs. 7. [diš ud šú dingir.iškur *i-šag-gúm* a.an] šur-*nun* kimin ú.meš ud.meš

G12. diš ud šú-*ma* dingir.iškur ⌜*i*⌝-[*šag-gum* a.an …]

Wenn der Tag bewölkt ist und Adad brüllt, wird es regnen / die Pflanzen werden austrocknen werden?.

81. B Rs. 8. [...] ud.mud.nun.ki[106]
G13. diš ud šú-*ma* an/dingir [...]

Wenn der Tag bewölkt ist und ... dunkler Tag.

82. B Rs. 9. [... s]u.gu$_7$ gar : ud.mud.nun.ki
G14. diš ud šú-*ma iš*-[...]

Wenn der Tag bewölkt ist und ... Hungersnot wird geschehen / dunkler Tag.

83. B Rs. 10. [... dingir.tir.an.na g]il *ana* ud 3.kam an šur-*nun*
G15. diš ud šú-*ma* [...]

Wenn der Tag bewölkt ist und [... wird sich ein Regenbogen$^{?}$ wöl]ben, es wird am 3. Tag regnen.

84. B Rs. 11. [... kur-*s*]*u* dingir.iškur ra-*iṣ*
... Adad wird sein [Land] überschwemmen.

85. B Rs. 12. [...] ḫul-*tim* nim.ma.ki gar ⸢kimin⸣ su.gu$_7$ *ina* kur gál
... etwas Bösartiges wird in Elam geschehen / es wird Hungersnot im Land geben.

86. B Rs. 13. [... g]ál ḫul-*tim* gu.ti-*i* gar
... etwas Bösartiges wird in Gutium geschehen.

87. B Rs. 14. [...] dingir.meš galga kur *ana* mí.ḫul galga.meš
... die Götter werden eine bösartige Entscheidung für das Land treffen.

88. B Rs. 15. [... giš].ḫur ⸢nígin⸣ ud.mud.nun.ki
[... von einer Zeich]nung umgeben ist: Dunkler Tag.

---

106 Lexikalischer Listen zufolge heißt dieses Logogramm ibbanunna und wird mit dem Ausdruck *ūmu da'mu* geglichen (CAD 4, „D“, S. 74); siehe Z. B Rs. 9, 15 und 16.

89. B Rs. 16. [... g]iš.ḫur nígin ud.mud.nun.ki

[… von einer Zei]chnung umgeben ist: Dunkler Tag.

90. B Rs. 17. [... t]ùr nígin KAxMI bára

… von einem [H]alo umgeben ist:Verdüsterung des Heiligtums.

91. B Rs. 18. [...] tùr nígin an.mi : an.mi kur kúr til-*ma* kur kúr *ú-ta-šar* : tur

… von einem Halo umgeben ist: Finsternis / eine Finsternis wird das Land des Feindes vernichten$^{?}$ und das Land des Feindes wird verlassen werden / es wird kleiner.

92. B Rs. 19. [... di]ngir.utu *it-ta-na-a'-dar* i.dingir.utu dingir.*a-nun-na-ki ana* kur

… die Sonne sich wiederholt verfinstert: Wehklage der Anunaki über das Land.

93. B Rs. 20. [... a].an šur-*nun* buru$_{14}$ íl-⸢*ma*⸣ ki.lam gi.na

… es wird regnen, man wird den Ertrag ernten und das Geschäft wird stabil.

94. B Rs. 21. [... din]⸢gir.iškur *is-si*⸣ ki.duru$_{5}$ si.sá ki.lam gi.na

[Wenn …] Adad schreit, wird das bewässerte Land blühen und das Geschäft wird stabil sein.

95. B Rs. 22. [... di]ngir.iškur ⸢gú-*šú ú-sad-dir*⸣ sig$_{5}$ buru$_{14}$

[Wenn …] Adad sein Gebrüll regelmäßig erschallen lässt: Gut für die Ernte.

96. B Rs. 23. [... *r*]*i-i-bu i-ru-ub* gán.ba ⸢šub⸣-*ut*

[Wenn … ein Er]dbeben geschieht, wird der Markt fallen.

97. B Rs. 24. [...] x dingir.utu nu igi *ina* iti bi 30 *u* 20 KAx⸢MI-*ma* gu$_{7}$-*ti*⸣ dingir.nergal *a-bu-bu* gar-*an*

… die Sonne nicht gesehen wird, werden sich der Mond und die Sonne in diesem Monat verdunkeln, Fressen von Nergal, es wird eine Finsternis geben.

98. A Rs. 1. [… ud 25.kam]
⸢an⸣.[mi gar]-⸢*ma*⸣ kur [bal]

B Rs. 25. [... din]gir.utu nu igi ud 15.kam ⌜gim igi-*šú-ma*⌝ igi *ina* iti.ne ud 25.kam an.mi gar-*ma* kur bal

… die Sonne nicht zu sehen ist und sie am 15. Tag wie ihre Erscheinung gesehen wird?, wird eine Finsternis im Monat Abu (V.) am 25. Tag geschehen und das Land wird rebellieren.

99. A Rs. 2. [... *ina* i]⌜ti bi⌝ an.mi gar kimin [30 *i*]-*'a-ad-d*[*ar*]

B Rs. 26. [...]-ti en *li-la-a-ti* im.mar.tu du *ina* iti bi an.mi gar-*an* : 30 KAxMI

Wenn … bis zum Abend der Westwind weht, wird eine Finsternis in diesem Monat geschehen / der Mond wird sich verdunkeln.

100 A Rs. 3. [...] igi *ina* iti.ne ud 15.kam an.m[i g]ar-*ma* kur bal

B Rs. 27. [... u]d ⌜25.kam gim⌝ igi-*šú-ma*? igi *ina* iti.ne ud 25.kam an.mi gar-*ma* kur bal

[Wenn …] am 25. Tag wie seine Erscheinung gesehen wird, wird eine Finsternis am 25. Abu (V.) geschehen und das Land wird (gegen den König) rebellieren.

101 A Rs. 4. [... ku]d.me : sá.dug4 kur kud

B Rs. 28. [... gá]l an.mi gar-*ma* dingir.meš *qí-šat* kud.meš : sá.dug4 kur kud.meš

… es wird eine Finsternis geben, die Götter – (ihre) Geschenke werden aufhören / die regelmäßigen Opfer des Landes werden aufhören.

102 A Rs. 5. [... lugal kur-*su ú-n*]*a-aḫ-ḫaš* : *un-na-aš*

B Rs. 29. [... *ina* dingir.utu].⌜è⌝ nu igi lugal kur-*su ú-na-aḫ-ḫaš* kimin *un-na-aš*

[Wenn … am Sonnenauf]gang nicht zu sehen ist, wird der König sein Land gedeihen lassen / schwächen.

103 A Rs. 6. [... *ina* iti] bi an.mi gar-*an*

B Rs. 30. [...] ⌜x gál⌝ *ina* iti bi an.mi gar-*an*

... in diesem Monat wird es eine Finsternis geben.

104 A Rs. 7a. [... su.g]u$_7$ *ina* kur gál :

B Rs. 31. [diš *ina* ud nu šú dingir.iškur *is-s*]*i da-um-ma-tum* kimin su.gu$_7$ *ina* kur gál

[Wenn Adad an einem Tag ohne Wolken sch]reit, wird es Dunkelheit / Hungersnot im Land geben.

105 A Rs. 7b. diš *ina* ud nu šú nim.gír *ib-ríq* dingir.iškur ra-*iṣ*

B Rs. 32. [... nim.gír *ib-r*]*íq* dingir.iškur ra-*iṣ*

Wenn es an einem Tag ohne Wolken blitzt, wird Adad überschwemmen.

106 A Rs. 8a. [... tur]-*er* :

B Rs. 33. [diš ud šú a.an šur-*nun* buru$_{14}$] kur nu si.sá ki.lam tur-*er*

[Wenn der Tag bewölkt ist und es regnet, wird die Ernte] des Landes nicht gedeihen und das Geschäft wird gering werden.

107 A Rs. 8b. diš *ina* ud nu šú a.an šur-*nun* kur su.gu$_7$ tur-*ár*

B Rs. 34. [...] kur su.gu$_7$ tur-*ár*

Wenn es an einem Tag ohne Wolken regnet, wird die Hungersnot das Land schwächen.

108 A Rs. 9a. [... gá]l.meš :

B Rs. 35. [...] a.an.meš *u* a.[kal.meš] nu gál.meš

... es wird keinen Regen und kein Hochwasser geben.

109 A Rs. 9b. diš *ina* ud nu šú na$_4$ šur-*nun* un.meš kur bi su.gu$_7$ tur-*ár*

B Rs. 36. [… un].⸢meš k⸣[ur bi su.gu$_7$] tur-*ár*

Wenn es an einem Tag ohne Wolken hagelt, wird die Hungersnot dieses Land schwächen.

110 A Rs. 10a. [... za]l.zal-*u*[107] :

B Rs. 37. [... z]al.zal-*u*

… werden/wird lang dauern.

111 diš *ina* ud nu šú dingir.utu nu igi bàd.me gul.me nun.me zá⸢ḫ⸣.me

A Rs. 10b. diš *ina* ud nu šú dingir.utu nu igi bàd.me gul.me nun.me zá⸢ḫ⸣.me

B Rs. 38. [… zá⸢ḫ⸣.[meš]

C Rs. 1. [... bà]d$^?$.meš gul.me [...]

Wenn die Sonne an einem Tag ohne Wolken nicht zu sehen ist, wird die Stadtmauer zerstört werden und die Fürsten werden fliehen.

112 [... dar]a$_4$$^?$.meš gá[l ... an.m]i gar-*ma* mè gal gál lugal mar.tu.ki šú-*tam* en-*el*

A Rs. 11. [... dar]a$_4$$^?$.meš gá[l ... an.m]i gar-*ma* mè gal gál lugal mar.tu.ki šú-*tam* en-*el*

B Rs. 39. [… mar.tu.ki] šú-*tam* en-*e*[*l*]

C Rs. 2. [...] šú-*tam* [...]

… dunkel sind … wird es [eine Finster]nis geben, es wird eine große Schlacht geben, der König von Amurru wird die Welt beherrschen.

113 [diš *ina*$^?$ ud igi-*k*]⸢*a* íl⸣-*ma* dara$_4$-*míš* gál im.kur.ra zi-*ma ana* im.mar.tu *is-ḫur* an.mi gar-*ma* mè gal gál

107 Das Logogramm steht für *uštabarrû*, aus *bitrû*.

A Rs. 12. [diš *ina*? ud igi-*k*]⌜*a* íl⌝-*ma* dara4-*míš* gál im.kur.ra zi-*ma ana* im.mar.tu *is-ḫur* an.mi gar-*ma* mè gal gál

B Rs. 40 [… m]è gal gál

C Rs. 3. […] gar-*ma* mè gal g[ál]

[Wenn du deinen Blick auf den Tag] hebst, (der Tag) dunkel ist, sich der Ostwind erhebt und sich nach Westen wendet, wird eine Finsternis und eine große Schlacht geschehen.

114 A Rs. 13. di[š *ina* u]d ⌜igi⌝-*ka* íl-*ma* ú.lal gil.meš zi-*bu kaš-du* kimin zi kúr kimin zi im

B Rs. 41. [… kimin z]i im

C Rs. 4. […] ⌜zi⌝ im

We[nn du] deinen Blick [auf den Ta]g hebst und *ašqulālū* sich wölben?: Erfolgreicher Aufstand / Aufstand eines Feindes / Erhebung des Windes.

115 A Rs. 14. diš *ina* ud *ma-šil* 20 igi.bar-*ma* ud.da-*su* dara4-*míš* gál *ina* gal-*šú* im.kur zi-*am* an.mi 20 gar-*an*

B Rs. 42. [... *ina* gal-*šú* im.kur zi-*am* an.m]i 20 ga[r-*an*]

C Rs. 5. [… 2]0 gar

Wenn am Mittag die Sonne gesehen wird und ihr Schein dunkel ist, wird sich der Ostwind an ihrem (der Sonne) Untergang erheben und eine Sonnenfinsternis wird geschehen.

116 A Rs. 15. diš *ina* ud *ma-šil* 20 tùr gi6 nígin *ina* kur-*šú* dara4-*míš* gál an.mi 30 *u* 20 gar-*an*

B Rs. 43. [... an.mi 30 *u*] 20 gar-*an*

C Rs. 6. […] gar-*an*

Wenn am Mittag die Sonne von einem schwarzen Halo umgeben ist und an ihrem Aufgang in dunklem Farbton ist, wird eine Mond- und Sonnenfinsternis geschehen.

117 A Rs. 16. diš ud *mi-nu-us-su* dim$_4$ *ṭuḫ-da šá* kur dingir.iškur ra

B Rs. 44. [… dingir.iškur] ⸢ra⸣

C Rs. 7. [… dingir.išku]r ra-*iṣ*

Wenn die berechnete Zeit des Tages geprüft wird, wird Adad den Überfluss des Landes zerstören.

118 A Rs. 17. diš ud.meš gíd.da.meš mu.me lugal *ina* ka dingir+en.líl lim-*ma* kimin sig$_5$.meš

C Rs. 8. […] sig$_5$.meš

Wenn die Tage lang sind, werden die Jahre des Königs auf Befehl Enlils 1000 (sein) / gut sein.

119 A Rs. 18. diš ud.meš šid.meš-*ši-na* lúgud.meš bala nu gál bala nam.gilim.ma

C Rs. 9. [… nam].⸢gilim.ma⸣

Wenn die berechnete Zeit der Tage(sdauer) kurz ist, wird es keine Dynastie geben, Vernichtung der Dynastie.

120 A Rs. 19. diš ud bad-*ma* kimin ud šú-*ma* úš šur kur dingir.meš-*šá ú-qat-tu-ši*

C Rs. 10. [… *ú*]-⸢*qat-tu*⸣-[*ši*]

Wenn der Tag klar / bewölkt ist und es Blut regnet, werden die Götter ihr Land zerstören.

A, C ————————————————

Kolophon A Rs. 20. diš gi$_6$ *a-dir* gig.me *u* nam.úš.me *ina* kur gál.meš

'Wenn die Nacht dunkel ist, wird es Kranke und Epidemien im Land geben'.

A Rs. 21. [im].dub 37.kam diš ud an dingir+en.líl *ki-ma* sumun-*šú* sar-*ma* igi.tab

Tafel 37 der Serie *enūma Anu Enlil*, wie ihr Original geschrieben und geprüft.

Kolophon C Rs. 11. [... x.kam mu].šid$^{?}$.bi.im

[... x-Nummer Z]eilen.

C Rs. 12. [... sar-*ma*] ba.an.[é]

[... geschrieben und] geprü[ft]

Restliche Zeilen

II J1. di[š ...]

II J2. di[š ...]

II J3. di[š ...]

II J4. di[š ...]

II J5. di[š ...]

II J6. di[š ...]

II J7. di[š ...]

II J8. di[š ...]

N. 3: ⌜*a*⌝-*dir-ma* stellt anscheinend die einzige Ausnahme für die Schreibung des Verbs *ḫadāru* in der ganzen Tafel dar. *adāru* ist laut dem CAD die häufigst belegte Form.[108] Hier wurde es in seine allgemeine Bedeutung bezüglich des Tageslichtes „dunkel werden" übersetzt. Das Eröffnungsomen der folgenden EAE-Tafel lautet „wenn die Nacht dunkel ist" (siehe Kolophon).

108 CAD 1, „A-1", S. 103-104.

N. 5-8: Die vier Omina sind ebenso in der Serie *rikis gerri* überliefert.[109] Unter den SAA-Texten finden sich zudem Erwähnungen der N. 6:[110] SAA 10, 79, Z. 12-15 enthält die Erklärung (Z. 15) ud-*mu* dingir.*šá-maš*, „„der Tag‘ ist Šamaš (die Sonne)“ (siehe S. 263). Es ist daher zu konstatieren, dass die Mehrheit der Vorzeichen in EAE-Tafel 37 (36) nicht allgemeine atmosphärische Ereignisse während des Tages behandeln, sondern Phänomene, die im Bereich der Sonne auftreten. Dieser Teil der Serie scheint sich nicht sehr von dem vorangegangenen, die Šamaš-Tafeln 23-35 der Sonne und Sonnenfinsternisse, zu unterscheiden. Dennoch besteht ein wesentlicher Unterschied, indem die Omina von EAE 37 (36) die Sonne nicht als Himmelskörper behandelt, sondern als Tageslicht, das von meteorologischen Phänomenen beeinflusst wird, wie in den weiteren Exzerpten bestätigt.

N. 16: Die Apodosis ist auf der Rückseite der fünften Tafel *Sîn ina tāmartīšu* K 4026 (Rs. Z. 12) belegt, in der Vorzeichen bezüglich der Trübungen des Mondes und der atmosphärischen Zustände zitiert werden.[111] Die Protasis ist auch in dieser Stelle abgebrochen.

N. 17: Trotz des Abbruchs lässt sich das Zeichen ‚al‘ im nA Ductus definieren. Die Lesung al.sig$_5$ als Sumerogramm für *damāqu* ist nicht gesichert (gewöhnlich nur ‚sig$_5$‘).[112] Die Interpretation von ‚al‘ als sumerisches verbales Präfix bietet sich als einzige Möglichkeit in diesem Kontext.

N. 21: Das Omen lässt sich möglicherweise durch das Zitat im Bericht SAA 10, 79, Z. 9-11 ergänzen.

N. 24: Ergänzung durch K 2271, I, Z. 3, Tafel b der Serie *rikis gerri*, und K 50, Z. 31.[113]

N. 28: Das unklare Logogramm giš.níg.bar ist in einer nA Prophezeiung aus Assur enthalten (VAT 10179).[114] In diesem sowie in anderen Vorzeichentexten findet sich zudem ‚ab.sín‘, „Saatfurche“, gefolgt von *bilassa uttar*,[115] was eine ähnliche Bedeutung für giš.níg.bar wahrscheinlich macht.

N. 29: Die Wendung *kīma šipik samni* hat eine Entsprechung im *šumma ālu*-Omen SAA 8, 435, Z. 1.

N. 35: Z. 8 der Tafel K 50 der Serie *Sîn ina tāmartīšu* erlaubt die Ergänzung fast des gesamten Vorzeichens. Vergleiche die Apodosis in SAA 8, 310, Z. 2-3.

N. 43: Ergänzung durch Kommentartafel K 3702, Z. 11, in der die Gleichung *ar-ḫu* dingir.⸢3⸣0, „*arḫu* steht für den Mond“, am Ende der Zeile zu lesen ist. Diese Protasis ist

109 CM 43, S. 224, Z. 16’-19’.
110 SAA 8, 104, Z. 9; SAA 10, 79, Z. 12-15.
111 Frahm 2011: 157-158; Foto https://ccp.yale.edu/P395362.
112 Borger 2004: 409.
113 Gehlken 2012: 221, RGb, I, Z. 3.
114 Grayson, Lambert 1964: 12.
115 CAD 3, „B“, S. 231.

sogar in der aB Zeit belegt: Die bereits zitierten II. und III. Omina der Šileijko-Tafel erwähnen einen Vergleich zum Mondlicht:[116]
II) [Wenn der H]immel – sein Gesicht wie das Mondlicht leuchtet und er ein Gemurmel [hat$^{?}$], ist das Jahr gut.
III) Wenn das Gesicht des Himmels bis zum Neumond (wie Mondlicht leuchtet), wird der Nordwind wehen und es wird Korn geben.

Ebenso die Exzerpte I und VI der Šileijko-Tafel betreffen das Aussehen des Tags, Thema mehrerer Vorzeichen der vorliegenden Tafel (siehe als Beispiel N. 24 und 117).
Ein kalter „Sonnenschein des Tages" wie das Mondlicht ist nichts anderes als das schwache Tageslicht, das sich auf der Haut nicht warm angefühlt (siehe auch N. 9, 25, 41 und 42). Im gewöhnlich von starker Sonnenstrahlung geprägten Alltag Mesopotamiens hätte dieses Phänomen entweder im tiefen Winter oder aufgrund der getrübten Atmosphäre auftreten können.

N. 50: Diese Zeile wurde auf Basis von zwei Kommentartafeln ergänzt. Beide K 50, Z. 23 und K 3705, Z. 15[117] überliefern dasselbe Vorzeichen und erklären die Auslegung des Begriffs *zīqīqu*: Am Ende der Z. 23 bzw. 15 ist *zi-qí-qu* im.2 zu lesen, d.h. „Sturmwind steht für Nordwind".

N. 51: Ähnliche Apodosis in SAA 8, 263, Z. 4.

N. 54: Die Apodosis wurde wahrscheinlich auf Grundlage der Homographie des Zeichens man, *šanû*, „sich ändern", und 20, „Sonnengott", hinzugefügt.

N. 58: Die Besonderheit dieses Omens besteht in der Umkehrung des Ursache-Wirkung-Prinzips. Die Zerstörung der städtischen Landschaft wird als Voraussetzung der Überschwemmung angegeben.

N. 59: In Tafel 6 (K 50) der Serie *Sîn ina tāmartīšu* lässt sich das in der Protasis beschriebene Phänomen durch ein kurzes Kommentar ausführlicher erklären: ud dingir.iškur ta *še-e-ri* en *li-la-a-ti šá-ga-ma ul i-kal-li*, „wenn Adad seinen Schrei von Morgen bis Abend nicht zurückhält"; dieses Geräusch wird zu Recht mit dem fürchterlichen austretenden Wasser assoziiert, ein Aspekt, der in weiteren literarischen Bildspendern wiederkehrt.[118]

N. 60: Die Übersetzung „Wolkenscherben" beruht auf der gängigen Bedeutung von *ḫupû* „Holzspan", „Fragment" (aus dem Verb *ḫepû*, „brechen").[119] Auf S. 93 wurde der nA Omenbericht SAA 8, 384 kommentiert, in dem dieses Exzerpt der EAE-Tafel 37 (36) für den assyrischen König zitiert wird.

116 ZA 90, S. 204, Z. 3-7.
117 Beide Tafeln wurden im British Museum gesichtet.
118 Or 87, S. 15, I, Z. 8: *ki-ma mi-li <li>-ir-ta-ab-bi*, „möge (der Gesang von Ištar) wie das Hochwasser höher werden" (aB *Ištar Louvre Hymnus*); weitere Beispiele auf S. 245f.
119 CAD 6, „H", S. 243.

N. 70-77: Das Logogramm si, das üblicherweise *qarnu*, „Horn" (eines Tieres bzw. eines Himmelskörpers) bezeichnet, kann in himmlischen Vorzeichen ebenso für *šarūru*, „Glanz", verwendet werden. Tafel 6 (K 50) auf Z. 21 der Serie *Sîn ina tāmartīšu* bietet Auskunft über diese Lesung:[120] diš ud si-*šú* šub-*ma* 30 *a-dir* úš.meš gál.meš *ina* en.nun an.úsan 30 an.gi$_6$ gar-*ma* si *qar-nu* si *šá-ru-ru ina* en.nun ud.zal.le KAxMI-*ma*, „wenn der Strahlenglanz des Tages verblasst und der Mond dunkel ist, wird eine Epidemie stattfinden, während der Beobachtung der Abendwache wird eine Mondfinsternis geschehen – ‚si' ist „Horn", ‚si' ist (auch) „Strahlenglanz" – bei der dritten Nachtwache wird er (der Mond) sich verdüstern". Das zitierte Omen ist leider in den vorliegenden Fragmenten nicht zurückzuverfolgen.

N. 71: Das letzte Verb scheint entweder ein Št-Stamm von *wabālu* zu sein („rechnen", „einschätzen"),[121] der allerdings schwer in den Kontext einzufügen ist oder ein bislang nicht belegter Št-Stamm von *abālu*, „austrocknen" (siehe N. 80).[122]

N. 79: Das atmosphärische Phänomen *akukūtu* lässt sich in der Naturwelt nicht deutlich identifizieren. CAD schlägt die Übersetzung „(abnormal) red glow" vor, da *akukūtu* in divinatorischen und literarischen Texten häufig mit Feuer verglichen wird.[123] In diesem Zusammenhang könnte *akukūtu* eine ähnliche Funktion wie *sāmtu*, „Röte", in derselben Position der Protasis N. 78 haben. Weitere Überlegungen über den Terminus *akukūtu* werden im lexikalischen Teil (V.) der vorliegenden Arbeit geboten.

N. 80: Zwei Exzerpte der Serie *rikis gerri* überliefern ebenso die Logogramme ú.meš ud.meš.[124] Beim zweiten könnte sich um eine abgekürzte Variante des Logogrammes ud.a (auch ḫád.a) für das Akkadische *abālu*, „austrocknen", handeln. Dasselbe Verb mit ähnlicher Bedeutung findet sich wahrscheinlich in der Apodosis von N. 71.

N. 81, 82, 88, 89: Das logographische Kompositum ud.mud.nun.ki kommt meiner Kenntnis nach in keinem anderen Vorzeichentext vor und ist nur anhand lexikalischer Listen mit Umschrift *ūmu da'mu* belegt.
N. 90: Das Logogramm KAxMI (kan$_5$), üblich für das Akkadische *adāru*, muss hier ein Substantiv aufgrund der Syntax bezeichnen. *adirtu* erscheint die wahrscheinlichste Option zu sein.

N. 91: Das Logogramm til (bzw. bad) steht hier für den D-Stamm von *qatû*, „zu Ende bringen", „vernichten". Die Verwendung von *attalû* als Subjekt ist singulär. Das folgende Verb, *ūtaššar*, ist ein Dt-Stamm von *wašāru*.

120 CAD 13, „Q", S. 138.
121 CAD 1, „A-I", S. 27-28.
122 CAD 18, „T", S. 31.
123 CAD 1, „A-I", S. 285.
124 CM 43, S. 222, RGb, II, Z. 7 und 231, RGb, III, Z. 21.

N. 94: Im Omenbericht SAA 8, 365, Z. 1-2 zitiert Aplaya einen ähnlichen Exzerpt: [diš *ina*] ud.ná.a dingir.iškur gù-*šú* [šub] ki.duru$_5$ si.sá ki.lam gi.na.

N. 99: Die Form *i-'a-ad-dar* aus *adāru* ist aufgrund des Abbruches unsicher. Der N-Stamm lässt sich anhand der Belege im akkadischen Wörterbuch[125] sowie des gut erhaltenen Logogramms KAxMI (kan$_5$)[126] in B Rs. 26 rekonstruieren.

N. 104: Die abgebrochene Protasis kann durch SAA 8, 31, Z. 3'-4' und SAA 8, 101, Z. 7'-8' ergänzt werden.

N. 105: In SAA 8, 80, Z. 6-7 erwähnt Balasî dasselbe Omen und fügt obendrein kryptische Erklärungen zur Bedeutung des Verbs *raḫāṣu* hinzu.

N. 106: Ergänzung durch *rikis gerri*-Serie b, Teil II, Z. 10'.[127]

N. 107: Vergleiche SAA 8, 31, Z. 1'-2'.

N. 114: Das Logogramm ú.lal bezeichnet das akkadische Wort *ašqulālu*, das laut den Wörterbüchern verschiedene Bedeutungen hat: Es kann auf eine Pflanze, auf eine Art Waffe, oder auf ein unklares atmosphärisches Phänomen hindeuten. Zur Beschreibung eines bestimmten Zustandes des Himmels sind Omina des *ašqulālu* seit der aB Zeit an überliefert.[128] Hier fehlt leider der erste Teil der Protasis zu einer Kontextualisierung, dennoch gilt die logographische Schreibung ú.lal meistens für die „*ašqulālu*-Pflanze".[129] Es wurde entschieden, das Wort angesichts der unsicheren Bedeutung nicht zu übersetzen, zumal das Verb gil.meš im Plural steht, im Gegensatz zu ú.lal.

N. 118: Ein ähnliches Omen bezüglich der Länge des Tages ist in mehreren nA Berichten aus Ninive belegt, wie zum Beispiel SAA 8, 113, Z. 3-4: „Wenn der Tag zu seiner normalen Länge kommt, werden die Tage der (königlichen) Dynastie lang sein".[130] Beide Varianten lassen sich anhand der Analogie zwischen der Dauer des Sonnenscheins und der Stabilität des Reiches verdeutlichen. Die Symbolik Sonne-Souverän wurde bereits in der himmlischen Divination und namentlich in der Tafel BM 97210 (Z. 4 und 6) erkannt.

Kolophon A Rs. 21: Einer der Kolophone der EAE-Tafel 24 weist dieselbe Struktur auf.[131]

---

125 CAD 1, „A-1", S. 107.

126 Das Logogramm KAxMI kann als kan$_4$ umschrieben werden und bezeichnet den N-Stamm des Verbs *adāru*, „dunkel werden, sich verfinstern" (Borger 2004: 260).

127 CM 43, S. 222, RGb, II, Z. 10.

128 Siehe CT 38, 7 (Sm 915), Z. 2-3 und CT 39, 32 (K 3811), Z. 24; Apodosen des *ašqulālu* in YOS 10, 22, Z. 21 und YOS 10, 31, X, Z. 33.

129 CAD 1, „A-2", S. 452-453.

130 diš ud-*mu* šid.meš-*šú* gíd.da bala ud.me gíd.da.

131 PIHANS 73, T. 24, S. 39, B; Hunger 1968: 134, N. 490.

2) Omina der Wolken EAE 39 (38) - 42 (41)[132]

Aufgrund der systematischen Struktur der Eintragungen ist es mehr als plausibel, dass diese Textgruppe zum Abschnitt von EAE gehörte, der die Wolken an sich behandelte. Die Tafel als Ganzes ist aufgrund des fragmentarischen Zustandes nicht rekonstruierbar.

Gruppe 2 *Omina der Wolken 39 (38) - 42 (41)*				
Tafel	**Tafelnr.**	**CDLI-N.**	**Beschreibung**	**Inhalt**
L[133]	ND 4364 (IM 6745bis?)	P363432	Etwa 13,5x11 cm; nA Duktus; mittlerer und unterer Teil einer vier-kolumnigen Tafel; Kolumne II und III gut erhalten; nur Kopie vorhanden (CTN 4, 17)	Mehrere Sektionen der Wolken in verschiedenen Farben und Positionen im Himmel
M	K 7005+16998	P396961	Etwa 6,8x6,2x1,7 cm; nA Duktus; mittlerer linker Teil der Tafel; Rs. meistens abgewaschen	Omina der Sektion der Wolkenfarben und Stürme
N	K 7966	P397405	Etwa 8x7,8x1,8 cm; nA Duktus; Fragment linke untere Ecke; wenige Zeichen auf der Rs. erkennbar	Omina der Sektion der Position und Farbe der Wolken
O_1	K 5689+17655	P238532	Etwa 2,7x5,2 cm; nB Duktus; zwei Fragmente des linken Tafelrandes, es gibt nur einen indirekten *Join* mit O_2 (K 2913+5820+22098+6023)	Omina der Sektion der Position und Farbe der Wolken
P	Sm 1976	P240433	Etwa 5,1x3,2x2,6 cm; nB Duktus; Fragment des mittleren unteren Randes	Abgebrochene Omina der Sektionen „wenn der Tag bewölkt ist" und „wenn eine … Wolke am Horizont"
Q	K 3543+12652	P395079	Etwa 7,7x3,2 cm; nA Duktus; Fragment des unteren Randes; 8 fragmentarische Zeilen in zwei Kolumnen gespaltet	Apodosen der Sektion „wenn eine Wolke am Horizont/Zenit"

132 Für die Aufzählung der EAE-Tafeln siehe Koch 2015: 173.

133 Keines der Fragmente trägt den Buchstaben K, um Missverständnisse mit der Nomenklatur der K-Tafeln aus Kuyunjik zu vermeiden.

R	1880,0719.96	P451975	Etwa 5,2x5,4; nA Duktus; 15 abgebrochene Protasen	Verschiedene Omina der Wolkenfarben
O_2	K 2913+5820 +22098+6023	P238215	Etwa 4,3x6,3x1,8 cm; nB Duktus; Fragmente des linken unteren Teils; nur Protasen erhalten; selbe Tafel von O_1	Omina der Wolken in verschiedenen Farben und Positionen im Himmel
S	K 2299+2927	P394332	Etwa 6,5x7,5x1,7 cm; nA Duktus; Fragmente der linken unteren Ecke; meistens Portasen erhalten	Omina der Sektionen „wenn eine Wolke … im Kreis dreht", „wenn eine … Wolke normal ist" und weitere fragmentarische Omina
T	K 2928+9007	P394732	Etwa 4,5x3,1x1,6 cm; nA Duktus; Fragment des unteren Randes	Omina der Sektionen „wenn eine Wolke normal ist" und „wenn eine Wolke … im Kreis dreht"
U	K 11136+ 11262	P399125	Etwa 2,8x6,7 cm; nA Duktus; Fragment des linken Randes	Protasen der Sektionen „wenn das Aussehen der Wolke wie …" und weitere bezüglich Farbe und Position
V	K 8923	P397806	Etwa 6,1x4,8; nA Duktus; 10 fragmentarische Zeilen	Abgebrochene Protasen der Sektion „wenn das Aussehen der Wolke wie …"
W	K 2154+11352	P394220	Etwa 4,6x7x2,1 cm; nA Duktus; zwei Fragmente des linken Randes	Erste Zeichen von Omina der Wolken in verschiedenen Farben

L) ND 4364 (IM 67545bis$^?$)
Literatur: Wiseman 1996: N. 17 (CTN 4, 17).
Herkunft: Nabû-Tempel in Nimrud.
Anzahl der Omina: 55 fragmentarische Omina, meistens Protasen und etwa 71 Fragmente der Apodosen.
Struktur: Kolumne I hat drei Sektionen, von denen nur wenige Zeichen der Apodosen erhalten sind; die dritte geht wahrscheinlich in Kolumne II weiter und behandelt Omina für die verschiedenen Positionen einer Wolke; es folgt eine Sektion über Omina an einem bewölkten Tag und der Wolken in verschiedenen Farben am Horizont im Rest der Kolumnen

II und III; Kolumne IV enthält fragmentarische Apodosen hauptsächlich zum Regen und Hochwasser.

M) K 7005+16998
Literatur: Peterson 2020: ebl.lmu.de/fragmentarium/K.7005; Reiner 1998: 240.
Herkunft: Kuyunjik.
Anzahl der Omina: 16 fragmentarische Omina auf der Vs.; Rs. wenige Zeichen des Zeilenendes.
Struktur: Abgebrochene Protasen und meistens vollständige Apodosen (Vs.).

N) K 7966
Literatur: Jiménez 2019: ebl.lmu.de/fragmentarium/K.7966; Reiner 1998: 243.
Herkunft: Kuyunjik.
Anzahl der Omina: 20 fragmentarische Protasen auf der Vs.; 10 Zeilen mit anfänglichen Zeichen auf der Rs.
Struktur: 20 fragmentarische Zeilen an der Stelle des Übergangs zwischen den zwei besser erhaltenen Sektionen mit Trennlinie (zwischen Z. 9-10).

O_1) K 5689+17655
Literatur: Mitto 2020: ebl.lmu.de/fragmentarium/K.5689; Reiner 1998: 233.
Herkunft: Kuyunjik.
Anzahl der Omina: Vs. 13 sehr fragmentarische Protasen; Rs. wenige Zeichen von 6 Zeilen.
Struktur: Zwei längliche Fragmente.

P) Sm 1976
Literatur: Földi 2020: ebl.lmu.de/fragmentarium/Sm.1976; Reiner 1998: 281.
Herkunft: Kuyunjik.
Anzahl der Omina: Vs. 6 Zeilen; Rs. 3 Zeilen.
Struktur: Mittlerer unterer Tafelrand mit Zeichen des Protasisendes bzw. des Apodosisanfangs.

Q) K 3543+12652
Literatur: Reiner 1998: 228.
Herkunft: Kuyunjik.
Anzahl der Omina: 8 Apodosen und 8 sehr fragmentarische Protasen von einer Trennlinie in zwei Kolumnen gespaltet.
Struktur: Nur Vs.; Kol. I Apodosen der Sektion über Wolken in verschiedenen Farben am Horizont (entsprechend L, Kol. III) und weitere nicht kontextualisierte Protasen der Wolken bei den vier Kardinalpunkten erhalten.

Tafel L, ND 4364 (IM 67545bis[?]), ist die am besten erhaltene Version unter den verschiedenen Duplikaten der Gruppe und kommt aus den Ausgrabungen des Nabû-Tempels in Nimrud. Der größte Teil der Protasen beginnt mit ‚diš im.diri' und involviert die vier Winde bzw. die Kardinalpunkte. In den Spalten I und IV von ND 4364 sind sie aus dem

Zusammenhang der Protasis gerissen, während einige Zeilen der Spalten II und III sowohl Protasis als auch Apodosis enthalten. Besonders in Spalte II wurden längere Omina in zwei Zeilen eingetragen und es ist deshalb möglich, den ersten Teil sowohl der Protasis als auch der Apodosis zu identifizieren.

Die Kopien in Wiseman 1996: N. 17 der Tafel L weisen einige Unterschiede im Vergleich zu den Fassungen aus Ninive auf. In manchen Fällen wurden die wenigen Ungenauigkeiten der Tafelkopie von L dank des Vergleiches mit den anderen Tafelfragmenten berichtigt. Unklare Stellen konnten jedoch in Ermangelung einer Sichtung der originalen Tafel ND 4364 (IM 67545bis?) nicht geprüft werden. Außer der syllabischen Schreibung des Adjektivs *da'mu*, „dunkel" bzw. *da'ummiš*, das in den anderen Fassungen durch das Logogramm $dara_4$ wiedergeben ist, zeigen sich die Versionen als fast identisch.

Es wurden die folgenden Sektionen identifiziert:

34-53: Omina mit Bezug auf Position und Farben der Wolken; Donner, Winde und Sturm sind bisweilen auch Bestandteile der Protasis.

54-72: Die meisten Zeilenanfänge enthalten die Protasis „wenn der Tag bewölkt ist", andere behandeln die Position der Wolken am Horizont bzw. am Zenit.

73-85: Omina der Wolken in vier verschiedenen Farben.

Exzerpte aus diesen Sektionen lassen sich nicht in den SAA-Texten nachweisen.

Text:

1. I L1. [...] x

2. I L2. [...] x

3. I L3. [...] x

4. I L4. [...] x x

5. I L5. [...] x x

6. I L6. [...] x

7. I L7. [...] x

8. I L8. [...] x

9. I L9. [...] *i-ḫe-is-si*

… wird decken

10. I L10. [...] ⌜x x⌝

11. I L11. [...] ra-*iṣ*

12. I L12. [... *i*]-*ḫe-is-si*
… wird decken.

13 I L13. [...] sig_5 gál
… wird gut sein

14. I L14. [...] ⌜x⌝ *ina* kur gál.meš
… wird es im Land geben.

L ————————————

15. I L15. [...] ì.gál
… wird es … geben

16. I L16. [...] ì.gál
… wird es … geben

17. I L17. [...] ì.gál
… wird es … geben

L ————————————

18. I L18. [...] ⌜x⌝ te ⌜x x⌝ é kur

19. I L19. [...] an la an šu *i*-[*e*]*l-uṣ*?

20. I L20. [...] *šá i-ra-mu-u*[*m*] dingir.iškur ra-*iṣ*

… wird Adad brüllen (und) überschwemmen.

21. I L21. [...] im.mar {munus} :$^{?}$ im.⸢mir$^{?}$⸣ zi-*ma* a.an šur-*nun*

… Westwind :$^{?}$ Nordwind wird wehen und es wird regnen.

22. I L22. … ḫar šú im.diri gi$_6$ *ina* ud [nu] šú im.mir zi a.an šur$^{!}$

… eine Wolke schwarz ist, an einem [nicht] bewölkten Tag wird der Nordwind wehen und Regen fallen.

23. I L23. [… *i-šag*]-*gum* a.an

[… Adad wird brül]len, es wird regnen.

24. I L24. [… *i-šag*]-*gum* a.an

[… Adad wird brül]len, es wird regnen.

25. I L25. [...] *a-na* ud 2.kám a.an

… am 2. wird es Tag regnen.

26. I L26. [...] ⸢*us*⸣-*saḫ-ḫi-ir* im.a.an *ul* a.an

… zurückgehen lässt, wird kein Regen fallen.

27. I L27. [...] ⸢zal.zal$^{?}$⸣ im.a.an gá[134]

… andauert$^{?}$, wird es Regen geben.

28. I L28. [...] ri ⸢im⸣ šú gim šu pa$^{?}$ ni ⸢mu gá$^{?}$⸣

29. I L29. [… ud/iti] *šu-a-tum* a.an nu gar

… diesen [Tag/Monat] wird es keinen Regen geben.

30. I L30. [...] ⸢x si x x x i⸣p ud ⸢x⸣ du a.an nu a.an

… wird es nicht regnen.

---

134 Alternative von gar, *sakānu* (Borger 2004: 327).

31. I L31. [...] ⸢x x⸣ im.a.an gá

… wird es Regen geben.

32. II L1. [… im].u$_{19}$ x šap […]

[… S]üden ...

33. II L2. x [...] mi x im.mir […]

… Norden ...

34. II L3. diš im.diri ⸢*šap-lat*$^{?}$ us$^{?}$ x⸣ šu im.mir ⸢x⸣ [...]

Wenn eine Wolke niedrig ist$^{?}$ … Norden …

35. II L4. […] *im-taḫ-ḫa-ra-ma* a.an ⸢x in$^{?}$ šá i⸣[n$^{?}$ ...]

… werden sie gleichmäßig sein, Regen …

36. II L5. diš im.diri *ana* [... an] dagal *ina* ud ud 2.kam ⸢x⸣ [...]

Eine Wolke … in den breiten [Himmel] … am 2. Tag …

37. II L6. diš *tap-pa-la-às-ma* im.diri *ina* [im].mir gi$_{6}$ *ina* ud [bi ...]

II L7. im.a.an ⸢gá⸣

Wenn du schaust und eine Wolke im Norden schwarz ist: An [diesem] Tag … Regen wird es geben.

38. II L8. diš im.[diri] ⸢x ri⸣ kur-*ma ana* im.u$_{19}$ *is-sà-ḫar* a.a[n] ⸢gá⸣

Wenn eine Wo[lke] … erreicht$^{?}$ und nach Süden zurückkommt, wird es Regen geben.

39. II L9. diš i[m.diri] min-*ma* im.kur *ana* im.[u$_{19}$$^{?}$] *is-sà-ḫar* ⸢a.an nu⸣ gá

Wenn eine Wolke dito und (von) Osten nach [Süden$^{?}$] kommt, wird es keinen Regen geben.

40. II L10. diš im.diri min-*ma* im.mar *ana* im.kur *is-sà-*⸢*ḫar*⸣ a.an nu gá

Wenn eine Wolke dito und (von) Westen nach Osten zurückkommt, wird es keinen Regen geben.

41. II L11. diš im.diri min-*ma* im.mar *ana* im.mir *is-sà-ḫar* a.[an] nu gá

Wenn eine Wolke dito und (von) Westen nach Norden kommt, wird es keinen Regen geben.

42. II L12. diš [im.diri *in*]*a* im.mir im.diri babbar *u* sig$_7$ *ana* im.kur.ra⸢*us-sà*⸣-[*ḫi-ir* ...]

II L13. ⸢x⸣ [... dingir.i]škur *i-ra-mu-um* dingir.iškur kur.*gu-ti-i* [ra ...]

M1. […] ⸢dingir.iš⸣[kur …]

Wenn [eine Wolke i]m Norden eine (andere) weiße und gelbe Wolke nach Osten zurück[wenden lässt], wird Adad brüllen und das Land Gutium [überschwemmen.]

43. diš ta im.kur *ana* im.mar im.diri babbar *u* sig$_7$ gilim *ana* [...] šà ⸢it⸣

II L14. diš ta im.kur *ana* im.mar im.diri babbar *u* sig$_7$ gi[lim x] šà ⸢it⸣ [...]

M2. [… im.mar].⸢tu⸣ im.diri babbar *u* sig$_7$ gilim *ana* [...]

O$_1$ 1. [...] ta i[m.kur ...]

Wenn von Osten nach Westen eine weiße und gelbe Wolke die Krone ...

44. diš *ina* ud šú *ina* im.kur.ra dingir.iškur gù-*šú ú-dan*!-*ni-i*[*n*? ...]

II L15. diš *ina* ud! šú *ina* im.kur.ra dingir.iškur dingir.[iš]kur! gù-*šú ú-dan*!-*ni-i*[*n*? ...]

M3. [...] an? im.kur.ra dingir.iškur gù-*šú ú-da*[*n*?-*ni-in* ...]

N1. [diš *ina* ud-*šú ina*] im.kur.[ra ...]

O$_1$ 2. diš *ina* ud-*šú ina* [im.kur.ra ...]

Wenn Adad an einem bewölkten Tag im Osten seinen Schrei verstä[rkt? …]

45. diš *ina* im.mir im.kur *u* im.mar.tu *zi-ka-ru šá* im.[diri ...]

II L16. diš *ina* [im].mir im.kur *u* im.mar.tu *zi-ka-ru šá* im.[diri ...]

M4. [... im.kur.r]a *u* im.mar.tu *zi-ka-ri šá* im.d[iri ...]

N2. [diš] *ina* im.mir im.k[ur ...]

O$_{1}$ 3. diš *ina* im.mir [...]

Wenn sich im Norden, im Osten und Westen ein [Wol]kenmann$^{?}$ …

46. diš im.u$_{19}$ im.diri *šap-liš i-ba-aš-ši* dingir.iškur *ina* á im. u$_{19}$.lu *i-ra-mu-um* a.an.meš *u* a.kal.meš *im-taḫ-ḫa-ru*

II L17. diš im.u$_{19}$ im.diri *šap-liš i-ba$^{!}$-aš-ši* dingir.iškur *ina* á im.[u$_{19}$.lu ...]

II L18. *i-ra$^{!}$-mu-um* a.an a.kal *im-taḫ-ḫa-*[*ra* ...]

M5. [...] ⸢*šap*⸣*-liš i-ba-áš-ši* dingir.iškur *ina* á im.u$_{18}$.lu [...]

M6. [*i-ra-m*]*u-um* a.an.meš *u* a.kal.m[e]š *im-taḫ-ḫ*[*a-ru* ...]

N3. [diš] *ina* im.u$_{19}$.lu im.diri [*šap-liš* ...]

O$_{1}$ 4. diš *ina* im.u$_{18}$ im.[diri ...]

Wenn es eine Wolke unten im Süden gibt, wird Adad auf der Südseite brüllen, Regen und Hochwasser werden gleichmäßig sein.

47. diš im.diri sa$_{5}$ *u* sig$_{7}$ ta im.kur *ana* im.mar *us-sà-ḫi-*⸢*ir*⸣ a.an a.an-*ma* kur nam.k[úr igi]

II L19. diš im.diri sa$_{5}$ *u* si[g$_{7}$] ta kur *ana* im.m[ar] *us-sà-ḫi-*⸢*ir*⸣ a.an a.an-[*ma*]

II L20. kur nam.kúr$^{!}$(NU) [igi]

M7. [... t]a im.kur.ra *ana* im.mar.tu *u*⸢*s-sa*⸣*-ḫi-ir* a.an a.an-*ma* kur nam.k[úr igi ...]

N4. diš im.diri sa$_{5}$ *u* sig$_{7}$ ta i[m.kur...]

O$_{1}$ 5. diš im.diri sa$_{5}$ [*u* si]g$_{7}$ t[a im.kur ...]

Wenn eine rote und gelbe Wolke von Osten nach Westen zurückkehrt, wird Regen fallen und das Land wird Feind[schaft erfahren].

48. diš ud bad-*ma i-qal* im.diri babbar gim še.er.zi-*im*⸢*šá*$^{?}$ x iš ta du$^{?}$⸣ *i-nánna-ma* a.an

II L21. diš ud bad-*ma i-qal* im.diri babbar gim še.er.⸢zi⸣-*im šá* iš-[...]

II L22. *i-*[*nán*]*na-ma* im.a.an

M8. [... u]d gim še.er.zi-*im* ⸢*šá*? x iš ta du?⸣ *i-nánna-ma* a.an

N5. diš ud bad-*ma i-qal* im.diri bab[bar ...]

O_1 6. diš ud bad-*ma i-*⸢*qal*⸣ im.diri [...]

Wenn der Tag klar[135] und still ist (und) eine weiße Wolke wie Strahlenglanz von … nun Regen.

49. diš im.diri *ina* an dagal *iš-šá-*⸢*ta*⸣ tum! im zi-*ma* a.an *ú*!*-šá-az-na-an*

II L23. diš ⸢im!⸣.[diri] *ina* an dagal *iš-ša-*⸢*ta*!⸣*-ma*? im zi-*ma* a.an *ú*!*-šá-*[*az-na-an*]

M9. [... i]⸢š šá-ta⸣ tum im zi-*ma* a.an *ú-šá-az-na-*⸢*an*⸣

N6. diš im.diri *ina* an dagal *i*[*š* ...]

O_1 7. diš im.diri *ina* an dagal *iš-šá-t*[*a* ...]

Wenn eine Wolke in den breiten Himmel gewebt? wird ... der Wind sich erhebt, wird er Regen hinabregnen lassen.

50. diš *ina* an.úr im zi-*ma ina* im.mir sud gub *i-nánna me-ḫu-ú* zi-*a*[*m*]

II L24. [diš *ina* an.ú]r im zi-*ma ina* im.mir im.diri su[d gub …]

II L25. *i-nánna-ma me-ḫu-u* zi-[*am*]

M10. [... zi-*m*]*a ina* im.⸢mir im⸣.diri sud gub *i-nánna me-ḫu-ú* zi-*a*[*m*]

N7. diš *ina* an.úr im zi-*ma ina* i[m.mir im.diri …]

O_1 8. diš *ina* an.úr im [zi]-*ma ina* [...]

P1. [... im.m]ir im.d[iri ...]

Wenn der Wind sich am Horizont erhebt und eine rötliche Wolke im Norden steht, nun weht der Sturm.

135 Das Logogramm bad bezeichnet hier höchstwahrscheinlich das Adjektiv *petû*, das in Verbindung mit Wetter „wolkenlos“ bedeutet (CAD 12, „P“, S. 340); siehe auch N. 58.

51. diš *me-ḫe-e* im.dal.ḫa.mun *ina* an-*e* 7 d⸢al.ḫa.mun *it*⸣-*tan-ma-ra* bala nam.gilim.ma al.gá.gá giš.gu.za ⸢za.gìn$^{?}$ x um⸣ *ana* kur ⸢e$_{11}$.da⸣

II L26. diš *m*[*e-ḫe-e*] im.dal.ḫa.mun an-*e* 7 dal.ḫa.mun [...]

II L27. bala ⸢nam⸣.gilim.ma al.gá.gá giš.gu.za ⸢za.gìn x um⸣ [...]

M11. [... dal.ḫa.mun] *ina* an-*e* 7 dal.ḫa.⸢mun *it-ta*⸣*n-ma-ra* bala nam.⸢gilim⸣.ma al.gá.[gá]

M12. [... u]m *ana* kur ⸢e$_{11}$.da⸣

N8. diš *me-ḫe-e* im.dal.ḫa.mun *ina* an-*e* 7 d[al.ḫa.mun ...]

O$_{1}$ 9. [diš *m*]*e-ḫe-e* dal.ḫa.[mu]n *ina* an-[*e* ...]

P2. [...] 7 dal.ḫa.mun *i*[*t-tan-ma-ru* ...]

Wenn der Sturm, der Sandsturm am Himmel, die Sieben Sandstürme gesehen werden, wird die Vernichtung der Dynastie mehrmals geschehen, ein Thron aus Lapislazuli$^{?}$ … wird ins Land hinabsteigen.

52. diš an-*e tap-pa-la-às-ma da-'u-míš i-ba-áš-šu-ú* im.diri babbar ...

diš im.diri sa$_{5}$ *is-*⸢*ḫur*⸣

II L28. diš an-*e tap-pa-la-às-ma da-'u-*⸢*míš*⸣ *i-*⸢*ba*⸣*-aš-šu$^{!}$-ú$^{!}$* [...]

M13. [… da]ra$_{4}$-*míš i-*⸢*ba*⸣*-áš-šú-ú*⸣ im.dir[i] babbar *ana* im.diri sa$_{5}$ *is-*⸢*ḫur*⸣

N9. diš an *tap-pa-la-às-ma* dara$_{4}$-*míš i-*⸢*ba-á*[*š-šú-ú* ...]

O$_{1}$ 10. [diš an-*e*] *tap-pa-la-às-*[*ma* dar]a$_{4}$.*míš* [...]

P3. [...] *i-ba-áš-šu-ú* im.diri [babbar ...]

Wenn du den Himmel beobachtest und er dunkel ist, ...

Wenn eine weiße [Wolke] zu einer roten zurückkommt ...

53. diš im.diri sa$_{5}$ *is-ḫur šar-rum na-ak-ru* ugu *a-a-bi-šú* gub-*az*

II L29. diš im.diri sa$_{5}$ *is-ḫur šar-rum na-ak-ru* ugu *a-a-*[*bi-šú* ...]

M14. [… *na-ak*]-*ru* ugu *a-a-bi-šú* gub-*az*

Wenn eine rote Wolke zurückkommt, wird der feindliche König seine Feinde besiegen.

54. L, M, N, O, P ————————————————

55. diš ud šú-*ma* dara$_4$.-*míš* gál-*ši* im.diri ugu im.diri gub dingir.[iš]kur ⸢gù⸣

II L30. diš ud šú-*ma da-'a-mí* gál im.diri ugu im.diri gub dingir.[iškur ...]

M15. [... g]ál-*ši* im.diri ugu im.di[ri gub dingir.iš]kur ⸢gù⸣

N10. diš ud šú-*ma* dara$_4$.-*míš* gál-*ši* i[m.diri ...]

O$_1$ 11. [… šú-*m*]*a da*-[*'a-mi* gál-*š*]*i* im.[diri ...]

P4. [... im].diri ugu im.diri gub ⸢dingir.iškur⸣ [...]

Wenn der Tag bewölkt und dunkel ist und eine Wolke über einer (anderen) Wolke steht, wird Adad schreien.

56. diš ud šú-*ma* im.diri babbar sig$_7$ *e-liš i-maḫ-ḫa-ra u* dingir.iškur *ina* im.kur.ra *i-ra-mu-*⸢*um*⸣ an [šur$^?$]

II L31. diš ud šú-*ma* im.diri babbar sig$_7$ *e-liš i-maḫ-ḫa-r*[*a* …]

II L32. *ina* im.kur.ra *i-ra-mu-um* an [šur$^?$]

M16. [... s]ig$_7$ ⸢*e-liš*⸣ *i-maḫ-ḫa-*⸢*ra*⸣ *u* dingir.iškur *in*[*a* im.kur.ra *i-ra*]-*mu-*⸢*um*⸣ [...]

N11. diš ud šú-*ma* im.diri babbar *u* sig$_7$ *e-liš i-m*[*aḫ-ḫa-ra* ...]

O$_1$ 12. [...] *e-liš* [...]

P5. [...] *i-maḫ-ḫa-ra u* dingir.iškur ⸢*ina* im.kur⸣.ra *i-ra-am-m*[*u-um* …]

Wenn der Tag bewölkt ist und eine weiße und eine gelbe Wolke oben gegenüberstehen, wird Adad im Osten brüllen, [es wird] Regen [geben$^?$]

57. diš ud šú-*ma* im.diri *ina* an-*e pur-ru-sa-at u ana* im.u$_{18}$.lu diri-*pu* igi.bar-*ma mu-še-*[*lu-ú* ...] ⸢x⸣ *u* ud bi a.an nu a.a[n]

III L1. [...] ku$^?$ *ana* im.[...]

III L2. ⸢igi⸣.[bar-*ma mu-še-lu-ú* ...] ⸢x⸣ *u* ud bi a.an nu a.a[n]

N12. diš ud šú-*ma* im.diri *ina* an-*e pur-ru-sa-a*[*t* ...]

O$_1$ 13. [...] ⸢x⸣ *ù* [...]

P6. [... *pur-ru-s*]*a-at u ana* im.u$_{18}$.lu diri-*pu* igi.bar-*ma mu-še*-[*lu-ú* ...]

Wenn der Tag bewölkt ist, eine Wolke im Himmel getrennt ist und man sieht, (dass) sie nach Süden schwebt und eine *mušēlû*-Wolke … an diesem Tag wird es nicht regnen.

58. diš *ina* ud bad im.diri gi$_6$ igi [...] *ina* ud šú.šú a.an nu a.an

III L3. diš *ina* ud bad im.[diri gi$_6$ igi ...] *ina* ud šú.šú a.an nu a.a[n]

M1'. [… n]u a.an

N13. diš *ina* ud bad im.diri gi$_6$ igi [...]

O$_1$1'. [... g]i$_6$ igi [...]

P7. [… *ina* u]d ⸢šú.šú⸣ a.a[n nu a.an]

I Q1. [... *ina* u]d šú.šú a.an nu a.an

Wenn an einem klaren Tag eine schwarze Wolke [gesehen wird], … an einem bewölkten Tag wird es nicht regnen.

59. diš *ina* an.úr im.diri gi$_6$ tuš-⸢*bu*$^?$⸣ [...] du$^?$ *rad* a.an nu a.an

III L4. diš *ina* an.[úr] im.diri [gi$_6$ …] ⸢x⸣ du$^?$ *rad* a.an nu a.an

M2'. […] a.an

N14. diš *ina* an.úr im.diri gi$_6$ tuš-*b*[*u*$^?$...]

O$_1$2'. [... im.d]iri gi$_6$ t[uš ...]

P8. [... *ra*]*d* a.[an nu a.an]

I Q2. [... *ra*]*d* a.an nu a.an

Wenn eine schwarze Wolke an den Horizont sich setzt , … Regensturm / es wird nicht regnen.

?

60. diš im.diri babbar an.úr *i-kil* im.u$_{19}$ im.diri *ina-kam-ma* a.an nu a.an

III L5. diš im.diri babbar an.[úr] *i-kil* im.u$_{19}$ im.diri <*ina*>*-kám-ma* a.an [nu a.an]

M3'. [... nu] a.an

N15. diš im.diri babbar an.úr *i-kil* im.u$_{18}$.lu [...]

O$_1$3'. [... an.]úr *i-*[*kil* ...]

P9. [... i]m.diri *ina-kam-ma* a.[an nu a.an]

I Q3. [... im.diri *in*]*a-kam-ma* a.an nu a.an

Wenn eine weiße Wolke (am) Horizont dunkel wird, wird der Südwind die Wolke anhäufen[?] und es wird nicht regnen.

61. diš im.diri gi$_6$ *ina* an.úr *i-kil* im.a.an nu a.an

III L6. diš im.diri gi$_6$ *ina* an.úr *i-kil* im.a.an nu a.an

M4'. [... nu] a.an

N16. diš im.diri gi$_6$ an.úr {x} *i-kil* [...]

O$_1$4'. [...] an.úr *i-*[*kil* ...]

I Q4. [...] a.an nu a.an

Wenn eine schwarze Wolke am Horizont dunkel wird, wird es nicht regnen.

62. diš im.diri sud an.úr *i-kil* im zi-*am* im.d[iri …]

III L7. diš im.diri sud an.úr *i-kil* im zi-*am* [...]

N17. diš im.diri sud an.úr *i-kil* im zi-*am* im.dir[i …]

O$_1$5'. [diš] ⸢im.diri⸣ [sud] an.úr *i-*[*kil* ...]

Wenn eine rötliche Wolke (am) Horizont dunkel wird, wird sich der Wind erheben, eine Wolke …

63. [diš i]m.diri sud an.pa zálag ud šú-*am*

III L8. [diš i]m.diri sud an.pa$^!$ zálag ud šú-*am*

O$_1$6'. [diš i]m.diri [sud …]

I Q5. [... s]ud an.pa zálag ud šú-*am*

Wenn eine rötliche Wolke (am) Zenit leuchtet, wird der Tag bewölkt.

64. diš im.diri sig$_7$ an.pa *i-kil-ma* im.diri gi$_6$ *is-ḫur* dingir.iškur gù

III L9. diš [im.diri si]g$_7$ an.pa *i-kil-ma* im.diri gi$_6$ *is-ḫur* dingir.iškur g[ù$^!$ ...]

N18. diš im.diri sig$_7$ an.pa *i-kil-ma* im.diri gi$_6$ [...]

I Q6. [… *i*]*s-ḫur* dingir.iškur gù

Wenn eine gelbe Wolke (am) Zenit dunkel wird und eine schwarze Wolke zurückkommt, wird Adad schreien.

65. diš im.diri babbar an.pa *i-kil-ma u* im.diri sa$_5$ *ina* šà-*šá ina* [... g]ál im.límmu *ina* ud zi-*a*

III L10. diš i[m.diri babb]ar an.pa *i-kil-ma u* im.diri sa$_5$ *ina* šà-*šá ina* [...]

N19. diš im.diri babbar an.pa *i-kil-ma u* im.diri sa$_5$ *ina* ⸢šà⸣ [...]

I Q7. [im.diri sa$_5$ *ina* šà-*šá ina* ... g]ál im.límmu *ina* ud zi-*a*

Wenn eine weiße Wolke (am) Zenit dunkel wird und es eine rote Wolke in ihrem Inneren in [… g]ibt, werden die vier Winde an (diesem) Tag wehen.

66. diš im.diri gi$_6$ an.úr *i-kil* ud šú-*ma* a.an nu a.an

III L11. diš im.diri gi$_6$ an.úr *i-kil* ud šú-*ma* a.an nu a.[an ...]

N20. diš im.diri gi$_6$ an.úr *i-kil* ud šú-*ma* [...]

I Q8. [...] nu šur

Wenn eine schwarze Wolke (am) Horizont dunkel wird, wird der Tag bewölkt sein und es wird nicht regnen.

67. III L12. diš im.diri sud an.úr *i-kil* ud šú-*am ina* ud 3.kám a.an [nu a.an]

Wenn eine rötliche Wolke (am) Horizont dunkel wird, wird der Tag bewölkt sein und es wird [keinen] Regen [geben].

68. III L13. diš im.diri sig$_7$ an.úr *i-kil* im.mar.tu zi-[*a* ...]

Wenn eine gelbe Wolke (am) Horizont dunkel wird, wird sich der Westwind erheben …

69. III L14. diš im.diri babbar an *i-še-a* ud šú-*ma* a.an nu š[ur]

Wenn eine weiße Wolke den Himmel polstert, wird der Tag bewölkt und wird es nicht re[gnen].

70. III L15. diš im.diri gi$_6$ an *i-še-a* a.an gál [...]

Wenn eine schwarze Wolke den Himmel polstert, wird es Regen geben …

71. III L16. diš im.diri sud an *i-še-a ina pu-ti* ud šú-*am* im zi [...]

Wenn eine rötliche Wolke den Himmel polstert, bevor der Tag bewölkt wird, wird der Wind wehen …

72. III L17. diš im.diri sig$_7$ an *i-še-a* ud šú-*am* dingir.iškur gù-[*šú* šub ...]

Wenn eine gelbe Wolke den Himmel polstert, wird der Tag bewölkt und Adad wird [donnern …]

73. III L18. diš im.diri.meš *im-taḫ-ḫa-ra-ma* an *i-še-a* ⸢im x⸣ [...]

Wenn die Wolken gleichmäßig sind und den Himmel polstern, …

74. III L19. diš im.diri babbar *i-kil-ma* dingir.iškur *ina* šà-*šá i-šag-gúm* ud ⸢šú-*am* x x⸣ […]

Wenn eine weiße Wolke dunkel wird und Adad in ihrem Inneren brüllt, wird der Tag bewölkt sein …

75. III L20. diš im.diri gi$_6$ *i-kil-ma* dingir.iškur *ina* šà-*šá i-šag-gúm* u⌜d šú-*am* x⌝ […]

Wenn eine schwarze Wolke dunkel wird und Adad in ihrem Inneren brüllt, wird der Tag bewölkt sein …

76. III L21. diš im.diri sud *i-kil-ma* dingir.iškur *ina* šà-*šá i-šag-gúm a-na* ud ⌜x x⌝ [...]

Wenn eine rötliche Wolke dunkel wird und Adad in ihrem Inneren brüllt, …

77. III L22. diš im.diri sig$_7$ *i-kil-*[*ma*] dingir.iškur *ina* šà-*šá i-šag-gúm ina* [...] a.an [...]

Wenn eine gelbe Wolke dunkel wird und Adad in ihrem Inneren brüllt, … Regen …

78. III L23. diš im.diri bab[bar gim] dingir.3[0 è] *ina*$^?$ a.kal : a.an.meš gá[l].meš

Wenn eine weiße Wolke [wie] der Mo[nd/ herauskommt], … Hochwasser : Regen wird es geben.

79. III L24. diš im.diri gi$_6$ [gim] dingir.30 [è ...] ⌜x x⌝ a.an dingir.iškur [... *i*]-*šag-gúm*

Wenn eine weiße Wolke [wie] der Mond [herauskommt], … Regen, Adad wird … brüllen.

80. III L25. diš im.diri sud gim ⌜dingir.iškur$^?$ è⌝ kur ud šú-*am* im.lím[mu.b]a zi.meš-*ni*

Wenn eine weiße Wolke wie Adad$^?$ [herauskommt], … (am) Sonnenaufgang wird der Tag bewölkt sein, die Sieben Winde werden sich erheben.

81. III L26. diš im.diri sig$_7$ gim dingir.30 è ⌜*kal* kur⌝ a.an *u* a.kal *im-taḫ-ḫa-ru*

Wenn eine weiße Wolke wie der Mond herauskommt, werden Regen und Hochwasser (im) ganzen Land$^?$ gleichmäßig sein.

82. III L27. diš im.[diri] babbar á im.u$_{19}$ im.si gi$_6$ á im.[...] zi-⌜*a*⌝-*ma*

III L28. *nen-mu-da* dingir.iškur gù-*šú*$^!$ kur ⌜á x x⌝

Wenn eine weiße [Wolke] (auf) der Süd- und Nordseite und eine schwarze auf der x-Seite sich erheben und sich aneinander lehnen, wird der Schrei von Adad das Land …

83. III L29. diš im.diri [s]ud$^!$ á im.kur im.diri duru$_5^?$ ⸢á x⸣ [...] -⸢*ma*⸣

III L30. *nen-mu-da* a.an a.⸢an-*ma* kal⸣ [...] ⸢x⸣

Wenn eine rötliche Wolke (auf) der Ostseite (und) eine nasse$^?$ Wolke auf der x-Seite … und sich aneinander lehnen, Regen …

84. III L31. diš im.diri ⸢sud á im⸣ šub ⸢im⸣ [...] ⸢x⸣

Wenn eine rötliche Wolke (auf) der Seite des Windes$^?$ liegt$^?$ …

85. III L32. diš im.diri babbar ⸢á⸣ ur *i*-[...]

Wenn eine weiße Wolke (auf) der Seite …

86. III L33. diš im.diri babbar á ⸢im⸣.[...]

Wenn eine weiße Wolke (auf) der x-Seite …

87. IV L1. [... u]d šú-*am*

… der Tag wird bewölkt sein.

88. IV L2. [...] im zi-*am*

… der Wind wird wehen.

89. IV L3. [... i]m.u$_{19}$ zi-*ma* é.meš ⸢gul⸣

… der Südwind wird wehen und die Häuser zerstören.

90. IV L4. […] im ⸢x x⸣

91. IV L5. [...] su im.a.an [š]ur

… es wird regnen.

92. IV L6. [...] áš a.an nu [š]ur

… es wird nicht regnen.

93. IV L7. [...] im.a.an [š]ur

… es wird regnen.

94. IV L8. [...] ⌜x⌝ im.kur.[ra] ⌜šub-*am*?⌝ im.mar.tu zi-*a*[*m*]
… der Ost wind wird fallen?, der Westwind wird wehen.

95. IV L9. [...] a.an ⌜š⌝ur
… es wird regnen.

96. IV L10. [...] a.an ⌜š⌝ur
… es wird regnen.

97. IV L11. [...] a.an ⌜š⌝ur
… es wird regnen.

98. IV L12. [...] a.an ⌜š⌝ur
… es wird regnen.

99. IV L13. [...] a.an ⌜šu⌝r
… es wird regnen.

100. IV L14. [... *in*]*a* kur a.an nu ⌜šur⌝
[… i]m Land wird es regnen.

101. IV L15. [...] ⌜x⌝ bu a.an ⌜šur⌝
… es wird regnen.

102. IV L16. [...] ⌜ḫa ub?⌝ im zi-*a*[*m*]
… der Wind wird wehen.

103. IV L17. [...] a.an šur
… es wird regnen.

104. IV L18. [...] a.an nu šur
… es wird regnen.

105. IV L19. [...] a.an nu šur
… es wird regnen.

106. IV L20. [...] a.an šur
… es wird regnen.

107. IV L21. [...] ⸢x x⸣-*am* zi-*ma* a.an nu šur
… weht und es wird regnen.

108. IV L22. [...] gub-*iz* a.an šur
… steht, Regen wird fallen.

109. IV L23. [... im.u$_{19}$ diri]-*pu* im.a.an šur
[... Südwind trei]bt, wird es regnen.

110. IV L24. [... im.si diri]-*pu* a.an nu šur
[... Nordwind trei]bt, wird es nicht regnen.

111. IV L25. [... im].mar diri-*pu* a.an nu šur
[... West]wind treibt, wird es nicht regnen.

112. IV L26. [... im.ku]r.ra diri-*pu* a.an šur
[... Ost]wind treibt, wird es regnen.

113. IV L27. [...] du-*iz* ana im.kur.ra *i-maḫ-ḫar*
… bleibt, wird es Richtung Osten gegenüberstehen.

114. IV L28. [... dingir.iš]kur *i-šag-gúm* a.an šur
… Adad wird brüllen, es wird regnen.

115. IV L29. [...] ⸢x x⸣ kur a.an nu šur
… es wird nicht regnen.

116. IV L30. [...] ⌜x⌝ lum im ri? bar a.an šur
… es wird regnen.

117. IV L31. [...] im zi-*am*
… der Wind wird wehen.

118. IV L32. [...] ⌜x⌝ a.an nu šur
… es wird nicht regnen.

119. IV L33. [...] ⌜x⌝-*ma* a.an nu! šur
… es wird nicht regnen.

120. IV L34. [...] ⌜im.si⌝ *i-maḫ-ḫar*
… Norden gegenübersteht.

121. IV L35. [...] a.an šur
… es wird regnen.

122. IV L36. [...] ⌜x x⌝-*ma*
IV L37. [...] a.an šur
…. und … es wird regnen.

123. IV L38. [... a].an šur
… es wird regnen.

124. IV L39. [...] ⌜ni šur⌝

125. IV L40. [...] ⌜x⌝

Restliche Zeilen

N Rs.:
N1'. diš *ina* zi [...]
N2'. diš *ina* zi im.[...]

N3’. [...]
N4’. diš *ina* zi [...]
N ————————
N5’. diš *ina* z[i ...]
N6’. diš *ina* z[i ...]
N7’. diš *ina* z[i ...]
N8’. diš *ina* z[i ...]
N9’. diš *ina* [...]
N10’. x [...]
N11’. diš *ina* [...]

II Q:
II Q1. ⌜diš im⌝.[diri ...]
II Q2. diš im.di[ri ...]
II Q3. diš im.diri im.u$_{19}$[...]
II Q4. diš im.diri im.mir-*ma* [...]
II Q5. diš im.diri im.kur.ra [...]
II Q6. diš im.diri im.mar.tu [...]
II Q7. diš im.diri im.kur.ra [...]
II Q8. diš im.diri im.mir [...]
II Q9. diš im.diri im[...]
II Q10. diš im.[diri ...]

N. 21: Aus der Kopie ist ein unsicheres Zeichen géme zwischen im.mar und im.mir erkennbar. Aufgrund des Kontextes wurde beschlossen, die Glossenkeilen für die Variante „Westen (oder) Norden“ wiederzugeben.

N. 45: Der Ausdruck *zikaru ša erpeti* ist von unsicherer Bedeutung. Es lässt sich eine „männliche Wolke“ in einer weiteren EAE-Tafel nachweisen: diš dingir.iškur *ina* im.diri nita.meš gù-*šú* šub.[136] Auch dieser Beleg bleibt unklar.

N. 48: Die Konjunktion *inanna* scheint die Apodosis einzuführen.

N. 49: Die Verbalform ist unsicher: Sie scheint gemäß Tafeln L und O$_1$ von den Zeichen iš-ša-ta gebildet zu sein, was einen N-Stamm von *šatû*, „weben“, vermuten lässt. Tafel M enthält [i]š-ša-ta-tum und erschwert die Übersetzung. Darüber hinaus ist die Identifizierung des Protasis- bzw. Apodosissatzes aufgrund des wiederholten *-ma* problematisch. Alternative Lesung für die Protasis: diš im.diri *ina* an dagal-*iš*(*irpiš*), „wenn eine Wolke sich im Himmel ausbreitet“. Auch in diesem Fall wären die folgenden Zeichen ša-ta-ma / šá-ta-tum unklar.

136 CM 43, T. 45, S. 48, N. 9’.

N. 52: Ungewöhnliche Omenzeile: Der Schreiber der Quelle ist höchstwahrscheinlich in *erratio oculi* während des Kopierens geraten und hat die Protasis des folgenden Omens abgeschrieben anstelle der Apodosis.

N. 59: Tafel L enthält ein Logogramm von unsicherer Bedeutung. Nach unserer aktuellen Kenntnis entspricht das Logogramm gan, auch kám, keinem spezifischen Verb.

N. 61-62: Obwohl das Logogramm sud auch als *rūqu*, „fern",[137] umschrieben werden kann, bedeutet es hier vielmehr *pelû*, „rötlich",[138] zumal es in der Tafel um die verschiedenen Farben der Wolken geht. Die Reihenfolge der Farben ist in diesem Abschnitt immer weiß-schwarz-rot-gelb[139] und die Besonderheit dieser ersten Tafelgruppe besteht in der Verwendung von *pelû* statt *sâmu* (logographisch sa_5).

N. 70: Für die Wendung *ina pūti ūmu īrupam* vergleiche Tafel 6 der Serie *Sîn ina tāmartīšu* (K 50) Z. 20.[140]

N. 81-82: Für die Zeichen ‚nin mu da' wurde leider keine passende Umschrift und Übersetzung gefunden.

R) 1880,0719.96
Literatur: Jiménez 2021: ebl.lmu.de/fragmentarium/1880%2C0719.96; Reiner 1998: 287; Virolleaud 1912: CX.
Herkunft: Kuyunjik.
Anzahl der Omina: 15 Zeilen hauptsächlich mit Protasen.
Struktur: Nur Vs.; drei abgebrochene Sektionen; Trennlinie erhalten.

O_2) K 2913+5820+22098+6023
Literatur: Jiménez 2020: ebl.lmu.de/fragmentarium/K.2913; Reiner 1998: 225ff.; Virolleaud 1910: LXIII.
Herkunft: Kuyunjik.
Anzahl der Omina: 27 Omenprotasen, 16 Vs. und 11 Rs.
Struktur: Fragment K 6023 nur Vs.; fünf Sektionen mit Trennlinien; meistens Protasen.

S) K 2299+2927
Literatur: Heinrich 2020: ebl.lmu.de/fragmentarium/K.2299; Reiner 1998: 222; Virolleaud 1910: LXIII.
Herkunft: Kuyunjik.
Anzahl der Omina: Zehn Zeilen mit fragmentarischen Protasen.

137 Borger 2010: 376.
138 Siehe dazu PIHANS 73, T. 29, III, Z. 35, 89.
139 Für die Farben im divinatorischen Rationalen siehe Brown 2000: 143.
140 CAD 12, „P", S. 552.

Struktur: 29 Zeilen des unteren linken Randes mit meistens Protasen (8 auf Vs. und 20 Rs.); 6 Trennlinien für genauso viele Sektionen.

T) K 2928+9007
Literatur: Jiménez 2020: ebl.lmu.de/fragmentarium/K.2928; Reiner 1998: 225ff.; Virolleaud 1910: LXIII.
Herkunft: Kuyunjik.
Anzahl der Omina: 8 fragmentarische Protasen auf der Vs. und 12 auf der Rs.; Apodosen zum Teil erhalten.
Struktur: Vs. mit 7 abgebrochenen Protasen; Rs. 12 Zeilen mit Apodosen; drei Sektionen mit Trennlinien; Vs. des Fragmentes K 9007 ausgewaschen.

U) K 11136+11262
Literatur: Lerculeur 2020: ebl.lmu.de/fragmentarium/K.11136; Gehlken 2012: 73-75;[141] Reiner 1998: 253ff; Virolleaud 1910: LXIII.
Herkunft: Kuyunjik.
Anzahl der Omina: Nur Vs.; 23 zum Teil fragmentarische Zeilen mit Protasen.
Struktur: Nur Vs.; zwei Sektionen mit Trennlinie.

V) K 8923
Literatur: Peterson 2020: ebl.lmu.de/fragmentarium/K.8923; Gehlken 2012: 73-75; Reiner 1998: 245.
Herkunft: Kuyunjik.
Anzahl der Omina: 12 Zeilen mit Zeichen von Protasen.
Struktur: Nur Vs.; Trennlinie von zwei Sektionen erhalten.

Die folgenden Fragmente gehören zu einem weiteren EAE-Abschnitt der Wolkenfarben. Mit der Ausnahme von N. 8 bleiben meistens fragmentarische Protasen erhalten. Kein Omen des vorliegenden Abschnitts wurde in anderen Vorzeichentexten oder Berichten zitiert. Diese Tafelgruppe erschien bereits bei Virolleaud 1910: LXIII mit einem Kompositum der unterschiedlichen Kopien und Umschriften. Dennoch berücksichtigte die Edition von Virolleaud einige Fragmente nicht, die für die vorliegende Edition kollationiert wurden.

Dieser Teil der EAE der Wolken enthält mindestens sechs Sektionen:

N. 3-10: Protasen bezüglich Bewegung und Position der Wolken.

N. 11-20: Omina verschiedener Zustände und Farben der Wolken.

N. 21-27: Sektion „wenn eine Wolke am Anfang des Jahres im Kreis dreht“.

N. 28-31: „Wenn eine (Farbe) Wolke normal ist“.

Die Sektionen zwischen N. 32-34 und weiter bis N. 44 sind leider zu fragmentarisch. Die erhaltenen Zeichen scheinen auf Bewegungen der Wolken hinzudeuten.

---

141 Dieses Fragment und K 8923 wurden bereits in CM 43, S. 73-75 im Rahmen der EAE-Tafel 45 ediert. Der Zusammenhang mit der Omentafel in Bezug auf den Donner von Adad ist unklar. Hierbei kann hingegen bestätigt werden, dass beide Exemplare zur Wolkensektion gehören.

N. 45-57: „Wenn eine Wolke wie (ein Edelmetall)“ und weitere Protasen der „zusammengebundenen Wolken“.

Text:

1. R1. [...] ⸢x x x⸣ lu m[u ...]

R ————————————————

2. R2. […] ⸢bal ud$^?$ dingir.utu-*ši*⸣ gar-*at u* im.diri […]

O$_2$ Vs. 1. […] x […]

… Sonne gesetzt ist … Wolke

3. R3. […] ⸢x⸣ min im.diri.meš *ina* kur man g[ar.meš …]

O$_2$ Vs. 2. [... mi]n ⸢im.diri⸣.[meš ...]

[Wenn] … dito Wolken in einem anderen$^?$ Land st[ehen …]

4. R4. […]-*ma* nu gál 30 *u* 20 KAxMI.meš-[*ma* …]

O$_2$ Vs. 3. ⸢diš⸣ [30 *u* 20 K]AxMI.meš-*ma* a[n ...]

Wenn … nicht ist (und) der Mond und die Sonne sich verfinstern und …

5. R5. [diš *ina še-er*]-*ti* min *mu-še-lu-ú* sa$_5$.meš gar.meš […]

O$_2$ Vs. 4. diš *ina še-er-ti* min *mu-še-lu-ú* s[a$_5$.meš gar.meš ...]

Wenn am Morgen rote *mušēlû*-Wolken sich dito befinden …

6. diš im.diri min *i-maḫ-ḫa-ra ana* á.z[i ... i]m.mar.tu *u* im.kur.ra *ana* 20 [...]

R6. [diš im.d]iri min *i-maḫ-ḫa-ra ana* á.z[i ...]

R7. [... i]m.mar.tu *u* im.kur.ra *ana* 20 [...]

O$_2$ Vs. 5. diš im.diri$^!$ min *i-maḫ-ḫa-ra* á.[zi ...]

Wenn eine Wolke dito begegnet, nach rechts ... Westen und Osten Richtung Sonne …

7. R8. [diš im.diri] gar *i-la-nim-ma bar-*⸢*tum*⸣ ugu *bar-ti* [...]

O$_2$ Vs. 6. diš im.diri *šá i-la-nim-ma bar-t*[*um* ...]

Wenn sich Wolken befinden (und) sich erheben: Revolte gegen Revolte? […]

8. R9. [diš im.diri] sig$_7$ *ina* gi$_6$ *ana* igi mul.mar.gíd.da gub […]

O$_2$ Vs. 7. diš im.diri sig$_7$ *ina* gi$_6$ *ana* igi mul.ma[r.gíd.da …]

Wenn eine gelbe Wolke nachts gegenüber dem Wagen-Gestirn steht […]

9. R10. [… si]g$_7$ *ana* á im.mar.tu *ša-pat* a.k⸢al⸣ du-*kám* […]

O$_2$ Vs. 8. diš im.diri sig$_7$ *a*⸢*na* á⸣ im.mar.tu [*šá-pat*...]

Wenn eine gelbe Wolke zur westlichen Seite geschwollen ist, wird das Hochwasser kommen …

10. R11. [diš *ina* ud *š*]*a i-qú-lu* im.diri ⸢sig$_7$⸣ *šá* gim *di-pa-*[*ri* …]

O$_2$ Vs. 9. diš *ina* ud *ša i-qú-lu* im.diri si[g$_7$ ...]

Wenn an einem Tag, der still ist, eine gelbe Wolke, die wie eine Facke[l ist ...]

R, O$_2$ ———————————————

11. R12. [diš *ina*] im.u$_{18}$.lu im.diri gi$_6$ *ša-pat* [...]

O$_2$ Vs. 10. diš *ina* im.u$_{18}$.lu im.diri gi$_6$ *ša-p*[*at* ...]

Wenn im Süden eine schwarze Wolke dick ist ...

12. R13. [diš im.dir]i gi$_6$ *ša-pat-ma ina* an.bar$_7$ *ik-ta-na-áš-šá-*[*áš* …]

R14. […] ⸢x⸣ pa/di ḫa$^?$ im.u$_{18}$ zi […]

O$_2$ Vs. 11. diš im.diri gi$_6$ *ša-pat-ma ina* an.[bar$_7$ …]

Wenn eine schwarze Wolke dick ist und am Mittag immer wieder massig ist … der Südwind weht …

13. R15. [diš im.diri gi$_6$ *a*]⸢*na* á im.u$_{18}$⸣ z[i ...]

O$_2$ Vs. 12. diš im.diri gi$_6$ *ana* á im.u$_{18}$ z[i ...]

Wenn eine schwarze Wolke sich auf der Südseite erhebt ...

14. O$_2$ Vs. 13. diš im.diri *ina* an-*e ana* á im.mar *ana* [...]

Wenn eine Wolke am Himmel zur West-Seite ...

15. O$_2$ Vs. 14. diš im.diri ta an.pa *ana* an.úr *ša-p*[*at* ...]

Wenn eine Wolke vom Zenit zum Horizont gesch[wollen ist ...]

16. O$_2$ Vs. 15. diš im.diri sig$_7$ sa$_5$ ⸢*d*⸣*a-'i-im-tum* [...]

Wenn eine gelbe, rote und dunkle Wolke ...

17. O$_2$ Vs. 16. diš im.diri ta im.u$_{18}$ *ana* im.si [...]

Wenn eine Wolke vom Süden nach Norden ...

S ——————————————

18. O$_2$ Rs. 1. diš im.diri *ina* an-*e ka-ša-at* im.[u$_{18}$ ...]

S Vs. 1. [diš im.diri *ina* a]n-*e* ⸢*ka*⸣-*ša-at* […]

Wenn eine Wolke im Himmel massig ist und der Sü[dwind …]

19. O$_2$ Rs. 2. diš im.diri min-*ma* im.u$_{18}$.lu *u* im.kur.ra [du.meš …]

S Vs. 2. [diš im.diri m]in-*ma* im.u$_{18}$.lu *u* im.kur du.me[š …]

Wenn eine Wolke dito und Süd- und Ostwind wehen ...

20. O_2 Rs. 3. diš im.diri min-*ma* im.u$_{18}$.lu *ú-nap-pa-*[*aḫ* ...]

S Vs. 3. [di]š [i]m.diri min-*ma* im.u$_{18}$.lu *ú-nap-pa-aḫ* [...]

Wenn eine Wolke dito und der Südwind stürmisch weht ...

O_2, S ———————————————————

21. diš im.diri *ina* igi mu *i-lam-ma ina* im.mar *iz-nun* [...] *ḫe-pí-a* sa$_5$ a [...]

O_2 Rs. 4. diš im.diri *ina* igi mu *i-lam-ma ina* im.mar *iz-nun* [...]

S Vs. 4. ⸢diš im.diri⸣ *ina* igi mu *i-lam-ma ina* im.mar *iz-nun* ⸢x⸣ [...]

S Vs. 5. *ḫe-pí-a* sa$_5$ a [...]

T Vs. 1. [... *i-l*]*am-ma* [...]

Wenn sich eine Wolke am Anfang des Jahres erhebt und es im Westen regnet […] Ganz abgebrochen …

22. diš im.diri min-*ma ina* im.u$_{18}$ *iz-nun* [...]

O_2 Rs. 5. diš ⸢i⸣m.diri min-*ma ina* im.u$_{18}$ *iz-nun* [...]

S Vs. 6. diš im.⸢diri min⸣-*ma ina* im.u$_{18}$ *iz-nun* i[m ...]

T Vs. 2. [...im.d]iri min-*ma ina* im.u$_{18}$ *iz-n*[*un* ...]

Wenn eine Wolke dito und es im Süden regnet ...

23. diš im.diri min-*ma ina* im.kur.ra *iz-nun* [...] a.a[n ...]

O_2 Rs. 6. diš im.diri min-*ma ina* im.kur.ra *iz-nun* [...] a.a[n ...]

S Vs. 7. diš im.⸢diri min-*ma*⸣ *ina* im.kur.ra *iz-nun* [...]

T Vs. 3. [... im.d]iri min-*ma ina* im.kur.ra *iz-nu*[*n* ...]

Wenn eine Wolke dito und es im Osten regnet ... Reg[en …]

24. diš im.diri min-*ma ina* im.si.sá *iz-nun* [...] a.a[n ...]

O_2 Rs. 7. diš im.diri min-*ma ina* im.si.sá *iz-nu*[*n* ...] a.a[n ...]
S Vs. 8. diš im.diri min-*ma ina* im.si.sá *iz-nun* [...]
T Vs. 4. [... im.d]iri min-*ma ina* ⸢im.s⸣i.sá *iz-nu*[*n* ...]

Wenn eine Wolke dito und es im Norden regnet ... Reg[en …]

25. diš im.diri min-*ma ina* im.kur.ra *u* im.mar.⸢tu *iz-nun*⸣ im.[...]

O_2 Rs. 8. diš im.diri min-*ma ina* im.kur.ra *u* im.ma[r].⸢tu *iz-nun*⸣ im.[...]
S Vs. 9. diš im.diri min-*ma ina* im.kur.ra *u* im.mar [*iz-nun* ...]
T Vs. 5. [... im].diri min-*ma ina* im.kur *u* im.mar [...]

Wenn eine Wolke dito und es im Osten und Süden [regnet ...]

26. diš im.diri min-*ma ina* im.u$_{18}$ *u* im.kur.ra *iz-nun* šu [...]

O_2 Rs. 9. diš im.diri min-*ma ina* im.u$_{18}$ *u* im.kur.ra *iz-nun* šu [...]
S Rs. 1. ⸢diš im.diri *ina* igi mu *i-lam-ma*⸣ *ina* im.u$_{18}$.lu *u* im.kur *iz-nun* […]
T Vs. 6. [diš i]m.diri min-⸢*ma*⸣ *ina* im.u$_{18}$ *u* im.kur.[ra …]

Wenn eine Wolke dito (sich am Anfang des Jahres erhebt) und es im Süden und Osten regnet [...]

27. diš im.diri min-*ma* dingir.iškur gù-*šú* šub im.me ḫul.me zi.me-*nim-ma še*$^{!}$*-a-am* záḫ ⸢x x x⸣ […]

O_2 Rs. 10. diš im.diri min-*ma* dingir.iškur gù-*šú* šub im.me ḫul.me zi.me-*nim-ma še-*[*a-am* ...]

S Rs. 2. diš im.diri ⸢min-*ma*⸣ dingir.iškur ⸢gù⸣-*šú* ⸢šu⸣b-*di* im.meš ḫul.meš zi.meš ⸢x⸣ [...]

T Vs. 7. [diš] im.diri min-*ma* dingir.iškur gù-*šú* šub-*d*⸢*i*⸣ im.m[eš ...]

T Vs. 8. *še*$^{!}$*-a-am* záḫ ⸢x x x⸣ [...]

Wenn eine Wolke dito und Adad donnert, werden die bösen Winde wehen, [man$^{?}$] wird die Gerste zerstören...

O$_2$, S, T ————————————————————

28. diš im.diri babbar *ina* an-*e ka-a-a-na-at* mu šà.sù a.an [...]

O$_2$ Rs. 11. d[iš im.diri babbar *ina* an-*e k*]*a-a-a-na-at* mu [šà.sù]

S Rs. 3. diš im.diri babbar *ina* an-*e ka-a-a-na-at* mu šà.sù [...]

T Rs. 1. diš im.⸢diri babbar *ina* an⸣-*e ka-a-a-na-at* mu šà.sù a.an [...]

Wenn eine weiße Wolke am Himmel stetig ist: Hunger in (diesem) Jahr, Regen ...

29. O$_2$ Rs. 12. ⸢diš⸣ [... *ka-a*]-⸢*a-n*⸣[*a-at* ...]

S Rs. 4. diš im.diri gi$_6$ min [...]

T Rs. 2. diš ⸢im.diri gi$_6$⸣ *ina* an-*e ka-a-a-na-at nu-kúr-ti* [*ina* kur$^{?}$ gál ...]

Wenn eine schwarze Wolke am Himmel stetig ist, [wird es] Feindschaft im Land [geben] ...

30. S Rs. 5. diš im.diri sa$_5$ min [...]

T Rs. 3. ⸢diš im⸣.[diri sa$_5$] *ina* an-*e ka-a-a-na-at* ⸢*ra*⸣*-a-du* [...]

Wenn eine rote Wolke am Himmel stetig ist, wird ein Regensturm ...

31. S Rs. 6. diš [im].⸢diri si⸣g$_7$ min [...]

T Rs. 4. diš ⸢im.diri sig$_7$⸣ *ina* an-*e ka-a-a-na-at mu-nu sa-ma-nu* [še/buru$_{14}$ *iṣabbat* ...]

Wenn eine gelbe Wolke am Himmel stetig ist, werden Raupen (und) *samānu*-Schädlinge [die Gerste/die Ernte greifen …]

S, T ——————————————————

32. S Rs. 7. diš im.diri *ina kal* ud-*mi i*-[*lam-ma* ...]

T Rs. 5. [... im].⌜diri *ina kal*⌝ ud-*mi* [*i*]-*lam-ma ina* ⌜gi$_6^?$ *ip*⌝-*te* ù.tu áb[142] [...]

Wenn eine Wolke den ganzen Tag aufsteigt und sich in der Nacht entfernt, Nachwuchs von Kühen …

33. S Rs. 8. diš im.diri *ina* g[i$_6$ *i-lam-ma*]

T Rs. 6. [diš im.di]ri ⌜*ina*⌝ gi$_6$ *i*-[*lam*]-*ma ina kal* ud-*mi ip-te* ù.tu ⌜x⌝ [...]

Wenn eine Wolke nachts auf[steigt] und sich den ganzen Tag entfernt, Nachwuchs …

34. S Rs. 9. diš im.diri ud *u* g[i$_6$ ...]

T Rs. 7. [...] ⌜*u* gi$_6$⌝ [...] ri nam.lú.u$_{18}$.lu *tab*-[...]

Wenn eine Wolke Tag und Nacht …, wird die Menschheit …

S, T ——————————————————

35. S Rs. 10. diš im.diri *ana* im.u$_{18}$.lu [...]

T Rs. 8. [... i]r an-*ú*$^?$ [...]

U1. diš ⌜im.diri⌝ *ana* [...]

Wenn eine Wolke nach Süden … Himmel …

36. S Rs. 11. diš im.diri *ana* im.si.sá [...]

142 *tālitti līti* zu lesen.

T Rs. 9. [... i]r an-*ú*$^{?}$ [...]
U2. diš ⸢im.diri *ana*⸣ [...]

Wenn eine Wolke nach Norden …

37. S Rs. 12. diš im.diri *ana* im.kur.ra [...]
T Rs. 10. [... i]r an-⸢x⸣ [...]
U3. ⸢diš im.diri *ana*⸣ [...]

Wenn eine Wolke nach Osten …

38. S Rs. 13. diš im.diri *ana* im.mar.tu [...]
T Rs. 11. [... i]r kur$^{?}$ ⸢x⸣ [...]
U4. ⸢diš im.diri *ana* im⸣.[mar.tu ...]

Wenn eine Wolke nach Westen …

39. S Rs. 14. diš im.diri *ana* im.u$_{18}$.lu *i*-[...]
T Rs. 12. [...] ⸢x⸣ [...]
U5. diš im.⸢diri⸣ *ana* im.⸢u$_{18}$⸣.l[u ...]

Wenn eine Wolke nach Süden …

40. S Rs. 15. diš im.diri *ana* im.si.sá *i*-[...]
U6. ⸢diš im.di⸣ri *ana* im.si.s[á...]

Wenn eine Wolke nach Norden …

41. S Rs. 16. diš im.diri *ana* im.kur.ra *i*-[...]
U7. diš ⸢im.diri⸣ *ana* im.kur.r[a ...]

Wenn eine Wolke nach Osten …

42. S Rs. 17. diš im.diri *ana* im.mar.tu [...]
U8. ⸢diš im.diri⸣ *ana* im.mar.t[u ...]
V1. [...] min ud ⸢x⸣ [...]

Wenn eine Wolke nach Westen … dito Tag ...

43. S Rs. 18. diš im.diri gi$_6$ *ana* im.u$_{18}$.l[u...]
U9. ⸢diš im⸣.diri ⸢gi$_6$⸣ *ana* im.u$_{18}$.[lu ...]
V2. [...] ⸢x⸣ min maš ud [...]

Wenn eine Wolke nach Süden … dito am Mittag …

44. S Rs. 19. diš im.diri gi$_6$ *ana* im.[si.sá ...]
U10. diš ⸢im.diri⸣ gi$_6$ *ana* im.si.[sá ...]
V3. [...] ⸢x⸣ min maš ud šú$^?$ [...]

Wenn eine Wolke nach Norden … dito am Mittag bedeckt$^?$ …

S, U, V ——————————————

45. S Rs. 20. diš im.diri igi [...]
U11. [... im].diri igi-*šá* gim kù.⸢gi⸣ [...]
V4. [... gi]m ⸢kù.gi⸣ maš u[d...]

Wenn das Aussehen einer Wolke wie Gold halben Tag …

46. U12. [diš im.d]iri igi-*šá* gim kù.babbar [...]
V5. [...] gim kù.babbar ud 2.kám bad [...]

[Wenn] das Aussehen einer [Wol]ke wie Silber ist und sich am zweiten Tag entfernt …

47. U13. [diš im].diri igi-*šá* [gi]m zabar [...]

V6. [... igi]-*šá* gim zabar [...]

[Wenn] das Aussehen einer [Wol]ke [wie] Bronze ist …

48. U14. [diš im.d]iri igi-*šá* [gim] urudu *mu-ši-t*[*um*? ...]
V7. [...] igi-⸢*šá* gim⸣ urudu *mu-ši-*[*tum* ...]

[Wenn] das Aussehen einer [Wol]ke [wie] Kupfer ist und nachts …

49. U15. [diš im.d]iri *ina* i[m.x] *u* im.mar.tu ⸢igi⸣ [...]
V8. [...] ⸢x x⸣ im.u$_{19}$ igi [...]

[Wenn eine Wol]ke im … und Westen/Süden gesehen wird …

50. U16. [... im.d]iri ki [... t]a im.u$_{18}$.lu *ana* im.si du [...]
V9. [...] ⸢x x x⸣ [...]

[Wenn eine Wol]ke … von Süden nach Norden geht …

51. U17. [diš im.d]iri g[i$_6$ …] *ku-uṣ-ṣú-rat* a.[an ...]
V10. [...] *ku-uṣ-*[*ṣú-rat* ...]

[Wenn eine sch]warze [Wol]ke … zusammengeknüpft ist, Regen …

52. U18. [diš im.d]iri g[i$_6$] ⸢*rit*⸣-*ku-sa-át ina* maš ud a.a[n ...]
V11. [... g]i$_6$ ⸢*rit-ku*⸣-[*sa-át* ...]

[Wenn eine schwarze Wol]ke zusammengebunden ist, am Mittag Regen …

53. U19. [diš im.diri] g[i$_6$] *ina* an-*e ša-ti-a-at* ⸢im⸣.si.sá [...]
[Wenn eine schwarze Wol]ke im Himmel gewebt ist, Nordwind …

54. U20. [diš im.diri g]i$_6$ *ina* dingir.utu.šú.a du-*ak* [...]

[Wenn eine Schwarze Wol]ke nach Westen geht …

55. U21. […] *ina* im.kur.ra du-*ak*
… [eine Wolke] nach Osten geht …

56. U22. [...] *ina* ⸢im.kur.ra⸣ du-*ak* ⸢x⸣ [...]
… [eine Wolke] nach Osten geht …

57. U23. [...] ⸢záḫ⸣ [...]
… zerstört …

N. 2ff.: Es lässt sich leider nicht feststellen, worauf das dito-Zeichen Bezug nimmt.

N. 5: Mit *mušēlû*, Partizip Š-Stam von *elû*, wird eine besondere unklare Wolkenform bezeichnet.

N. 11, 12, 15: *šapât* ist der Stativ des bereits erwähnten Verbs *šapû*, das zum divinatorischen Lexikon der Wolken gehört.[143]

N. 12: Laut AHw S. 462 unbelegter Gtn-Stamm von *kašāšu* II, „massig werden".

N. 27: Beim Logogramm záḫ wird ein D-Stamm von *ḫalāqu* mit einem undefinierten Subjekt vermutet, um das Akkusativ *še'âm* widerzugeben.

N. 30: Dieses Omen zeigt eine starke inhaltliche Nähe zum Omenbericht SAA 8, 78 mit dem Unterschied der Verbalform.[144] Das ist der einzige Vergleich, der sich aus dieser ganzen Tafelgruppe ergab.

N. 31: Die Raupen, *mūnu*, und der *samānu*-Befall sind als unglückliche Vorhersage dokumentiert, allerdings nicht beide zusammen: Die ersten kommen zusammen mit den *ākilu*-Schädlingen in der EAE-Tafel 24 vor,[145] während *samānu* in einer aB Leberschauapodose belegt ist.[146] Aus dieser letzten Quelle ergibt sich die vorgeschlagene Ergänzung in N. 31.

N. 32: Mehrere Apodosen hinsichtlich *tālitti līti* bzw. *būli* sind in himmlischen Vorzeichentexten bekannt. Eine Ergänzung des Verbs am Ende des Satzes ist jedoch

143 Siehe ResOr 12, S. 153, Z. 10-11 und S. 106, Fußnoten 490f.
144 SAA 8, 78, Z. 1-2: diš im.diri / sa5 *sa-a-mu* *ina* an-*e* gar.gar-*nu* *it-ta-na-áš-kan* im *šá-a-ru* zi-*a*.
145 PIHANS 73, T. 24, III, N. 53.
146 RA 67, S. 42, Z. 23.

ungewiss, da verschiedene Möglichkeiten belegt sind. Es folgen einige der häufigsten: *tālitti līti ibašši*;[147] *tālitti līti irappiš*; *iṣeḫḫir*.[148]

N. 51: *kaṣāru*, „ansammeln", lässt sich anhand zweier nA Omenberichten bezüglich der Wolken in Apodosen nachweisen und scheint zum divinatorischen Lexikon dieses Wetterphänomens zu gehören: „Wenn der Mond von einem schwarzen Halo umgeben ist, enthält der Monat Regen / die Wolken werden sich miteinander ansammeln".[149]

N. 53: Es ist nicht auszuschließen, dass eine von *šatû* abgeleitete Form auch in der vorherigen Tafelgruppe bei N. 49 vorkommt.

W) K 2154+11352

Literatur: Jiménez 2021: ebl.lmu.de/fragmentarium/K.2154; Reiner 1998: 219; Virolleaud 1910: LXIV.
Herkunft: Kuyunjik.
Anzahl der Omina: 10 Zeilen auf der Vs. und 18 auf der Rs.; 21 fragmentarische Protasen.
Struktur: Linker Tafelrand; Abschnitte von fünf Sektionen erhalten; die erste und die letzte leider fragmentarisch; die zweite betrifft eine „Wolke, die früh ist"; die dritte (Rs.) sowie die vierte enthalten abgebrochene Protasen der Wolken in verschiedenen Farbenkombinationen, sowie die vierte.

Text:
Vs.

1.	diš [...]	
2.	diš an [...]	
3.	[diš *i*]*na* an.úr *mu-še-l*[*u-ú* ...]	Wenn am Horizont eine *mušē*[*lû*-Wolke ...]
4.	⸢diš⸣ *ina* an.úr *u* dingir.utu šú a ⸢x x⸣ [...]	Wenn am Horizont und die Sonne ...
5.	*i-nánna-ma* [...]	Nun ...
6.	diš im.diri *ḫa-ar-pat-ma ana* im.u_{19}.[lu ...]	Wenn eine Wolke früh ist und nach Süden ...
7.	diš im.diri min-*ma* ⸢*ar-mat-ma*⸣ *ana* im.si.s[á ...]	Wenn eine Wolke dito, bedeckt ist und nach Norden ...
8.	diš im.diri min-*ma* [...] *ana* im.kur.[ra ...]	Wenn eine Wolke dito und ... nach Osten ...

147 PBS 2/2, 123, Z. 3 (siehe S. 191f.).
148 Für weitere Belege siehe CAD 18, „T", S. 96.
149 SAA 8, 40, Z. 1'-2': kimin im.diri *uk-ta-ṣa-ra*; siehe auch SAA 8, 41, Z. 3.

9.	diš im.diri min-*ma* [...] *ana* im.mar [...]	Wenn eine Wolke dito und … nach Westen …
10.	diš ⸢im⸣.diri [...]	Wenn eine Wolke …
Rs.		
11.	⸢diš im⸣.[diri …]	Wenn eine Wolke …
12.	diš im.diri gi$_6$ [...]	Wenn eine schwarze Wolke …
13.	diš im.diri gi$_6$ [...]	Wenn eine schwarze Wolke …
14.	diš im.diri gi$_6$ *ina* a[n ...]	Wenn eine schwarze Wolke …
15.	diš im.diri gi$_6$ *ina* an [...]	Wenn eine schwarze Wolke am Himmel …
16.	diš im.diri gùn *ina* i[m.x ...]	Wenn eine mehrfarbige Wolke in Himmelsri[chtung …]
17.	diš im.diri sig$_7$ *ina* [...]	Wenn eine gelbe Wolke in …
18.	di[š im].⸢diri⸣ ⸢x x⸣ [...]	Wenn eine Wolke …
19.	diš im.diri babbar *u* gi$_6$ [...]	Wenn eine weiße und schwarze Wolke …
20.	diš im.diri babbar *u* gi$_6$ an [...]	Wenn eine weiße und schwarze Wolke …

21.	diš im.diri gi$_6$ *ana* šà-[*šá* ...]	Wenn eine schwarze Wolke zu ihrem Inneren …
22.	diš im.diri babbar *ana* š[à ...]	Wenn eine weiße Wolke …
23.	diš im.diri sa$_5$ *ana* [šà ...]	Wenn eine rote Wolke …
24.	diš im.diri gùn°[sig$_7$] [...]	Wenn eine mehrfarbige Wolke …
25.	diš im.diri sig$_7$ [...]	Wenn eine gelbe Wolke …

26.	diš im.diri sa$_5$ [...]	Wenn eine rote Wolke …
27.	diš *ina* šà im.diri [...]	Wenn innerhalb einer Wolke …
28.	diš ⸢*ina* šà im⸣.[diri …]	Wenn innerhalb einer Wo[lke] …

Z. 7) Aufgrund der geringen Größe der Zeichen geht hervor, dass der Stativ *armat* zu einem späteren Zeitpunkt hinzugefügt wurde.

Z. 16) Eine Besonderheit der Tafel ist die Verwendung des Adjektivs *barmu*, logographisch gùn, „mehrfarbig“, als Farbe einer Wolke. Unter einigen atmosphärischen Bedingungen kann eine Wolke tatsächlich irisierend aussehen.

3) Letzter Abschnitt der EAE-Tafel der Wolken EAE 42 (41)

Es folgen die letzten zwei Fragmente, die sich mit Omina verschiedener Wolkenformen befassen. In 15 teilweise abgebrochenen Zeilen wiederholt sich die Formel der Protasis „wenn man eine Wolke sieht, die wie … ist“. Ein Abschnitt der Adad-Tafeln weist eine ähnliche Struktur auf.[150]

Gruppe 3 *Letzter Abschnitt der EAE-Tafel der Wolken*				
Tafel	**Tafelnr.**	**CDLI-N.**	**Beschreibung**	**Inhalt**
X	K 3003+7019	P394766	etwa 8,7x8,3x1,5 cm; nA Duktus; zwei mittlere Fragmente; Vs. erodiert	Teilweise fragmentarische Protasen und Apodosen, Kolophon mit Stichzeile von EAE 42, N. 1 lesbar

X) K 3003+7019

Literatur: Peterson 2020: ebl.lmu.de/fragmentarium/K.3003; Reiner 1998: 226, 240; Gehlken 2008: 260, N. 1.
Herkunft: Kuyunjik.
Anzahl der Omina: 18 Zeilen auf der Vs.; acht anfängliche Zeilen nur mit Apodosen; Rs. abgerieben mit Spuren von wenigen diš-Zeichen.
Struktur: Trennungslinie am Ende des Fragmentes, es folgt das abgebrochene Kolophon.

Text:

1.	[... igi] kur [...]	
2.	[... igi] kur [...]	
3.	[... igi] kur ⸢x⸣ [...]	
4.	[... ig]i *qí-šat ina* k⸢ur⸣ *-im*	[Wenn man … sie]ht: Darbringung$^{?}$ im Land.
5.	[... i]gi kur dagal-*iš*	[Wenn man … si]eht, wird sich das Land ausbreiten.
6.	[... i]gi ud 3.kam {diš} an šur	[Wenn man ...] sieht, wird es am 3. Tag regnen.
7.	[...] igi ud šú-*am*	[Wenn man ...] sieht, wird der Tag bewölkt.
8.	[...] igi ud šú-*am*	[Wenn man ...] sieht, wird der Tag bewölkt.
9.	diš i[m.diri ...] igi ud 2.kam an šur	Wenn man eine [Wolke ...] sieht, wird es am 2. Tag regnen.

150 CM 43, S. 15-18, T. 44: „Wenn Adad wie … donnert“.

10. diš im.di[ri ...] da igi ud 2.kam$^{!}$ an šur	Wenn man ein Wo[lke ...] sieht, wird es am 2. Tag regnen.
11. diš im.diri g[im ...] igi ud 6.kam an šur	Wenn man eine Wolke w[ie ...] sieht, wird es am 6. Tag regnen.
12. diš im.diri gim ⌜x⌝ igi an.mi gar-*an*	Wenn man eine Wolke wie ein … sieht, wird eine Finsternis geschehen.
13. diš im.diri gim ⌜lú⌝ igi dingir.30 an.mi gar-*an*	Wenn man eine Wolke wie einen Mann sieht, wird eine Mondfinsternis geschehen.
14. diš im.diri gim m⌜ul⌝ igi dingir.utu an.mi gar-*an*	Wenn man eine Wolke wie einen Stern sieht, wird eine Sonnenfinsternis geschehen.
15. diš im.diri gim mul *i*[*ṣ*]-*ru-ur* dingir.utu an.mi gar-*an*	Wenn eine Wolke wie ein Stern [gl]änzt, wird eine Sonnenfinsternis geschehen.

---

16. diš *ina* iti.bára dingir.iškur [g]ù-*šú* šub-*di* {x} še gu-*ú* tur-*ir*	Wenn Adad im Nisannu (I.) donnert, werden Korn und Hanf knapp werden.
17. ⌜diš *ina*⌝ <Rasur>	
18. [...] *ki*-[*ma labīrišu šaṭirma bari*$^{?}$ ...]	W[ie sein Original geschrieben und geprüft$^{?}$ …]

Z. 16) Diese letzte fragmentarische Zeile ist das Kolophon; sie ist graphisch und inhaltlich vom Rest des Textes getrennt. Es handelt sich um das erste Vorzeichen der folgenden Tafel, d.h. die erste Sektion der Adad-Tafel 42-43.[151] Es folgt daraus, dass der allerletzte in K 3003+7019 enthaltene Wolkenabschnitt mit diesen Omina in Tafel 42 (41) endet.

151 Gehlken 2008: 260, N. 1.

2.3. Donner

Die ominösen Aspekte des Donners wurden zum Teil bereits auf den vorherigen Seiten erwähnt. Als wichtigste Äußerung des Sturmgottes gab es für dieses Wetterphänomen eigene Sektionen in der Vorzeichenkunde. Die *iqqur īpuš* Tafeln 88-94 sowie die meisten Exzerpte der EAE-Wettertafeln 42, 43, 44, 45 und 46[152] sind den Vorzeichen des Donners gewidmet, die ebenso in anderen Omenserien zitiert wurden.

Außer der bekannten Wendung *Adad rigimšu iddi* sind weitere Periphrasen in den divinatorischen Texten belegt: Ein Synonym ist *Adad issi*, „Adad schrie"[153] und dasselbe Konzept kann durch das Verb *šagāmu* ausgedrückt werden, das wie das Verb *šasû* logographisch gù.dé geschrieben wird.[154] Darüber hinaus verwendeten die Schreiber bisweilen das Verb *ramāmu* für „Donner". Eine nA Tafel aus Ninive kommentiert die Verben *šasû* und *ramāmu*.

ZA 90, S. 200, Z. 11'-12'
diš kimin-*ma* ki *ir-mu-um* : *ir-tu-ud* gán.zi *ina* kur lal-[*ṭe*]
ra-ma-mu : *šá-su-u* : *ra-a-du* : *še-le-ḫu*
Wenn dito[155] grollt und die Erde bebt, wird der Ackerbau im Land knapp werden. „Grollen" ist „schreien", „beben" ist „erschüttern".

Mehrfacher oder wiederholter Donner wird in EAE-Tafel 44 durch das Verb *sadāru* im D-Stamm ausgedrückt: *šumma ... Adad rigimšu usaddir.*[156]

Eine große Anzahl von Omenprotasen des Donners hängen mit den Kalendermonaten zusammen. Ein Blick auf die Eintragungen von *iqqur īpuš* 88-89 und EAE 42, Sektionen 2 und 3, zeigt ein Überwiegen von negativen Konsequenzen für die Landwirtschaft und für das Königtum. Es ist nicht immer möglich, die ominöse Konnotation eines Wetterphänomens in jedem Kontext zu begreifen. Im Fall des Donners sind einige besondere Aspekte zu berücksichtigen. In wenigen Monaten kann der Donnerschlag auf eine erfolgreiche Ernte hinweisen: Regelmäßige Donner kurz vor dem Anfang des Winteranbaus stellen den Einbruch des herbstlichen Wetters und daher des Hochwassers und des Regens dar, die vorzeitig die Ackerflächen befeuchten: „Wenn im VI. Monat (Adad regelmäßig seinen Schrei ausstößt), werden Regen und Hochwasser früh sein, es wird Feuchtigkeit im Land geben (und) die Ernte des Landes wird gut sein".[157] Hier beobachten wir erneut die zeitliche Komponente in Verbindung mit dem landwirtschaftlichen Prozedere. Die saisonale Regelmäßigkeit bzw. Unregelmäßigkeit wird in der divinatorischen Sprache durch Termini *ḫarāpu*, „früh sein", *apālu* bzw. *aḫāru*, „spät sein", und dem schon erwähnten *sadāru*, „regelmäßig sein", ausgedrückt. Dieses Schema ist ein wichtiges Element für die Zusammenstellung vieler Wetteromina. Bezüglich des letzten Beispiels könnte das häufige

152 Gehlken 2008: 256-314 und CM 43, T. 44, 45 und 46.
153 SAA 8, 43, Z. 4: dingir.iškur *is-si.*
154 Borger 2010: 257.
155 Das Zeichen kimin bezieht sich auf die Z. 9', an-*e*, „der Himmel".
156 Siehe CM 43, T. 45, S. 48, Z. 9'.
157 *iqqur īpuš* 89, Z. 6-7: diš *ina* iti.kin min (dingir.iškur gù-*šú ú-sad-dir*) a.an *u* a.kal *ḫar-pu* ki.duru$_5$ *ina* kur gál buru$_{14}$ kur [si.sá].

Auftreten des Rufs des Adad im VI. Monat vermutlich ein unkompliziertes landwirtschaftliches Jahr ankündigen.

Die Erscheinung von Donner konnte auch in Kombination mit anderen atmosphärischen Ereignissen genannt werden. Diese sind häufig die typischen Phänomene des Gewitters: „Wenn Adad im Monat ... donnert, der Tag bewölkt ist, es regnet, sich ein Regenbogen wölbt und es blitzt, ...“.[158] Im Zusammenhang mit Donnern beziehen sich Omenapodosen auf den Anbau und die Wasserversorgung, die sich nur in wenigen Fällen als positiv erweisen.

Die Beobachtung von Himmelskörpern konnte zudem den „Schrei des Adad“ einbeziehen. EAE-Tafel 46 enthält Omenprotasen im Zusammenhang mit unterschiedlichen Planeten und Gestirnen,[159] auf welche einige lange und komplexe Apodosen folgen, wie beispielsweise im Fall eines Donners inmitten der Plejaden.[160] Die Mondphasen waren von großer Bedeutung, insbesondere sind Vorzeichen des Donners zum Neumond überliefert, d.h. am ersten Tag des Monatskalenders. Mehrere nA Berichte an den König behandeln Omina dieser Art. Dieses Phänomen war wahrscheinlich deshalb beliebt, weil dieses Ereignis eine Gelegenheit war, um gute Rückschlüsse an den König zu melden: „Wenn Adad zu Neumond donnert, werden die bewässerten Felder gedeihen, der Handel wird stabil werden“.[161] Interessanterweise macht ein weiteres Omen des Mondes unsere Auslegung der ominösen Bedeutung des Donners unsicher.

AfO Bh. 22, EAE 16 STT 329, N. 6
[diš] an.mi gar-*ma* dingir.iškur gù-*šú* šub záḫ kur *ina* ka dingir.meš dùg.ga
Wenn eine (Mond)finsternis geschieht und Adad donnert, werden die Götter die Vernichtung des Landes befehlen.

Gemäß der Logik der binären Oppositionen würde die Kombination zweier negativer Komponenten zu einem positiven Ergebnis führen:[162] Innerhalb der mesopotamischen Kultur brachte eine Mondfinsternis schlechte Folgen mit sich.[163] Die Apodosis dieses Omens zeigt, dass es nicht immer möglich ist, die Phänomene positiv oder negativ zu konnotieren, und dass wir die Mechanismen der Wahrsagekünste nicht in all ihren Aspekten kennen.

2.4. Die Winde

In der Einführung der vorliegenden Arbeit wurde ein kurzer Überblick über das Windsystem und die Entsprechung der vier Windrichtungen mit den Kardinalpunkten dargelegt.[164] Dem Wind sind Tafel 49 der Serie EAE und Tafel 99 von *iqqur īpuš* gewidmet. Die letztere befasst sich aber nur mit dem Südwind.

---

158 *iqqur īpuš* 90; *iqqur īpuš* 91 mit der Variante des Windes anstatt der Blitze.

159 CM 43, T. 46, S. 80-121.

160 CM 43, T. 46, S. 81, Z. 1'.

161 SAA 8, 365, Z. 1-2: [diš *ina*] ud.ná.a dingir.iškur gù-*šú* [šub] ki.duru$_5$ si.sá ki.lam gi.na (und ähnliche in SAA 8, 354, Z. 1-2 und SAA 8, 468, Z. 4-5).

162 Brown 2000: 142; Koch-Westenholz 2015: 13.

163 Hunger 1996: 358-359.

164 Siehe S. 9f.

Die Winde stellten wesentliche Elemente der divinatorischen Praktiken dar, indem sie gemeinhin als die geographische Position identifiziert werden, auf welche sich die in der Apodosis angegebene Folge auswirkt.[165] Bezüge auf die vier Winde sind deshalb in unterschiedlichen astronomischen Texten zu finden, namentlich in den Sonnenomina.[166] Windrichtungen sind in der Divination allgegenwärtig und wurden auch zur Bestimmung der Vorzeichen des Mondes sowie der Mondfinsternisse und der Wolken beobachtet.[167] Im Rahmen der himmlischen Vorzeichenkunde wird der Wind neben dem Stern Dilbat, dem Furche-Stern und in einer Sektion des Jupiters erwähnt.[168]

Obwohl die meisten Omina Süd-, Nord-, Ost- und Westwind zeigen, die so gut wie immer logographisch geschrieben werden, ist es nicht ungewöhnlich, dass nur das allgemeine Wort für Wind, *šāru*, logographisch ‚im', erwähnt wird.[169] Von besonderer Relevanz als spezifisches Phänomen sind darüber hinaus die vier Winde zusammen, das zu unheilvollen Folgen führt. Wir bieten folgend ein Beispiel aus den Sonnenomina.

PIHANS 73, T. 25, III, Z. 58
diš 20 ud 25.kam min-*ma u kal* ud-*mi* im.límmu.ba du an.mi lugal uri.ki [...]
Wenn die Sonne am 25. Tag dito[170] und die vier Winde den ganzen Tag wehen: Finsternis des Königs von Akkad ...

Die Vier Winde sagten offenbar die Erscheinung einer Finsternis voraus, wenn sie mit Sonnenlicht vorkamen.[171]

Es bestehen diverse andere Typen von Winden, die in Apodosen belegt sind. Was die Protasen angeht, sind die vier Windrichtungen ein häufig beobachtetes Phänomen und kommen oft vor. Abschließend soll der Einzelfall einer Eintragung der zwölf Winde in einem Omen des Monds in EAE-Tafel 3 Erwähnung finden, dessen Apodosis leider nicht erhalten ist.[172] Das könnte eine mythologische Referenz auf das *Gilgameš-Epos* sein, obgleich die Winde hier 13 sind, die Šamaš gegen Humbaba losbrechen lässt.[173]

2.5. Sturm und Sandsturm

Der Sturm als Wettererscheinung ist in Protasen selten zu sehen. Die sporadisch belegten Omina in den EAE- und *šumma ālu*-Tafeln werden in einigen nA Berichten zitiert und scheinen nicht mit dem üblichen geographischen Schema übereinzustimmen. Ein Südsturm

---

165 Brown 2000: 141.
166 Siehe PIHANS 73 T. 24 I, III; T. 26, III; T. 29, Ia, Ib, III.
167 Siehe AfO Bh. 22, T. 16E und T. 20; KASKAL 14, S. 99-112.
168 BPO 3, K 3601, Z. 27'-29'; BPO 4, K 2341, Z. 21'-25'.
169 Zum Beispiel PIHANS 73, T. 24, III, Z. 28.
170 Das bezieht sich auf Z. 48, *i-še-ram-ma*, „geht früh auf".
171 Dazu auch PIHANS 73, T. 25, III, N. 44, 48.
172 PIHANS 73, T. 25, III, N. 68a.
173 George 2003, Standard Babylonian, T. V, Z. 138-141: im.u$_{18}$.lu im.si.sá im.kur.ra im.mar.tu im.*ziq-qa* im.*ziq-qa-ziq-qa* im.*šá-par-ziq-qa im-ḫul-lu* im.*si-mur-ra a-sak-ku šu-ru-up-pu-ú me-ḫu-ú a-šam-šu-tu* 13 im.meš *it-bu-nim-ma*.

bezieht sich beispielsweise nicht unbedingt auf das Südland: „Wenn ein Sturm sich im Süden erhebt: Niedergang des Westens“.[174]

Die Analogie zwischen Protasis und Apodosis im folgenden Omen beruht auf der Verwendung des Verbs *maqātu*:

OP 20, T. 58, N. 32’ (alternativ): diš giš.gišimmar *ba-lu mé-ḫe-e im-ta-qut* en bi šub-*ut*
Wenn eine Dattelpalme ohne einen Sturm umgefallen ist, wird der Eigentümer dieser (Palme) tief fallen.

Darüber hinaus beweist das Omen, dass negative Folgen aus unnatürlichen Situationen, wie dem Fall einer Palme ohne meteorologische Ursachen, entstehen können.

Der Sandsturm tritt hingegen meistens in Verbindung mit den Sonnenomina auf. In der EAE-Tafeln 26 sind Omina eines oder mehrerer Sandstürme beim Sonnenaufgang zu lesen, die anscheinend in den meisten Fällen die Niederlage der Armee ankündigen.[175]

2.6. Regen

In ähnlicher Weise wie die Omina des Donners sind die Eintragungen für den Regen auf Basis des Monats oder der Tage systematisiert, in denen das Phänomen auftritt. Dieser Anordnung folgen EAE-Tafel 48 sowie *iqqur īpuš* Tafeln 95-97.

Die divinatorische Bedeutung des Regenfalls hängt zum großen Teil von der spezifischen Zeit ab und kann auf natürliche Prinzipien zurückgeführt werden. Anhand der Tafel *iqqur īpuš* 95, die allerdings viele Lücken hat, scheint der Regen auf negative Folgen vom IV. bis zum VIII. Kalendermonat und auf positive vom IX. zumindest bis zum I. Monat hinzuweisen.[176] Im Grunde genommen wurde bereits die hohe Wichtigkeit der feuchten Jahreszeit und die Ungewöhnlichkeit des Niederschlags im Sommer in der Umwelt des Nahen Ostens erläutert, was wahrscheinlich eine Entsprechung in der Sphäre der Divination hatte: Ein Regenfall im Sommer, genauso wie an einem Tag ohne Wolken,[177] musste als abnormal wahrgenommen werden. Der Regen war hingegen ein gutes Vorzeichen, wenn er erwartet war. Eine literarische Metapher aus einem akkadischen Gedicht aus Ugarit betont diesen gutartigen Aspekt: „Meine Mutter ist ein Regen zur rechten Zeit“.[178]

Die Logik der Vorzeichentradition überlagert sich mit den Grundsätzen der Natur und es entstehen weitere Interpretationsschemata auf Grundlage der Daten. Einige mit dem Regen kombinierten Monatstage lösen eine bestimmte Apodosis aus, wie man der EAE-Tafel 48 entnimmt.[179] Aus diesem System ergeben sich verschiedene Varianten, die in einigen Fällen ähnliche Voraussetzungen, aber verschiedene Apodosen umfassen. Es werden beispielsweise zwei Omina zitiert.

174 CM 43, T. 49, S. 209, Z. 20’; siehe auch SAA 8, 80, Z. 1’-2’.
175 PIHANS 73, T. 26, I, N. 47, 51-55.
176 Die Apodosen der Eintragungen für die Monate Ajjaru und Simānu sind sowohl in *iqqur īpuš* 95 als auch in EAE 48 (CM 43, T. 48, S. 168-176) abgebrochen.
177 Siehe SAA 8, 31, Z. 1’-2’ und EAE 36 (37), S. 118 dieser Arbeit, Omen N. 104.
178 AOAT 251, S. 166, Z. 32’: ama-*mi ša-mu-tù ši-ma-an.*
179 CM 43, T. 48, S. 177-184.

CM 43, T. 48, S. 177, Z. 13': diš *ina* iti.bára ud 6.kám an šur-*nun* ki.lam tur-[*ir*]
Wenn es im I. Monat am 6. Tag regnet, wird der Handel knapp werden.

CM 43, T. 48, S. 182, Z. 40': diš ud 6.kám min[180] duḫ gìr lú.kúr
Wenn es am 6. Tag regnet: (Die Armee) des Feindes wird zerstreut (wörtlich „Lösen des Fußes des Feindes").

Oben wurde mehrfach auf den Regen als faktisches Zeichen göttlicher Präsenz im Alltag hingewiesen, was auch beim Donner dargelegt wurde. Was diese Erscheinung bedeutet, kann je nach Kontext definiert werden. Es ist hervorzuheben, dass glückliche Ereignisse infolge des Regens durchschnittlich häufiger sind. Ein positives Omen bekommt unter den SAA-Texten eine besondere Aufmerksamkeit für seine wesentlichen Konsequenzen, und zwar „wenn es zu Neumond regnet".[181] Diese Protasis ist in sechs nA Omenberichten aus Ninive in drei verschiedenen Varianten erhalten.[182] In SAA 8, N. 32, 99, 354 und 468 ist es zusammen mit dem bereits zitierten Vorzeichen „wenn es zu Neumond donnert ..."[183] zu lesen. Während ein Donner am ersten Tag des Mondkalenders laut SAA 8, 32, Z. 5-6 schlechte Folgen hat,[184] schließen sich die folgenden Ereignisse der Apodosis an einen Regen zu Neumond an:

SAA 8, 32, Z. 4: *nu*-[*ḫuš*] un.meš
Überfluss unter der Bevölkerung.
SAA 8, 99, Z. 4; SAA 8, 468, Z. 5-1': ki.duru$_5$ si.sá ki.lam gi.na
Die bewässerten Felder werden gedeihen und der Handel wird stabil werden.
SAA 8, 314, Z. 6-1'; SAA 8, 354, Z. 4; SAA 8, 365, Z. 2: buru$_{14}$ kur íl-*ma* ki.lam gi.na
Der Ertrag des Landes wird geerntet werden und der Handel wird stabil werden.

Die divinatorische Tradition überlieferte eine Vielzahl von Ereignissen, aus denen sich die Zukunft des Landes vorhersagen ließ. Die hohe Zahl dieser Zitate in den nA Berichten ist wahrscheinlich auf die Absicht zurückzuführen, dem König gute Omina anstatt düsterer Vorhersagen zu melden.

2.7. Hochwasser und Überschwemmung

Die Protasen mit Bezug auf das jährliche Hochwasser und die gelegentliche Überschwemmung sind nicht in der Serie EAE enthalten. Sie befinden sich nicht mehr in der Einflusssphäre des Himmels, sondern das Austreten des Wassers wurde als irdische Erscheinung betrachtet. Dass die Omina des Hochwassers in der Serie *šumma ālu* überliefert sind, macht diese Aussage deutlich. Tafel 61 der *šumma ālu*-Serie befasst sich neben anderen Vorzeichen des Flusswassers mit vielfältigen Arten von Überschwemmung. Das Substantiv *mīlu* wird in

180 Es bezieht sich auf ‚an du', d.h. „wenn der Regen kommt", in Z. 37'.
181 SAA 8, 32, Z. 3-4: diš *ina* ud.ná.àm a.an šuhr-*nun*.
182 SAA 8, 32; SAA 8, 99; SAA 8, 314, SAA 8, 354; SAA 8, 365, SAA 8, 468.
183 diš *ina* ud.ná.àm dingir.iškur *is-si.*
184 SAA 8, 32, Z. 1-2 und 5-6 überliefert zwei Varianten des Donners zu Neumond; eine hat eine positive Apodosis, die andere eine negative.

der Mehrheit der Fälle logographisch a.kal und a.zi.ga geschrieben. Es bestehen gleichwohl Varianten desselben Wetterphänomens, wie ‚a.maḫ', akkadisch *butuqtu*, „Dammbruch",[185] und *edû*, „Hochwasser", „Flutwelle".[186] Zudem können Omina der Überschwemmung infolge eines Gewitters ebenso in wenigen Protasen der Serie *šumma ālu* identifiziert werden: „Wenn Adad ein Feld innerhalb der Stadt überschwemmt, wird dieser Mann (der Feldeigentümer) drei Jahre lang Depression und Trauer erfahren".[187]

In der Tafel 61 von *šumma ālu* sind zwei Ausschnitte mit Omina des monatlichen Hochwassers enthalten,[188] welche den Tafeln 103 und 104 von *iqqur īpuš* entsprechen. Eine Sektion befasst sich mit dem Auftreten des normalen Hochwassers in den verschiedenen Monaten: Alle Apodosen außer dem Omen des XII. Monats kündigen negative Ereignisse an. In der anderen Sektion kommen monatliche Omina einer Überschwemmung, „die wie Blut gefärbt ist" vor. Ein ähnliches Bild findet sich im Alten Testament, *Exodus* 7.14-25, in dem das Meer- und Flusswasser infolge der ersten ägyptischen Plage rot werden. Hierbei ist der Hintergrund des Vorzeichens schwer verständlich. Die rote Farbe des Wassers könnte an einer besonderen Pigmentierung des schlammigen Sedimentes liegen, an einer blutigen Schlacht oder der Schlachtung von Tieren am Ufer. Ob die rote Farbe rein fiktiv ist oder einen realen Hintergrund hat, lässt sich nicht feststellen.

Die *šumma ālu*-Omina der Überschwemmung weisen alle möglichen Formen auf, in denen das Wasser auftreten kann. So sind Eintragungen über Wasser mit Schaum,[189] Wasser aus Bergquellen[190] oder mit Insekten, wie Raupen und Libellen, zu lesen.[191] Das Volumen des Wasserabflusses war relevant,[192] ebenso ob das Hochwasser früh, spät oder rechtzeitig stattfand.[193] Einige Voraussetzungen können reale Zustände darstellen: „Wenn der Fluss groß ist, aber sein Wasser nicht in den Bewässerungskanal hineinfließen kann, wird es eine unaufhaltsame Überschwemmung im Land geben / es wird kein Hochwasser geben":[194] Diese Szene erinnert zweifellos an den mesopotamischen Alltag, zumal verschiedene Briefe ähnliche Situationen beschreiben. Naturereignisse sind bisweilen mit Folgen verbunden, die sich im realen Leben widerspiegeln können. Die Apodosis kann aber auch Verweise auf Symbolik und Religion enthalten, die eine Auslegung erschweren.

OP 20, T. 61, N. 18

diš *ina* iti.gu$_4$ a.kal du-*ma* íd a-*šá ana e-ṣi-in-ni i-ri-is-su-nu* nu dùg.ga dingir.iškur *ina* kur gu$_7$-*ma* kur *pu-us-sa uṣ-ṣa-an*

185 OP 20, T. 61, N. 105.

186 OP 19, T. 30, N. 26'; siehe dazu S. 259.

187 OP 20, T. 55, N. 27': diš a.šà šà uru dingir.iškur ra-*iṣ* na bi mu 3.kám *ina ku-ri u* sag.pa.rim du.meš; für ein besseres Verständnis von *raḫāṣu* siehe S. 259f.; weitere Omina der Flutkatastrophen: OP 20, T. 55, N. 28' und T. 58, N. 24.

188 OP 20, T. 61, N. 68-79 und 80-91.

189 OP 20, T. 61, N. 28.

190 OP 20, T. 61, N. 31.

191 OP 20, T. 61, N. 112-117 und 137-138.

192 OP 20, T. 61, N. 101-111.

193 OP 20, T. 61, N. 153-155.

194 OP 20, T. 61, N. 126: diš íd *gap-šat-ma* a-*šá ana nam-ga-ra-a-ti* nu tu.meš a.maḫ *ina* kur gál-*ma* nu *is-sek-kir* kimin a.maḫ íd nu gál.

Wenn das Hochwasser im II. Monat kommt und der Duft des Wassers nicht gut zu riechen ist, wird Adad im Land fressen und er wird die Fläche? (wörtlich „Stirn")[195] des Landes riechen lassen.

Die Protasis kann hier einem empirisch beobachtbaren Ereignis entsprechen; der zweite Teil der Apodosis wird durch eine Analogie zusammengefügt, indem die Apodosis das Verb, *eṣēnu*, „riechen", wieder aufnimmt. Vielleicht ist Verwesungsgeruch infolge einer von Adad gebrachten Seuche gemeint.[196] Ähnlich wie in diesem Beispiel ist das Motiv eines weiteren Omens: „Wenn das Hochwasser im IV. Monat kommt, werden Adad und Nergal das Land fressen".[197] Hochwasser in einem sommerlichen Monat bezeichnet eine Abnormalität, auf die göttliche Zerstörung folgt.

2.8. Regenbogen

Der Regenbogen fehlt völlig unter den Belegen der Alltagstexte, da dieses optische Phänomen für den Alltag der mesopotamischen Kulturlandschaft bedeutungslos war. Allerdings besitzt er im Rahmen der Vorzeichenkunde Bedeutung. Seine logographische Schreibung ist dingir.tir.an.na, die für Akkadisch *manzât*, oder selten *marratu*, steht. In EAE-Tafel 47 sind fragmentarische Omina in Bezug auf die Erscheinung des Regenbogens und auf seine Richtungen und Farben überliefert.[198]

Der Regenbogen wird oft in Kombination mit dem Regen genannt. Die natürliche meteorologische Abfolge spiegelt sich auch in Omina der Wettertafeln wie „wenn an einem bewölkten Tag, an dem es regnet, der Regenbogen sich wölbt, wird es nicht (mehr) regnen".[199] Die Verbindung zwischen Regen und Regenbogen kann aus Kommentaren, deren Sinn jedoch nicht immer klar ist, gefolgert werden.[200]

In anderen Fällen beobachten wir wiederum den arbiträren Zusammenhang zwischen der Protasis und der Apodosis, der nur auf der Grundlage anderer Kriterien eine divinatorische Bedeutung erhält.

CM 43, T. 47, S. 141, Z. 5'

[diš dingir.tir.an.na uru] gim šu.gur nigin uru bi *mam-ma* 3,20 bi lal-*mu*

[Wenn ein Regenbogen] wie ein Ring [eine Stadt] umgibt, wird jemand den König dieser Stadt gefangen nehmen.

Die Position des Regenbogens um die Stadt ist wahrscheinlich eine Analogie einer militärischen Umzingelung, aus der sich die Gefangennahme des Königs ergeben würde.

---

195 CAD 12, „P", S. 549, 3c.

196 Die Apodose wird wie folgt in CAD 4, „E", S. 345 interpretiert: „Adad will wreak havoc in the country, till the whole surface of the country stinks (with the dead)".

197 *iqqur īpuš* Kislimu III, Z. 23': diš a.kal du-*kám* dingir.iškur dingir.u.gur kur gu$_7$.

198 CM 43, T. 47, S. 147-148 über Himmelsrichtungen; S. 143-145 über die Farben des Regenbogens.

199 CM 43, T. 47, S. 146, Z. 19': [diš 2? *ina*] ud *er-pí šá* an *iz-nu-nu* dingir.tir.an.na gib a.an nu šur.

200 BPO 2, EAE 50, T. II, Z. 1: [m]ul.tir.an.na *ana* [im].a.an a.an, „Regenbogen steht für ‚Regen wird fallen'"; BPO 2, T. III, Z. 4: mul.dingir.tir.an.na *ana* [a.a]n nu šur, „Regenbogen steht für ‚kein Regen (mehr)'".

2.9. Blitze und Blitzschläge

In der mesopotamischen Weltanschauung lassen sich zwei Begriffe deutlich voneinander unterscheiden, die im Grunde zum selben meteorologischen Ereignis gehören. In den terrestrischen Omina kommt einerseits *miqitti išāti*, oft izi šub geschrieben, was „fallendes Feuer" und daher „Blitzeinschlag" bedeutet,[201] vor. Die Wettertafeln gebrauchen dagegen *birqu*, „Blitz (im Himmel)", logographisch nim.gír, bzw. das Verb „blitzen", *barāqu*, logographisch ḫi.ḫi. Hier werden die beiden Ausdrücke zusammen behandelt, da sie zwei aufeinanderfolgende Teile eines einzelnen Phänomens darstellen.

Wenn ein Blitz in den Erdboden einschlägt, kann er unter einigen Bedingungen einen Brand legen. Das war bei Weitem das unglücklichste Zeichen, das man in Mesopotamien beim Wetter beobachten konnte. Denn die Erscheinung des Feuers deutete auf den zornigen Feuergott hin und somit auf eine Bedrohung für das ganze Land.[202] Die Tafeln 65, 66 und 66' der Serie *iqqur īpuš* befassen sich mit dem auf ein Haus und auf den Palast fallenden Feuer. Diesem Phänomen folgt ein unheilvolles Schicksal unabhängig von Monat und Tag. Ähnliches ist in *šumma ālu* zu lesen: Leider sind die Omina der Tafeln 50-51 zu fragmentarisch für eine Auswertung.[203] Trotzdem ist ihnen zu entnehmen, dass es um Blitzeinschläge an verschiedenen Orten des Privatbesitzes und der Stadt geht.

Weitere Exzerpte der Tafel *šumma ālu* 55 werden zudem im bekannten Brief an den assyrischen König (Asarhaddon oder Assurbanipal)[204] SAA 10, 42 angesichts eines Brandes auf der Ackerfläche der Ortschaft ḫariḫumba zitiert. Folgt das Zitat aus dem Brief und die kanonischen Omina:

SAA 10, 42, Z. 1'-8'

a.šà *lib-bi* uru *lu-u qa-an-ni* uru dingir.iškur *ir-ḫi-iṣ lu ṭi-bi-iḫ ma-ga-ar-ri iš-kun lu-u i-šá-ti mì-im-ma ú-qa-al-li a-me-lu šu-u* 3 mu.an.na.meš *ina ku-ú-ri u ni-is-sa-te it-ta-na-al-la-ak.*

Wenn Adad ein Feld (eines Mannes) innerhalb oder außerhalb der Stadt überflutet, oder wenn er den *ṭibḫu*[205] des Wagens setzt, oder wenn er irgendetwas verbrennt, wird dieser Mann 3 Jahre im Elend und in Jämmerlichkeit erfahren.

OP 20, T. 55, Z. 27'-29'

diš a.šà šà uru dingir.iškur ra-*iṣ* na bi mu.3.kám *ina ku-ri u* sag.pa.rim du.meš
diš *ina* gìr.bal-*šu* izi *mim-ma ú-qal-li* šub a.šà na bi ug_7
diš *ṭi-bi-iḫ* giš.gigir *iš-kun* dumu.níta bi *iš-šal-lal* na bi ug_7

---

201 Siehe die Diskussion über das entsprechende Naturphänomen bei Stevens 2019: 225-227.

202 Maul 1994: 119.

203 Das rekonstruierte Incipit der Tafeln soll [diš izi *ana* uru šub] sein, „[wenn das Feuer auf eine Stadt fällt]" (OP 20, T. 50-51, S. 91).

204 PNA 1, S. 55.

205 Die Bedeutung ist unklar, wahrscheinlich ein Gegenstand mit Rädern.

Wenn Adad ein Feld (eines Mannes) innerhalb oder außerhalb der Stadt überflutet, wird dieser Mann 3 Jahre im Elend und in Jämmerlichkeit erfahren.
Wenn sein (des Adad) Feuer irgendetwas während seiner[206] Flutkatastrophe verbrennt: Verlassen des Feldes, dieser Mann (der Feldbesitzer) wird sterben.
Wenn er den *ṭibḫu* des Wagens setzt, wird sein Sohn entführt werden (und) der Mann wird sterben.

Das bereits zitierte Vorzeichen, das Balasî, Berater des Palasthofs, an den König sendet, damit er sich hinsichtlich negativer Folgen für den Palast in Sicherheit fühlt, weicht nur leicht von der Form des überlieferten *šumma ālu*-Omens ab. Das potenzielle Unheil des Blitzeinschlags lässt sich dadurch beweisen, dass der König Balasî nach dem apotropäischen Ritual *lumun miqitti išāti* fragt,[207] um jede bösartige Wirkung auf den Palast infolge des Ereignisses in ḫariḫumba zu bannen. Die Wetterereignisse *riḫṣu* und *miqitti išāti* erweisen sich in diesem Kontext als die gewalttätigste Offenbarung des Sturmgottes, was gewiss nicht zu verharmlosen war.

Der Zusammenhang zwischen der Protasis und der Apodosis einiger Vorzeichen ist auf Wortspielen zurückführbar. Diese stützen sich in den Divinationstexten bisweilen auf das Prinzip der Homophonie oder Homographie.[208] Ein hervorragendes Beispiel befindet sich in einem *iqqur īpuš*-Omen.

***iqqur īpuš* 65, Z. 1-2**
diš *ina* iti.bára izi *ana* é na šub-*ut ana* egir ud-*mi* é-*su* bir : šub-*di*
Wenn im Nisanu (I.) Feuer auf das Haus eines Mannes hinabfällt, wird sein Haushalt eines Tages zerstreut sein / verlassen werden.

Protasis und Apodosis verwenden beide das Logogramm šub, allerdings für die unterschiedliche Bedeutungen *maqātu* bzw. *nadû*. In irdischen Vorzeichen weisen die Folgen der Apodosis im Gegensatz zu den EAE-Apodosen auf die Sphäre des Privaten hin.

birqu-Blitze werden in einer der EAE-Tafeln des Adad die Sektion der Blitze behandelt.[209] Weitere interessante Blitzomina sind in der Serie *šumma ālu* enthalten. Der Blitz, der zunächst im Himmel erscheint, fällt anschließend auf die Erde herab und muss nicht unbedingt zu einer Brandursache werden. Dieses Ereignis kann aus der Lithosphäre wahrgenommen werden und daher terrestrische Omina inspirieren, wie „wenn ein Blitz vor einem Mann einschlägt, der die Straße entlang läuft, wird eine Krankheit ihn ergreifen".[210] Das Unglück des betroffenen Mannes ist immer das Thema der Apodosen.[211]

Die Omina beschreiben die ganze Vielfalt der mit dem Blitz verbundenen Erscheinung: Zuerst erscheint das Licht als das Erscheinungsbild im Himmel, dann vernimmt man das Grollen des Donners, das das Gehör betrifft, und zum Schluss erfolgt der Blitzeinschlag im

206 Das Pronomen bezieht sich auf Adad, der in Z. 27' erwähnt ist.
207 SAA 10, 42, Z. 5-15.
208 Rochberg 2010a: 20-22.
209 CM 43, T. 47, S. 127-137.
210 OP 17, T. 20, N. 10: diš lú kaskal *ina* du-*šú* nim.gír *ana* igi-*šú ib-riq* gig dib-*su*.
211 Siehe OP 17, T. 7, N. 14 und OP 17, T. 20, N. 9, 19, 20.

Erdboden, der überdies zu einem Brand führen kann. Trotz der grundsätzlichen Ähnlichkeiten in den Apodosen gehört jede Stufe der Funkenentladung zu teilweise separaten Einflussbereichen und dies zeigt sich in der lexikalischen Unterscheidung der Wahrnehmung dieses Phänomens.

2.10. Nebel

Der Nebel ist das Hauptphänomen einer Sektion der EAE-Tafel 48,[212] die der Tafel 98 von *iqqur īpuš* über die monatlichen Nebelerscheinungen entspricht. Es ist zudem möglich, dass ein weiterer Abschnitt des Nebels in unveröffentlichten EAE-Tafelfragmenten enthalten ist.[213] Die terrestrische Vorzeichenserie *šumma ālu* enthält keine Eintragungen von *imbaru*, dem allgemeinen Terminus für „Nebel", sondern erwähnt nur sporadische Protasen des Dampfes auf dem Wasser, im Akkadischen *qutru*.[214]

Die meisten Einträge für den Nebel in den zwölf Kalendermonaten kündigen schlechte Konsequenzen an. In einigen Protasen werden die Tageszeit des auftretenden Nebels und seine Konsistenz spezifiziert. Daraus resultieren positive Rückschlüsse für das Land bzw. negative für benachbarte Länder. Die nA Omenberichte überliefern eine beträchtliche Anzahl solcher guten Vorzeichen. Dabei werden oft mehrere Exzerpte aus der Tafel 48 in einzelnen Berichten zitiert, damit der König alle möglichen Auskünfte infolge von Nebel erhalten konnte. „Wenn es Nebel im Land gibt: Überfluss für die Bevölkerung"[215] und „wenn es regelmäßig Nebel im Land gibt, wird die Dynastie des Landes die Welt regieren"[216] gehören zu den beliebtesten, da sie positive Apodosen enthalten und gleichzeitig auf gut ersichtlichen Wetterzuständen beruhen. Diese zwei Omina kommen in den SAA-Texten aus Ninive fast immer zusammen vor.

Eine beträchtliche Menge an Texten berichtet über Omina des Nebels in den Monaten IX. bis XII. In der Annahme, dass die Divinationsexperten des Palasthofes dem König regelmäßig über die alltäglichen ominösen Zeichen referierten, dürften die Erwähnungen den effektiven Erscheinungen des Nebels im Tal des Tigris' bei Ninive entsprechen. Insgesamt zehn Texte enthalten Protasen mit Nebel im Zusammenhang mit winterlichen Monaten.[217] Dies entspricht auch modernen Wetterdaten, denn die höchste Nebelhäufigkeit wird in Dezember und Januar erfasst.[218]

Schließlich lassen sich zwei Erwägungen hinsichtlich der nA Berichte anführen: Neben den bösartigen Omina des Nebels für den IX., X., und XII. Monat wird oft das allgemeine

212 CM 43, T. 48, S. 171-174 und 188-194.

213 Gehlken 2012: 6.

214 OP 20, T. 61, N. 52-53.

215 SAA 8, 98, Z. 3; SAA 8, 178, Z. 1' und SAA 8, 353, Z. 1: diš *ina* kur im.dugud gál *nu-ḫuš* un.meš.

216 SAA 8, 34, Z. 1-2; SAA 8, 79, Z. 1-2; SAA 8, 98, Z. 4; SAA 8, 113, Z. 5'-6'; SAA 8, 178, Z. 2'-3' und SAA 8, 353, Z. 2-3: diš *ina* kur im.dugud *sa-dir* bala-*e* kur *kiš-šu-tú* en-*el*, oder ähnlich.

217 SAA 8, 98, Z. 1; SAA 8, 284, Z. 2'-3'; SAA 8, 113, Z. 2'-3'; SAA 8, 313, Z. 1; SAA 8, 328, Z. 5-6; SAA 8, 352, Z. 1-2; SAA 8, 353, Z. 1'-2'; SAA 8, 385, Z. 1-2; SAA 8, 417, Z. 1-2; SAA 8, 433, Z. 1-2; SAA 8, 453, Z. 1-2 (insgesamt zwei Vorzeichen des Nebels im IX. Monat, zwei im X., vier im XI. und drei im XII).

218 Ungefähr vier Tag pro Monat (Kegan 2005: 179f.); siehe auch die Wetterstationen in El-Haseke (Nordostsyrien) und Diyarbakir (im Südosten der Türkei) in Taha, Harb, … 1984: 246.

Vorzeichen „wenn es Nebel im Land gibt“, das positive Ankündigungen enthält, zitiert.[219] Dies kann ein Versuch der Schreiber darstellen, schlechte Vorhersagen mit anderen positiven auszugleichen. Die Fälle von Nebel stellen deshalb ein relevantes auffälliges Phänomen dar, das im Winter häufiger aufgrund von Nachtfeuchtigkeit auftritt und, ähnlich wie die Wolken, den Divinationsexperten verschiedene Interpretationen anboten.
Im Hinblick auf die Bedeutung des Nebels in den divinatorischen Texten bieten uns weitere SAA-Berichte zusätzliche Informationen.

SAA 8, 385

1.	[diš *ina*] ⌜iti⌝.zíz im.dugud *iq-tur*	[Wenn] der Nebel im Šabāṭu (XI.) hereinzieht:
2.	an.mi *kaš-si-i*	Finsternis der Kassiten.
3.	im.dugud *qat-ru* gar-*at*[220]	Ein hereinziehender Nebel: es (das Omen) bedeutet (wörtlich „es ist gesetzt“)
4.	*a-na* a.kal *kiš-šá-tum na-sú-ú*	‚höchster Wasserstand‘,
5.	ḫé.gál-*li*	das Überfluss bringt.
1’.	diš im.dugud gi₆	Wenn der Nebel schwarz ist,
2’.	*a-na* a.an	steht er für „Regen“.
3’.	[*šá*] ˡtuk-*ši*-dingir arad *šá* lugal	
4’.	*pa-nu-ú*	[Von] Rašil dem Älteren, Diener des Königs.

Das zitierte Omen der Tafel 48 EAE und der 98 *iqqur īpuš* wird in den Z. 3-2‘ kommentiert. Insbesondere die Z. 3-5 sehen auf den ersten Blick wie eine Erklärung des vorigen Vorzeichens aus. Wahrscheinlicher handelt es sich um eine ergänzende Interpretation der Wettererscheinung. Der Inhalt der Z. 1’ und 2’ könnte eine weitere Bedingung in Bezug auf dieselbe Protasis in Z. 1 bezeichnen.

2.11. Schlamm

Die nach dem Nebel folgende Sektion der EAE-Tafel 48 behandelt den Schlamm.[221] Diese Vorzeichen befinden sich deshalb in der himmlischen Serie, weil sie mit Regen und Überflutung zusammenhängen. Tafel 22 der EAE-Serie, in der Mondfinsternisse behandelt werden,[222] enthält eine alternative Version der monatlichen *iqqur īpuš*-Omina der Tafel 102. Da die Sektion der EAE-Tafel 48 über den Schlamm sehr fragmentarisch ist, kann leider nicht festgestellt werden, welche der anderen zwei Versionen in EAE überliefert ist.

219 Ausnahme ist der Nebel im XI. Monat, der den Niedergang der Kassiten ankündigt, was zur nA Zeit mit Babylonien zu interpretieren wäre.

220 Es ist unsicher, ob *šaknat* sich als Stativ Feminin Singular auf das Omen im Allgemeinen bezieht, da alle anderen Substantive Maskulin sind.

221 CM 43, T. 48, S. 195-197.

222 AfO Bh. 22, EAE 22-II, S. 262-269.

Alle Vorzeichen, die den Schlamm als beobachtetes Phänomen beinhalten, weisen in der Protasis das Satzgefüge diš im.gú[223] kur *is-ḫup*, „wenn der Schlamm das Land überdeckt", auf. Diese Beobachtung wurde mit den verschiedenen Monaten kombiniert. Andere Formen des feuchten Bodens sind in den Divinationstexten praktisch nicht existent. Die Voraussagen in *iqqur īpuš* sind nur für wenige Monate positiv. Eine Schlammüberschwemmung im VIII. Monat ist insbesondere der einzige Fall einer gutartigen Apodosis für die Ernte. Dies hängt sehr wahrscheinlich mit der positiven Bedeutung des Regens in der Zeit des Saats hin, wie bei anderen erwünschten Wetterphänomenen.

2.12. Andere Wetterphänomene in der Protasis

Der Vollständigkeit halber sollen im Folgenden auch meteorologische Phänomene präsentiert werden, die nur sporadisch als Vorzeichen wahrgenommen wurden. Eines davon ist der Hagel, der bereits auf S. 73 erwähnt wurde. Einem so seltenen Ereignis wie dem Hagel war keine eigene Sektion in der Vorzeichenkunde gewidmet und er lässt sich nur in zwei SAA-Texten bezüglich des Monats Šabāṭu belegen.[224] Es findet sich ein weiteres Omen mit negativen Folgen in der bereits ausgewerteten Tafel K 2874+18737, das offensichtlich dem Schema unnatürlich=Unheil entspricht: „Wenn es an einem Tag ohne Wolken hagelt, wird die Hungersnot dieses Land schwächen".[225]

Die Hitze war im Gegensatz dazu kein spezifisches Vorzeichen aufgrund der üblichen hohen Temperaturen im großen Teil der mesopotamischen Gebiete. Das Lemma *ummātu* taucht nur als Beschreibung der „Tiara des Mondes": „Wenn der Mond eine Tiara der Hitze trägt, wird der Regen kommen"[226] deutet wahrscheinlich auf eine Form von Dunstnebel am oberen Teil des Mondes hin.

Ein angebliches Wetterereignis ist noch nicht deutlich übersetzbar: Die EAE-Tafel 28 enthält eine kurze Sektion von Omina verschiedener Typologien von *anqullu*.[227] Obwohl es anhand von den Belegen plausibel ist, dass dieses Wort mit einem heißen Wetterphänomen zu tun hat, bleiben noch Ungewissheiten bezüglich der Übersetzung „Gluthitze", die oft vorgeschlagen wird.[228]

Zuletzt sollen einige kuriose Wetterprotasen diskutiert werden, die noch nicht in einen Kontext gebracht wurden. Unter der Annahme, dass es eine fantasievolle Situation darstellt, erscheint das Omen „wenn Städte sich wie eine Wolke in den Himmel erhe[ben?], werden sie Unglück erleben"[229] besonders interessant: Handelt es sich um einen Fata Morgana-Effekt? Die *šumma ālu*-Vorzeichen des Hochwassers aus Milch, Öl oder Bier[230] sind auf der Grundlage des symbolischen Verhältnisses zwischen der Protasis und der Apodosis

223 Akkadisch *qadūtu*.
224 SAA 8, 222, Z. 4; SAA 8, 423, Z. 5-1'.
225 Siehe EAE 36 (37), S. 119 dieser Arbeit, N. 109: ud *ina* ud nu šú na_4 šur-*nun* un.meš kur bi $su.gu_7$ tur-*ár*.
226 NISABA 2, III, e, Z. 7: diš aga *um-ma-ti a-pir* a.an.meš du.[meš …].
227 PIHANS 73, T. 28, N. 65-72.
228 Weitere lexikalische Aspekte werden eingehender auf S. 263f. dargelegt.
229 OP 17, T. 1, N. 17: diš uru.meš gim im.diri *ana* an-*e il*-[*lu*?] di.bi.ri igi.
230 OP 20, T. 61, N. 156-159.

verständlich.[231] „Wenn ein Hochwasser aus Bier in einem Stadtkanal gesehen wird, werden die Frauen von Männern verrückt werden und [ihre] Ehemänner mit Waffen umbringen“[232] basiert beispielsweise auf dem Motiv Bier-Trunkenheit. In ähnlicher Weise wie die unterschiedlichen Flüssigkeiten des Hochwassers konnten auch unkonventionelle Vorzeichen des Regens eingetragen werden: „Wenn der Tag klar / bewölkt ist und es Blut regnet, werden seine (des Landes) Götter das Land zerstören.“[233] Es ist ein weiteres besonderes Ereignis belegt, das sich sehr selten in der Natur beobachten lässt, aber nicht unmöglich erscheint: „[Wenn Fr]ösche auf eine Stadt hinabregnen, wird es Tote in dieser Stadt geben und Hunde werden … fressen“.[234] Solche ungewöhnliche Episoden werden bisweilen sogar heute von den Medien berichtet.[235] [236]

231 Dieser Grundsatz der divinatorischen Auslegung wird oft „horizontal level“ genannt: Für eine tiefere Lektüre siehe Brown 2000: 130, Rochberg 2011 und Renzi-Sepe 2023: 286f.

232 OP 20, T. 61, N. 158: diš a.kal *šá* kaš *ina ḫi-rit* uru igi-*ir* dam.meš lú idim.meš-*ma* dam-[*ši-na*] *ina* giš.tukul *i-nar-ra*.

233 Siehe EAE 36 (37), S. 121 dieser Arbeit, N. 120: diš ud bad-*ma* kimin ud šú-*ma* úš šur kur dingir.meš-*šá ú-qat-tu-ši*; handelt es sich dabei um ein homographisches Spiel in der Protasis zwischen den Logogrammen bad und úš (Zeichen BAD)?

234 OP 20, T. 63, N. 79’: [diš bil].za.za *ina* uru *iz-nu-nu ina* uru bi ug$_7$.meš gar.meš-*ma* ni sig.meš-*šú* ur.gi$_7$.meš g[u$_7$].

235 Außergewöhnliche Episoden von rotem Regen traten auch zu modernen Zeiten in Südindien und Sri Lanka auf. Studien zufolge sei ihr Ursprung auf die Auswirkung von Meteoriten zurückzuführen (https://www.buckingham.ac.uk /research/buckingham-centre-for-astrobiology-bcab/news-spot/red-rain-fireballs-and-meteorites-in-sri-lanka/).

236 Ein ‚Frosch-Regen‘ wurde in Rákóczifalva, Ungarn, zwischen dem 18. und dem 20. Juni 2010 beobachtet (https://www.szoljon.hu/jasz-nagykun-szolnok/bulvar/szemtanuk-szerint-bekaeso-hullott-a-telepulesre-312385/).

3. Das Wetter in den Apodosen

Seit dem Anfang des II. Jahrtausends zeigten die Divinationstexte ein besonderes Interesse an Wettervorhersagen. Meteorologische Phänomene kommen in unterschiedlichsten Omina vor. In der aB Zeit sind die Leberschauomina am wichtigsten: Dutzende Texte aus ganz Babylonien nennen das Wetter in den Apododsen.[237] Hinzu kommen mehrere Omina der Mondfinsternis – einige aus Mari, andere aus Babylonien, die ebenso Auskünfte über das Wetter geben[238] – und schließlich auch wenige ornithologische- und Geburtsomina.[239] Das folgende Beispiels eines *izbu*-Omens zeigt die Ratio, die oft hinter solchen Omina steht: „Wenn eine Missgeburt keine Harnröhre hat, wird das Hochwasser im Fluss abbrechen und der Regen im Himmel wird gering sein“:[240] Die Analogie zwischen der fehlenden Harnröhre, durch die Flüssigkeiten normalerweise aus dem Tierkörper ausgestoßen werden, und der Wasserknappheit erklärt das Omen.

Auch in mB und mA kommt das Wetter in verschiednen Apodosen vor. Neben einer Mehrheit von Opferschauomina[241] sind Sonnenomina aus der hethitischen Hauptstadt Hattuša[242] und ein Exzerpt aus Nuzi[243] mit einem Vorzeichen des Erdbebens hervorzuheben. Die größte Anzahl der Wetterapodosen ist ab dem Beginn des I. Jahrtausends überliefert. Nun ist die Astrologie die häufigste Methode zur Wettervorhersage. Die Positionen und Zustände des Mondes, der Sonne, der Planeten, sowie des Himmels erbringen Vorhersagen über wesentliche Wetterbedingungen für das Land. Neben den EAE-Tafeln sind weitere wichtige Quellen zu erwähnen, wie die Serie mul.apin und die nA astrologischen Berichte aus Ninive. Einige *šumma izbu-*,[244] *šumma ālu*-Omina [245] und zahlreiche nA Leberschautexte[246] befassen sich ebenfalls mit dem Wetter in den Apodosen.

Zahlreiche Wetterapodosen wurden auf Basis von wiederkehrenden Formeln verfasst. Auf den nächsten Seiten sollen solche Wendungen identifiziert werden.

3.1. Regen und Hochwasser

Der Regen und das jährliche Hochwasser sowie andere Formen von Überschwemmungen gehören zu Apodosen, die sich in allen Arten von Omina nachweisen lassen. Diese zwei

---

237 aB Wetterapodosen aus Leberschauomina: AfO 5, S. 214, Z. 5; ARM 26-1, 3, Z. 23; CT 6, 1-3, Z. 30-32; CUSAS 18, 10, N. 16; CUSAS 18, 11, N. 11-12; RA 27, S. 150, Z. 3; S. 152, Z. 21-22; RA 38, S. 80, Z. 8; RA 40, S. 56, Z. 2, 8; RA 67, S. 42, Z. 19, 30 ZA 57, S. 128, Z. 3; ZA 57, S. 130, Z. 22; TIM 9, 78 Z. 5-7, 10. Weitere aB Wetterapodosen in Glassner 2017; Jeyes 1989; Nougayrol 1971; für unedierte Wetterapodosen in YOS 10 und andere siehe Khait 2017: 495-519.

238 ARM 26-1, 248, Z. 15-16, 19; CUSAS 18, 13 und 14.

239 HUCA 40-41, S. 89, BM 113915, I, Z. 24; CUSAS 18, 12.

240 CUSAS 18, 12, N. 55: [diš *iz-bu-um mu-u*]*š-ti-nam la i-šu mi-lum i-na na-ri-im i-pa-ra*-is[!] *zu-un-nu i-na ša-me-e iš-ša-qá-lu.*

241 CUSAS 18, 23, N. 30, 34; CUSAS 18, 24, N. 12; CUSAS 18, 25, N. 7’; CUSAS 18, 31, N. 73; CUSAS 18, 33, N. 8, 19, 38, 41, 44

242 RA 50, S. 12-18.

243 RA 34, S. 5, Z. 19.

244 Siehe Belegliste De Zorzi 2014: 111-112.

245 Freeman 1998, 2005 und 2017.

246 Siehe Koch 2000 und 2005, Heeßel 2012.

Wetterphänomene machen den größten Anteil der Belege aus und werden oft zusammen erwähnt, da sie für die Wasserversorgung von zentraler Bedeutung waren.

Es lassen sich Apodosen des fallenden und des austretenden Wassers seit der aB Zeit in himmlischen und Leberschauomina finden. Gemäß dem allgemeinen Stil zu Beginn des II. Jahrtausends werden die Termini *šamûm*, wahlweise auch *zunnum*, und *mīlum* meistens syllabisch geschrieben.[247] Bereits in einigen aB Omina zeigt sich die wiederkehrende Apodosis über den Überfluss in den zwei Weltsphären „Regen im Himmel und Hochwasser im Fluss/in der Quelle".[248] Syllabische Schreibungen der zwei Wörter derselben Apodosis sind ebenso überwiegend in der mB und mA Zeit belegt.[249] Ab dem I. Jahrtausend scheint diese Formel in den Apodosen vermehrt aufzutreten, aber die Schreiber optieren ab dieser Zeit für die Verwendung der Logogramme in der üblichen Form a.an(.meš) *ina* an-*e* a.kal(.meš) *ina* idim gál(.meš).[250]

Im Allgemeinen bilden die zwei Wettererscheinungen eine der häufigsten Apodosen, die sich aus den verschiedensten Vorzeichen ergeben. Wenn der Regen und das Hochwasser als regelmäßiges Ereignis eingetragen werden, deuten sie auf eine Ankündigung des Überflusses für das Land hin. Eine andere Auswertung gilt für ihr geringes Auftreten: Apodosen hinsichtlich wenig Regen und Hochwasser werden danach unter „Dürre" behandelt.[251] Unterschiede bei der Auslegung der vorhergesagten Wasserzustände sind anhand des folgenden Beispiels hervorzuheben.

BPO 3, K 3601

N. 37': [diš mul.*dil-bat* ki.gub-*sa uš-tan*]-*ni* nun *šu-ut* sag-*šú* ḫi.gar.meš-*šú* a.an *u* a.kal kud.me zi-*ut* [...]

[Wenn der Stern Dilbat (Venus) seine Position verän]dert, werden die Offiziere des Fürsten gegen ihn aufstehen, Regen und Hochwasser werden aufhören, Angriff ...

N. 38': [diš mul.*dil-bat* k]i.gub-*sà gu-um-mur* dingir.meš *ana* kur arḫuš tuk.meš [a.an.me *ina* an-*e*] a.kal.me *ina* idim gál.meš ki.min

[Wenn die Posi]tion der Venus „vollständig" ist, werden die Götter Gnade für das Land haben, [es wird Regen im Himmel] und Hochwasser in der Quelle geben, dito.

N. 44': diš mul.*dil-bat ina* ud.nà.ám mul.meš *né-su-ši* an.mi *mit-ḫur-ti* dingir.me an-*e* sal.kúr.meš gál.meš a.an.me lal.me dingir.udu.bad.meš nigin.me-*ši-ma*

Wenn die Sterne sich am Neumond der Venus entfernen: Finsternis der (Stern)konjunktion, die Götter des Himmels werden in Feindschaft sein, der Regen wird gering, die Planeten umgeben sie ...

Die anderen Komponenten der Apodosis helfen dabei, die allgemeine Konnotation der beiden Phänomene zu begreifen. Das Verhältnis zwischen der Protasis und der Apodosis wird

247 Zum Beispiel CT 6, 1-3, N. 29 und CUSAS 18, 13, XI, N. 14.

248 Siehe CUSAS 18, 13, X, N. 15: *zu-un-nu i-na* an *mi-lu i-na* íd *i-mi-du-ma*.

249 Zum Beispiel CUSAS 18, 33, N. 38; RA 50, 18, III, Z. 23.

250 Siehe beispielsweise PIHANS 73, T. 24, III, N. 62.

251 Beispiel: AfO Bh. 22, EAE 22-II, VII, N. 1: a.an *u* a.kal lal.meš.

in kommentierten Berichten erklärt. In SAA 8, 378 ist über ein Omen des Halos um den Stern Spica zu lesen, der angeblich kein unheilvolles Zeichen wäre, sondern ein deutlicher Hinweis auf kommende Regen und Hochwasser im Winter: „Ein Halo der Konstellation Saatfurche (Virgo)[252] bedeutet Regen und Hochwasser im Winter".[253] Ein weiterer nA Text enthält einen interessanten Aufschluss über die Vorhersage einer großen Überschwemmung.

SAA 8, 461, Z. 3-4

[diš] dingir.*iš-tar* aga kù.babbar *ap-rat* ⸢a⸣.[kal] *ku-li-li* ⸢du⸣-[*kam* a.kal] *ku-li-li* a.kal *gap-*[*šu*]

[Wenn] Ištar (die Venus) eine Silberkrone trägt, wird ein Hoch[wasser] an Libellen kommen. [„Hochwasser] an Libellen" ist „ein gewaltiges Hochwasser".

Dieses Omen, das auch in anderen Tafeln vorkommt,[254] kann unterschiedlich gedeutet werden. Die Libelle, ein fliegendes Insekt, das eng mit dem Wasser und dem Fluss verbunden ist, wird im Akkadischen mit dem Wort *kulīlu* bezeichnet. Das Logogramm aga wird normalerweise im Akkadischen als *agû* umschrieben, dennoch existiert ein Synonym für „Krone" oder „Kopfband", nämlich *kilīlu*.[255] Demzufolge könnte es sich um ein homophonisches Wortspiel im Hintergrund des Omens handeln. Es wäre zudem eine Homophonie möglich, indem ‚aga' an das Akkadische *agû*, „überschwemmende Welle" (logographisch a.gi$_6$) erinnert, von daher der Hinweis auf das kommende Hochwasser. Neben der Homophonie des letzten Zitats konnte der Anblick des Flusses mit vielen Libellen bildlich eine enorme Überschwemmung besagen, infolge derer die Insekten ertränkt und dann transportiert wurden.[256] Die Symbolik der Libellen als Wasserinsekten wird auch von der entsprechenden Sektion in *šumma ālu*-Tafel 61 bestätigt, in der Protasen des Hochwassers mit verschiedenen Arten von geflügelten Insekten vorkommen.[257]

Im Text SAA 8, 461 ab Z. 5 geht es um die Wichtigkeit des Niederschlags in trockenen Zeiten. Das Regenritual *dullu Adad zunni ana zanāni* wird mit dem dazugehörigen šu.íl.la-Gebet dem König empfohlen.[258]

Der Regen kann allein als Ereignis in der Apodosis vorhergesagt werden. Neben der üblichen Form a.an(.meš) šur(-*nun*), *zunnu izannun*,[259] ist der Terminus *rādu* belegt, der einen heftigen Regensturm ausdrückt.[260] Erwähnenswert ist ein Kommentar aus der Opferschauserie *multābiltu*, in dem aus der Leber auf den künftigen Regen schlussfolgert wurde: „Eine

252 Borger 2004: 299.

253 SAA 8, 378, Z. 5-1': tùr *šá* mul.ab.sín *a-na* a.an *u* a.kal *i-na* en.te.na *i-lap-pat*.

254 BPO 3, K.3601, N. 10'; BPO 3, VAT 10218, N. 19.

255 CAD 8 „K", S. 358; siehe Renzi-Sepe 2023: 239.

256 Streck 1999: 175 und Renzi-Sepe 2023: 239 erwähnen die Passage des *Atra-ḫasīs* (Lambert, Millard 1969: T. III, iv, Z. 6): *ki-ma ku-li-li im-la-a-nim na-ra-am*, „wie Libellen füllten sie den Fluss". Die Gleichung *kulīlu*=Libelle ist allerdings unsicher. Dieses akkadische Wort könnte hingegen die Eintagsfliegen, heute von den Einwohnern des Tigris *glīlu* genannt, bezeichnen (Heimpel 1980: 106).

257 OP 20, T. 61; N. 111-120.

258 SAA 8, 461, Z. 6-5'.

259 Siehe zum Beispiel ResOr 12, S. 162, Z. 133.

260 Unter anderen CNIP 25, 27, N. 1; CNIP 25, 62, N. 48; SAA 8, 428, Z. 4.

Schwarze Pustel bedeutet starke Überflutungen", und „eine Pustel inmitten einer Pustel bedeutet, dass es Regen geben wird".[261] Trotz der Erklärung ist die Logik hier für uns nicht fassbar.

In vielen Apodosen findet sich nur die Überflutung als Folge. Obwohl das Wort *mīlu* sich am häufigsten in den Apodosen nachweisen lässt, kommen auch andere Synonyme vor. Statt des Logogrammes a.kal lässt sich die Variante a.zi.ga in einigen *šumma ālu*-Exzerpten nachweisen.[262] Die Tafel 61 dieser Serie enthält ferner Apodosen mit ‚a.maḫ', akkadisch *butuqtu*, als „Dammbruch" übersetzbar, und mit *abūbu*, „Flut". Das Hochwasser in seiner zerstörerischen Form wird durch *biblu*, logographisch níg.dé.a, geschrieben, normalerweise in der Formel „ein *biblu* wird das Land wegtragen", wie zum Beispiel in BPO 3, VAT 10218, N. 51. Dank der klaren Konnotation mancher Apodosen ist es möglich, die Phänomene aus der Perspektive des mesopotamischen Menschen auszulegen. Das regelmäßige Hochwasser war eine überschaubare Naturerscheinung, die man kontrollieren und nutzen konnte. Im Gegensatz dazu wurden die gewaltigen Überschwemmungen, die den Anbau beeinträchtigen konnten, als unheilvolle Konsequenz beschrieben. Die Vorzeichen spiegeln in diesem Sinne den Inhalt mehrerer oben besprochenen Alltagstexte wider. Es lässt sich ein weiterer Omenbericht aus Ninive über ein Ritual für das Wohlergehen des Königs, der Stadt und der Bevölkerung anführen: „das Hochwasser wird am Anfang des Jahres kommen und die Schleusen werden gebrochen werden".[263] Das Hochwasser und die Dammbrüche, die in der Apodosis resultieren, waren also im Frühjahr zu erwarten und für den Anbau von Vorteil.

3.2. Flutkatastrophe Adads

Dieses Phänomen ist mit denjenigen des vorigen Abschnitts verbunden. Es wurde aufgrund der unterschiedlichen Konnotation und des separaten Eintrags dieser Apodosis als angemessen erachtet, diese Apodosengruppe getrennt zu besprechen. Sogar in einigen Fällen, in denen der Regen, das Hochwasser und Flutkatastrophe in derselben Apodosis zu finden sind, bilden die ersten zwei ein separates Konzept, während das „Schlagen des Adad" eine selbstständige negative Vorhersage bedeutet.[264] Dieser Begriff *Adad iraḫḫiṣ* wurde auf verschiedene Weisen übersetzt, vor allem als „Adad wird (etwas) zerstören" oder „schlagen", in anderen Fällen als Vorzeichen des Gottes, der die Ernte oder die Armee „ertränkt" oder „überschwemmt".[265] Dieses Phänomen wurde als zerstörerische Erscheinung des Adad wahrgenommen und war demnach ein unheilvolles Zeichen im Gegensatz zur häufigen Apodose „es wird Regen im Himmel und Hochwasser im Fluss geben".[266]

Als angekündigte Wettererscheinung ist die Flutkatastrophe in den Omina der Mondfinsternisse sowie in der Opferschau sehr häufig:[267] Die gewöhnliche Schreibung ist im I.

---

261 AOAT 326, T. 1, N. 112-113: diš *di-ḫu* gi_6 / *ri-iḫ-ṣu dan-nu*; diš *di-ḫu ina* šà *di-ḫi* / a.an.meš gál.meš.

262 OP 20, T. 61, N. 111 und 20'.

263 SAA 8, 250, Z. 4': *ina* igi mu a.kal du-*ma* a.maḫ.meš kud.meš. Dasselbe Thema ist in SAA 8, 103, Z. 16 erwähnt, aber in fragmentarischem Zustand.

264 AfO Bh. 22, EAE 22-I, IV, N. 1.

265 Siehe lexikalischen Erklärung in vollem Umfang auf S. 259f.

266 Siehe zum Beispiel AfO Bh. 22, EAE 19-II, N. 8: (im).a.an *ina* an-(*e*) a.kal *ina* íd.

267 Siehe beispielsweise CUSAS 18, 14, IX, N. 14 und YOS 10, 36, I, Z. 28.

Jahrtausend logographisch dingir.iškur ra(-*iṣ*). Bisweilen kommt das Substantiv *riḫṣu*, gìr.bal, vor.[268]

Die Zerstörung durch Adad kann die verschiedensten Dinge und Menschen betreffen, obwohl die meisten Exzerpte die Folgen der Überschwemmung für den Anbau beschreiben: „Adad wird die Ernte des Landes überschwemmen (und zerstören)"[269] ist die häufigste Apodosis. Einige Apodosen erläutern, welche Pflanzen je nach der Jahreszeit beschädigt werden,[270] oder deuten auf die Überschwemmung des außerstädtischen Raums hin, nämlich des Feldes und der Steppe.[271] Neben den Pflanzen konnten auch Zuchttiere und Menschen, wie heutzutage in hochwassergefährdeten Gebieten, vom Wasser weggeschwemmt werden[272] und in heftigen Episoden von Überflutungen ereilten die Häuser dasselbe Schicksal.[273] Darüber hinaus sind geographische Hinweise zur prognostizierte Zerstörung überliefert, die nicht nur das Inland sowie das Feindesland treffen konnte,[274] sondern auch die entsprechenden Länder der ideologischen Kardinalpunkte, wie Elam oder Amurru.[275] Der militärische Aspekt fällt dann unter die vernichtenden Einflussbereiche Adads, wenn das Heer des Königs bzw. des feindlichen Reichs vom austretenden Wasser weggeschwemmt werden.[276] Schlussendlich enthält eine aB Apodosis noch das Echo der im *Atra-ḫasīs* erzählten mythischen Sintflut: „Adad wird die Menschheit (*awīlūta*) überfluten".[277] Abgesehen von der letzten Erwähnung, die einen literarischen Hintergrund zeigt, finden die meisten anderen deutliche Entsprechungen in der von den Alltagstexten beschriebenen Realität.

Der größte Teil der Omina, die dieses Wetterphänomen ankündigen, ist in den Protasen von Mondfinsternissen, Leberschau, *šumma ālu* und *šumma izbu* vertreten. Es finden sich auch hier Beispiele für Vorzeichen, deren Mechanismus in der Analogie liegt, wie das folgende Exzerpt aus dem Ninive-Archiv.[278]

SAA 8, 155, Z. 1-3
diš 30 íd nigin-⌈*me*⌉ *ri-iḫ-ṣu u ra-a-du* gal.meš gál.⌈meš⌉
Wenn der Mond von einem Fluss umgeben ist, wird es ergiebige Flutkatastrophen und Regenstürme geben.

Dieses Omen ist so zu interpretieren, dass der „Fluss" um den Mond, wahrscheinlich eine Art von Trübung in der Form eines Flusses, in Analogie zum Auftreten von Überschwemmungen in der Apodosis gesetzt wird. Andere Kommentare überliefern eine weitere Weise zur Vorhersage des *riḫṣu* in der Divination der Eingeweide. Man erdenkt in Apodosen auch Analogien durch die Terminologie der Leberschau.

268 NISABA 2, V, f, Z. 11-12.
269 PIHANS 73, T. 29, III, N. 66: buru$_{14}$ kur dingir.iškur ra-*iṣ*.
270 *iqqur īpuš* 79, Z. 3
271 OP 19, T. 25-26, 5, Z. 14'-15'; WVDOG 116, 7, Z. 11'.
272 CUSAS 18, 13, X, N. 14; WVDOG 139, 56, Z. 4'.
273 HANE-M 15, T. 18, N. 77'.
274 WVDOG 139, 19, Z. 34-35.
275 *iqqur īpuš* 78, Z. 5; KASKAL 11, S. 125, Z. 5'.
276 WVDOG 139, 96, Z. 10-11; PIHANS 64, 14, Z. 44-45.
277 RA 65, S. 73, Z. 60: dingir.iškur *a-mi-lu-ta* ra(-*iṣ*); ähnlich in NISABA 2, III, b, Z. 27.
278 Dasselbe Omen findet sich in SAA 8, 295, Z. 6'-7' und SAA 10, 113, Z. 8.

AOAT 326, S. 104, T. 1, N. 108
diš *me-ed-ru* : *ri-iḫ-ṣu* : be zé *mu-un-d*[*u-rat* ...]
Wenn ‚der Wasserlauf' (bedeutet) eine Flutkatastrophe, (wie in:) „wenn die Galle(nblase) ein[geweicht ist" ...]

Die Verknüpfung zwischen dem Fachbegriff „Kanalgraben", der anscheinend einen bestimmten Teil der Eingeweide bezeichnet, und *riḫṣu* ist hierbei auf Grundlage des Motivs Wasser verständlich.[279]

3.3. Die Winde

Apodosen der Winde sind bereits ab der aB Zeit belegt. In den ersten divinatorischen Texten werden die Luftzüge als entscheidende Einflüsse auf den Alltag geschildert. Der *ištānu*, der Nordwind, oder der geographische Nordwestwind, war der wichtigste Luftstrom des nahöstlichen Klimas und konnte im Guten wie im Schlechten mit seiner Kraft auf die Landschaft einwirken. Einige Apodosen wie „der Nordwind wird die Schiffe wegbringen"[280] können als eine Umsetzung der Realität in die Vorzeichentexte erkannt werden. In ähnlicher Weise sind Bezüge auf den guten Einfluss des *ištānu* auf die Ernte und allgemein auf Pflanzen zu interpretieren.[281]

Die Windrichtungen ließen sich vorwiegend als Bedingung für Vorhersagen beobachten. Aufgrund der besprochenen Ambivalenz dieses Wetterphänomens sind gegensätzliche Bezeichnungen des Windes auch in den Apodosen zu lesen. Der „böse Wind", *imḫullu*, oder im.ḫul,[282] widersetzt sich dem „guten Wind", *šāru ṭābu*, im dùg.ga,[283] je nach negativer bzw. positiver Konnotation der Apodosis. Unter den Konsequenzen, die ein böser Wind verursachen konnte, ist die folgende aus einem Leberschauomen: „Ein böser Sturm wird aufkommen und das Kopfband auf dem Kopf des Fürsten durcheinanderbringen, oder das Kopfband derjenigen, die (seinem) Schlafgemach vorsteht, wird geöffnet werden".[284]

Auch die Windstille, oder die Abwesenheit des Windes, lässt sich in Apodosen sowie in Protasen nachweisen: „Wenn im Monat Araḫsamnu (VIII.) (eine Zeichnung den Mond umgibt), ... werden die Winde im Land aufhören".[285]

---

279 Zum Wort *midru*, oder *miṭru*, siehe Kogan 2015: 177 Fußnote 492. Der Kommentar AOAT 326, S. 104, T. 1, N. 108 wurde zuvor in Cavigneaux, Al-Rawi 1993: 103 Fußnote 6ff. als Beweis für die Entsprechung der Termini *miṭru* und *riḫṣu* interpretiert: Es wird auf eine mögliche Ableitung von der semitischen Wurzel *MṬR*, „Regen", hingewiesen.

280 NABU 2017, 73, Z. 11: giš.má.meš *iš*[!]*-ta-nu i-ṣa-ba-at*; auch YOS 10, 24, Z. 41'.

281 ARM 26-1, 248, Z. 19; Šilejko-Tafel, ZA 90, S. 204, Z. 6-7.

282 BPO 3, K 229, N. 16; RA 65, S. 74, Z. 80

283 BPO 3, EAE 59-60, VI, N. 1; BPO 3, VAT 10218, N. 86.

284 WVDOG 139, 1, V, Z. 47-49: im.ḫul zi-*ma ku-lu-li šá* sag.du nun ⸢*i*⸣*-saḫ-ḫa ú-lu šá* munus.*ḫa-am-mat ur-ši ku-lu-li-šá* bad.meš-*ú*; Übersetzung von Heeßel 2012: 50. AOAT 326, T. 110, r ii 48 enthält dasselbe Omen.

285 *iqqur īpuš* 77, Z. 8: diš *ina* iti.apin dito ... im.meš *ina* kur kud.meš; auch in *iqqur īpuš* Araḫsamna, Z. 24.

Zum großen Teil gehören die Apodosen des Windes zu himmlischen Omina, insbesondere Omina der Himmelskörper und der Mondfinsternisse. In einigen Kommentaren der Serie EAE werden die Winde mit bestimmten Gestirnen verbunden.

BPO 2, EAE 50, III

N. 5	diš mul.en.te.na.bar.ḫum *a-na* im sag	Der en.te.na.bar.ḫum-Stern steht für „frühen Wind".
N. 5a	im sag : *ḫa-ru-up-tú* :	im sag=*ḫaruptu*, „früh".
N. 5c	sag : *ḫa-ra-pu* […]	sag=*ḫarāpu*, „früh sein" …
N. 6	diš mul.an.ta.sur.ra *ana* im zi.ga	„Wenn der Glitzernde Stern" steht für Erhebung des Windes.
N. 7	diš mul.lul.la *ana* zi-*ut* im	Der ‚Falsche' Stern steht für die Erhebung des Windes.
N. 7b	diš mul.meš igi.meš *šá* mul.al.lul sa$_{5}$.meš-*ma* zi im	Wenn die Sterne vor dem Stern(bild) Krebs rot sind: Erhebung des Windes.
N. 15	[diš mul].meš *nam-ru ana* im zi.ga	Wenn glänzende [Ster]ne: stehen für Erhebung des Windes.
N. 16	[diš mul].meš mú.meš-*ḫu ana* zi im	Brennende Sterne stehen für Erhebung des Windes.
N. 18	[diš mul.meš dul.la$^{?}$] <*ana*> im.šub.ba	[Bedeckte$^{?}$ Sterne] stehen für ‚fallenden' Wind$^{?}$
N. 20	diš mul.an.ta.šub.šub.ba <*ana*> im.šub.ba	der an.ta.šub.šub.ba-Stern steht für fallenden Wind$^{?}$

Es ist nicht immer klar, weswegen diese Himmelskörper das Aufkommen des Windes ankündigen. Der en.te.na.bar.ḫum-Stern, dessen Identifikation ungewiss bleibt, könnte im Verhältnis zur Kälte des Winters stehen. Die Kombination des Logogrammes en.te.na, *kuṣṣu*, „die Kälte", mit dem „frühen Wind", einem nicht seltenen Element der Apodosen,[286] kann möglicherweise auf den frühen Einbruch des Winters hinweisen. Interessant ist das Lemma im.šub.ba, das sonst nicht belegt ist, und eine ähnliche Struktur wie izi.šub.ba, *izišubbu*, „fallendes Feuer", aufweist. Bei der N. 20 scheint mit dem Zeichen šub gespielt zu werden. Homographien und Analogien mit dem Wort „Wind" werden anscheinend häufig zur Formulierung von Apodosen verwendet. Obwohl die Opferschauomina nicht so reich an Erwähnungen des Windes sind, wurde gerne der Fachbegriff *tīb šāri* benutzt, wörtlich „Erhebung des Windes"; bei der Eingeweideschautechnik bezeichnete dies einen Teil der Innereien, aus dem homophonische Apodosen folgten:

CUSAS 18, 33, N. 44

be zi im *qé*-⸢*reb*⸣ gìr *iḫ-ru-uṣ* im *ri-iḫ-ṣi* zi-*am šum-ma* im an.mi

Wenn die ‚Erhebung des Windes' das Innere des ‚Fußes' schneidet, wird sich der Wind eines Regensturmes erheben; wenn (dito), Wind und Finsternis.

286 Siehe dazu BPO 3, EAE 59-60, VI, N. 1.

Das Wortspiel dieses mB Omens besteht in diversen Sprachfiguren: Die Folge ‚zi im', *ṭīb šāri*, wird durch ‚im … zi' in der Apodosis wiederaufgenommen; es folgt das Logogramm gìr, „Fuß", das auch für gìr.bal, Logogramm für *riḫṣu*, „Flutkatastrophe", verwendet wird; schlussendlich findet sich eine Alliteration mit den Wörtern *iḫruṣ* und *riḫṣu*.[287]

3.4. Dürre und Versumpfung

Ein Mangel an Niederschlägen und geringem Wasserdurchfluss im Fluss stellte eine der größten Sorgen des mesopotamischen Menschen dar.

Einige unheilvolle Ereignisse, aus denen die Seher Dürre schlussfolgerten, wie zum Beispiel eine Mondfinsternis,[288] wurden bereits in Omina am Anfang des II. Jahrtausends vermerkt. In vielen Fällen wird die Dürre durch eine Periphrase in ähnlicher Weise wie in den Alltagstexten bezeichnet, d. h. durch Ausdrücke für Wasserknappheit. Es sei angemerkt, dass die Bezüge auf die Dürre sich teilweise als schwierig zu erkennen erwiesen. Bei der Eintragung „Regen im Himmel und Hochwasser im Fluss / in der Quelle werden abgebrochen"[289] bleiben keine Zweifel an der eigentlichen Bedeutung „Dürre".[290] Es bestehen jedoch vielfältige Varianten ähnlicher Phänomene in Apodosen, die nicht nur die totale Abwesenheit von Wasser übermitteln. Schwierige Klassifizierungen treten bei Apodosen des „geringen Regens/Hochwassers" auf: In diesem Zusammenhang wurde die Eintragung bei der Übersicht auf S. 180f. als „Regen" bzw. „Hochwasser", wenn nicht unter „Dürre", mitgerechnet.

Der generelle Terminus für „Dürre" oder „Trockenheit" *arurtu* kommt sporadisch ab dem I. Jahrtausend vor.[291] Dürre im Sinne von Mangel an Regen und Hochwasser wurde oft durch das Verb *parāsu*, logographisch kud, das insbesondere das komplette Ausfallen der Wasserversorgung bedeutet, durch *maṭû*, logographisch lal, „wenig/gering werden",[292] oder durch das Adjektiv *šaqlu*, „gewogen", „gering". „Der Regen im Himmel und das Hochwasser in der Quelle werden aufhören" ist die übliche Apodosis des I. Jahrtausends.[293] Die Verneinung des Verbs „regnen" war auch eine Alternative, *ul izannun*, logographisch nu šur.

Andere Wetterapodosen behandeln die Dürre des Flusses. Im Abschnitt der *šumma ālu*-Wasseromina, Tafel 61, sind einige hinsichtlich der Trockenlegung des Flusses zu lesen. Während die *šumma ālu*-Apodosen die Verwendung des Verbs *ṣamû* im D-Stamm, „durstig/trocken machen", zeigen,[294] wurde *abālu*, „austrocknen", hauptsächlich benutzt, um das ausgetrocknete Flussbett zu beschreiben.[295]

Aus einem Blick auf die Verteilung der Apodosen der Dürre geht hervor, dass die Mehrheit in Omina der Mondfinsternisse enthalten sind: 27 dieser Art wurden identifiziert. Zuletzt

287 Ein Kommentar zu einem ähnlichen Leberschauomen der „Erhebung des Windes" ist ebenso für die nA Zeit in AOAT 326, T. 11, N. 61 bekannt.

288 CUSAS 18, 13, N. X, 15.

289 In solchen Kontexten wird das Verb *parāsu*, oft als Sumerogramm kud, verwendet; siehe zum Beispiel AfO Bh. 22, EAE 21-VI, Z. 4 (KASKAL 14, S. 105): a.an.meš *ina* an-*e* a.kal.meš *ina* idim kud.meš.

290 In diesem Sinne bezieht der Begriff auch das Niedrigwasser ein.

291 Siehe BPO 2, EAE 51, XIII, N. 6; BPO 3, D.T.47, N. 9; BPO 3, VAT 10218, N. 15.

292 HANE-M 15, T. 7, Z. 30: a.an *ina* an-*e* lal-*ma*.

293 Zum Beispiel KASKAL 14, S. 105, Z. 4: a.an.meš *ina* an-*e* a.kal.meš *ina* idim kud.meš.

294 OP 20, T. 61, N. 57-59.

295 Siehe zum Beispiel PIHANS 73, T. 24, III, N. 27.

wurde festgestellt, dass eine beträchtliche Anzahl der Apodosen mit Bezug auf Dürre aus Wetterprotasen entsteht, darunter 9 als Folge eines Donners im V. Monat (Juli-August).

Die Auswirkungen der Dürre auf den Wasserabfluss waren ohne Zweifel sichtbar, dennoch mussten einige Apodosen über das Austrocknen des Meers auf einen anderen Hintergrund, vielleicht sogar auf ein mythologisches Unheil, verweisen: „(Wenn der Mondgott) am 14. VIII. (verfinstert ist), wird das Meer austrocknen und der Überfluss werden verschwinden".[296]

Ein weiteres Phänomen, das sich unter den EAE-Mondomina nachweisen lässt, ist die Versumpfung des Meers. Weite Gebiete Südostbabyloniens waren von Marschen charakterisiert und befanden sich in unmittelbarer Nähe des Persischen Golfes.[297]

AfO Bh. 22, EAE 21-II, N. 5
diš ud 21.kam an.mi gar *ḫi-ṣib* a.ab.ba záḫ-*ma* a.ab.ba *ap-pa-ru i-šìr qí-nu* mušen uš-*šú*
Wenn eine (Mond)finsternis am 21. Tag geschieht, wird der Überfluss des Meers verschwinden und das Meer entwickelt sich[298] zu? einem Sumpf, (wo) der Vogel sein Nest hinsetzt.

Die Sümpfe im südlichen Irak waren bis in rezenter Zeit ein Biotop für Vögel und eine wichtige Ressource für die Fischerei.[299] Ein anderes Beispiel zeigt die Perspektive des mesopotamischen Landwirtes hinsichtlich der Sümpfe als ertraglose und unerwünschte Bodenfläche.

OP 20, T. 63, N. 61
[diš bal.g]i.ku$_6$ ta ambar *ana* íd bal-*at* ambar bi *ib-bal ana me-ri-ši* gur-*á*[*r*]
[Wenn eine Schil]dkröte den Sumpf zum Fluss überquert, wird dieser Sumpf austrocknen und zu Ackerland werden.

Es handelt sich voraussichtlich um den einzigen Kontext, in dem das Ausdörren des Erdbodens als positives Ereignis wahrgenommen wird. Die Analogie der Bewegung der Schildkröte von den Marschen zum Fluss, d.h. vom stehenden Gewässer zum wertvollsten Element der Bewässerung, erklärt dieses terrestrische Vorzeichen. Die Homographie der Logogramme bal.gi.ku$_6$, *raqqu*, „Schildkröte", und bal, *nabalkutu*, „überqueren", vervollständigt darüber hinaus die Auslegung dieses Vorzeichens.

3.5. Donner und Blitzschläge

Donner war ein fester Bestandteil der Apodosen seit den ersten Omina der aB Zeit und in jedem Typ von Omina zu finden. Neben der Schreibung *rigim Adad* sind auch Formen des Verbs *šasû* belegt.[300]

---

296 Siehe CUSAS 18, 13, VIII, N. 15: *i+na* iti.apin.duḫ.è ud 15.kam *ta-am-tum i-ba-al-ma mi-še-er-tum i-ḫa-al-li-iq*. Siehe auch KASKAL 15, S. 99, N. I 5a und OP 20, T. 63, N. 44-45.

297 Streck 2011a: 182-183.

298 Die Übersetzung wird in Rochberg 1988: 236 Fußnote 5 anhand von Kommentaren erklärt.

299 Al-Handal, Chu 2014: 31-32.

300 CUSAS 18, 14, IX, N. 20; CT 6, 1-3, N. 31-32.

Einige Omina sagen die Erscheinung des Sturmgottes vorher, der sich in der Apodosis in seinen verschiedenen Zerstörungsformen manifestiert: „Wenn eine Mondfinsternis am 20. Tag (des IV. Monats) geschieht, wird Adad in diesem Monat donnern, der Gott wird fressen, nach der Ernte wird Adad das Vieh überschwemmen".[301] Ein ähnliches Beispiel lässt sich aus einem mB Omen bezüglich eines wiederholten Erdbebens anführen: „Wenn die Erde mehr als in der Regel bebt, wird er? seinen! Donner ein, zwei und drei Mal erschallen lassen …".[302]

Blitze treten ziemlich selten in Apodosen auf und sind hauptsächlich als Logogramm ḫi.ḫi für *barāqu* belegt.[303] Ihre lautlose Erscheinung am Himmel war selbstverständlich bemerkenswert: „Adad blitzte, aber stieß seinen Schrei nicht aus".[304] Das „fallende Feuer", das *izišubbu*, eignete sich anscheinend besser für Protasen. Es ist möglich, dass dies auf die direktere sichtbare Auswirkung des Blitzeinschlags zurückzuführen ist. Nicht nur *šumma ālu*, sondern auch *šumma izbu* und Leberschauomina kündigen das Einschlagen von Blitzen an.[305]

3.6. Kälte und Winter

Aus der Untersuchung der Alltagstexte ergab sich die hohe Bedeutung von Informationen über den Kälteeinbruch in unterschiedlichen Gebieten Mesopotamiens. Die Gefahr durch niedrige Temperaturen wird auch durch die Divination bestätigt. Die ältesten Beispiele stammen aus der aB Zeit und sind großenteils in Opferschauomina enthalten.[306] Obwohl die Apodosen über Kälte nicht zahlreich sind, kann die negative Auslegung dieser Vorhersage auf Grundlage einiger Omina identifiziert werden: „Wenn der ‚Würde-Stern', der ‚Wesir von Tišpak', dem Skorpion nahekommt, wird es drei Jahre starke Kälte geben, Phlegma und Husten werden das Land ergreifen".[307] Die Atemwegserkrankungen werden demnach im Anschluss an die kalte Periode prognostiziert.

Der Schnee war eine Ursache von potenziellen Schäden am Ernteertrag. Ein aB Leberschauomen zeigt eine reale Möglichkeit für den Anbau, beschädigt zu werden: „Wenn hinter der Leber zwei ‚Waffen' liegen und sie ins ‚Tor des Palastes' hineinschauen, wird der Schnee das Getreide schlagen und man wird den König in seiner Stadt umbringen".[308]

Es ist schwer, Unterschiede zwischen den diversen akkadischen Lemmata in Beziehung zu den modernen Begriffen für „Kälte" und „Winter" zu bestimmen. Synonyme werden in

---

301 AfO Bh. 22, EAE 21-IV, N. 4: diš ud 20.kam an.mi gar *ina* iti.ne dingir.iškur gù-*šú* šub-*di-ma* dingir gu$_7$ egir mu máš.anše ra-*iṣ*.

302 RA 34, S. 6, Z. 19: diš ki ugu *mi-na-ti-šu i-ru-ub* 1-*šú* 2-*šú* 3-*šú* gù-*šá*! šub-*ma ḫe-pi*.

303 *iqqur īpuš* 104, Z. 9; OP 20, T. 61, N. 61.

304 *iqqur īpuš* 85, Z. 17-18: dingir.iškur ḫi.ḫi-*ma* gù-*šú* nu šub-*di*.

305 In OP 19, T. 25, 5, Z. 12'-13' und HANE-M 15, T. 18, N. 66' sind die Protasen abgebrochen; CNIP 25, 27, N. 3.

306 Unter anderen RA 44, S. 13, Z. 12 und YOS 10, 31, III, Z. 35.

307 BPO 2, EAE 50-5, III, N. 11d: diš mul.bal.téš.a sukkal dingir.tišpak *ana* mul.gír.tab te mu 3.kam en.te.na *dan-nu* gál-*ma ḫa-aḫ-ḫu su-alu* kur dib-*bat*.

308 AfO 5, S. 214, Z. 5: diš *wa-ar-ka-at a-mu-tim* 2 giš.tuk *ša-ak-nu-ma li-ib-bi* ká é-*lim iṭ-ṭù-lu ša-al-gu še-a-am i-ma-ḫa-aṣ šar-ra-am i-na li-ib-bi a-li-šu i-du-ku-ú-šu*. Bemerkenswert ist die wiederum die Analogie zwischen den *termini technici* der Leberschau in der Protasis und die konsequente Tötung des Königs in der Apodose.

kurzen Erklärungen der SAA-Texte geglichen, darunter *kuṣṣu*, *eriyātu* und *šuruppû*.[309] Ein besonderes astrologisches Omen setzt zudem einen Stern in Korrelation mit dem Wintereinbruch.

SAA 8, 64

2'.	diš mul.dingir.[im.dugud.mušen ...]	Wenn der An[zu-Stern ...]
	mu-ul dingir.[...]	
3'.	*ba-il šúm-ma* [*šu-ru-pu-u*]	hell ist: Entweder [Frost]
	ba-il	
4'.	*šúm-ma* en.te.na [...]	oder Kälte [...]
5'.	mul.dingir.im.dugud.⌜mušen⌝ [dingir.*ṣal-bat-a-nu*]	Der Anzu-Stern ist [Mars].
6'.	*šu-ru-pu-u* [*ku-uṣ-ṣu*]	„Frost" ist [„Kälte"].

Trotz einiger Lücken ist hier der helle Anzu-Stern als Vorzeichen vorhanden: Der Himmelskörper wird mit demselben Logogramm wie *imbaru*, „Nebel-Nieseln", beschrieben und bezieht sich auf den mythologischen Sturmvogel.[310] Leider ist die Gleichung der Wörter *šuruppû*, gewöhnlich „Frost" oder „Eis/Schnee" übersetzt, und *kuṣṣu*, „Winter/Kälte", in der Z. 6' aufgrund des fragmentarischen Zustandes nicht ganz deutlich.

Eine belegte wiederkehrende Wetterapodosis, die im Vergleich zu den letzten Erwähnungen keine negative Vorhersage darstellt, lautet „im Winter wird es sehr kalt und im Sommer sehr heiß sein".[311] Diese wiederkehrende Apodosis hatte vermutlich die Funktion, eine regelmäßige Aufeinanderfolge der Jahreszeiten anzukündigen.

3.7. Andere Wetterapodosen

Die Belege für andere Wetterphänomene in den Apodosen sind gering und wenig diversifiziert. Einige relevante Wettererscheinungen der Protasis lassen sich hierbei nicht nachweisen. So war es beispielsweise nicht notwendig, Regenbogen oder Nebel vorherzusagen.

Der Sturm tritt bereits in aB Leberschauapodosen in der Form *tibût meḫê* auf.[312] In der Folge lassen sich diverse Erwähnungen in der divinatorischen Tradition des I. Jahrtausends im Zusammenhang mit unglücklichen Ereignissen finden.[313] Einige *šumma ālu*- und *šumma izbu*-Vorzeichen behandeln sonderbare Verhaltensweisen der Schweine und ihre Apodosen enthalten eine relative hohe Konzentration von Bezügen auf den Sturm. Unter anderem steht dort: „Wenn Schweine in den Straßen schreien: Erhebung des Sturms".[314] Anzeichen von

309 SAA 8, 60, Z. 7; SAA 8, 64, Z. 6'; SAA 8, 113, Z. 4'.

310 Landsberger 1961: 1-2.

311 BPO 3, K.229, N. 53: *ina ku-ṣi ku-ṣú i-ma-ad ina um-ma-a-tú um-mu dan-nu*, oder ähnlich in BPO 2, EAE 51, T. XVI, N. 10; BPO 3, K.229, N. 11'; BPO 3, K.3601, N. 30'; BPO 3, K.8688, N. 1; ZA 52, S. 242, VII, N. 31-32 und andere.

312 YOS 10, 25, Z. 24.

313 Siehe als Beispiel *iqqur īpuš* 77, Z. 9; *iqqur īpuš* 78, Z. 11; *iqqur īpuš* 102, Z. 9.

314 OP 20, T. 49, N. 8: diš šaḫ.meš *ina* sila.meš gù.gù.meš zi-*ib me-ḫe-*[*e*]; siehe auch OP 20, T. 49, N. 4, 48'; HANE-M 15, T. 22, N. 125, 128.

Beunruhigung von Tieren sagen bekanntlich Katastrophenereignisse, wie Erdbeben und Hurrikane, vorher. Über eine besondere Verknüpfung zwischen dem Verhalten dieses Zuchttiers und stürmischem Wetter lässt sich jedoch nur spekulieren.

Ein weiteres Wetterphänomen der Apodosen ist der Hagel, der hier im Vergleich zu den Protasen mehr belegt ist. Obwohl er sich überwiegend in den Opferschautexten dokumentieren lässt, zeigen wenige Sonnenomina das Zerstörungspotential dieses seltenen atmosphärischen Ereignisses: „Wenn eine Wolkenbank im Süden wie eine Fackel steht, wird sich ein Sturm aus dem Süden erheben und es wird Tonscherben regnen / es wird hageln".[315] Wiederum wird der Hagel mit kleinen harten Gegenständen assoziiert.[316] Leberschauapodosen spielen meistens mit der Homographie zwischen Komponenten der Protasis und der Apodosis.

CNIP 25, 62, N. 46
be *ina* šà me.ni *di-ḫu* šub-*di-ma ina* šà-*šá* babbar gim na$_{4}$.pa šub.meš na$_{4}$ šur-*nun*

Wenn eine Pustel inmitten des „Palasttors" steht und darauf weiße Flecken wie Muscheln liegen, wird es hageln.

Das Wort *ayyartu*, wird durch das Pseudo-Logogramm na$_{4}$.pa, auch ‚*ia*$_{4}$' + ‚*artu*', wiedergeben[317] und das hier mit dem homographen Logogramm na$_{4}$, *abnu*, „Stein", in diesem Kontext „Hagel", verbunden wird. Es ist ferner nicht auszuschließen, dass die Farbe und die Form dieser Muscheln an Hagelkörner erinnerten. Ähnliche Omina sind in anderen Vorzeichensammlungen zu lesen.[318]

315 PIHANS 73, T. 29, III, N. 80: diš *ina* im.u$_{18}$.lu *ni-du* gim *di-pa-ri* šub *me-ḫe-e* im.u$_{18}$.lu zi-*ma iš-ḫi-il-ṣa* kimin na$_{4}$ šu[r].

316 Siehe S. 34.

317 CAD 1, „A-1", S. 228.

318 WVDOG 139, 37, Z. 31'-33'; AOAT 326, T. 13, N. 58.

4. Wetter zugleich in Protasis und Apodosis

Es existieren zahlreiche Omina der meteorologischen Phänomene, die Schlüsse auf künftiges Wetter zulassen. In diesen Omina wird gezeigt, welche Wetterphänomene aus Wetterbeobachtungen im Alltag prognostiziert wurden. Obwohl der Zusammenhang zwischen Protasis und Apodosis oft kein kausaler ist, wurden die Beobachtungen wahrscheinlich doch in einigen Fällen empirisch gewonnen. Insofern sind diese Omina mit Wetterereignissen sowohl in Protasis als auch Apodosis von hoher Relevanz für das Verständnis der mesopotamischen Divination.

Omina, die atmosphärische Phänomene sowohl in der Protasis als auch in der Apodosis enthalten, sind für das II. Jahrtausend fast unbekannt. Aufgrund der geringen Dokumentation der Wetterdivination zur aB Zeit sind heute nur zwei Exzerpte aus der oben erwähnten Šilejko-Tafel erhalten, die das Aussehen des Tags behandeln. Der mB Zeit wurde ein kurzes Omen, voraussichtlich aus Nippur, zugeschrieben:[319] Nur eine Kopie der betreffenden kleinen Tafel ohne Zugangsnummer ist vorhanden, denn sie ist laut Katalog verloren.[320] Ungnad schlug bereits 1912 in der ersten und letzten kommentierten Edition dieses Fragmentes vor, dass es sich mit größerer Wahrscheinlichkeit um einen nB Text handle.[321] Orthographie und Duktus sprechen für diese Annahme.
Es folgt eine aktuelle Umschrift und Übersetzung der Tafel.

PBS 2/2, 123

I	1. diš dingir.iškur *i-na* im.diri im.u$_{18}$.lu gù-*šú* šu[b]	Wenn Adad seinen Schrei in einer Wolke des Südens loslässt,
	2. *i-na* kur uri.ki buru$_{14}$ si.sá *še-gu-nu-ú* gál-*ši*	wird die Ernte in Akkad gedeihen,
	3. *ta-lit-ti bu-lim* gál-*ši*	es wird Korn und Nachwuchs von Vieh geben.
II	4. diš ta dingir.iškur gù$^{!}$.dé$^{!}$.dé dingir.tir.an.na	Wenn, nachdem Adad mehrmals geschrien hat, sich ein Regenbogen von
	5. ta im.u$_{18}$.lu *ana* im.si.sá *ip-ri-i*[*k*]	Süden nach Norden querlegt,
	6. *i-na* kur uri.ki im.a.an.meš *sad-*[*ru*]	wird der Regen in Akkad regelmäßig
	7. *i-na* kur su.bir$_{4}$.ki im$^{!}$.te.na [gál$^{?}$-*ši* …]	[sein], es [wird] Kälte in Subartu [geben].
III	8. [diš *i-na* i]ti.še ud-*mu i-ru-up* an *iz-nun* t[i$^{?}$ …]	[Wenn im Mo]nat Addaru (XII.) der Tag bewölkt ist und es regnet […],
	9. [… im.dir]i sa$_{5}$ gub-*zu*$^{?}$ šu[b$^{?}$ ...]	[…] werden rote [Wolk]en stehen,$^{?}$ Nied[ergang von ...]

---

319 Koch-Westenholz 1995: 42.
320 Clay 1912: 89.
321 Ungnad 1912: 446-447.

Die Tafel weist einen Bruch an den beiden unteren Rändern auf. Lediglich die Vorderseite ist erhalten. Die Form der Tafel erinnert an einen offiziellen Brief ähnlich den nA Omenberichten aus Ninive.[322] Möglicherweise ist PBS 2/2, 123 ein meteorologischer Omenbericht, da die behandelten Wetterphänomene an einem einzelnen Tag hätten stattfinden können.[323] Wir wissen zudem mit Sicherheit, dass die ersten zwei Omina Exzerpte aus den EAE-Tafeln des Adad sind: Omen I gehört zur Tafel 44,[324] in der mehrere Vorzeichen des Donners gesammelt sind, während Omen II in Tafel 47 zu lesen ist.[325] Zumindest lassen sich daher die ersten beiden als kanonische Omentexte des I. Jahrtausends identifizieren. Das dritte Omen könnte ein Exzerpt aus der EAE-Sektion des bewölkten Tags sein, von der einige unpublizierten Fragmente bereits in der vorliegenden Arbeit ausgewertet wurden. Dieses Vorzeichen des Monats Addaru (XII.) hat in der vorliegenden Form keine Entsprechung in der Serie *iqqur īpuš*.

Die Tafel PBS 2/2, 123 weist einige Besonderheiten auf. Das Logogramm für den Gtn-Stamm von *šasû*, „mehrmals schreien" (Z. 4),[326] ist für das „Schreien des Adad" nicht sehr gewöhnlich. In Z. 7 ist eine Variante, möglicherweise in einer fehlerhaften Schreibung, des Logogrammes für *kuṣṣu*, „Kälte", allgemein ‚en.te.na', enthalten.[327] Es lässt sich jedenfalls feststellen, dass diese Tafel mit Wettererscheinungen in der Protasis und in der Apodosis auf die nB Zeit datierbar ist.

Es folgen ausgewählte Beispiele von atmosphärischen Vorzeichen, die Rückschlüsse auf künftige Wetterphänomene zulassen.

4.1. Das Wetter sagt das Wetter vorher

Aus der modernen Perspektive wären einige Vorhersagen unter den angegebenen Voraussetzungen durchaus plausibel: Das prognostizierte Wetter in der Apodosis folgt bisweilen natürlich aus dem beobachteten Wetter in der Protasis. Vergleiche etwa das Sonnenomen: „Wenn Adad zu Sonnenuntergang donnert, wird es regnen".[328] Weitere Beispiele spiegeln die tatsächlichen atmosphärischen Vorgänge wieder: „[Wenn dito an] einem bewölkten Tag, an dem es regnet, sich der Regenbogen wölbt, wird es nicht (mehr) regnen";[329] ein interessantes meteorologisches Omen in EAE-Tafel 37 (36) lautet: „Wenn der Tag dunkel ist und es in die vier Himmelsrichtungen blitzt, werden der Sturm, der Sandsturm und die Vier Winde aufkommen und sie werden nicht aufhören".[330] Andere Omina enthalten sogar

322 Koch-Westenholz 1995: 42.
323 Ungnad 1912: 447-448.
324 CM 43, T. 44, S. 22, N. 2'.
325 CM 43, T. 47, S. 147, N. 22'.
326 CAD 17, „Š", S. 164.
327 CAD 8, „K", S. 594.
328 KASKAL 11, S. 125, Z. 9': diš *ina* 20 šú-*ú* dingir.[išku]r *is-si* a.meš šur.
329 CM 43, T. 47, S. 146, N. 19': [diš min *ina*] ud *er-pí šá* an *iz-nu-nu* dingir.tir.an.na gib a.an nu šur.
330 EAE 36 (37), S. 100 dieser Arbeit, N. 4: ⸢diš ud⸣ *ḫa-dir-ma* nim.gír *ana* im.limmu-*ma* ḫi.ḫi *me-ḫe-e* dal.ḫa.mun im.limmu.ba *a-la-ku la i-kal-li*.

Ankündigungen der üblichen jährlichen Phänomene, wie „wenn das Hochwasser im Ajjaru (II.) kommt, wird Adad das Land (durch die Überschwemmung) zerstören".[331]

Dem Zusammenhang zwischen der Protasis und der Vorhersage konnte ursprünglich eine tatsächliche Beobachtung zugrunde liegen, die dann als Gesetzmäßigkeit verallgemeinert wurde.[332] Omina wie „wenn es im Du'uzu (IV.) donnert, das Wetter bewölkt ist, es regnet, sich der Regenbogen wölbt und es blitzt, wird der Regen im Land aufhören"[333] erwiesen sich vielleicht nicht als ganz zuverlässige Wettervorhersagen. Sie hätten jedoch stattfinden können und mussten somit in der Gelehrtentradition überliefert werden. Ebenso wäre die folgende Aussage nicht unbedingt falsch gewesen: „Wenn eine Wolkenbank zu Sonnenaufgang hinaufgeht, werden Regen und Hochwasser kommen".[334] Wahrscheinliche sowie unwahrscheinliche Aussagen über die künftigen Ereignisse sollten aufgelistet und tradiert werden.[335]

Ein großer Teil der Wetteromina besteht jedoch in der Zusammensetzung von Phänomenen, die miteinander überhaupt nicht in Beziehung stehen. Die meisten Vorhersagen stützen sich nicht auf empirische Beobachtungen, sondern folgen einer anderen Ratio; so kann eine Schlammüberschwemmung keinen physischen Einfluss auf die Regenknappheit haben: „Wenn der Schlamm das Land bedeckt, werden die Regen aufhören".[336] Das folgende Omen könnte hingegen ein weiteres Beispiel für die Verwendung der Analogie in der divinatorischen Verfassung darstellen.

OP 20, T. 61, N. 61

diš íd a *ka-a-a-ma-nu-tu ú-bil-ma* a *šá* gim *ra-a-di i-qar-ru-rù* kimin *i-dar-ra-ru* kur bi nim.gír *i-bar-riq-ši*

Wenn der Fluss normales Wasser führt und das Wasser, das wie ein Regensturm ist, sich verläuft / hin- und herläuft, werden Blitze in dieses Land einschlagen.

Das stürmische Wasser des Flusses inspiriert wahrscheinlich die Prognose in der Apodosis hinsichtlich der Erscheinung von Blitzschlägen.

Aus der Bedeutung sowohl der Beobachtung als auch der Vorhersage von Wetterphänomenen folgte die Notwendigkeit, das Wetter systematischer zu erfassen. Um das kommende Wetter zu kennen, wird hauptsächlich seit der ersten Hälfte des I. Jahrtausends versucht, Informationen aus der Atmosphäre zu sammeln, aus denen sich vage Vorhersagen ableiten lassen. Der Zeitpunkt des prognostizierten Wetters wird dabei nie genau angegeben. Die Informationen beziehen sich nur auf die Zukunft generell.

331 *iqqur īpuš* 103, Z. 2: diš *ina* iti.gu$_4$ dito a.kal du-*kám* dingir.iškur (kur) ra-*iṣ*; siehe auch OP 20, T. 61, N. 65: diš a-*šú zaq-ru* dingir.iškur kur : še ra-*iṣ*, „wenn das Wasser hoch ist, wird Adad das Land / das Korn (durch die Überschwemmung) zerstören".

332 Brown 2000: 132.

333 *iqqur īpuš* 90, Z. 14: diš *ina* iti.šu dingir.iškur gù-*šú* šub-*ma* ud šú-*up* an šur dingir.tir.an.na gil nim.gír *ib-ríq* a.an.meš *ina* kur kud.meš.

334 Siehe SAA 8, 401, Z. 5-6: diš *ina* kur 20 *ni-du a-ṣi* a.an *u* a.kal du.meš.

335 Hunger, Pingree 1999: 5-6.

336 AfO Bh. 22, EAE 22-II, I, N. 4: be im.gú kur *is-ḫup* a.an.meš *ina* kur kud.meš.

5. Spätere Wetterprognosen

Nach dem Ende der Assyrerzeit (VII. Jahrhundert) endet die Textproduktion von Vorzeichen mit Wetterapodosen nicht. Die von Hunger als „kryptographische astrologische Omina" bezeichneten Tafeln BM 92684 und BM 92685 weisen einen nB Duktus auf. Ihre Besonderheit findet sich in der linken Hälfte der Zeilen: In beiden Tafeln sind wiederholte Reihen von sieben Zahlen zu lesen, von denen einige sich von Zeile zu Zeile verändern.[337] Während die Zahlen die Funktion der Protasen vertreten könnten, folgen traditionelle Apodosen in der häufigen Form der kanonischen Divinationstexte, zum Beispiel: „12, 5, 11, 1, 4, 4, 31: Kanal und Graben werden nicht gut sein, der Fluss wird anschwellen, der Pflug …".[338] BM 92684 und BM 92685 enthalten jeweils vier und drei Wetterapodosen. Versuche zur Entschlüsselung lassen vermuten, dass es sich um Positionen der Planeten Jupiter, Venus, Merkur, Saturn und Mars handelt,[339] deren Perioden am Ende der zweiten Tafel berechnet werden. Obwohl das Rätsel der numerologischen Tafeln noch nicht völlig gelöst ist, deutet der Kolophon darauf hin, dass die zwei Exemplare einer Serie von fünf Tafeln angehörten.[340] Einige seleukidenzeitliche Texte des IV. Und III. Jahrhunderts aus Uruk prognostizieren das Wetter auf Grundlage astrologischer Konjunktionen und anderer himmlischer Phänomene.[341] Der Inhalt solcher Texte wurde aus diesem Grund auch „Astrometeorologie" genannt.[342] Bislang ließen sich insgesamt sieben Tafeln identifizieren:[343] Die Tafel aus der Uruksammlung TU 20 enthält eine Stichzeile von TU 19 und gehört zu einer Serie, die allerdings nirgendwo anders belegt ist.[344] Kürzlich wertete Ossendrijver diese kleine Textgruppe aus und stellte interessante Überlegungen zur Vielfältigkeit der divinatorischen Methoden an.[345]

Diese Texte, die an gewissen Stellen etwas kryptisch erscheinen, können mit Blick auf die Wetterphänomene als kurz- und langfristige Prognosen bezeichnet werden. Es lassen sich folgend einige Inhalte der Tafeln skizzieren. Es werden Zeitintervalle aufgenommen, in denen Regen und Hochwasser vorkommen sollten; der Regenerscheinung wird auch eine Konnotation gegeben, wie „[wenn] vom 1. Tag bis zum 15. Tag Regen beginnt und bleibt, ist sein Regen nicht gut; am Jahresende ist er gut".[346] Einige Abschnitte enthalten astronomische Berechnungsverfahren himmlischer Prognosen, unter anderem zum Regen, dessen Regelmäßigkeit zusammen mit dem Hochwasser kalkuliert wird.[347]

---

337 Hunger 1969.

338 AOAT 1, S. 136, Z. 43: 12 5 11 1 4 4 31 e *u* pa$_5$ *úl* si íd a.kal-*šú ut-tar* apin ud 1[…].

339 Hunger 1969: 140-141.

340 AOAT 1, S. 139, Z. Rd. 1.

341 Hunger, Pingree 1999: 29.

342 Ossendrijver 2021b: 223.

343 TU 20 (AO 6488), TU 19 (AO 6449), TU 11 (AO 6455), BM 36647, BM 47494 und die unpublizierten BM 41485 (LBAT 1611) und A 3451.

344 Hunger 1976a: 236.

345 Ossendrijver 2021b.

346 ZA 66, S. 240, Z. 18: ta ud 1.kam en ud [15].kam a.an *ú-šar-ri-ma* gin a.an-*šú úl* sig$_5$ *ina* til mu sig$_5$ (keine Kopie vorhanden).

347 Brack-Bernsen, Hunger 2002: 16.

Die Mehrheit der meteorologischen Einträge betrifft Regen, Hochwasser sowie viele Wetterphänomene der traditionellen Omenapodosen, darunter *rādu*, „Regensturm“,[348] *miqitti išāti*, „Feuer des Blitzschlags“,[349] *rigim Adad*, „Donner“,[350] *abnu*, „Hagel“,[351] *erpetu*, „Wolke“.[352] Einige Termini definieren die Unregelmäßigkeit der Wettererscheinungen,[353] was eine typische Inferenz der Vorzeichentradition darstellt. Zudem lassen sich bedeutende Ähnlichkeiten zwischen den Einträgen in der Tafel TU 19 und den EAE-Omina identifizieren: Rückschlüsse auf Regen und Hochwasser auf Grundlage der Position von Planeten, darunter Merkur und Jupiter, waren ebenso eine Charakteristik der himmlischen Divination.[354] Aus Vergleichen mit der EAE-Tafel 50 ergab sich eine wahrscheinliche Derivation aus der früheren Vorzeichenkunde. Wahrscheinlich wurden die Vorhersagen auf Grundlage von Analogien und anderen hermeneutischen Techniken getroffen.[355]

Einige Autoren weisen auf Ähnlichkeiten dieser Tafeln mit den *Astronomischen Tagebüchern* hin. Vielleicht basierten die Tafeln auf dem Material, das auch die *Tagebücher* zugrunde lag.[356] Unter den Wetterphänomenen finden sich Termini, die dem Wortschatz der *Tagebücher* angehören, darunter sind *pisannu*, und an utaḫ, *tiktu*, und dul-(*ḫat*) zu erwähnen:[357] Das erste wurde zuvor diskutiert[358] und bezeichnet, wie die anderen Ausdrücke, eine regnerische Episode.[359]

Jede dieser nB Tafeln enthält mindestens einen Abschnitt, in dem sich astronomische Berechnungen oder Vorhersagen zu Regen, Flussüberschwemmungen und anderen meteorologischen Phänomenen befinden. Hier wird eine neue Herangehensweise an die Vorhersage sichtbar: Es werden nicht einfach Phänomene beobachtet mit dem Ziel, ihre Folgen zu verstehen. Ein Ereignis wird a priori festgelegt, für das Methoden zur Prognose angeboten werden. TU 20, Rs. Z. 1 und BM 36647, Z. 4-5 enthalten die Absichtserklärung „du machst eine Vorhersage“.[360] Dieselbe Wendung tritt in einem nB Text aus Uruk für die Vorhersage des Kaufpreises von Getreide auf, der ebenso den Einfluss einiger Planeten auf die Agrarprodukte erläutert.[361] Es wird darüber hinaus versucht, präzise Zeitangaben und Dauer des kommenden Regens anzuzeigen, wodurch die Voraussage im Vergleich zu früheren divinatorischen Texten spezifischer erscheint. Diese explizite zeitliche Vorstellung ist eine der Neuerungen der späten Prognosen: Die Ereignisse werden in einer bestimmten zeitlichen Reihenfolge eingeführt und sind im Rahmen des Kalenders zu berechnen.[362]

---

348 ZA 66, S. 239, Z. 8.
349 ZA 66, S. 249, Z. 20.
350 ZA 66, S. 249, Z. 15
351 Schreiber 2018: 746, Z. 7 und ff.
352 ZA 66, S. 247, Z. 22.
353 ZA 66, S. 239, Z. 5, *iḫarrup*, „es ist früh“ und *ikāš*, „es ist spät“.
354 Siehe als Beispiel SAA 8, 486, Z. 5; mul.apin, II, i, 57-58; BPO 4, BM 35045, Z. 15.
355 Ossendrijver 2021b. 230-235.
356 Schreiber 2018: 740; Ossendrejver 2021b: 224-225.
357 Ossendrijver 2021b: 238.
358 Siehe S. 76f.
359 Siehe weiter in dieser Arbeit den Paragraphen III.3.2.
360 ZA 66, S. 239, Z. 1: me.a gar-*an* (*qība tašakkan*); ZA 66, S. 248, Z. 35: e (*taqabbi*); Schreiber 2018: 741, Z. 12: dùg.ga (*taqabbi*).
361 Hunger 1976b: 95, Text 94, Z. 1, 4.
362 Ossendrijver 2021b: 227-228.

Das starke Interesse an Wettervorhersagen existierte parallel zur Entwicklung des Tierkreises und der rechnenden Astronomie. Durch kürzere Tafelserien sind neue Formen von Prognosen überliefert, deren Verfassung die Fortsetzung einer jahrtausendlangen Tradition darstellt.

Die anderen heute bekannten späten astrologischen Tafeltypen befassen sich nicht mit meteorologischen Phänomenen. Außer den in diesem Kapitel behandelten Tafeln sind die *Astronomischen Tagebücher* die einzigen Texte, die sich nach dem VI. Jahrhundert v. Chr. bis zum Ende des I. Jahrtausends mit dem Wetter befassen.

6. Ergebnisse und Schlussfolgerungen

Ein Überblick über die Vorzeichenkunde des Wetters hat einige allgemeine Tendenzen aufgezeigt. Entsprechend den Fragen, die zunächst gestellt wurden, können die folgenden Rückschlüsse zusammengefasst werden.

1) In den Sammlungen der Divinationstexte wird die Witterung nicht nur als beiläufige Komponente behandelt. Elemente der Wetterphänomene sind in den verschiedensten Vorzeichen der nicht-meteorologischen Serien verteilt, wie in der unteren Graphik illustriert. Aus der Graphik ergibt sich, dass Hochwasser und Überflutung nicht das häufigste Wetterphänomen der Protasen sind. Es ist wohl davon auszugehen, dass dieses äußerst wichtige Phänomen in Mesopotamien nicht so sehr als Vorzeichen, sondern als Gegenstand der Vorhersage erwogen wurde. Eine ähnliche Begründung kann für die bereits kommentierte Formel „Adad wird überschwemmen" gelten.

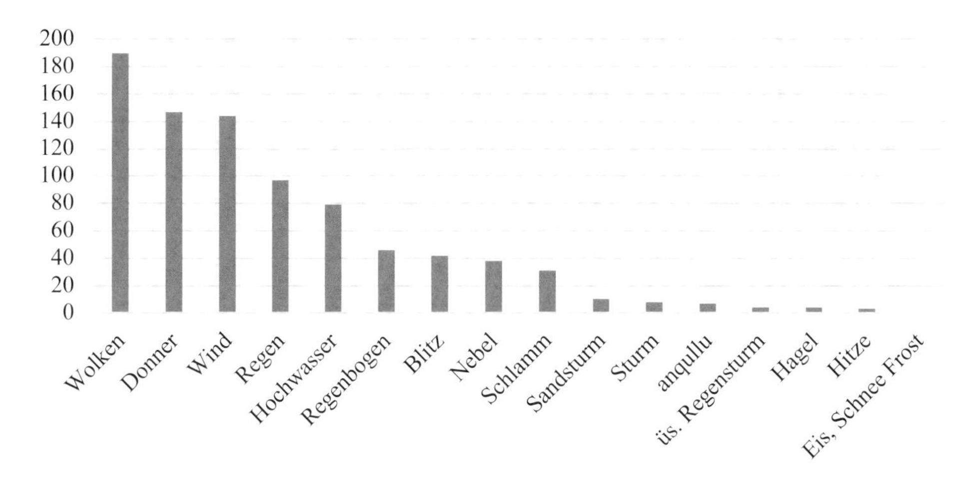

Graphik 4: Meteorologische Phänomene in den Protasen

Das häufigste Wetterphänomen der Protasen sind Wolken. Das Auftreten von Wolken am Horizont, in der Atmosphäre oder neben einem Himmelskörper lässt sich als ein sehr wichtiger Stein im Mosaik des divinatorischen Systems identifizieren und ist nicht auf die himmlischen Omenserien beschränkt. Gleiches gilt für atmosphärische Trübungen und für weitere Phänomene, die den Zustand der Atmosphäre beeinflussen. In den Wetterprotasen richtete man die Aufmerksamkeit auch auf Ereignisse, die in Alltagstexten nicht als die relevantesten aufgezeichnet werden, wie Winde, Wolken, Regenbogen und Nebel.

Auch Wind und Donner gehören zu den relevantesten meteorologischen Ereignissen der Protasen, in denen sie meistens mit anderen Erscheinungen kombiniert werden. Die

Position, die Richtung und die Tageszeit dieser Phänomene sind mit spezifischen Aspekten, insbesondere geographischen, der Apodosis verbunden.[363]

Der Inhalt der Apodosen gibt einen Einblick in das, was der Palast für die Zukunft des Landes als interessant erachtete. Anhand der Graphik 5 können die prognostizierten Ereignisse in den Apodosen beobachtet werden.

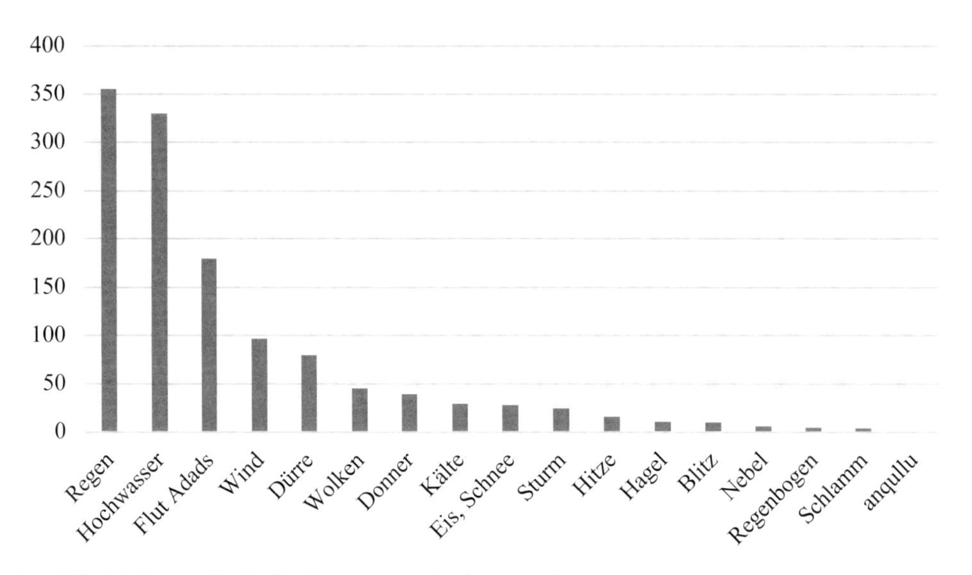

Graphik 5: Meteorologische Phänomene in den Apodosen

Die überwältigende Mehrheit der Wasserphänomene ist wahrscheinlich von vornherein auf die Notwendigkeit zurückzuführen, Schlussfolgerungen über die Wasserversorgung zu ziehen.

Interessante Aspekte gehen aus einem Vergleich zwischen den Belegen der Wetterapodosen und den Daten aus der bereits auf S. 74 vorgestellten Graphik 3 hervor (unten nochmal dargelegt), die die Belege der meteorologischen Ereignisse in den Alltagstexten zeigte. Auf den ersten Blick ergeben sich deutliche Ähnlichkeiten, jedoch auch zwei Unterschiede. Erstens sind die Erwähnungen von Kälte und Frost in den Apodosen weniger häufig als in den Alltagstexten: Dies liegt an der geographischen Herkunft vieler Briefe, die aus kälteren Bergregionen des Mittleren und Oberen Euphrat bzw. aus Nordassyrien stammen. Zweitens erscheinen einige wenige Phänomene nur in der Graphik 5, während Bemerkungen über das allgemeine Wetter oder Jahreszeiten typisch für die Alltagstexte sind.

363 Brown 2000: 139-142.

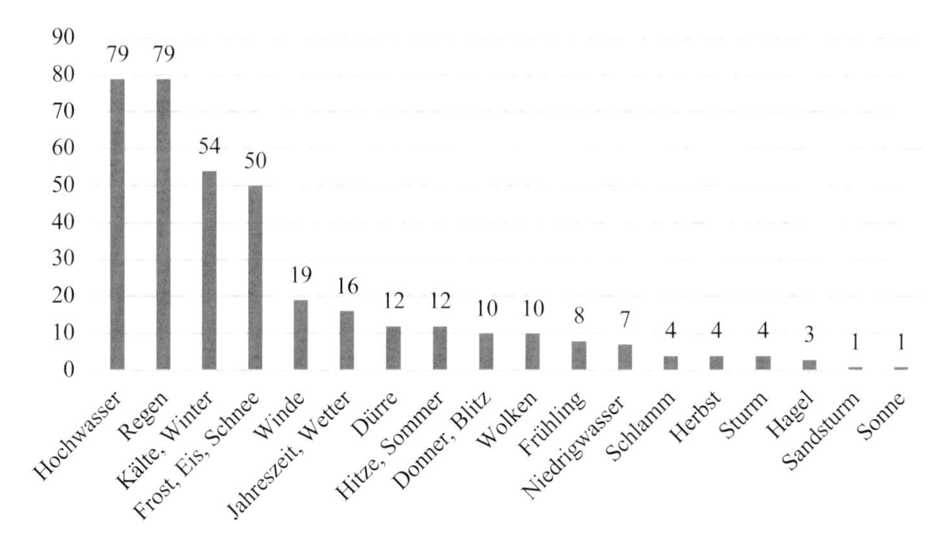

Graphik 3: Siehe S. 74

Die ähnlichen Ergebnisse von Graphik 3 und Graphik 5 sind vermutlich nicht zufallsbedingt, sondern es handelt sich um einen Prozess, der eine ähnliche Intention hatte. Zusammenfassend können wir diese meteorologischen Aspekte als Ziel einer Untersuchung definieren. Das Schicksal eines Reichs in Mesopotamien war vorwiegend von den klimatischen Zuständen abhängig. Darüber hinaus kündigen die Wetterprotasen seit der aB Zeit oft positive bzw. negative Konsequenzen für die Landwirtschaft an: Es ist deshalb eine untrennbare Verknüpfung des Wetters in den Protasen mit folgenden Naturereignissen zu unterstreichen, die oft die Wirtschaft und den Erfolg der Ernte im Blick haben.

In ähnlicher Weise spiegelt sich die Notwendigkeit bei den Wetterapodosen wider, die atmosphärischen Ereignisse vorherzusagen, die primär in den Alltagstexten erwähnt werden. Aus diesem Grund sind die prognostizierten Phänomene, die einen sichtbaren Einfluss auf das alltägliche Leben hatten, am häufigsten belegt. Während einerseits Briefe über unberechenbare Wetterphänomene geschrieben werden, die von hoher Bedeutung für die Landwirtschaft sind, stellen die Vorhersagen andererseits den Willen des mesopotamischen Menschen dar, dieselben Ereignisse zu bewältigen.

In den Apodosen der EAE-Wettertafeln zeigt sich eine Tendenz zu Vorhersagen, die sich auf die Zukunft des Landes und des Königtums beziehen. Während einige eine Zunahme des Handels oder des Wohlergehens für die Bevölkerung vorhersagen, sind andere bezüglich Naturressourcen und Militärpolitik besonders verheerend.

2) Die allerersten Wetteromina aus der aB Zeit weisen Kombinationen von astronomischen und meteorologischen Phänomenen auf, was generell auch für die Mehrheit der späteren Texte gilt. Der Mond und die Erscheinungsformen der Sonne werden namentlich im Zusammenhang mit der Witterung zur Verfassung der Protasen beobachtet. Bezüglich der Apodosen zur aB Zeit kann festgestellt werden, dass sie überwiegend aus Leberschauomina stammten.

Trotz einer Lückenhaften Dokumentation zeigt sich eine Kontinuität vom II. zum I. Jahrtausend in der mit Wetter befassten Divination. Viele Termini und Phrasen sowie ganze Omina werden von der aB bis zur nB Zeit weitervererbt. Als Beispiele dafür lassen sich die Wolken nennen, die sowohl in der Šilejko-Tafel als auch in den nB Texten erwähnt sind, sowie die Vorhersagen der Hochwassersmenge.

3) Der Inhalt der in der vorliegenden Arbeit edierten EAE-Tafeln ermöglichte Einsicht in einen bisher wenig erforschten Teil der mesopotamischen Vorzeichenkunde. Die EAE-Tafel 37 (36), die wahrscheinlich auf den Abschnitt über die Sonne folgt, erweist sich als ein Übergang zwischen den Sonnenomina und Wetteromina. Hauptthemen sind hier atmosphärische Trübungen, die sich auf das Sonnenlicht auswirken. Die zweite hier edierte Tafelgruppe befasst sich hauptsächlich mit Aussehen und Position der Wolken, dem Gegenstand der Beobachtung bis zum Ende der Tafel 42 (41) (Gruppe 3). Trotz einiger Lücken wurden mehrere Sektionen und sonst nicht belegte Omina rekonstruiert. Vergleiche mit den nA Berichten an den König erwiesen sich nur für eine bestimmte Sektion der Tafel 37 (36) als produktiv: Die SAA-Texte zeigen eine Vorliebe für atmosphärische Phänomene, die am leichtesten gemeldet werden konnten. Vorzeichen des bewölkten bzw. unbewölkten Tags, die meistens in EAE 37 (36) enthalten sind, lassen sich unter den Texten aus Ninive zahlreich nachweisen, im Gegensatz zu Beobachtungen von spezifischen Wolkenfarben wie im Omen „wenn eine Wolke wie ein Stern glänzt".[364] Diese allgemeine Tendenz lässt sich sowohl bei Vorzeichen des Nebels, der als auffälliges Ereignis erwähnt wird, als auch bei der Allgegenwart der Wolken in jeglichem Bereich der himmlischen Divination herausstellen. Die sehr hohe Anzahl der Beobachtungen von Wolkenbildungen lässt sich weiterhin in den *Astronomischen Tagebüchern* feststellen.[365]

4) Es wurde versucht, erläuternde Beispiele für die Logik der Vorzeichen anzuführen. Wie oft im Rahmen dieser Arbeit besprochen, bestand das Bedürfnis, in jedem Tagesereignis ein Vorzeichen zu erkennen und Listen mit allen möglichen Antworten zu erstellen.[366] Obwohl der Wert der meteorologischen Phänomene unterschiedlich ist, je nachdem, ob sie für die Protasis beobachtet oder für die Apodosis vorhergesagt werden, sind ihre Funktionen in Omina oft miteinander verbunden. Wenn einerseits viele Wetteromina des I. Jahrtausends sich nach Analogien, Symbolik, Homographie und anderen Mechanismen auslegen lassen, sind einige andererseits durch einen mit der empirischen Erfahrung verbundenen Hintergrund geprägt. In diesem letzten Kontext lässt sich eine Dichotomie in der Konnotation der aus Wettervorzeichen resultierenden Ereignisse ermitteln: Es wird in manchen Fällen auf „natürliche" bzw. regelmäßige Erscheinungen als positiv hingewiesen, während das Gegenteil, zwar „unnatürlich" und unregelmäßig, meistens auf unheilvolle Folgerungen hindeutet. Dies ist darauf zurückzuführen, dass die Menschen sich Wetterereignisse wünschten, die der natürlichen Jahreszeitabfolge der landwirtschaftlichen Aktivitäten entsprachen: Das Vorkommen von Formeln, die die klimatische Regelmäßigkeit ausdrücken, erweist sich bisweilen als dieser ursprüngliche Wunsch.

---

364 Siehe S. 164.
365 Siehe den nächsten Teil S. 202f.
366 Hunger, Pingree 1999: 5-6.

5) In Anbetracht der verfügbaren Belege ist es schwierig, von einer aufkommenden Wetterkunde zu sprechen.[367] Wenige seleukidenzeitliche Tafeln überliefern Versuche, das Wetter durch Astraltechniken vorherzusagen, indem die ältere Divination, die Astrologie und sogar die Numerologie zu diesem Zweck kombiniert werden. Diese Tafeln zeigen das fortdauernde Interesse an einer Berechnung der meteorologischen Ereignisse mit den neuesten Techniken. Diesbezüglich kann lediglich festgestellt werden, dass eine beträchtliche Menge von Beobachtungen aufgenommen und für solche Berechnungen angewendet wurde. Das Material der *Astronomischen Tagebücher* ist der bedeutendste Beweis dieser Annahme.

Abschließend kann die sorgfältige Betrachtung und Vorhersage von Wetterphänomenen als Folge eines ursprünglichen Bedürfnisses definiert werden, ungünstiges Wetter begreifen zu können. Dies führte erstens zur Standardisierung des divinatorischen Wissens und später zur Entwicklung der selektiven Datenerfassung von Wetterphänomenen. So wie die nB astronomischen Berechnungen für die Entwicklung der hellenistischen Astronomie nützlich wurden,[368] so wurden die Beobachtungen von Regenzeiten, Überschwemmungen und Winden für die ersten Studien der Meteorologie durch die griechischen und römischen Philosophen relevant.[369]

---

367 Siehe diesbezüglich Rochberg 2010a: 25: „we do not want to project the defining features of modern science back into antiquity where knowledge takes other forms, is based on other methods, and has other aims".

368 Hunger, Pingree 1999: 156-159.

369 Über die *Meteorologika* von Aristoteles siehe Gehlken 2012: 1.

III. Die meteorologischen Einträge in den *Astronomischen Tagebüchern der Babylonier*

1. Die Relevanz der *Astronomischen Tagebücher*

Die nB Zeit überliefert ein neues für das Thema relevantes Textgenre. Die ältesten erhaltenen *Astronomischen Tagebücher* datieren in das VII. Jahrhundert, die letzten stammen ungefähr aus der Mitte des I. Jahrhunderts v. Chr.[1] Sie enthalten tägliche Beobachtungen des Himmels sowie manchmal auch historischer Ereignisse; die Beobachtungen werden im Akkadischen als *naṣāru ša ginê*, „regelmäßiges Wachen",[2] bezeichnet.

Im Laufe der Jahrhunderte bleiben die Abfassungsweise und die inhaltliche Struktur der *Tagebücher* grundsätzlich unverändert, weshalb sie als einigermaßen homogene Textgattung bezeichnet werden können. Jeder monatliche Abschnitt enthält Einträge verschiedener Art aus der himmlischen sowie der irdischen Sphäre. Von Interesse für die vorliegende Arbeit sind die Einträge der ersten Art: Hier werden ausgewählte Beobachtungen der Bewegungen des Mondes, der Position der Gestirne, eventuell auftretender Finsternisse und des Wetters aufgezeichnet.[3] Dieses umfangreiche Korpus, das von H. Hunger und A. J. Sachs in mehreren Bänden ediert wurde,[4] stellt die relevanteste Quelle für das Thema des Wetters für die gesamte nB Zeit dar.

Die einzelnen Tafeln können einen Zeitraum von wenigen Tagen bis hin zu sechs Monaten behandeln. Dieser Zeitunterschied liegt an den diversen Phasen der Prozedur, mit der die *Tagebücher* regelmäßig abgefasst wurden.[5] Die Sorgfalt und die präzise Reihenfolge der Beobachtungen ermöglichten in den letzten Jahrzehnten sowohl astronomische als auch historische Untersuchungen zum I. Jahrtausend in Babylonien. Der Zusammenhang zwischen nachvollziehbaren Kalenderdaten und dem täglichen Wetter ist ein Unikum in der alten Geschichte und bietet den Anlass, Erwägungen über das Verfahren und den meteorologischen Wert der Beobachtungen anzustellen. Neben der Frage der empirischen Basis der Aufzeichnungen[6] ist es zudem möglich, die Entwicklung des Wetters über mehrere Jahrhunderte zu betrachten. Die Aufgabe wird dadurch erleichtert, dass die Mehrheit der Texte aus der Stadt Babylon stammt,[7] was den geoklimatischen Kontext verdeutlicht.

Auf den folgenden Seiten wird der Schwerpunkt auch auf die menschliche Wahrnehmung der Wetterphänomene und deren relativ homogene Terminologie gelegt.

---

1 Siehe die Diskussion in Steele 2019: 19-52.

2 Sachs, Hunger 1988: 11.

3 Pirngruber 2013: 1988; Haubold, Steele, Stevens 2019: 1-3.

4 Sachs, Hunger 1988, 1989, 1996.

5 Bezüglich der Schritte von „Preliminary Diaries" zu „Short Diaries" und schließlich zu „Standard Diaries" siehe Mitsuma 2015 und Haubold, Steele, Stevens 2019: 1-12.

6 Siehe die zusammengefasste Diskussion in Haubold, Steele, Stevens 2019: 9-10.

7 Pringruber 2019; Ossendrijver 2021a: 320.

Schließlich kann die Auswertung einiger meteorologischer Daten interessante Vergleiche zu den heutigen Klimadaten hervorbringen. Der folgende Teil der Arbeit ist demnach einer wissenschaftsgeschichtlichen Untersuchung der *Astronomischen Tagebücher* mit Blick auf das Klima gewidmet.

2. Grundlegendes zur Beobachtung und Aufzeichnung der meteorologischen Ereignisse

Die Beobachtung der Wetterphänomene soll als ein *per se* wichtiger Bestandteil der *Tagebücher* berücksichtigt werden. Es wurde darauf hingewiesen, dass die Häufigkeit und die Stellung der Wettereinträge auf eine selbstständige Sektion innerhalb des himmlischen Abschnittes der *Tagebücher* hindeuten.[8] Wie in den astronomischen Sektionen, wurden die atmosphärischen Phänomene in Entwurfstafeln aufgezeichnet und in einer späteren Phase mit den anderen Berichten zusammengefasst. Die Messung des Wasserpegels der Flüsse gehörte auch zu diesen kurzen anfänglichen Entwürfen, allerdings ist diese im vierten Abschnitt nach den Bezügen auf den Tierkreis, d.h. an einer anderen Stelle als die Himmels- und Wetterbeobachtungen, zu finden.[9]

Die täglichen Einträge folgen einem starren Zeitrahmen. Jedes Ereignis wird einer Tageszeit zugeordnet. Gemäß dem traditionellen Kalender der Babylonier beginnen die Wetterberichte mit der Nacht und fahren mit dem darauffolgenden Morgen fort.[10] Hier einige Beispiele für die Korrelation der Wetterbeobachtungen mit der Tageszeit:

Abend:

ADART 1, -384, Z. 7': 1 usan(*šimītān*) an pisan maḫ dib u$_{18}$ šár kalag *kal* gi$_{6}$ gír.gír, „1. (des XII. Monats), Abend: Viel ergiebiger Regen, starker stürmischer$^{?}$ Südwind, die ganze Nacht hat es geblitzt";

am Anfang der Nacht:

ADART 2, -249B, Z. 7': sag gi$_{6}$(*rēš muši*) an utaḫ, „am Anfang der Nacht Regenschauer";

am Morgengrauen:

ADART 2, -249B, Z. 6: gi$_{6}$ 28 *ina* zálag(*nūri*) šú an utaḫ, „Nacht des 28. (IX. Monat), Morgenlicht, bewölkt, Regenschauer";

am Morgen:

ADART 1, -343, Z. 16': 21 *ina še-rì* šú an utaḫ, „21. (des XII. Monats), am Morgen bewölkt, Regenschauer";

am Mittag:

ADART 3, -141C, Z. 8: 28 dir an za an.bar$_{7}$(*muṣlālu*) *me-ḫu-ú* si *u* mar, „28. (des II. Monats) besetzten Wolken den Himmel; Mittag: Sturm aus Norden und Westen";

und am Nachmittag:

8 Grasshoff 2007: 39-44.

9 Haubold, Steele, Stevens 2019: 4-6.

10 Sachs, Hunger 1988: 13.

ADART 3, -163A, Z. 16: 12 *kal* gi₆ šú.šú *ina* kin.sig(*kinsikki*) an dul-*ḫat*, „12. (des II. Monats), gesamte Nacht bewölkt; am Nachmittag dul-Regen".

Solche detaillierte Aufzeichnungen benötigten wachsame Augen von Experten, die rund um die Uhr ihren Dienst auf dem Beobachtungsposten leisteten. Es ist wenig über die innere Hierarchie der Schreiber bekannt. Ein Verwaltungstext aus dem IV. Jahrhundert lässt auf wahrscheinlich 14 *tupšarrū Enūma Anu Enlil*, „Schreiber (der Serie) *Enūma Anu Enlil*", die für den Esagila-Tempel arbeiteten, schließen.[11] Dies gilt wohl auch für die Schreiber der *Tagebücher*, auch „Diaristen" genannt, die möglicherweise nicht der Gesamtheit der effektiven Himmelswächter entspricht. Fraglich bleibt, ob die Chefschreiber über mehrere Untergeordnete bzw. Assistenten verfügten und wie die Arbeit und die praktische Aufzeichnung aufgeteilt wurde. Schätzungen zufolge arbeiteten zwischen fünf und 15 Angestellte, die ständige Beobachtungen durchführten, daran.[12] Dies erforderte erhebliche zeitliche sowie finanzielle Investitionen seitens des Tempels, besonders angesichts der hohen Qualifikation der Schreiber. Rezente archivalische Studien zeigen Verbindungen zwischen den Familien der vermuteten *tupšarrū Enūma Anu Enlil* mit der renommierten *kalûtu*-Priesterschaft und mit den Beschwörungspriestern.[13] Es ist davon auszugehen, dass die vorgeordneten „Diaristen" wichtige Persönlichkeiten der intellektuellen Welt Babylons waren und aus renommierten alten Schreiberfamilien stammten.[14]

Über die Position einer Beobachtungsstelle wurde bereits auf S. 57 diskutiert. Eine erhöhte Position war jedenfalls notwendig: Die Beobachter mussten eine gute Aussicht auf den Horizont haben, um neben himmlischen Phänomenen Blitzeinschläge,[15] Wolkenbildungen und die Auswirkungen des Regens auf den Boden zu betrachten. Die Richtung bzw. die Stärke der Winde wurden ebenso durch Beobachtung und grundlegende Messmethoden abgeschätzt.

Aus diesen Hinweisen ergibt sich das Bild eines spezialisierten Beobachtungszentrums. Im Konzept der *Tagebücher* wurde außer dem empirischen Aspekt auch auf die ideale Vollständigkeit Wert gelegt: Was sich mit bloßem Auge nicht identifizieren ließ, konnte daher von Prognoseexperten ergänzt werden.[16] In Bezug auf das Wetter scheinen die Kriterien zur Auswahl der eingetragenen Ereignisse auch klar strukturiert zu sein. Die jahrhundertlange Fortsetzung der Schreibtradition im I. Jahrtausend ist angesichts des schrittweisen Erlöschens der Keilschriftkultur bemerkenswert.[17] Im Folgenden soll ein Überblick über die Wetterterminologie in dieser Schreibtradition geboten werden.

---

11 Robson 2019: 133-134.

12 Ossendrijver 2021a: 321.

13 Robson 2019: 132-143.

14 Einige Familienmitglieder der *ṭupšarrū Enūma Anu Enlil* waren Kopisten literarischer, divinatorischer und mathematischer Tafeln am Ende des II. Jahrhunderts (Robson 2019: 143).

15 In Stevens 2019: 228 wird darauf hingewiesen, dass die eingetragenen Episoden von *izišubbû* sich in wenigen angrenzenden Vierteln der Stadt Babylon konzentrieren. Aus diesem Grund ist anzunehmen, dass die Beobachtung vom diesem Überwachungsposten die einzige Quelle bei der Abfassung der *Tagebücher* war.

16 Haubold, Steele, Stevens 2019: 3-4.

17 Ob Nostalgie der Grund für die Bewahrung der Schreibtradition war, wie Robson 2019: 146 annimmt, sei dahingestellt. Es könnte auch sein, dass die politischen Verhältnisse die Arbeit der babylonischen

3. Die Terminologie der *Tagebücher*

Das Lexikon der *Tagebücher* wurde auf der Grundlage seiner Homogenität als „standardised, technical terminology largely devoid of metaphors“[18] im Gegensatz zu den Vorzeichentexten beschrieben. Die Mehrheit der Wettertermini ist seit den ersten Tagebüchern des VII. bis zu den letztem des I. Jahrhundertes belegt. Die Abkürzungen und die Standardisierung der Einträge führen jedoch zu Unklarheiten bei einigen Begriffen, die im Folgenden näher betrachtet werden sollen.

Für die Berechnung der Belege wurde die Webseite des Projektes *Astronomical Diaries Digital* verwendet, die von R. Pirngruber und M. Rinderer bearbeitet wurde.[19] Alle Datierungen werden nach der astronomischen Jahreszählung wiedergegeben und tragen dem Jahr Null im Gegensatz zur christlichen Datierung Rechnung.[20]

3.1. Die Terminologie der Wolken und Winde

Wolkenbildungen sind das am häufigsten belegte Wetterereignis (etwa 3150 Belege), gefolgt vom Wind (2590). Obwohl die *Tagebücher* oftmals knapp über den bewölkten Himmel als Hindernis für weitere Beobachtungen berichten,[21] sind die Wolken ein wichtiges Element der Wettersektion: Die häufigste Form ist ‚diri an dib(*etēqu*)‘, „Wolken ziehen am Himmel vorüber“ oder einfach šú(*-im*), „bedeckt“, was entweder für das Verb *katāmu* oder *arāmu* steht.[22] Es bestehen weitere Wörter für spezifische Trübungen der Atmosphäre, darunter *akāmu* und *ḫillu*. Das erste kommt in über 150 Einträgen der *Tagebücher* vor, die sich meistens in den Monaten von Juli bis September konzentrieren.[23] *ḫillu*, geschrieben *ḫi-lu* oder mit der Abkürzung *ḫi*, ist hingegen nur in 30 Einträgen zu lesen und wird in sieben sommerlichen Episoden zusammen mit *akāmu* aufgezeichnet, sowie in sieben Fällen zusammen mit dem Logogramm diri, „Wolken“.[24] Trotz dieser begrenzten Anzahl lässt sich *ḫillu* am häufigsten im Juni und Oktober mit acht bzw. zehn Belegen erfassen. Dieses Phänomen, das sich anscheinend am Anfang und am Ende des Sommers zeigt, ist sonst fast ausschließlich dank Kommentartexten und lexikalischen Listen bekannt: Es bedeutet in manchen Kontexten „Eihaut“ oder „Nest“, während ein EAE-Kommentar *ḫillu* mit *akāmu* und *anqullu* gleicht.[25] Der Terminus lässt sich nur in einem Fall einer Wettertafel der Serie EAE mit Unsicherheit identifizieren; das Vorzeichen ist abgebrochen: „Wenn der Himmel ständig beschich[tet? ist,

Gelehrten relativ wenig tangierte und sie deshalb über Jahrhunderte hinweg trotz permanent wechselnder politischer Verhältnisse fortgeführt wurde.

18 Ossendrijver 2021a: 321.

19 http://oracc.museum.upenn.edu/adsd/corpus.

20 Beispiel: Das astronomische Jahr -40 entspricht dem christlichen Jahr 41 v. Chr.

21 Normalerweise diri an za(*ṣabātu*) zu lesen, „die Wolken ‚ergreifen‘ (im Sinne von „bedecken“) den Himmel“. Siehe diesbezüglich den Mari-Text ARM 26-1, 143 auf S. 33.

22 Sachs, Hunger 1988: 32-33.

23 Siehe unten Kapitel 4.

24 Daten aus http://oracc.museum.upenn.edu/adsd/corpus.

25 CAD 6, „Ḫ“, S. 186; es handelt sich um die Tafel K 4387, von der eine Kopie sowie das CDLI-Foto verfügbar sind: K 4387, II, Z. 11-12: *a-ká-mu* = *ḫi-il-lu* // *aq-qù-lum* = min *dul-ḫa-nu* (https://ccp.yale.edu/P395521). Für *dulḫānu* wurde noch keine Übersetzung geboten; eine Ableitung vom Verb *dalāḫu*, „stören“, „beunruhigen“ (CAD 3, „D“, S. 45), kann vermutet werden.

…]".[26] Zusammenfassend deuten alle Indizien auf ein Phänomen der Wolkenbildung hin, das vielleicht im Anschluss an die Staubkumulation auftritt. Es ist nicht ausgeschlossen, dass es eine spezifische Wolkenform oder „Beschichtung" des Himmels bei heißen Temperaturen bezeichnete.

Ein weiterer technischer Begriff, der auch in der Vorzeichenkunde des VIII.-VII. Jahrhunderts vorkommt, ist das bereits erwähnte *nīdu*, „Wolkenbank". Die Schreiber der *Tagebücher* zeichneten dieses Ereignis nur in sechs Tafeln auf und fügten die Position hinsichtlich der Sonne und der Farbe bei, wie: „Am 21. (des I. Monats) gab es Wolken am Himmel; am Morgen rötliche Wolkenbänke auf der Nord- und Südseite über und [unter] der Sonne".[27] Solche Informationen erinnern zudem an die Divination der Wolken. Es könnte sich um ein Erbe der Vorzeichentradition handeln, die im Verhältnis zu den astronomischen Berechnungen langsam an Bedeutung verliert:[28] *nīdu* ist tatsächlich nur einmal im II. Jahrhundert in den *Tagebüchern* belegt.[29] Gleiches gilt für *pitnu*, logographisch na$_{5}$, das üblicherweise „Kasten" bedeutet. Dieses noch unklare atmosphärische Phänomen, das zu einem *terminus technicus* der divinatorischen Himmelsbeobachtungen wurde, wirkt sich auf den Auf- bzw. Untergang der Sonne aus und lässt sich meistens in der folgenden Form nachweisen: „Die Sonne geht in einem schwarzen *pitnu* auf".[30] In den *Tagebüchern* sind 12 Belege für das IV. und III. Jahrhundert vorhanden.[31]

Für die Windenamen werden die Abkürzungen der üblichen Termini, ohne Determinativ, verwendet. Das Logogramm ‚si' reicht zur Bestimmung des Nordwindes, genauso ‚u$_{18}$' für den Südwind. Die Winde werden oft vom Verb *alāku*, geschrieben ‚du', und bisweilen vom unklaren Logogramm šár begleitet, das konventionell als „stark" übersetzt wird.[32] Der Sturm ist als selbstständiges Phänomen *meḫû* mit 52 Belegen präsent. Dazu werden auch Kardinalpunkte angegeben, die die Herkunft der Stürme bestimmen. Die Aufzeichnungen lauten beispielsweise so: „Am 4. (des VII. Monats), am Morgen sehr bewölkt, starker Nordsturm".[33] In drei Fällen nimmt man drei Episoden von Stürmen „in vier Windrichtungen" auf.[34] Ein solcher Zustand wäre vielleicht infolge eines Wirbelsturms plausibel.

---

26 Die Vorderseite der Tafel K 9 wurde in Gehlken 2012 ediert. Das betreffende Omen gehört zur Rückseite und wurde in AHw I, S. 345 zitiert: diš an-*ú gi-na-a ḫi-il-l*[*u*?].

27 ADART 1, -308, Z. 12: 21 ⸢dir⸣ an za *ina še-rì ni-di ṣar-pu* á si *u* u$_{18}$ *e* dingir.utu *u* ⸢sig⸣ [dingir.utu ...].

28 Siehe die Diskussion in Pirngruber 2013.

29 ADART 1, -651, IV, Z. 11'; ADART 1, -382, Z. 11'; ADART 1, -357, Z. 1'; ADART 1, -308, Z.12; ADART 1, -284, Z. 27'; ADART 3, -140A, Z. 5.

30 ADART 1, -277C, Z. 15: [20] *ina pit-nu* gi$_{6}$ kur.

31 ADART 1, -384, Z. 9; ADART 1, -380B, Z. 8'; ADART 1, -379, Z. 9'; ADART 1, -346, Z. 27; ADART 1, -322D, Z. 27'; ADART 1, -307A, Z. 4'; ADART 1, -284, Z. 16' und 26'; ADART 1, -277C, Z. 15; ADART 1, -266, Z. 11'. Auf S. 265 werden weitere Erwägungen bezüglich des Wortes angestellt.

32 Auf šár folgt in einem Fall, ADART 1, -322D, Z. 4', das Zeichen -*aḫ*, vielleicht ein Komplement (Sachs, Hunger 1988: 32).

33 ADART 2, -193B, Z. 9: 4 *ina še-rì* šú.šú *me-ḫu-ú* si šár.

34 *me-ḫe-e* im.limmu.ba, in ADART 3, -123A, Z. 14; ADART 3, -103A, Z. 6; ADART 62, -62, Z. 2.

3.2. Die Terminologie des Regens

Der Regen stellt zweifellos eines der interessantesten Vorkommnisse der *Tagebücher* dar und weist eine breite Auswahl von *termini technici* auf. Unter den über tausend Belegen für Regen ist das allgemeine Logogramm a.an.(meš), was für Akkadisch *zunnu* steht. Nur in den allerersten Tafeln (bis ADART 1, -567) kommt es etwa 20 mal alleinstehend vor. In der Folgezeit lässt sich a.an.(meš) in der erstarrten Wendung a.an.meš *u* a.kal.meš kud.meš, „(im angegebenen Monat) hörten Regen und Hochwasser auf" nachweisen. Auch hier scheint der Wortschatz der *Tagebücher* aus den Vorzeichentexten zu schöpfen. Ansonsten verwendeten die Schreiber ‚an' lediglich in Kombination mit anderen Logogrammen in der Funktion von Adjektiven und Verben. Am Häufigsten ist ‚an utaḫ' (560 Belege) für Akkadisch *šamû inattuk*, „es nieselt"; der Ausdruck steht für einen leichten Niederschlag. Dasselbe Logogramm steht in nB Texten auch für *tīktu*, „Regenschauer", „Nieselregen".[35]

Die Bedeutung eines weiteren Terminus' (264 Belege) bleibt noch unbekannt: Dieser wurde bereits von den ersten Bearbeitern der *Tagebücher* als „one of the most problematic words" bezeichnet.[36] Die Logogramme an dul deuten höchstwahrscheinlich auf eine besondere regnerische Episode hin. Auf ‚dul' folgt oft das Zeichen ‚pa', wahrscheinlich ein phonetisches Komplement *-ḫat*, bisweilen folgt auch *-ḫa*. Das Zeichen dul steht vielleicht für eine Form des Verbs *dalāḫu* (*šamû dalḫat*, oder D-Stamm *dulluḫat*) oder eine Abkürzung *dul-ḫat*.[37]

In den vorangehenden Teilen dieser Arbeit (S. 77) wurde der Begriff ‚an pisan dib' besprochen. Es wird angenommen, dass dieser Ausdruck einen ergiebigen Regen bezeichnet, der den Wasserkasten füllt. Obwohl die Übersetzung „Regen – das Becken enthält (Wasser)" (‚dib' steht also entweder für *kullu* oder für *ṣabātu* und ‚an', „Regen", fungiert nicht als Subjekt der Wendung)[38] nicht gesichert ist, wäre sie mit den Informationen, die mit dem pisan-Regen in Verbindung gebracht werden, vereinbar. Das Wort *rādu*, meistens *rad* oder *ra-a-du* geschrieben, „Regensturm", kommt immer mit dem pisan-Regen vor, wie im folgenden Beispiel:

ADART 2, -246, Z. 1-2
4 *ina*? kin.sig? *me-ḫu-ú* u$_{18}$ šár kalag gír.gír gù u maḫ *ṣar-ḫu* an *kab-bar rad* pisan dib

Am 4. Tag (des I. Monats), am Nachmittag? starker rasender Südsturm, Blitze, viele heulende Donner, dicke Regentropfen, Regensturm, das Becken enthält (Wasser).

35 CAD 18, „T", S. 404.
36 Sachs, Hunger 1988: 30.
37 Die nB Tafel Ashm 1922-0202 (Langdon 1923: Tafel 17), Z. 19 enthält ein Vorzeichen der Wolken unter vielfältigen astronomischen Omina: diš im.diri.me *et-mu-da-tu ina* im.limmu.ba du.me an-*tum dul-luḫ-ḫa-tum* šur, "wenn angesammelte Wolken aus vier Windrichtungen kommen, wird es Regen und Turbulenzen? geben". *dalāḫu* im D-Stamm bedeutet „stören", „beunruhigen" (CAD 3, „D", S. 43-44). Eine Lesung von ‚an dul' als *šamû dulluhat* wäre ein inhaltlicher Gegensatz zum häufigen Eintrag *zunnu nēḫi*, „langsamer/ruhiger Regen". Die Schreibung *dul-ḫat*, oder dul-*ḫat*, kommt überdies in der „astrometeorologischen" Tafel TU 20 (ZA 66, S. 239, Z. 7') vor.
38 Siehe diesbezüglich Sachs, Hunger 1988: 31-32.

Darüber hinaus befindet sich ‚an pisan dib' meistens am Ende der Regenberichte und wird auch von verschiedenen Bestimmungen des Regens eingeleitet, wie an *kab-bar*, „dicker Regen", an gal.gal, „großer Regen", und an *né-ḫi*, „ruhiger Regen". Ergebnisse aus statistischen Auswertungen der Einträge im Laufe des modernen Kalenderjahres werden ferner die Bezeichnung von ‚an pisan dib' als heftige winterliche Regenepisode bestätigen.

Ein weiteres Phänomen wird als „der Regen löst die Sandale (nicht)", an e.sír (oder *še-ni*) (nu) tuḫ, bezeichnet. Der Ursprung dieser Wendung liegt in einem Sprichwort, das auf S. 243f. diskutiert wird.[39] Das Ausziehen der Sandalen scheint die Situation eines schlammigen Bodens nach einem langen Regen zu beschreiben. Es stellt sich nun die Frage, ob man damals tatsächlich die Sandale aufgrund des Schlammes entfernte oder dieser gängige Ausdruck zu einem spezifischen Terminus wurde.

Ferner kommt der Ausdruck ‚an *nalšu*' vor. Es beschreibt „Tau" auf der Grundlage anderer Texte, aber es lässt sich auch in Form von nebligem Nieselregen nachweisen.[40] Insgesamt finden sich 27 Belege für das IV. und I. Jahrhundert.

Die Regentermini der *Tagebücher* kommen in Tafel TU 20 vor: „[So viel früh]er Wolken (waren), werden (auch) jetzt Wolken (sein); so viel früher Regenschauer war, wird auch jetzt Regenschauer sein. [So viel] früher dul-Regen war, wird auch jetzt dul-Regen sein; so viel früher ‚Ausziehen der Sandale' war, wird auch jetzt ‚Ausziehen der Sandale' sein. [So viel] früher pisannu-Regen war, wird jetzt auch pisannu-Regen sein; so viel früher Regenguss war, wird jetzt auch Regenguss sein. [So viel] früher Überflutung des Adad war, wird jetzt auch Überflutung des Adad sein: Schwellendes Hochwasser wirst du vorhersagen".[41] Die Wichtigkeit dieses Textes besteht nicht nur in der Einzigartigkeit der Formulierung, sondern auch in der Reihenfolge, mit der der Schreiber die Wetterphänomene erwähnt. Die Berechnung der Vorhersagen beginnt mit den Wolken und geht vom leichtesten bis zum heftigsten Ereignis, dem *riḫiṣ Adad*.[42] Der Text führt somit alle Arten von Regen nach Intensität geordnet auf. Es sei angemerkt, dass pisan-Regen in Z. 8 der Tafel TU 20 syllabisch geschrieben wird, wodurch die Lesung pisannu bestätigt wird.

In den *Tagebüchern finden sich* oft Adjektive neben den obigen Regentypen. Die Häufigsten sind *nēḫu*, „ruhig/langsam" (71 Belege) und *kabbaru*, „dick" (46). Sie können als *né* bzw. *kab* abgekürzt werden. Das Adjektiv *nēḫu*, das insgesamt in 112 meteorologischen Berichten belegt ist, wird auch im Zusammenhang mit Donner (gù u, *rigim Adad*) verwendet, der überdies als *ṣarḫu*, wörtlich „jämmerlich", „heulend"[43] qualifiziert werden kann, wie im letzten Zitat ADART 2, -246, Z. 1. Während die Bezeichnungen des Donners als *nēḫu* bzw. *ṣarḫu* auf den Schall des „Schreis Adads" anspielen, ist die Verknüpfung zwischen dem Regen und dem Adjektiv „ruhig" oder „langsam" fraglich. Es kann auf die Dauer, auf das Aussehen und sogar auf die Auswirkungen des Niederschlags hindeuten. Abgesehen von ‚an

39 Siehe BWL, S. 263, Z. 11-14.

40 CAD 11, "N-I", S. 203: AfO 23, S. 40, Z. 14: *na-as-pi-ḫi* gim *im-bari te-be-é* gim *na-al-ši*, „verflieg wie Nebel, erheb dich wie nebliger Nieselregen!".

41 ZA 66, S. 239, Z. 6-9: [*ma-la* lab]ir im.diri *en-na* im.diri *ma-la* labir utaḫ *en-na* utaḫ [*ma-la*] labir dul-*ḫat en-na* dul-*ḫat ma-la* labir tuḫ *še-e-nu en-na* tuḫ *še-e-nu* [*ma-la*] labir *pi-sa-an-nu en-na pi-sa-an-nu ma-la* labir *ra-a-du en-na ra-a-du* [*ma-la*] labir ra dingir.iškur *en-na* ra dingir.iškur a.kal *git-pu-šu-ma ta-qab-bi*.

42 Dieser Ausdruck ist in den *Tagebüchern* nicht belegt.

43 CAD 16, „Ṣ", S. 110.

né-(*ḫi*)‘ lassen sich auch mehrere Begriffe kombinieren: an *né-*(*ḫi*) pisan dib erscheint sehr oft (43), sowie an *né-*(*ḫi*) e.sír / *še-ni* (nu) tuḫ (10), aber es besteht fast keine Kombination mit ‚an utaḫ‘, „Regenschauer“, und mit ‚an dul‘ (jeweils nur 2). Dies könnte demzufolge ein Anhaltspunkt für die Interpretation des „langsamen Regens“ als „dauerhaft“ sein. Das Adjektiv *kabbaru* wird hingegen weniger exklusiv verwendet, meistens mit ‚an dul‘ (17) und ‚an pisan dib‘ (16).

In sporadischen Fällen benutzten die „Diaristen“ das Logogramm gal.(gal), für das Akkadische *rabû*, um die Tropfengröße zu beschreiben. Es gibt nur fünf Belege für das Adjektiv *ḫanṭu*, „schnell“, das zweimal als Adverb *ḫanṭiš* verwendet wird. ‚an pisan dib‘ ist das einzige Ereignis, mit dem *ḫanṭu/ḫanṭiš* zusammenhängt und lässt sich überwiegend für den IV. Jahrhundert nachweisen.[44] Ein ergiebiger Niederschlag innerhalb eines kurzen Zeitraums kann der Bedeutung dieser Aufzeichnung entsprechen.

Schließlich lassen sich noch *īṣu* (geschrieben *i-ṣa* oder *i*) und *gapšu* (maḫ) anführen. Diese zwei Adjektive dienen als Mengenindikatoren des Regens und können mit allen anderen Einträgen kombiniert werden. Die folgende fasst die Terminologie der Regenberichte zusammen: Die Adjektive beziehen sich auf Menge (*īṣu* und *gapšu*) sowie auf die Beschaffenheit der Ereignisse; die verschiedenen Typologien werden durch Wendungen oder Substantive wiedergeben, die auf den Regen selbst bzw. auf die Konsequenzen des Regens hinweisen. Für ‚an dul‘ ist eine Klassifizierung jedoch schwierig.

Adjektive		**Typologien**
Menge	Qualität	
i-ṣa / *i* (*īṣu*), wenig	*né-*(*ḫi*), langsam/(ruhig)	an utaḫ (*šamû/zunnu inattuk*), Regenschauer
maḫ (*gapšu*), viel	*kab-*(*bar*), dick	an dul-(*ḫat/ḫa*), ?
	gal.gal (*rabû*), groß	an *še-ni* (nu) tuḫ (*šamû šēni* (*ul*) *ipṭur*), Regen löst die Sandale (nicht)
	ḫa-an-ṭiš/ḫa-an-ṭu, schnell	an pisan dib (*šamû/zunnu … pisannu ukāl*), Regen … – der Kasten enthält (Wasser)?
		rad (*rādu*), Regensturm

3.3. Die Terminologie der anderen Phänomene

Die *Tagebücher* behalten die traditionelle Unterteilung in Donner, Blitz und Blitzeinschlag am Erdboden, d.h. in den akustischen, visuellen und irdischen Aspekt, bei. „Donner“ ist *rigim Adad*, „Schrei des Adad“, logographisch gù u (10, ohne Gottesdeterminativ) geschrieben. Bisweilen wird der Ausdruck šub, logographisch für *iddi*, hinzugefügt, so dass die klassische Form *Adad rigimšu iddi* der Divinationskunde vollständig überliefert ist. Die hohe Bedeutung des Donners auch in den *Tagebüchern* ergibt sich aus über 290 Belegen. Neben

44 ADART 1, -370, Z. 12’; ADART 1, -329, Z. 9’; ADART 1, -322D, Z. 10; in ADART 1, -346, Z. 29: an *ḫa-*ḫu pisan dib, das Zeichen ‚ḫu‘ wird als Abkürzung von ‚mud‘ für *ḫa-muṭ* gelesen.

den Angaben zur Stärke des Grollens (*īṣu* oder *gapšu*, wie oben) kann die Zahl der gehörten Donner aufgezeichnet werden.

ADART 2, -193A, Z. 7: 5 sag gi₆ ⌜diri⌝ [an] ⌜za⌝ u 1-*en-šú* 2-*šú* gù-*šú né-ḫi* šub
Nacht des 5. (Tages des II. Monats), die Wolken bedecken den Himmel, Adad lässt seinen ruhigen Schrei ein und zweimal los.

Von wenigen Ausnahmen abgesehen, sind die häufigsten Adjektive *nēḫu* und *ṣarḫu*, wie bereits erwähnt. Zur Sektion des Wetters gehören auch Beobachtungen der Blitze am Himmel. Diese begleiten oft den Donner in Einträgen (237) von Gewittern und werden sowohl durch das einzelne Logogramm gír als auch durch die *figura etymologica* gír gír.(gír), *birqu ibarriq*/*ibtanarriq*, bezeichnet.

Mit den 31 Belegen für izi.šub, *miqitti išāti*, „Fallen des Feuers",[45] ist die traditionelle Unterteilung vollständig. Die Brände infolge von Blitzeinschlägen werden keinesfalls in Verbindung mit anderen himmlischen Ereignissen bzw. mit dem Auftreten des Donners gesetzt, dennoch waren sie bis zum IV. Jahrhundert in der meteorologischen Sektion der *Tagebücher* enthalten. Es wurde darauf hingewiesen, dass die Phänomene *miqitti išāti*, oder *izišubbû*, ab dem III. Jahrhundert regelmäßig in einem separaten Abschnitt Platz finden.[46] Auch in diesem Kontext scheint die Terminologie der Aufzeichnungen nicht getrennt vom lexikalischen und konzeptuellen System der früheren Vorzeichenkunde zu sein.

Unter den meteorologischen Berichten finden sich Bezüge auf kaltes Wetter (144 Belege), *kuṣṣu*, Logogramm šed₇. Wie bereits besprochen, war der Beginn des Winters ein wesentlicher Moment des Jahreskalenders: Bei den Kälteeinbrüchen verwendeten die Schreiber der *Tagebücher* dazu das Perfekt *igtešir* von *gašāru*, „stark werden", das entweder *ig-te-šir* oder abgekürzt als *šir* geschrieben wird, um den Beginn der kalten Jahreszeit zu bestimmen.

Der Nebel gehört genauso zu den Wintermonaten und ist mit 46 Aufzeichnungen belegt. Das Akkadische *imbaru* wird immer logographisch im.dugud geschrieben, gleichwohl kommt die Eintragung im.dugud.dugud viermal vor. Drei Belege sind in derselben Tafel enthalten, ADART 2, -254, Z. 4, 6, und am unteren Rand: „Diesen Monat seit dem 12. bis Ende des (IX.) Monats (gab es) dicken Nebel".[47] Die Episoden von Nebel werden hier neben pisan-Regen und sehr wolkigen Zuständen (diri kalag, šú.šú) aufgenommen. Die vorgeschlagene Übersetzung basiert auf der Lesung *kabtu* für ‚dugud'. Aufgrund der schwierigen Definition des Wetterphänomens, das dem Begriff *imbaru* entspricht, bleibt die Möglichkeit offen, dass es sich um einen Fall von nebligem Nieselregen handelt.

In der meteorologischen Sektion kommt der Regenbogen mehrfach vor (61). Dieses Phänomen wird im Akkadischen mit dem Namen einer Gottheit, Manzât oder Manzi'at, bezeichnet.[48] In den *Tagebüchern* findet sich immer die logographische Schreibung (dingir).tir.an.(na), bisweilen mit der Variante (dingir).tir.ra.an. Wie bei anderen meteorologischen Ereignissen, galt den Richtungen des Regenbogens besondere Aufmerksamkeit. In

45 Liste in Stevens 2019: 229-230.
46 Siehe die Diskussion in Pirngruber 2013: 203-205 und Stevens 2019: 227-228.
47 ADART 2, -254, unterer Rand: iti bi ta 12 en til itu im.dugud.dugud.
48 Lambert 1990: 344-345.

manchen Einträgen wird sogar die Anzahl der Bögen spezifiziert, die in seltenen Fällen mehr als einer sein können: „Am Nachmittag, Blitze, Donner, der Regen löst die [Sand]ale, zwei Regenbogen“.[49] Es war nicht immer möglich, die vollständige Form des Regenbogens zu beobachten. Die Schreiber notierten diesen Fall als *butuqtu* oder *butuq* (dingir).tir.an.(na), im Sinne von „Abschnitt des Regenbogens“.[50]

Es ist nicht selten, Berichte über Hagel zu lesen. Die Wendung „es regnete (Hagel)steine“, *abnu iznun* kommt in 20 Einträgen immer in der Form na$_4$ šur vor und wird zudem von Adjektiven und anderen Informationen begleitet. Häufig lässt sich die Größe der Eiskörner beschreiben, wie im Folgenden:

> **ADART 3, -83C1, Z. 2**: [...] ⸢x⸣ an maḫ *né-ḫi* pisan dib na$_4$ tur.tur šur-*nun* u$_{18}$ du
> (Tag unbekannt) viel langsamer/ruhiger Regen – das Becken enthält (Wasser), es hat kleine Hagelkörner geregnet, Südwind.

Interessant ist, dass eine geringe (tur.tur, *ṣeḫru*) bzw. große (gal.gal, *rabû*) Hagelepisode mit den anderen Regentypen kombiniert wird, insbesondere mit dem pisan-Phänomen. In allen solchen Fällen von Graupelregen wird ‚na$_4$ šur‘ den Aufzeichnungen an utaḫ, an pisan dib und an *še-ni* (nu) tuḫ nachgestellt. Eine Ausnahme besteht für dul: In ADART 2, -230D, Z. 4’ ersetzt ‚dul‘ das gewöhnliche Zeichen šur am Ende des Berichtes nach ‚na$_4$‘.[51]

Die *Tagebücher* enthalten nur einen einzigen Eintrag für *šalgu*, „Schnee“. Dieses Ereignis ist auf den 26. IX. des seleukidischen Jahres 187 datiert,[52] was dem 2. Januar -123 unseres Kalenders entspricht, und es geschieht gleichzeitig mit Regenschauer und Wind aus Süden.[53]

Zum Schluss sei hervorgehoben, dass die Intensität der meteorologischen Einträge eine Rolle spielt. Während der Wasserstand in Längenangaben gemessen wurde, wurden Zeit, Ausmaß und Intensität der anderen Wetterereignisse durch Adjektive und Verben beschreiben.

3.4. Entwicklung und Verschiedenheiten der Terminologie

Wir sprachen bisher von den *Tagebüchern der Babylonier* als einem einheitlichen Textkorpus, in dem Struktur und Wortschatz einem Standard von technischen Abkürzungen folgen. Da der zeitliche Abstand zwischen den allerersten und den letzten Exemplaren fast sechs Jahrhunderte beträgt, ergeben sich ohnehin einige Unterschiede. Das erste Beispiel ist die Verwendung des vollen Logogrammes a.an (auch šèg) für die Aufzeichnung verschiedener Regenepisoden in den Tafeln der ältesten *Tagebücher* -651 und -567. In den folgenden Texten ist ausschließlich die Abkürzung ‚an‘ zu lesen.

Die mit dem Regen assoziierten Adjektive unterliegen keinen wichtigen Änderungen. Ab dem II. Jahrhundert tritt auch *rabû*, geschrieben gal.gal, zur Beschreibung der Tropfengröße auf. Das Adjektiv „groß“ scheint als Alternative zu *kabbaru* verwendet zu werden,

---

49 ADART 1, -324A, Z. 5: kin.sig gír.gír gù u ⸢an⸣ [*še*]-*ni* tuḫ 2 tir.an.⸢meš?⸣.

50 Sachs, Hunger 1988: 33.

51 ADART 2, -230D, Z. 4’: ⸢x⸣ an *kab-bar u* na$_4$ gal dul, „dicker Regen und großer Hagel dul?“.

52 Alle Umrechnungen der Daten beziehen sich auf Parker, Dubberstein 1971.

53 ADART 3, -124B, Z. 16.

denn die beiden finden sich niemals zusammen in derselben Tafel. *kabbaru* verschwindet nicht ab dem II. Jahrhundert und ist bis zu den letzten Tagebüchern des I. Jahrhunderts belegt.

Unter den zahlreichen Tontafeln, die das Korpus der *Astronomischen Tagebücher* bilden, existieren einige Exemplare, die denselben Zeitraum abdecken. Diese zeigen, dass dieselben Wetterphänomene teilweise mit unterschiedlichen Termini beschrieben werden konnten. Unten werden die relevantesten Beispiele aufgeführt.

ADART 2, -209C (BM 32518), Z. 4: 8 šú.šú an utaḫ *i-ṣa* gi$_6$ 9 sag gi$_6$ diri an dib
Z. 7-9: ⸢gi$_6$⸣ [12] sag ⸢gi$_6$ an⸣ e.sír nu tuḫ [...] ⸢an⸣ *kab-bar* ⸢im⸣ šár kalag 12 diri ⸢an⸣ [x *ina*] kin.sig [...] šár gi$_6$ 13 …
Am 8. (II.) sehr bewölkt, geringer Regenschauer; Nacht des 9., Anfang der Nacht, Wolken ziehen am Himmel vorüber.
Nacht des [12.], Anfang der Nacht, der Regen löst die Sandale [...] schwerer Regen, starker stürmischer Wind; am 12. Wolken [...], am Nachmittag [...] stürmischer [Wind$^{?}$]. Nacht des 13. …

ADART 2, -209D (BM 45608+45717), Z. 4: 8 šú.šú gír gír gù u ⸢an$^{?}$ pisan$^{?}$ dib⸣ [...]
Z. 9: ⸢gi$_6$ 12 šú.šú⸣ gír gír [x x x] šú diri *muš* [x x] ⸢šú.šú⸣
Am 8. (II.) sehr bewölkt, Blitz, Donner, pisan-Regen$^{?}$ [...]
Nacht des 12. sehr bewölkt, Blitz [...] (trotz) Wolken gemessen [...] bewölkt [...]

ADART 2, -191A (BM 45852+46079), Z. 31-32: [... *ina*] ⸢kin$^{?}$⸣.sig$^{?}$ šú.šú an utaḫ gi$_6$ ⸢22⸣ [x x x x an] ⸢dul⸣-*ḫat* 22 šú.šú an utaḫ gi$_6$ 20+[x ...] [...] dib$^{?}$ an utaḫ *ina* zálag
[... Am Nach]mittag$^{?}$ sehr bewölkt, Regenschauer; Nacht des 22. (VIII.) [... Regen]-dul. Am 22. sehr bewölkt, Regenschauer; Nacht des 2[3.$^{?}$ ...]

ADART 2, -191B (BM 40096), Z. 7'-8': 21 diri an za gi$_6$ 22 *ina* zálag ⸢diri$^{?}$⸣ [...] diri an dib an e.sír nu tuḫ gi$_6$ 23 [...]
Am 21. (VIII.) gab es Wolken im Himmel; Nacht des 22., am Nachmittag Wolken$^{?}$ [...], Wolken ziehen am Himmel vorüber, der Regen löste nicht die Sandale; Nacht des 23. [...]

ADART 2, -182A (BM 45613), Z. 13'-15': 10 diri an za *ina še-rì* 2 *bu-tuq* dingirtir.an.⸢na⸣ [x x] ⸢gib⸣ [...] gi$_6$ 13 šú.šú sag gi$_6$ *sin ina* igi múl.múl [...] ⸢x x⸣ gi$_6$ 14 ⸢x⸣ [...] ⸢gír⸣ gù u an *kab* dul
Am 10. (VIII.), Wolken im Himmel; am Morgen, zwei Abschnitte eines Regenbogens wölben sich [...] ... Nacht des 13. sehr bewölkt; Anfang der Nacht war der Mond [...] gegenüber η Tauri [...] ... Nacht des 14. ... [...] Blitze$^?$, Donner, dicker dul-Regen.

ADART 2, -182B (BM 34897+55575), Z. 4-9: 10 šú.šú an utaḫ *i-ṣa* gi$_6$ 11 šú.šú [...] ⸢gi$_6$⸣ 12 dir an za *sin ár* múl-*ár-šá*-sag.ḫun 1 kùš ⸢*sin* x⸣ [...] 12 diri an za gi$_6$ 13 *sin ina* igi múl.múl 2 kùš 13 [...] ⸢x x x⸣ gi$_6$ 14 1.30 <me> diri *muš kal* gi$_6$ šú.šú murub$_4$ ⸢x⸣ [...] u gù-*šú né-ḫi* šub-*di* an dul [...]
Am 10. (VIII.) sehr bewölkt, kleiner Regenschauer. Nacht des 11., sehr bewölkt [...] Nacht des 13., der Mond war 2 Ellen gegenüber η Tauri. Am 13., [...] Nacht des 14., <Mondaufgang bis zum Sonnenuntergang:> 1° 30'; (trotz) Wolken gemessen; ganze Nacht sehr wolkig; mittlere Nachtwache, [...] langsamer/ruhiger Donner, dul-Regen.

Bezüglich der markierten Unterschiede in den Zitaten ist zunächst zu berücksichtigen, dass die Tafeln an mehreren Stellen abgebrochen sind. Der fragmentarische Zustand der Texte erschwert daher die Auswertung der Doppelexemplare, da einige Tagesberichte nicht miteinander übereinstimmen könnten. Wir gehen ferner davon aus, dass die Datierungen der *Tagebücher* von Hunger und Sachs exakt sind.[54]

Es gibt zwei strukturelle Aspekte, die die Abweichungen erklären könnten. Der erste betrifft die ursprüngliche Abfassung der *Tagebücher* und die Prozedur der Abschrift: Zwei der oben angeführten Texte, ADART 2, -191B und ADART 2, -182B, wurden als „Preliminary Diary" bzw. „Short Diary" identifiziert.[55] Es ist demzufolge möglich, dass deren Inhalt sich von den endgültigen Versionen der „Standard Diaries" (-191A und -182A) etwas unterscheidet. Einige meteorologische Aufzeichnungen erweisen sich als detaillierter, während andere manche Wetterphänomene übergehen. Vermutlich wurden gewisse Informationen im Laufe des Prozesses von „Preliminary Diary" zu „Standard Diary" weiter ergänzt bzw. gefiltert. Dies beweist die Existenz mehrerer anfänglicher Entwürfe der *Tagebücher* sowie mehrerer Hände, die während der Beobachtung Aufzeichnungen anfertigten.

Berichte über abweichende Ereignisse am selben Tag könnten zweitens auf geographisch entfernte Beobachtungspunkte hindeuten. Jedoch zeigen archivalische Studien, dass viele *Tagebücher*, einschließlich der sechs zitierten Tafeln, zur Esagila-Sammlung des British Museums gehören.[56] Die gemeinsame Herkunft aus Babylon scheint die geographische Erklärung auszuschließen und eröffnet stattdessen die Möglichkeit, dass verschiedene Versionen der *Tagebücher* koexistierten.

Zum Vergleich der Texte können weitere Überlegungen über die spezifische Terminologie und die Wahrnehmung der aufgezeichneten Phänomene angestellt werden. Erwähnenswert sind beispielsweise die Bezeichnungen für Regen in ADART 2, -191A, Z. 32, an utaḫ,

54 Sachs, Hunger 1988: 19.
55 Mitsuma 2015: 68-69.
56 Clancier 2009: 190-195.

und in ADART 2, -191B, Z. 8', e.sír nu tuḫ: Bei einem mäßigen Regenfall, der wahrscheinlich auch als „Regenschauer" bezeichnet werden konnte, war es nicht notwendig, die Sandale auszuziehen. In ähnlicher Weise berichtet das „Short-Diary" ADART 2, -182B Z. 4 über einen geringen Regenschauer, an utaḫ *i-ṣa*, der in der längeren Abfassung ADART 2, -182A nicht zu finden ist. Ein leichter Niederschlag konnte von den meisten Beobachtern entweder unbemerkt bleiben oder absichtlich nicht eingetragen werden. Die Schreiber von ADART 2, -182A entschieden sich trotzdem dafür, die Erscheinung der zwei Regenbogen aufzunehmen, die voraussichtlich von der Feuchtigkeit der Atmosphäre aufgrund des nicht erwähnten ‚an utaḫ *i-ṣa*' verursacht wurde. Das Beispiel von ADART 2, -182A, Z. 15' und ADART 2, -182B, Z. 9 zeigt die Entscheidungen in einem Fall für das Attribut *kabbaru* für den dul-Regen, im anderen für *nēḫi* für den Donner. Somit lässt sich ein Interpretationsspielraum in der Auswahl der Begriffe vermuten, indem die standardisierte Sprache je nach eigener Wahrnehmung von Diaristen verwendet wird.

Die Unterschiede in den zwei *Tagebüchern* des Jahres -209 sind schwieriger zu erklären. Wäre die Lesung ⸢an pisan dib⸣ in ADART 2, -209D, Z. 4 gesichert, würde die Aufzeichnung ein mit ‚an utaḫ *i-ṣa*' unvereinbares Phänomen enthalten.

Leider ist die Anzahl solcher widersprüchlicher Tafeln zu gering und ihr Zustand zu fragmentarisch, um Rückschlüsse auf die Verwendung unterschiedlicher Begriffe zu ziehen. Für eine genauere Auswertung wären Vergleiche nicht lediglich zwischen den meteorologischen Sektionen, sondern auch zwischen mehreren zeitgenössischen *Tagebüchern* notwendig.

4. Erfassung und Auswertung einiger meteorologischer Daten

4.1. Die Methodik

Die in den *Tagebüchern* enthaltenen Informationen bieten die Gelegenheit, empirische Klimadaten zu analysieren. Allerdings ist die Überlieferung unvollständig: Viele Keilschrifttafeln sind nur fragmentarisch erhalten und einige Zeiträume sind überhaupt nicht abgedeckt.[57] Für die Zeit vor dem IV. Jahrhundert sind nur sechs Tafeln erhalten und auch die Überlieferung für die folgenden Jahrhunderte ist lückenhaft. Diese Problematik muss bei der Auswertung der Daten im Auge behalten werden.

Es erscheint als plausibel, dass die Wetteraufzeichnungen auf empirischer Ebene im Allgemeinen als zuverlässig zu betrachten sind,[58] auch wenn in einigen wenigen Fällen die Einträge der *Tagebücher* einander widersprechen.[59] Die Aufzeichnungen von Regen, Stürmen und anderen Wetterphänomenen wurden für die vorliegende Arbeit gesammelt und mit einer Genauigkeit von ±1 Tag in den julianischen Kalender umdatiert.[60] Diese Prozedur ermöglicht einerseits die Erstellung einer Datenbank zur Erfassung der durchschnittlichen Häufigkeit der Wetterereignisse; andererseits können fragmentarische Belege sowie unklare Stellen überprüft werden. Zu beachten ist, dass sich duplizierende Daten für die Statistik selbstverständlich nur einmal gezählt wurden.

4.2. Die Einträge der *Tagebücher* als Klimadaten

Eine Untersuchung zur monatlichen Verteilung der meteorologischen Phänomene wurde von R. Pirngruber in unveröffentlichten Arbeitspapieren durchgeführt. Schwerpunkt ist der empirische Wert der Wettereinträge in den *Tagebüchern* und ihre Korrelation mit modernen Klimadaten. Im Folgenden werden weitere Fragestellungen zu den Wetterdaten der *Tagebücher* untersucht.

Insgesamt lassen sich über tausend datierbare Regenepisoden erfassen. Die Datenerhebung ist in den folgenden beiden Tabellen zusammengefasst. Die erste Tabelle enthält alle Belege von Regenepisoden in jedem Monat des julianischen Kalenders. Die zweite Tabelle zeigt den Prozentanteil eines bestimmten Begriffs im Verhältnis zur Gesamtzahl der Regenepisoden jedes Monats. Anhand dieser Daten lässt sich feststellen, dass die meisten Begriffe mit Regenarten zu bestimmten Jahreszeiten korrelieren können.

Der pisan-Regen weist einen erheblichen Prozentsatz von über 20 % in den Monaten Dezember, Januar und Februar auf. Er wird im Frühling seltener und nimmt allmählich in den herbstlichen Monaten wieder zu. Wie bereits erwähnt, bezeichnet ‚an pisan dib' wahrscheinlich einen starken Niederschlag mit winterlichem Charakter. Ähnliches kann trotz der geringeren Datenmenge für den ‚an e.sír (nu) tuḫ'-Regen festgestellt werden. Es wurde versucht, einen Unterschied zwischen dem Begriff ‚an e.sír tuḫ' („Regen löste die Sandale")

57 Graßhoff 2011: 38 und Pirngruber 2019: 192 zeigen die zeitlich unregelmäßige Verteilung der Texte und der Beobachtungen: Die Periode 200-100 v. Chr. ist erheblich besser dokumentiert.

58 Über den Wert der *Tagebücher* siehe Hunger, Pingree 1999: 139-140.

59 S. 213f.

60 Die Umrechnung erfolgte manuell auf Grundlage der in Parker, Dubberstein 1971 publizierten Kalkulationen. Die Datierungen in den ADART-Bänden wurden übernommen.

und ‚an e.sír nu tuḫ' („Regen löste nicht die Sandale") zu identifizieren. Der verneinende Begriff kommt etwas häufiger vor und lässt sich auch in den Übergangsmonaten Mai und November nachweisen. Die ‚an e.sír nu tuḫ'-Regenepisode könnte daher eine leichtere Regenart bezeichnen, die den Boden nicht viel befeuchtet hat. Bemerkenswert ist jedenfalls der ‚an e.sír nu tuḫ'-Regenfall im August, im trockensten Monat des Jahres -381.[61]

Gegensätzlich zum pisan-Regen ist der leichte ‚an utaḫ'-Regen, wie aus den höchsten Werten vom Frühling bis November hervorgeht. Von März bis November übersteigt die Häufigkeit dieses Regenschauers mehr als 45 % aller monatlichen Episoden. Der ‚an dul-(*ḫat*)'-Regen lässt sich weniger eindeutig umreißen. Mit 240 Belegen scheint dieser ein gewöhnliches Phänomen zu sein, das ähnlich wie der ‚an utaḫ'-Regenschauer im Winter weniger häufig als im Frühjahr und Herbst auftritt.

Regenepisoden pro Monat des julianischen Kalenders

Mon.	**Belege[62] für an pisan dib**	**an *še-ni* tuḫ**	**an *še-ni* nu tuḫ**	**an dul-(*ḫat*)**	**an utaḫ**	**Andere Regen-episoden**	**Mon. Gesamt**
Jan.	38	4	7	24	44	11	128
Feb.	35	1	5	34	61	11	147
Mär.	30	4	3	36	88	9	170
Apr.	20	6	1?	30	61	11	129
Mai	13	–	6	37	85	11	152
Juni	1	–	–	5	16	1	23
Juli	–	–	–	1?	1	–	2
Aug.	–	–	1	–	1	–	2
Sept.	–	–	–	1	8	1	10
Okt.	2	1	–	12	50	2	67
Nov.	23	–	7	37	69	7	143
Dez.	28	7	7	23	51	7	123
Insg.	190	23	37	240	535	71	1096

Häufigkeit der gesamten Regenepisoden in einem Monat

Mon.	**an pisan dib**	**an dul-(*ḫat*)**	**an *še-ni* tuḫ**	**an *še-ni* nu tuḫ**	**an utaḫ**
Jan.	29,6 %	18,7 %	3,1 %	5,4 %	34,3 %

61 ADART 1, -381A, Z. 1': ⌜*še*⌝-*ni* ⌜nu⌝ [tuḫ].

62 In der Tabelle werden nur datierbare Episoden berücksichtigt.

Feb.	23,8 %	23,1 %	0,6 %	3,4 %	41,4 %
Mär.	17,6 %	21,1 %	2,3 %	1,7 %	51,7 %
Apr.	15,5 %	23,2 %	4,6 %	0,7 %	47 %
Mai	8,5 %	24,3 %	–	3,9 %	55,9 %
Juni	4,3 %	21,7 %	–	–	69,5 %
Juli	–	50%	–	–	50 %
Aug.	–	–	–	50 %	50 %
Sept.	–	10 %	–	–	80 %
Okt.	2,9 %	17,9 %	1,4 %	–	74,6 %
Nov.	16 %	25,8 %	–	4,8%	48,2 %
Dez.	22,7 %	18,6 %	5,6 %	5,6 %	41,4 %

Die Winde sind für die Zyklogenese und für das Auftreten von Unwettern bzw. heißen Temperaturen im Nahen Osten verantwortlich. In den vorangehenden Teilen dieser Arbeit wurden meteorologische und kulturelle Aspekte des Windes besprochen. *meḫû*-Stürme sind 51 mal belegt. Die geringere Zahl der Belege für „Sturm“ kann im Vergleich zu den Winden auf ein außergewöhnliches Ereignis hindeuten, dass wahrscheinlich katastrophale Folgen hatte. Aus den Daten ergibt sich eine heftige stürmische Aktivität von Februar bis Mai, die sich im Sommer auf ein Minimum reduziert. Von Interesse für die vorliegende Auswertung sind überdies die Auskünfte, die die Einträge *meḫû* begleiten. Neben der Richtung des Sturmes werden bisweilen auch Regen und Blitze berichtet, wie aus der unteren Tabelle ersichtlich ist. Ab dem Herbst treten meistens Stürme aus dem geographischen Südosten und teilweise aus dem Osten[63] auf und machen bis Mai die Gesamtheit der Fälle aus. Die aus dem Westen und Nordwesten kommenden Stürme haben ihren Höhepunkt zwischen April und Juni und lassen ab Juli wieder nach.

63 In der Einführung dieser Arbeit wurde bereits der Unterschied zwischen den heutigen Kardinalpunkten und den mesopotamischen Bezeichnungen erklärt. Die mesopotamischen Kardinalpunkte wurden in die modernen übersetzt. Es gilt allgemein die Umstellung „ein Achtel" gegen den Uhrzeigersinn, zum Beispiel im.u$_{18}$.(lu) = *šūtu* = mesopotamischer Süd = geographischer Südosten. Für die Diskussion siehe Neumann 1977.

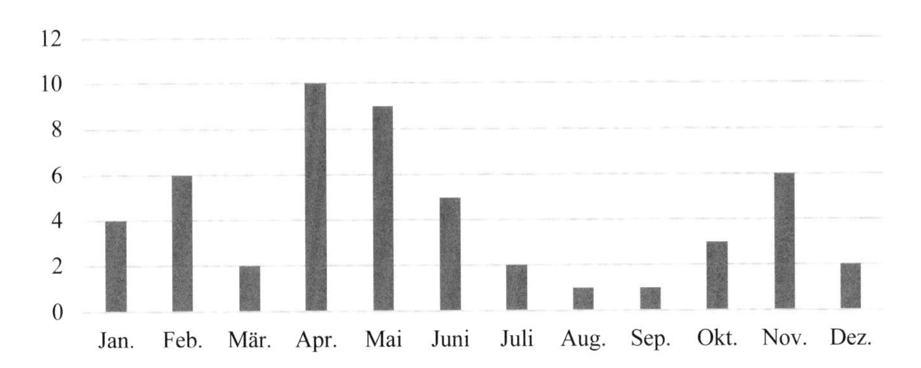

Graphik 6: Häufigkeit der *meḫû*-Stürme im Jahreslauf

Mon.	**Belege für *meḫû*-Stürme**	**Herkunft (geographische Kardinalzeichen)**	**Begleitphänomene (wenn eingetragen)**
Jan.	4	4 O	1 O + an utaḫ 1 O + an utaḫ + Donner 1 O + an *še-ni* nu tuḫ + Hagel
Feb.	6	3 SO, 2 O	1 SO + an dul-(*ḫat*) + Donner
Mär.	2	–	–
Apr.	10	5 SO, 1 O	1 SO + an *kab-bar rad* pisan dib + Donner + Blitze
Mai	9	3 SO, 1 O, 2 W, 1 NW	1 O + an utaḫ + 3 Donner + Blitze, 1 W + an utaḫ
Juni	5	2 W, 1 NW	1 W + *akāmu* + *ḫillu*
Juli	2	W, NO	–
Aug.	1	O	–
Sept.	1	W	–
Okt.	3	NW, W, SO	1 W + an utaḫ
Nov.	6	3 SO, 2 O, 1 W	2 SO + an utaḫ, 1 O + an utaḫ, 1 W + an utaḫ
Dez.	2	2 S	–
Insg.	51		

Gemäß modernen meteorologischen Studien sind Stürme aus dem Persischen Golf (d.h. aus dem geographischen Südosten) in der Zeit zwischen Dezember und April häufiger. Der Grund dafür ist auf den Einbruch der Winterdepression zurückzuführen, die in 39 % der Fälle Gewitter zur Folge hat.[64] Die Aufzeichnungen von Donnern und Blitzen hängen mit *meḫû*-Stürmen zusammen, die ausschließlich aus dem geographischen Osten und Südosten kommen. In ähnlicher Weise kommt der Regen oft im Anschluss an Winde aus dem Golf vor. Mit dem nahenden Sommer bringt der gefürchtete Westwind trockene Luft und Sand aus der Wüste mit.[65] Dies scheint den abwechselnden Berichten über West- und Nordwest-Stürme (geographisch gemeint) zu entsprechen. Demnach lässt sich erkennen, dass die aus den *Tagebüchern* entnommenen Informationen mit dem heutigen Wetterablauf der Region im Allgemeinen übereinstimmen.

In den *Tagebüchern* kommen die Ausdrücke *ašamšūtu* und *tarbu'tu*, die wir mit Sandsturm übersetzten, nicht vor. Jüngsten Studien zufolge sind die verschiedenen Regionen des Iraks den Staubstürmen in unterschiedlichem Umfang ausgesetzt.[66] In der Region Bagdad treten Staub- und Sandstürme deutlich seltener auf, im Gegensatz zur südlichen Region von Nasiriya: In den Jahren 1980-2015 wurden durchschnittlich 1,3 Staubstürme im Frühling (März-Mai) und 1,1 im Sommer (Juni-August) bei Bagdad erfasst, während die Häufigkeit im Distrikt Dhi Qar bis zu 2,1 im Frühling und 4,6 im Sommer steigt.[67] Die Zentralregion Iraks ist, zumindest heute, nicht sehr von Staubstürmen betroffen. Episoden von Schwebstaub haben hingegen eine erhebliche Inzidenz: Für dieselbe Periode 1980-2015 lässt sich ein beträchtlicher Durchschnitt von 58,9 Tagen mit dem sogenannten „suspended dust" erheben (siehe Tabelle unten). Dieses Phänomen zeigt sich als spezifisch für die Umgebung von Bagdad und wird in den anderen irakischen Gebieten in geringerem Umfang beobachtet. Unter den akkadischen Termini der *Tagebücher*, die dieser Art Schwebstaub entsprechen könnten, sticht das zuvor besprochene *akāmu* heraus. Die Auswertung der datierbaren Aufzeichnungen von *akāmu* deutet auf ein sommerliches Phänomen hin, das wahrscheinlich das Schweben von Feinsand einschließt. Erfolglose Himmelsbeobachtungen am ersten Tag, in der Mitte oder an den letzten Tagen des Monats hängen oft mit dieser Bedingung zusammen: „Dicke *akāmu*, beim Beobachten konnte ich nicht sehen".[68] Dieses Ereignis wird auch in mehreren Duplikaten desselben *Tagebuchs* eingetragen, was die wichtige Rolle von *akāmu* für Beobachtungen der Mondphasen bestätigt.[69] Das Wort findet sich darüber hinaus

64 Neumann 1977: 1052. Die meteorologischen Daten wurden in Habbaniya, in der Umgebung von Bagdad, erhoben.

65 Neumann 1977: 1053.

66 Die Bezeichnungen „suspended dust", „rising dust" und „dust storm" wurden von der WMO (Word Meteorology Association) klassifiziert, um drei progressive Zustände der Atmosphäre zu identifizieren (Attiya, Jones 2020: https://doi.org/10.1007/s42452-020-2669-4).

67 Attiya, Jones 2020: https://doi.org/10.1007/s42452-020-2669-4.

68 ADART 3, -143B, Z. 9: *a-kám* kalag *ki* pap nu igi.

69 Siehe als Beispiel ADART 1, -132A, Z. 5' und -132B, Z. 1.

in Vorzeichentexten des I. Jahrtausends in Bezug auf Finsternisse und Trübungen des Mondes[70] sowie in lexikalischen Listen.[71]

In den *Tagebüchern* finden sich 136 datierbare Einträge für das *akāmu* innerhalb etwa drei Jahrhunderte. Die folgende Tabelle vergleicht das *akāmu*-Phänomen mit mit den modernen Daten von „suspended dust".

	Episoden von suspended dust 1985-2015[72]	**Belege für *akāmu* in den *Tagebüchern* IV.-I. Jh. v. Chr.**
Frühling[73]	16,1 (27,3%)	19 (13,9%)
Sommer	21,1 (35,7%)	59 (43,3%)
Herbst	13,6 (23%)	37 (27,2%)
Winter	8,1 (13,7%)	21 (15,4%)
	Durchschnittlich 58,9 Episoden im Jahr	136 aufgezeichnete Episoden in etwa 300 Jahren

Es zeigt sich, dass die Jahreszeitliche Verteilung beider Phänomene in etwa gleich ist, was für eine ungefähre Identifikation von *akāmu* mit „suspended dust" spricht. Einschränkend ist allerdings festzustellen, dass die Daten von „suspended dust" in einem Zeitraum von 35 Jahren erfasst wurden, während die *akāmu*-Episoden aus einem langen Zeitraum von 300 Jahren stammen; die Daten sind also nicht eins zu eins zu vergleichen. Zu beachten ist weiterhin, dass Staubphänomene eng mit der Wüstenbildung und Verödung des Bodens verbunden sind. In der fragilen Umwelt des Nahen Ostens können menschliche Faktoren, wie Landwirtschaft, Kanalisation und Kriegsführung,[74] die Inzidenz des Staubs und des Schwebsands innerhalb kurzer Zeit verändern.[75]

4.3. Niederschlag in drei Jahrhunderten

In unveröffentlichten Arbeitspapieren analysierte Pirngruber die Verteilung aller Wetterdaten für jeden Monat des julianischen Kalenders vom Jahr -400 bis -60. Obwohl die Sommermonate niedrigere Zahlen aufweisen,[76] scheint der Unterschied mäßig zu sein und

70 Die einzige Tafel K 3563+K 3761+K 11736+Rm 0303 enthält mehrere Stativformen *akim* und weitere Informationen über die Erscheinungsfarben des Mondes in der Protasis, wie im folgenden Beispiel Rochberg 2010b: 99, Z. 52-53: diš *ina* iti.ne ud 13.kam an.gi$_6$ dingir.30 *a-dir* en en.nun du-*ku a-kim* igi.meš-*šú* sig$_7$.me en bar-*šú a-kim*, „wenn der Mond am 13. des V. Monats verfinstert ist, er verdunkelt ist, bis die Wache vorbei ist, er getrübt ist, sein Aussehen gelb ist, er bis zu seinem Mittelpunkt getrübt ist …".

71 In MSL 15, S. 154, Z. 120 wird *akāmu* mit im.dugud, „Nebel", geglichen.

72 Attiya, Jones 2020: https://doi.org/10.1007/s42452-020-2669-4.

73 Frühling = März, April und Mai; Sommer = Juni, Juli, August; Herbst = September, Oktober, November; Winter = Dezember, Januar, Februar.

74 Hinsichtlich der modernen Daten kann die Zunahme der Häufigkeit von Staubphänomenen in der Zeit 1983-1992 auf Militäroperationen während der Irak-Iran und Irak-Kuwait Konflikte zurückzuführen sein (Attiya, Jones 2020: https://doi.org/10.1007/s42452-020-2669-4).

75 Diesbezüglich siehe die Zunahme an Sandstürmen im Irak infolge des Klimawandels in Niazi, Decamme 2023.

76 Beispiel: 864 Belege für Juni, etwa 1350 für März und April.

kann teilweise auf die geringere Häufigkeit bestimmter Wetterphänomene des Sommers, wie Regen und Wolken, zurückgeführt werden. Diese erste Überlegung schränkt die Wahrscheinlichkeit ein, dass die vorliegenden Regendaten das Ergebnis fehlender Dokumentation sind.

Die ausführlichen Informationen über Regenarten sind ausreichend, um einen Überblick über den Regenverlauf in mehr als drei Jahrhunderten zu gewinnen. Hierbei besteht das Problem, den Regenablauf in Zeiträumen mit unregelmäßiger Datenverteilung zu untersuchen. Die Unteren Histogramme 7A, B, C und D zeigen die Datenverteilung der gesamten jährlichen Regenepisoden sowie in den verschiedenen Jahreszeiten.

Aus einer Analyse der Datenverteilung vom IV. bis zur Mitte des I. Jahrhunderts ergeben sich Lücken von Jahrzehnten im Datensatz insbesondere für die Periode -390 bis -270.[77] Aus den Graphiken ergibt sich eine deutliche Ungleichheit zwischen vollständig belegten Jahreszeiten, beispielsweise den Tafeln ADART 1, -346, ADART 1, -284, ADART 3, -132, und ADART 3, -77, und mehreren Perioden mit unvollständigen Werten. Für die Zeit von -250 bis -90 ist die Informationsdichte hoch genug.

Die Informationen für das IV. Jahrhundert sind großenteils in der Tafel ADART 1, -346 enthalten, während Berichte über Regen für die Herbstmonate Oktober und November fast bis zum Beginn des II. Jahrhunderts nicht zu lesen sind. Nach dem Stand der derzeit vorliegenden Quellen lassen sich Regenfälle im Herbst selten nachweisen, verglichen mit der winterlichen und frühjährlichen Häufigkeit. Die Daten des Niederschlags von Oktober und hauptsächlich von November stammen meistens aus einem Dutzend Tafeln (siehe Graphik 7D). Ähnliches kann für den Monat Mai festgestellt werden, in welchem die Einträge des Regens sehr sporadisch, aber konsistent sind. Die vielen Aufzeichnungen der Monate November und Mai (143 und 152, siehe Tabelle oben im Paragrafen III.4.2) schließen auch einen beträchtlichen Anteil an „Regenschauern" (an utaḫ jeweils 48,2 und 55,9 %) ein, der etwas höher als in den Wintermonaten ist.

77 Pirngruber 2019: 192.

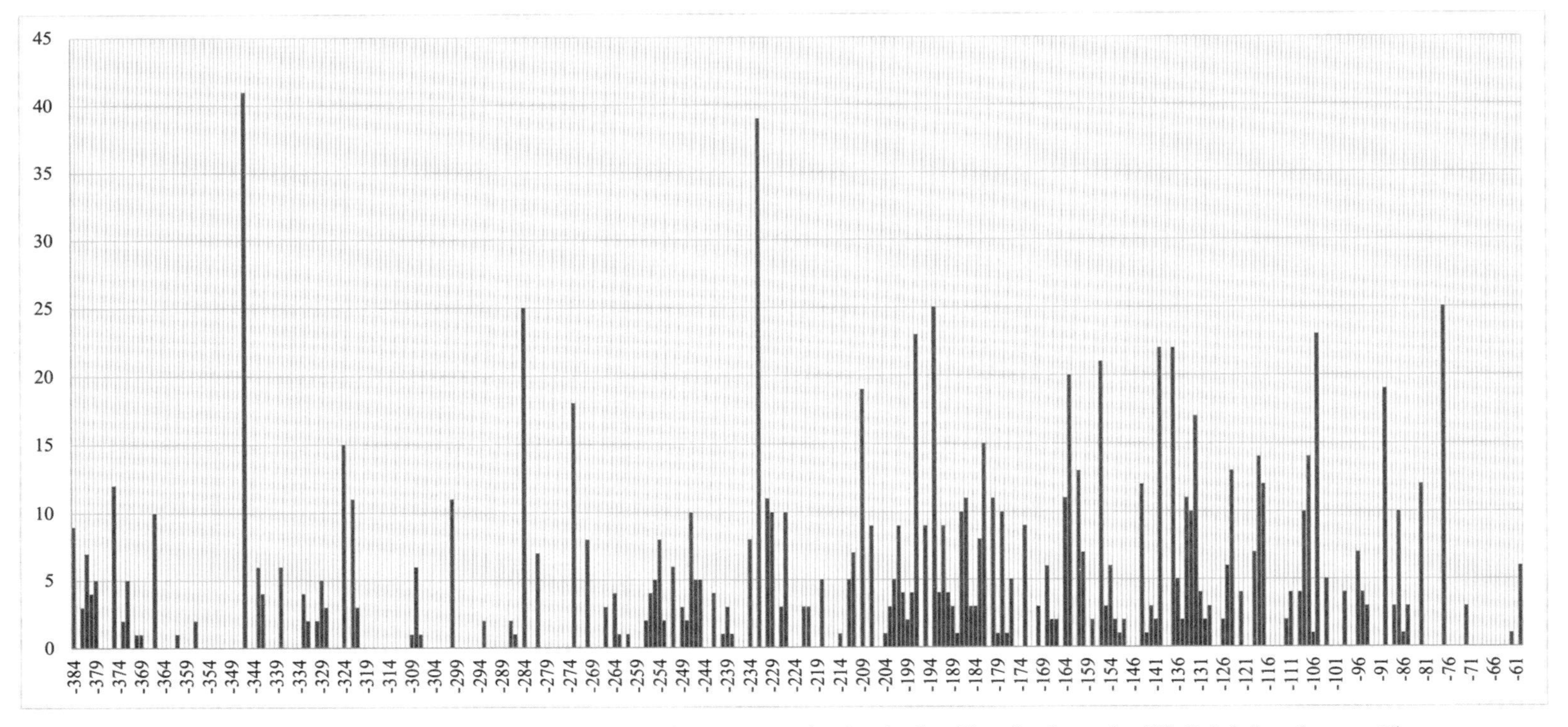

Graphik 7A: Datenverteilung der gesamten jährlichen Regenepisoden in den *Tagebüchern* des IV.-I. Jahrhunderts v. Chr.

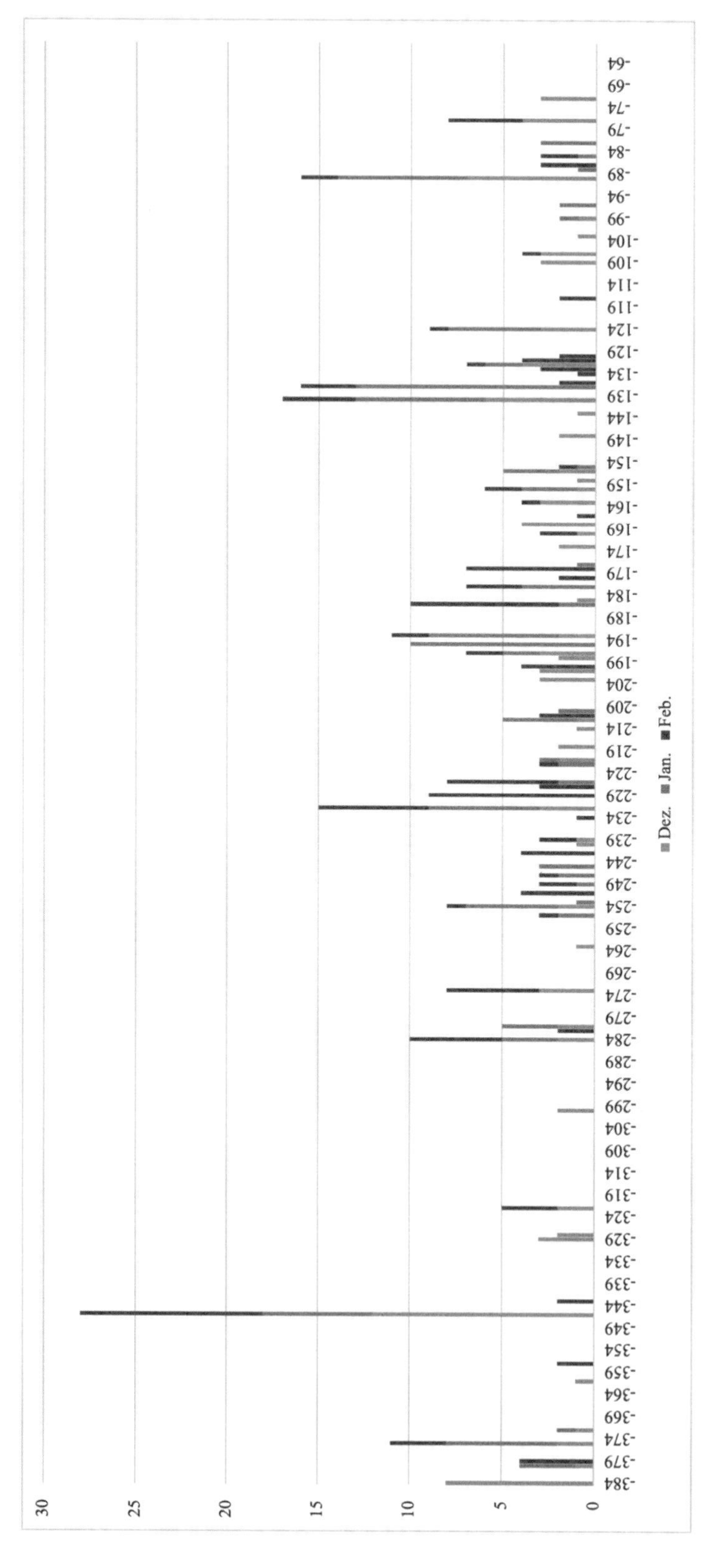

Graphik 7B: Datenverteilung der Regenepisoden im Winter in den *Tagebüchern* des IV.-I. Jahrhunderts v. Chr.

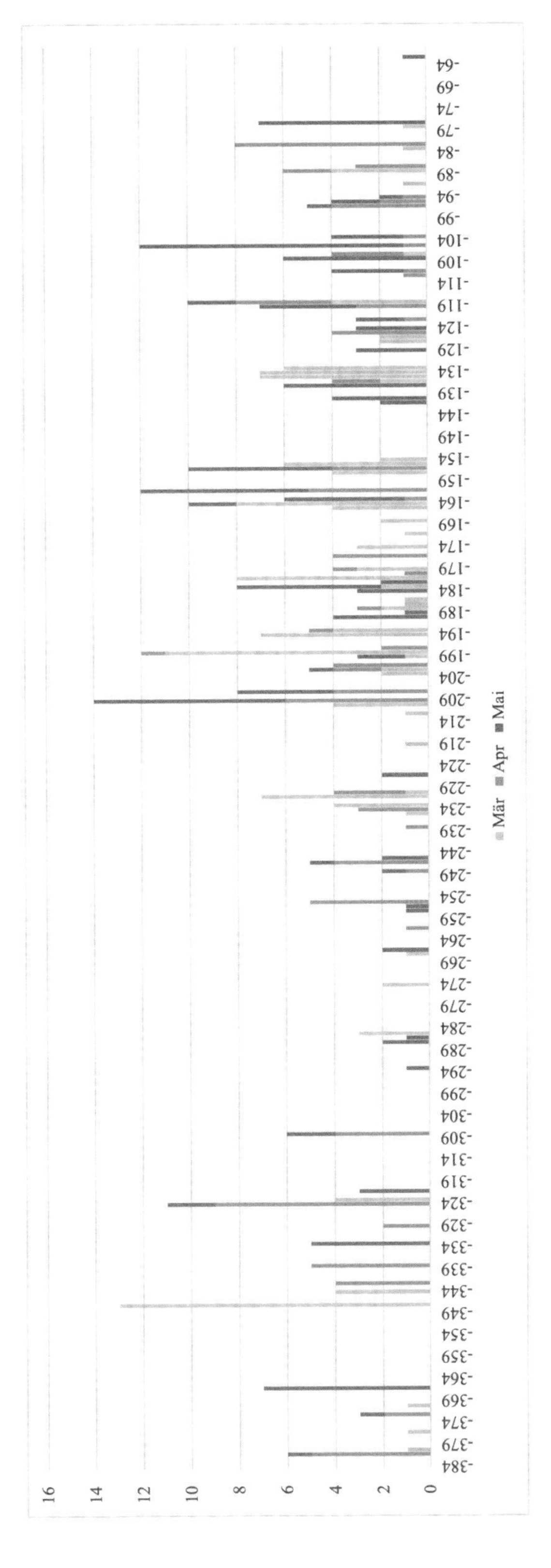

Graphik 7C: Datenverteilung der gesamten Regenepisoden im Frühling in den *Tagebüchern* des III.-I. Jahrhunderts v. Chr.

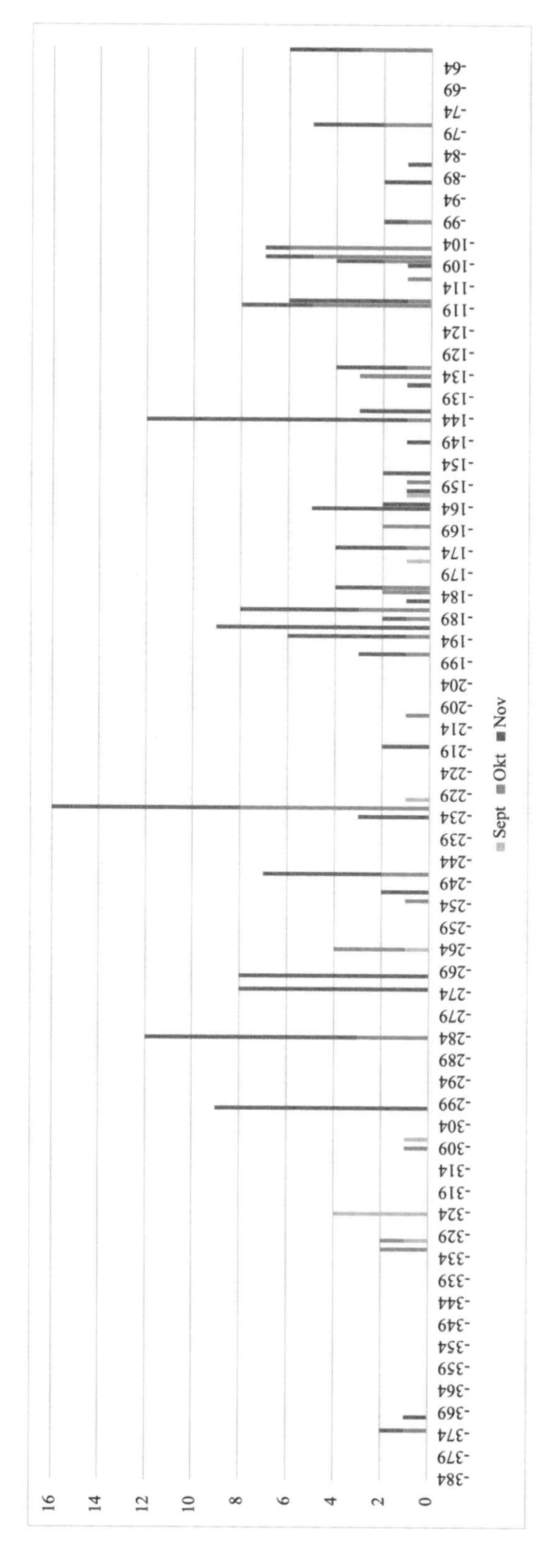

Graphik 7D: Datenverteilung der gesamten Regenepisoden im Herbst in den *Tagebüchern* des IV.-I. Jahrhunderts v. Chr.

In Ermangelung von Dokumenten, die ein vollständiges Jahr behandeln, können ausgewählte, nicht lückenhafte *Tagebücher* einen konkreten Durchschnitt des früheren Niederschlags wiedergeben. In der folgenden Tabelle wurden nur julianische Monate eingetragen, die mindestens 25 Tage ohne Tafelabbrüche enthalten. Die trockene Jahreszeit wurde als nicht relevant eingestuft. Für jeden Monat von Oktober bis Juni lassen sich zwischen 7 und 12 grundsätzlich vollständige Monate aus verschiedenen Jahrgängen des julianischen Kalenders erfassen. Neben den aufgezeichneten Episoden wurde die Zahl der Tage mit Regen und spezifischen Phänomenen aufgelistet; das untere Feld der Tabelle bezieht sich auf den Durchschnitt. Die Zahl der Fälle von utaḫ- bzw. pisan-Regen dient der Angabe der ungefähren Niederschlagsmenge, denn die zwei Termini wurden als die leichteste bzw. die ergiebigste Form von Regen angenommen.

Oktober

Jahr	**Episoden**	**Tage mit Regen**	**an utaḫ**	**pisan dib**
-284	3	3	3	0
-273	0	0	0	0
-251	0	0	0	0
-234	0	0	0	0
-232	8	7	2	0
-197	1	1	0	0
-193	1	1	1	0
-144	1	1	1	0
-132	1	1	1	0
-105	6	6	4	0
	2,1	**2**	**1,2**	**0**

November

Jahr	**Episoden**	**Tage mit Regen**	**an utaḫ**	**pisan dib**
-284	9	8	7	1
-273	8	7	1	4
-247	5	5	0	4
-234	3	3	0	0
-232	12	9	5	0
-197	2	2	0	0
-193	5	4	3	1
-191	9	6	4	0
-163	2	2	2	0
-144	11	8	11	0

-77	3	3	1	0
	6,2	**5,1**	**3**	**0,9**

Dezember

Jahr	**Episoden**	**Tage mit Regen**	**an utaḫ**	**pisan dib**
-384	8	7	2	4
-346	12	9	6	1
-232	3	3	0	0
-197	3	3	0	1
-140	6	5	5	0
-124	3	3	3	0
-90	7	4	4	2
-77	7	5	3	1
	6,1	**4,8**	**2,8**	**1,1**

Januar

Jahr	**Episoden**	**Tage mit Regen**	**an utaḫ**	**pisan dib**
-374	6	6	2	3
-345	6	4	1	3
-321	0	0	0	0
-253	5	4	0	4
-231	6	5	1	2
-139	7	6	4	1
-136	13	10	7	1
-89	7	7	2	1
	6,2	**5,2**	**2,1**	**1,8**

Februar

Jahr	**Episoden**	**Tage mit Regen**	**an utaḫ**	**pisan dib**
-345	10	7	7	1
-321	3	3	0	2
-283	5	5	3	2
-272	5	4	2	2
-231	6	5	1	0

-196	2	2	2	0
-185	8	6	5	1
-181	3	3	0	1
-177	8	6	6	1
-139	4	3	3	0
-132	3	3	0	0
-89	2	2	1	1
	4,9	**4**	**2,5**	**0,9**

März

Jahr	**Episoden**	**Tage mit Regen**	**an utaḫ**	**pisan dib**
-345	13	11	11	0
-321	4	4	2	0
-272	2	2	0	1
-250	4	4	1	3
-231	4	4	0	1
-196	11	9	5	3
-192	7	5	2	3
-162	8	8	6	1
-155	6	5	6	0
	6,5	**5,7**	**3,6**	**1,3**

April

Jahr	**Episoden**	**Tage mit Regen**	**an utaḫ**	**pisan dib**
-324	9	8	2	3
-321	0	0	0	0
-255	5	5	4	1
-246	4	4	1	2
-233	3	2	1	0
-209	4	4	3	0
-161	6	5	3	2
-156	5	4	4	0
-82	5	5	3	0
	4,5	**4,1**	**2,3**	**0,8**

Mai

Jahr	Episoden	Tage mit Regen	an utaḫ	pisan dib
-366	7	5	3	1
-321	3	3	2	1
-291	2	2	1	0
-255	0	0	0	0
-190	4	4	4	0
-140	4	4	3	0
-137	6	4	3	1
-118	2	2	1	0
-105	11	8	7	0
-77	7	6	5	0
	4,6	**3,8**	**2,9**	**0,3**

Juni

Jahr	Episoden	Tage mit Regen	an utaḫ	pisan dib
-324	0	0	0	0
-291	1	1	0	0
-237	0	0	0	0
-158	0	0	0	0
-124	1	1	0	0
-105	4	4	2	0
-77	4	4	4	0
	1,4	**1,4**	**0,8**	**0**

Aus den Daten ergibt sich zunächst eine deutliche Variabilität der Regenepisoden sowie der Tage mit Regen. Insbesondere schwanken die Werte der Monate Oktober, November, Januar und März, die letzten zwei sogar mit einer durchschnittlichen Streuung über 8 Tage. Nicht nur für solche Monate, sondern für jeden der ausgewerteten Kalendermonate sind feuchte und trockene Perioden zu konstatieren. Im Januar des Jahres -321 regnete es zum Beispiel laut dem *Tagebuch* ADART 1, -322D gar nicht. Andere Auskünfte über Niederschlag finden sich in kurzen Berichten der *Tagebücher*. Die Jahre -346 und -232 scheinen durch besondere Feuchtigkeit charakterisiert zu sein. Für Ende des Januars -345 (X. Monat, 14. Jahr, Artaxerxes III.) findet sich nach dem Auftreten zweier aufeinanderfolgender pisan-Regen folgendes: „Auf- und abwärts von Babylon regnete es sehr viel […]“.[78] Die Werte

78 ADART 1, -346, Z. 29-30: *e* tin.tir.ki ki.ta tin.[tir.ki …] maḫ šur.

vom November -232 sind auch äußerst hoch und das entsprechende *Tagebuch* berichtet über das Anschwellen des Flusses in jedem Wintermonat. Ferner lassen sich vier starke pisan-Regenfälle nacheinander am 11., 12., 13. und 14. November -247 nachweisen, was ein außerordentliches Ereignis darstellt. Dagegen kündigt die letzte Zeile des *Tagebuchs* Februar -233 (XII-2. Monat Jahr 77. Seleukos) an: „Dieses Jahr hörte der Regen wirklich auf“.[79]

Insgesamt sind die durchschnittlichen Daten der Tage mit Regen realistisch, da sie den heutigen meteorologischen Daten ähneln (siehe Tabelle unten). Einige weitere Überlegungen können aber angestellt werden. Zunächst sind die endgültigen Zahlen der Monate Februar und April für einen Vergleich nicht zufriedenstellend: Beide haben durchschnittlich knapp 4 Tage mit Regen, während Februar und April laut modernen Untersuchungen zu den feuchtesten Monaten gehören. Die modernen Klimadaten zeigen, dass sich die Werte des Niederschlags auch im Laufe weniger Jahre verändern können. Die untere Tabelle zeigt dies für die modernen Zeitperioden 1955-76 und 1991-2021 n. Chr.

	Daten für Bagdad Jahrgänge 1955-1976[80]			**Daten für Bagdad 1991-2021**[81]		
Mon.	**Tage mit Niederschlag ≥ 0,2 mm**	**Mittlerer Niedersch.**	**Mittlere Abweichung des Niedersch.**	**Tage mit Regen**	**Tage mit Niedersch. ≥ 0,2 mm**	**Mittlerer Niedersch.**
Jan.	5,4	30,1 mm	17,2 mm	5,5	2,8	24 mm
Feb.	5,1	24,7 mm	17,6 mm	5,1	2,2	19 mm
Mär.	5,7	26,4 mm	20,5 mm	5,4	2,6	23 mm
Apr.	4,3	31,3 mm	23,9 mm	6,3	3,1	20 mm
Mai	1,8	10,9 mm	11,9 mm	4,1	1,6	10 mm
Juni	0	0,1 mm	0,2 mm	0,3	0,1	0 mm
Juli	0	0	0 mm	0,1	0	0 mm
Aug.	0	0	0 mm	0	0	0 mm
Sept.	0,1	0,3 mm	0,6 mm	0,3	0,1	0 mm
Okt.	1	3,9 mm	5,2 mm	3,5	1,7	11 mm
Nov.	4,6	14,7 mm	11,2 mm	5	2,4	23 mm
Dez.	5,6	22,1 mm	11,6 mm	4,3	3,3	17 mm
ganzes Jahr	33,6	164,5 mm	48,5 mm	39,9	19,9	147 mm

79 ADART 2, -234A, Z. 37’: mu bi a.an.meš *ma-diš* kud.meš.

80 Alex 1985: 181.

81 https://www.meteoblue.com/de/wetter/historyclimate/climatemodelled/bagdad_irak_98182: Die meteoblue Klimadiagramme basieren auf 30 Jahren stündlicher Wettermodellsimulationen und sind für jeden Ort der Erde verfügbar. Sie geben gute Hinweise auf typische Klimamuster und zu erwartende Bedingungen (Temperatur, Niederschlag, Sonnenschein und Wind). Die simulierten Wetterdaten haben eine räumliche Auflösung von ca. 30 km und geben möglicherweise nicht alle lokalen Wettereffekte wieder, wie z. B. Gewitter, lokale Winde oder Tornados, sowie lokale Unterschiede, wie sie in städtischen, gebirgigen oder küstennahen Gebieten auftreten.

Interessant sind die Abweichungen der etwas niedrigeren Werte im Dezember und Februar (Bagdad 1955-1976), die ebenso aus den Daten der *Tagebücher* hervorgehen. Der Monat Juni erscheint hingegen laut der babylonischen Texte als unbeständig, aber feuchter, während fast kein Regen am Anfang des heutigen Sommers fällt. Von Bedeutung sind zudem die Angaben zur mittleren Abweichung des Niederschlags. In der Periode 1955-1976 schwanken die Monate März und April um etwa zwei Drittel ihrer durchschnittlichen Niederschlagsmenge. Der März weist, wie bereits besprochen, auch in der Antike eine hohe Variabilität der Tage mit Regen auf. Der April kann als verhältnismäßig beständig betrachtet werden, mit der Ausnahme des trockenen Jahres -321, in dem es nicht einmal im Januar regnete.

Es ist möglich, die Auswertung zur Schwankung des Niederschlags im Laufe der Jahrhunderte auszuweiten. Zu diesem Zweck lassen sich die Daten in zwei Zeitgruppen unterteilen und vergleichen: Die Gruppe A entspricht der Periode -270 bis -181, in der insgesamt 368 Aufzeichnungen des Regens erfasst wurden; die Gruppe B deckt die Zeit -180 bis -76 für 466 Aufzeichnungen ab. Auf der Grundlage der Graphiken 7 wurde es als angemessen erachtet, die datierbaren Einträge aus den *Tagebüchern* vor dem Jahr -270 nicht zu berücksichtigen, denn sie sind zu sporadisch und inhomogen verteilt. Auch für die vorliegende Tabelle soll der Anteil an „Regenschauer“ als Angabe zum Ausgleich der effektiven Regenmenge gelten.

	A (-270 bis -181)		**B (-180 bis -76)**	
Mon.	**Regenepisoden und relativer Niedersch.**	**an utaḫ**	**Regenepisoden und relativer Niedersch.**	**an utaḫ**
Jan.	56 (15,2%)	10 (17,8%)	47 (10%)	26 (55,3%)
Feb.	59 (16 %)	19 (32,2%)	51 (10,9%)	27 (52,9%)
Mär.	57 (15,4%)	24 (42,1%)	81 (17,3%)	43 (53%)
Apr.	39 (10,5%)	17 (43,5%)	57 (12,2%)	27 (47,3%)
Mai	41 (11,4%)	17 (41,4%)	80 (17,1%)	50 (62,5%)
Juni	4 (1%)	2 (50%)	12 (2,5%)	9 (75%)
Juli	0	0	2 (0,4%)	1 (50%)
Aug.	0	0	0	0
Sept.	2 (0,5%)	2	2 (0,4%)	2
Okt.	25 (6,7%)	16 (64%)	32 (6,8%)	26 (81%)
Nov.	57 (15,4%)	18 (31,5%)	53 (11,3%)	39 (73,5%)
Dez.	28 (7%)	10 (35,7%)	49 (10,5%)	27 (55,1%)
Gesamt	368	135	466	277

Beide Gruppen repräsentieren jeweils etwa 90 Jahre meteorologischer Beobachtungen, obwohl die Zeitgruppe B eine größere Anzahl von Belegen enthält. Für die Gruppe A ist die ergiebige Niederschlagsmenge im November bemerkenswert. Dabei muss hinzugefügt werden, dass die Daten dieses Monats sich überwiegend auf das *Tagebuch* -232 sowie auf die Periode -193 bis -182 konzentrieren. Die Werte für Dezember sind dagegen geringer als erwartet. Bezüglich der Periode B zeigt sich der durchschnittliche Regenfall des Winters als mäßig, verglichen mit dem des Frühjahres. Dezember, Januar und Februar liegen nicht über 10 % des relativen Niederschlags mit einem bedeutenden Anteil an utaḫ-Phänomenen. Die Monate März bis Mai weisen hingegen die konsistentesten Regenwerte auf. Insbesondere sind die Zahlen von Mai (80 Episoden) trotz einer Wahrscheinlichkeit für Regenschauer von 62,5 % verwunderlich. Der Monat Juni lässt gleichfalls viel Niederschlag erkennen. Die Ursache dieser Schwankungen ist wahrscheinlich nicht auf einen einzelnen Aspekt zurückzuführen. Die zuvor aufgeführte Asymmetrie in der Datenverteilung kann einen Grund für die Abweichungen in den Kalendermonaten darstellen: Leider erhöht ein geringes Spektrum an Daten die Zufälligkeit der Variationen. Aus den Tabellen der vollständigen Monatsdurchschnitte ging bereits hervor, dass die Daten der Monate Mai und Juni beispielsweise ab der Hälfte des II. Jahrhunderts konsistenter werden.
Sporadische Daten reichen darüber hinaus nicht aus, um einen Trend bei der Regenintensität festzustellen. Die bereits erwähnte charakteristische Variabilität des Niederschlags im Mittelirak erschwert weiter eine Auswertung, die auf fragmentarischen Belegen beruht.

Unerwartet feuchte und sehr trockene Monate wechseln einander ab. Einige wenige *Tagebücher* enthalten zusammenfassende Berichte über die Wasserversorgung eines Jahres bzw. eines Monats: Außer der bereits erwähnten Fälle von Regenüberschuss finden sich Aufzeichnungen von Dürre am Ende der Wintermonate. Unten findet sich abschließend die Liste der Phasen, in denen „Regen und Hochwasser aufhörten". Die Formel ist eindeutig ein Erbe der divinatorischen Sprache.

Literaturhinweise	**julianische Monate und Jahre**	**Aufzeichnungen von Regen und Hochwasser**
ADART 1, -369, Z. 5	02.-03.? -368	[...] ⸢a.kal⸣ kud-⸢*is*⸣
ADART 1, -346, Z. 33'	03. -345	iti bi a.kal kud-*is*
ADART 2, -249, Z. 14'	02. -248	[iti] bi a.an.meš kud-*u'*
ADART 2, -233, Z. 37'	ganzes Jahr: 04. -234 bis 03. -233	mu bi a.an.meš *ma-diš* kud.meš
ADART 3, -136, Z. 11	11.? -135	iti bi a.an kud-*is* ⸢a.kal⸣ [...]
ADART 3, -107C, Z. 15'	ganzes Jahr: 04. -107 bis 03. -106	mu bi a.an.meš *u* a.kal.meš kud.meš
ADART 3, -107D, Z. 21'	02. -106	iti bi a.an.meš ⸢kud⸣.[meš]
ADART 3, -85C, Z. 14	01. -84	a.an.meš *u* a.kal.meš kud.meš
ADART 3, -77B, Z. 17'	02. -76	[iti? bi? a.an.mes] *u* a.kal.mes kud.mes

Auch in diesem Kontext kann die zunehmende Häufigkeit der Einträge ab Ende des II. Jahrhunderts an der Datenrepräsentation und nicht an einer trockenen Klimaperiode liegen.

Für eine präzisere Auslegung der Regendaten wären Nachprüfungen auf Basis anderer Quellen erforderlich. Zu den wenigen Untersuchungen, die uns bei diesem Ziel behilflich sein können, gehört eine interessante Auswertung des mesopotamischen Klimaablaufs anhand von in Verwaltungstexten aufgeschriebenen Erntedaten.[82] Ergebnisse aus einigen paläoklimatischen Studien werden hierzu verglichen: Einerseits wird festgestellt, dass die Ernten im Zeitraum der Regierungen von Sînšarriškun bis Darius II. (629-405 v. Chr.) in Babylonien etwa 10-20 Tage später als heutzutage im Mittelirak erfolgten; es wird andererseits davon ausgegangen, dass die Periode 1300-300 v. Chr. von kälteren Temperaturen als im vorigen Jahrtausend charakterisiert war, wobei die kälteste Periode in den Jahren 600-500 v. Chr. lag. Infolge dieser Temperaturabsenkung hätte ein zunehmender Niederschlag stattgefunden. Die Verzögerung der Ernten 629-405 v. Chr. sei daher eine Folge verstärkter Kühle. All dies lässt vermuten, dass die aus den Daten hervorgehenden feuchtigkeitswerte für November und Anfang des Sommers, die den *Astronomischen Tagebüchern* zu entnehmen sind, vermutlich mit dieser kalten Phase verbunden sein können. Dennoch ist es schwierig, Schwankungen des Niederschlags im Datensatz direkt mit klimatischen Makroperioden zu korrelieren. Wir sehen schließlich davon ab, endgültige Schlüsse zu ziehen, bis eingehende Studien in diesem Bereich weitere Hinweise auf die Klimaentwicklung am Ende des ersten Jahrtausends geben können.

82 Neumann, Sigrist 1978: 239-252.

5. Schlussfolgerungen

Die meteorologischen Einträge der *Astronomischen Tagebücher der Babylonier* wurden in den vorangegangenen Seiten auf verschiedenen Ebenen untersucht. Neben strukturellen Aspekten ließen sich die Terminologie und die Methodik der Aufzeichnungen umreißen. Die meteorologischen Beobachtungen erfolgten durch eine präzise standardisierte Prozedur, während derer die Phänomene nicht nur betrachtet, sondern auch quantifiziert wurden. Die Messtechniken sowie der Eintragungsprozess erscheinen uns nicht immer als verständlich. Dies liegt darin begründet, dass der Ursprung der Annotationsmethode der „Diaristen" weit entfernt von modernen wissenschaftlichen Prinzipien liegt. Terminologische und konzeptuelle Merkmale bleiben in der traditionellen Beschreibung der Wetterereignisse der vorangegangenen Perioden verankert.

Innerhalb dieses homogenen Textkorpus ließen sich einige wenige Variationen bei der Auswahl der meteorologischen Ereignisse erkennen. Manche Schreiber trugen Wettererscheinungen in vorläufige Entwürfe ein, die sich teilweise oder vollständig von der Standardversion desselben *Tagebuchs* unterschieden. Als Erklärung für dieses Phänomen wurden entweder eine Vorauswahl im Abfassungsprozess oder eine Interpretation des einzelnen Schreibers vermutet. Aufgrund der geringen Menge solcher variierenden Duplikate ist es schwierig Überlegungen anzustellen, ob unterschiedliche offizieller *Tagebücher* koexistierten.

Die Umrechnung der babylonischen Zeitangaben in den julianischen Kalender ermöglichte den Aufbau einer Datenbank. Diese Methodik diente einem besseren Verständnis der meteorologischen Ereignisse in Babylon und der Assoziation von Begriffen mit Naturphänomenen: Regenfälle, Stürme und Staubphänomene wurden auf Grundlage des jahreszeitlichen bzw. monatlichen Durchschnitts analysiert und kommentiert. Der empirische Wert der *Tagebücher* lässt sich trotz einiger innewohnender Aspekte der Vorzeichentradition bestätigen. Die beobachteten Phänomene, wo ausreichend belegt, sind mit den modernen Klimadaten vergleichbar und entsprechen näherungsweise realistischen Wetterbedingungen der heutigen mittelirakischen Region.

Trotz der zahlreichen Auskünfte über den Regen wurden gleichwohl Lücken im Datensatz festgestellt, die zu einer ungleichen Datenverteilung im Laufe der Jahrhunderte führte. Durch eine Auswertung der nicht lückenhaften Monate ergaben sich Mittelwerte der Regenepisoden. Obwohl die Stichprobe nur in einer begrenzten Anzahl von vollständigen *Tagebüchern* erfolgte, waren Vergleiche mit modernen Klimadaten möglich. Daraus lässt sich lediglich schlussfolgern, dass die Anzahl der Regentage einer nicht messbaren Variabilität unterlag, die ungefähr auch den modernen Witterungsverhältnissen entspricht. Ebenso wurde die Intensität der Regenepisoden in den Perioden -270 bis -181 und -180 bis -76 ausgewertet. Daraus resultierten gewisse Schwankungen und von den heutigen Bedingungen abweichende feuchte Monate, die sich schwer erklären lassen. Da eine Begründung der Abweichungen auf der Basis begrenzter Quellen unmöglich war, wurden definitive Schlussfolgerungen vermieden.

IV. Das Wetter in der akkadischen Literatur

1. Ansatz für die Untersuchung

Aus mehreren Briefen ging bereits hervor, dass die Wettererscheinungen auf verschiedenste Weise Redewendungen inspirierten. Wie andere Naturereignisse[1] wird das Wetter als Bild in der Sprache verwendet. Es wurde in den vorigen Teilen dieser Arbeit festgestellt, dass die Wetterphänomene gemäß ihrem kulturellen Zusammenhang einen Eigenwert übermitteln konnten: Die Erwähnungen meteorologischer Ereignisse haben nicht nur eine praktische Erfahrung im Hintergrund, sondern sind durch religiöse und ominöse Aspekte bedingt. Im Folgenden wird das Wetter in zwei Funktionen analysiert: Als sprachliches Bild und als meteorologisches Motiv in literarischen Belegen.

Dieser Teil der Untersuchung stützt sich auf über 600 Belege aus literarischen Texten des II. und I. Jahrtausends, darunter Epen, Mythen, Fabeln, Sprichwörter, Gebete, Hymnen, Beschwörungen, Annalen, Königsinschriften und Beschreibungen von Feldzügen. Angesichts der unterschiedlichen Textsorten und der Chronologie muss besonders darauf geachtet werden, bei der Untersuchung nicht in Verallgemeinerungen zu verfallen.

Die Gliederung dieses Teils folgt den meteorologischen Phänomenen. Methodische Überlegungen über die akkadische Bildersprache sind bei Streck 1999 zu lesen und stellen die grundlegenden Voraussetzungen für diese Untersuchung dar.

1 Streck 1999: 179-184.

2. Wind und Sturm

Wind und Sturm sind die meteorologischen Erscheinungen, die am häufigsten als Bildspender in der akkadischen Literatur verwendet werden. Allein die Wetterphänomene Wind und Sturm machen die Hälfte der Belege aus. Die Allgegenwart der beiden Ereignisse hat eine beachtliche Auswertung der betreffenden Bildspender in den literarischen Texten ermöglicht. Vorangegangene Untersuchungen zum Thema haben darauf hingewiesen, dass Vergleiche von Wind und Sturm mit der Idee von unsteter Bewegung assoziiert werden:[2] „Wie eine Binse im Sturm wehtest du (mich) herum",[3] sagt beispielsweise der Beter der aB Klage *Ištar Bagdad*. Ebenso ist die Identifizierung der zwei Wetterereignisse mit der Idee von Gewalt bekannt, die sich in Form von Zerstörung und Angriff manifestieren können.[4] Das destruktive Potential des Sturmes wurde von der mesopotamischen Bevölkerung gefürchtet. In dem nB *Synkretistischen Hymnus an Ištar* wird die Göttin durch den folgenden Vergleich beschrieben: „Ištar, … die mit Ehrfurcht wie der Sturm verbunden ist".[5] Die V. Kolumne des aB Hymnus' *Ištar Louvre* enthält Anspielungen der mythologischen Taten der Göttin. „Du (Ištar) ließest die Winde ihren (Geštin-anas) festgegründeten Thron tragen",[6] somit wird es auf das Geschehen des Mythos' von Dumuzi verwiesen. Es handelt sich vermutlich um eine unbekannte Passage bezüglich des Throns von Geštin-ana, Schwester des Dumuzi.[7] Die ungestüme Eigenschaft des Windes wird auch zum Bild für die intellektuelle Hingabe des Schreibers: „[Der weise Gelehrte], der wie der Wind an den Keileindruck [anstürmt]".[8]

Es existieren zahlreiche Passagen, in denen der Schreiber auf die Metapher des Windes oder des Sturms zurückgreift, um das Konzept der Nichtigkeit auszudrücken. Die berühmtesten Verszeilen sind diesbezüglich in der aB Version der *Gilgameš Epos* enthalten: „Die Menschheit – ihre Tage sind gezählt! Was auch immen sie tut, ist (nichts anders als) Wind".[9] Genauso vergänglich sollen die Beleidigungen und die bösartigen Zaubereien werden, die tatsächlich „Wind und Sturm sind".[10] Während hier die rhetorische Figur auf die Vergänglichkeit des Windes anspielt, lässt sich der Begriff der Leere in anderen späteren Fällen erweitern. Wind und Sturm wurden ferner als Ausdruck der Vergessenheit verwendet:

2 Streck 1999: 181.

3 OBC 14, S. 306, Z. 29: *ki-ma aš-lim im-me-ḫi-im ta-zi-qí-im.*

4 Streck 2018b: 118.

5 AfO 50, S. 21, Z. 4: gim ud-*me pul-ḫa-a-ti ki-iṣ-ṣu-rat.*

6 Or 87, S. 26, V, Z. 32: ⸢*šu-pa*⸣*-as-sà šu-ur-šu-ut-ta tu-šu-bi-li ša-ri-i*:

7 Streck, Wasserman 2018: 7.

8 RA 53, S. 132, Z. 5': [*ummânu mūdû*] *šá ki-ma šá-a-ri a-na me-ḫi-il-ti* [*i-ziq-qa*] (Ergänzung durch AHw, S. 1523, *ziāqu* 4).

9 George 2003, Yale Tablets, IV, Z. 142-143: *a-wi-lu-tum-ma ma-nu-ú* ud-*mu-ša mi-im-ma ša i-te-né-pu-šu ša-ru-ma.*

10 CUSAS 10, S. 84, Z. 8: *pi-iš-tum ša-rum ù me-ḫu-um ki-ma ru-uḫ-tim i-na ši-pí-ka sé-er er-re-tam ki-ma zi-qí-iq a-ap-tim i-na ša-ar pi-ka ḫu-li-iq-ši*, „die Beleidigung ist Wind und Sturm, reib wie die Spucke mit deinem Fuß (im Boden)! Lass den Schimpf mit dem ‚Wind' deines Munds wie ein Luftzug aus dem Fenster verschwinden" (zur Erklärung der Metapher und des Sprichworts in *Der Schreiber von Uruk* siehe George 2009: 91-93). Siehe auch SAACT 11, 90, VIII, Z. 59: *kiš-pu-šá lu-u* im *kiš-pu-šá lu-u me-ḫu-*[*ú*], „mögen ihre Zaubereien (der Zauberin) Wind sein! Mögen ihre Zaubereien Sturm sein!". Hinsichtlich der Metaphern zur Beseitigung der Hexereien siehe RA 68, S. 165, Z. 24: *kiš-pi-ki-na u ru-ḫi-e-ki-na ú-tar ana* im, „eure Zaubereien und eure Zaubertränke werde ich zu Wind machen".

In der nB Tafel *Ratschläge für einen Prinzen* werden die hohen Beamten des Königs gewarnt, falls sie die Bürger anklagen würden, um von ihnen Bestechungsgeld zu erhalten: „Ihre Nachkommen wird der Wind wegbringen und ihre Taten werden zu einem Windhauch“.[11] In der nB *Klage von Nabû-šuma-ukin* sind ähnliche Mahnungen vorhanden:

ORA 7, S. 318, 322

Z. 16-17) [*na*]-*ṣi-ir ram-ni-šú m*[*e*]-*ḫu-ú i-ba-’u-uš*[12] [*ta*]-*kil a-na nik-la-a*[*t* š]à-*bi-šú ár-kát-su* <Rasur> *za-qí-qu-um-ma*

Die Stürme werden diejenigen, die sich nur um sich selbst kümmern, einholen. Derjenige, dem den Trug seines Herzes glaubt – hinter ihm ist (nur) Luft.

Z. 72-73) *šá-a-ri lim-ḫ*[*u*]*r an-na* [*pu-uṭ-ṭir*$^{?}$ *ri*]*k-si eg-ri l*[*i-te-er-ru*$^{?}$] ⸢*šá-a*⸣*-ru me-ḫu-u ga-la-ma-a-šú za-qí-qu*[13]

Möge der Wind die Schuld wegnehmen. [Löse$^{?}$ das Kn]ot des perversen (Feindes), [möge] der Wind, der Sturm, sein Unheil zu einem Windhauch [machen].

Diese letzten Beispiele wirken in ihren Kontexten als Flüche, in denen Wind und Sturm dank des Eingriffs des babylonischen Gottes Marduk die Funktion übernehmen, die menschlichen Taten aus der Geschichte zu eliminieren. Dasselbe Konzept findet sich in den letzten Zeilen eines nB Beschwörungstextes als Fluchformel: „Sollte (jemand diese Tafel) wegbringen, möge der Wind (ihn) wegwehen und möge der Sturm seinen Profit zerst[ören]“.[14]

Einige Alltagstexte haben zuvor gezeigt, dass Wind und Sturm Metaphern für Verlogenheit und Unzuverlässigkeit sind,[15] wie in den nA Briefen SAA 21, 3, Z. 3-6 und SAA 10, 29, Z. 7’-11’.[16] Eine weitere bekannte Erwähnung des Sturms ist in der *Fabel des Fuchses* zu lesen. „Deine Freundschaft ist ein Sturm, eine Flut“,[17] sagt der Wolf dem Fuchs. Diese doppelte meteorologische Metapher ist aufgrund des Kontextes schwierig zu interpretieren, denn die Tafel ist sehr lückenhaft. Jedenfalls tun sich der Fuchs und der Wolf anscheinend gegen den Hütehund zusammen und bitten die Götter um seinen Tod. Die zitierte direkte Rede des Wolfes wird gewiss mit der destruktiven Eigenschaft der beiden Phänomene assoziiert,[18] jedoch kann dies gleichzeitig die bösartige Schlauheit des Fuchses implizieren. Der Bund mit dem Fuchs bedeutet wahrscheinlich Verschwörung, ebenso wie

---

11 BWL, S. 114, Z. 50: *ar-kat*$_{5}^{!}$*-sun šá-a-ru i-tab-bal ep-šet-sun za-qí-qí-iš im-man-ni.*

12 Die Verbalform ist *bâ’u*, gefolgt von der Abkürzung des Pronomsuffixes *-šú*.

13 Das Substantiv *zaqīqu*, auch *ziqīqu*, leitet sich vom Verb *zâqu*, „wehen“, ab. Obwohl es in weiterem Sinne auch „Geist“ und „Gehaltlosigkeit“ bezeichnet, deutet *zaqīqu* auf die Leere hin, wo es nur Luft bleibt (AHw, S. 1530). Dies stellt demzufolge einen gemeinsamen Aspekt mit der bildlichen Funktion des Windes dar (siehe das Zitat BWL, S. 114, Z. 50).

14 TMH 13, 7, Z. 17’: [*l*]*iš-šam-ma lu-u* im *li-bi-la*[*m*]*-ma lu-u me-ḫu-u né-me-el-šú liḫ-l*[*iq*]. *iḫ-liq* ist vermutlich späte Orthographie für den D-Stamm *liḫalliq.*

15 Streck 2018: 118; CAD 17, „Š-II“, S. 139-140.

16 Siehe S. 71f.

17 BWL, S. 208, Z. 20: *ib-ru-ut-ka me-ḫu-ú a-bu-bu.*

18 Streck 2018: 118.

die lügenhaften Worte der Hofmänner gegen den König Assyriens in SAA 21, 3, Z. 3-6 und SAA 10, 29, Z. 7'-11', und Vernichtung des Feindes.

Wind, Sturm und natürlich auch Staubsturm sind die Wetterereignisse, die das Klima des Steppengebiets in der mesopotamischen Weltvorstellung prägten. Nicht zufällig verband man Dämonen und Geister mit den Luftzügen,[19] da Wind und Sturm die wilde Kraft der Wüstensteppe darstellen, nämlich des Raums der wilden Tiere, des Unzivilisierten. In der Steppe fanden darüber hinaus Schlachten statt und die Reisenden konnten sowohl von Gewittern als auch von Strauchdieben überfallen werden.[20] Es gab an diesem Ort weder Schutz vor dem Wetter noch vor anderen Gefahren: Der Raum erschien leer und verwüstet.

Wind ist ein häufiges Bild für Krankheiten, die für eine Wirkung der bösen Geister gehalten wurden.[21] „Eine schwächende Krankheit schritt zu mir voran. Der Böse Wind wehte vom Horizont des Himmels. Aus der Brust der Erde wuchsen die Kopfschmerzen",[22] somit wird die erbärmliche Lage des *Leidenden Gerechten* beschrieben. Der Wind wurde mit der Darmluft durch eine Analogie assoziiert: Gemäß den Beschwörungen soll die Flatulenz zusammen mit der Krankheit aus dem Körper des Patienten entfernt werden,[23] denn die Dämonen, Überträger der Krankheiten, lassen sich vom Wind transportieren.[24] „[Lass] den bösen Wind [los], das böse Gift des Darms!",[25] lautet eine aB Beschwörung gegen die Darmkrankheit. Beschwörungen und Zaubersprüche enthalten zahlreiche Analogien,[26] d.h. bildliche Assoziationen zwischen einem Wort und einem Konzept mit kulturellem Hintergrund,[27] weshalb solche Beispiele für diese Untersuchung relevant sein können.

Wind und Staubwolken bilden traditionell die Kriegsszene der akkadischen Literatur. Diese meteorologischen Phänomene verleihen dem bereits besprochenen Bild von Ungestüm auch einen Aspekt des Kampfes, der realistische Grundlagen hatte. Die Schlachten fanden in der trocknen Landschaft der Steppe statt, wo der Staub des ausgedörrten Bodens vom Zusammenprall der Armeen in die Luft freigesetzt wurde. Wir erhalten einen Einblick in das Pathos der Schlacht aus einer Kudurrusinschrift von Nabuchadnezar I.

AOAT 51, S. 504, NKU I 2, Z. 29-34

in-nen-du-ma lugal.meš *ki-lal-la-an ip-pu-šu* mè *i-na bi-ri-šu-nu in-na-pi-iḫ i-šá-tu i-na tur-bu-'u-ti-šu-nu na-'a-du-ru* igi dingir.utu-*ši a-šam-šá-tu iṣ-ṣa-nun-da i-sa-ar me-ḫu-ú i-na mé-ḫe-e ta-ḫa-zi-šu-nu eṭ-lu* en giš.gigir *ul ip-pa-la-sa šá-na-a šá it-ti-šú*

19 Streck 1999: 181; Jiménez 2017: 57-67.

20 Streck 2013: 147-148.

21 Jiménez 2017: 57-60.

22 BWL, S. 40, II, Z. 50-52: gig *mun-ni-šú* ugu-*ia in-neš-ra im-ḫul-li iš-tu i-šid* an-*e i-zi-qa ul-te i-rat* ki-*tim i-ši-ḫa ṭi-'-i.*

23 CAD 17, „Š-II", S. 137-138

24 Jiménez 2017: 57-58.

25 CUSAS 32, S. 133, Z. 2'-3': […] *ša-ra-am le-<em>-na-am im-ta-am le-mu-ut-ta-am ša li-⸢ib⸣-bi-im*!.

26 Rochberg 2016: 159-160.

27 Die Theorie der Metapher wird unter anderen von U. Eco auf der semantischen und semiotischen Ebene untersucht (siehe *Le Forme del Contenuto*, 1971).

Die beiden Könige trafen aufeinander und lieferten sich eine Schlacht. Zwischen ihnen entflammte ein Feuer. Durch ihre Staubwolke war das Antlitz der Sonne verdunkelt. Sandstürme wirbelten ununterbrochen, ein Sturm kreiste ohne unterlass. Im Sturm ihrer Schlacht konnte ein Mann, der Herr des Streitwagens, nicht den anderen sehen, der bei ihm war.

Am Beginn des langen Kampfes gegen Anzu, der schuldig ist, die Schicksalstafeln gestohlen zu haben, bedient sich Ninurta sogar der sieben Bösen Winde und der sieben Sandstürme, um das Schlachtfeld durch den Staub zu verdunkeln.[28] Beim Kämpfen „stehen die Winde an seiner Seite".[29] Die Funktion des Windes im mythologischen Kontext der Schlacht wurde ausführlich, unter besonderer Berücksichtigung Ninurtas und Marduks, von E. Jiménez diskutiert.[30]

Interessante Belege lassen sich für den Gott Erra im ihm gewidmeten nB Epos nachweisen. Schon bevor Marduk einwilligt, ihm seine Weltherrschaft zu überlassen, beansprucht der Pestgott einige Fähigkeiten, die traditionell zu Machtbereichen Adads gehören. In Z. 115 der I. Tafel sagt er seinem göttlichen Berater Išum: „Wie der Wind wehe ich, wie Adad donnere ich!".[31] Mit dem Zweck Marduk zu überreden, bringt er seinen Willen zum Ausdruck, die Weltregierung zu konsolidieren. Zu den Taten, die Erra sich vornimmt, gehört das Verjagen der *gallû*-Dämonen. „Des bösen Windes" – nämlich der Form der Dämonen – „wie eines Vogels werde ich die Flügel binden",[32] betont der Gott.

In anderen Kontexten bedeutet *šāru* „Atem", den Götter und Könige hauchen. Somit verlässt sich der *Leidende Gerechte* auf die Rettung durch seinen Gott Nabû: „[In] deinem Hauch möge der Tote wieder leben!".[33] Diese göttliche Luft konnte dem Souverän übertragen werden, so dass der Untertan oft den *šāru šarri* als Beisein und Schutz des Königs bezeichnet.[34] In der Inschrift der Inthronisation Asarhaddons wird der Südwind zur Legitimierung der göttlichen Macht erwähnt.

RINAP, Es. 1, II, Z. 1-4

ina qé-reb nina.ki uru *be-lu-ti-ia ḫa-diš e-ru-um-ma ina* giš.gu.za ad-*ia ṭa-biš ú-ši-ib i-zi-qam-ma* im.u$_{18}$.lu *ma-nit* dingir.*é-a šá-a-ru ša a-na e-peš* lugal-*ti za-aq-šú ṭa-a-ba*

Ich trat fröhlich in Ninive, meine Regierungsstadt, ein und saß wohlwollend auf dem Thron meines Vaters. Auf mich wehte der Südwind, der Lufthauch des Ea, der Wind, dessen Wehen zur Errichtung des Königtums günstig ist.

mānitu ist ein weiterer literarischer Begriff für den angenehmen Lufthauch, der in diesem Fall von Ea als göttliche Legitimation der Inthronisation verströmt wird. Die Verbindung zwischen dem Gott und dem Südwind wurde zusammen mit den anderen

28 SAACT 3, S. 23, II, Z. 31-32.
29 SAACT 3, S. 23, II, Z. 34: *tam-ḫa-ru-uš i-du-uš-šú i-qu-lu ziq-ziq-qu.*
30 Jiménez 2017: 273-370; spezifisch über Ninurta: Jiménez 2017: 260-268.
31 StSem 34, I, Z. 115: *ki-i* [i]m *a-za-qu ki-i* dingir.iškur *ur-*[*t*]*a-ṣa-an.*
32 StSem 34, I, Z. 187: *šá* im *lem-ni ki-ma* mušen *a-kàs-sa-a i-da-a-šú.*
33 SAA 3, 12, Z. 19': [*ina*] ⌜im⌝-*i-ka* úš *lib-luṭ.*
34 CAD 17, „Š-II", S. 139.

Winden und Gottheiten von Jiménez zusammengefasst.[35] Es besteht zwar keine eindeutige Begründung für diese Assoziation, es wird aber als plausibelste Vermutung angenommen, dass die Verbindung mit dem Wind auf die Unterteilung des Himmels nach den späten astrologischen Texten zurückzuführen ist. Gemäß den nB Astrolabien entspricht der Süden dem Himmelabschnitt des Ea, während der obere nördliche Teil Enlil und der mittlere Anu gehören. Der Südwind weist hierbei auf den südlichen Kardinalpunkt hin. Die Assotiation der bedeutendsten Gottheiten des Pantheons mit spezifischen Windrichtungen wird in weiteren mA und nA Texten erwähnt.[36]

Das Getöse des Sturmes diente im folgenden Beleg als Bildspender: Im nA Gedicht *Ein Assyrischer Prinz in der Unterwelt* stellt der Schreiber die furchtbare Begegnung des Prinzen mit Nergal dar, der über die Unterwelt auf seinem Thron herrscht: „Er (Nergal) stieß sein Gebrüll aus und wie ein wilder Sturm schrie er wütend gegen mich“.[37]

2.1. Epitheta

Eine Sichtung der literarischen Texte ermöglichte die Identifizierung von meteorologischen Epitheta in Verbindung mit literarischen Hauptfiguren. Mehrere Epitheta gelten für unterschiedliche Gottheiten und finden Entsprechungen in Beschreibungen des Wettergottes, die im Detail von D. Schwemer ausgewertet wurden.[38]

Wie oben besprochen, lässt sich die Funktion von Wind und Sturm auf eine Idee von Ungestüm zurückführen, die den Göttern zugeschrieben wird. Das Epitheton *ūmu*, „Sturmwesen“, das sich gewöhnlich im Zusammenhang mit Adad nachweisen lässt,[39] kann ebenso dem Namen anderer göttlicher Figuren angefügt werden. beispielsweise wird der Gott Girra, dessen Feuer zur Lösung der Hexerei in der *Maqlû*-Beschwörung dient, als „wildes Sturmwesen“[40] bezeichnet. Es sind auch verschiedene Belege für Beschreibungen des Marduk als „zorniger Sturm“[41] vorhanden. Zusätzlich dazu macht die Z. 4 eines aB Hymnus' an den babylonischen Gott die Verbindung mit der Windmacht deutlich: „(Marduk), der Stolze der Stürme und der Sieben Winde“.[42]

---

35 Jiménez 2017: 124-129.

36 Spezifisch über Ea in Galter 1981: 107-108; siehe auch Livingstone 1986: 74-76.

37 SAA 3, 32, Z. 15': [*ri*]-⸢*gim*⸣-*šu ú-dan-nin-am-ma ki-ma* ud-*me* ⸢*še-gi*⸣-*i ez-zi-iš e-li-ia i-šá-as-si.*

38 Schwemer 2001: 699-716.

39 Schwemer 2001: 716.

40 SAACT 11, II, Z. 126: ud-*mu na-an-du-ru.*

41 AfO 17, S. 313, Z. 18: ud-*mu ez-zu.*

42 LAOS 13, S. 218, Z. 4: *mu-uš-ta-ar-ḫi me-ḫe-e* 7 *ša-ri*; im selben Hymnus ist zudem das unklare Epitheton „der König der vier Stür[me?] zu lesen (LAOS 13, S. 218, Z. 5: *ša-ar er-bé-*[*t*]*im me-*[*ḫe*?]).

3. Regen

Der Regen ist eine häufige Verbmetapher der akkadischen Bildersprache. Die bekanntesten Beispiele beziehen sich auf die Austeilung von Überfluss oder Reichtum seitens der Götter.[43] Im *Gilgameš-Epos* verspricht Ea ūta-napišti im Apsû mit den folgenden Worten ein wunderschönes Leben: „Auf euch wird er (Ea) Überfluss hinabregnen lassen … Am Morgen Kuchen und am Abend einen Regenguss von Korn wird er hinabregnen lassen!".[44] Die Fähigkeit, Wohlstand zu schaffen, wird auch mit der Natur in Verbindung gebracht. Die Obstbäume und Weinstöcke im Garten des nA Wohnsitzes Sargons „sind mit Früchten und Weintrauben beladen und tropfen wie ein Regenschauer des Himmels".[45]

Die Metapher des Regens wird mit Abstrakta und Konkreta, die reichlich vom Himmel auf die Menschen hinabfallen, assoziiert. Das nA *Gedicht des Leidenden Gerechten an Nabû* bietet, unter den vielen meteorologischen Bildspendern, eine pathetische Version der Metapher des Überflusses: „Auf die (anderen) Menschen regnet Wohlstand, auf mi[ch] reg[net Gift und] Galle!".[46] Auf die Feinde lässt der König auch Waffen in der Schlacht regnen[47] und in ähnlicher Weise lässt Ištar, die Kriegsgöttin, „die Schlacht wie Flammen auf den Nahkampf hinabregnen".[48] Im kriegerischen Kontext „regnet der Tod wie Nieselnebel" auf Gilgameš, Enkidu und Humbaba:[49] In dieser Passage wird der Begriff *imbaru* verwendet, der üblicherweise „Nebel" bedeutet. Die oft im literarischen Lexikon belegte Kombination von *imbaru* mit dem Verb *zanānu* deutet auf den flüssigen Zustand der Nebelbank hin, die aufgrund der Feuchtigkeit von oben nach unten fällt und die Erdoberfläche durchnässt.[50]

In den nA historischen Quellen ist die Vernichtung der Feinde oder der Aufrührer gegen Assyrien durch einen Feuerregen dargestellt. Der Vasallenvertrag Asarhaddons enthält den folgenden Fluch: „Wie der Regen aus dem Inneren eines Bronze-Himmels nicht fällt, möge derselbe Regen und Tau auf eure Felder und Wiesen nicht kommen. Möge brennende Kohle anstatt Tau auf euer Land fallen".[51] Neben Adad, der für gewöhnlich Steine (Hagel) und Feuer (Blitzschläge) schleudert,[52] zerschlagen andere Gottheiten auch die Feinde, indem sie bildlich ihren Zorn auf dem Schlachtfeld in Form von Feuerregen entfesseln. In der Prismeninschrift des Assurbanipal „regnet Ištar von Arbela … Feuer auf das Land der Araber".[53] Der Gott Assur schreitet ebenso persönlich gegen die feindlichen Truppen ein und

43 Streck 2008a: 291.

44 George 2003, Standard, T. XI, Z. 43, 46-47: [*ana k*]*a-a-šú-nu ú-šá-az-na-*[*n*]*ak-ku-nu-ši nu-uḫ-šam-ma … ina* ⸢*še-er*⸣ *ku-uk-ki ina li-la-*⸢*a-ti ú*⸣*-šá-az-na-na-ku-nu-ši šá-mu-ut ki-ba-ti.*

45 MDOG 115, S. 90, Z. 223: gurun *ù* geštin.meš *za-a'-na-ma ki-ma ti-ik* an-*e i-na-tu*!*-ka.*

46 SAA 3, 2, Z. 8': ⸢un⸣.meš *i-za-nu-nu* ⸢ḫé.nun⸣.na a.*ana ia-*[*a-ši i*]*-za-*[*nu-nu im-tum ù*] *mar-tum.*

47 JCS 42, S. 4, Z. 11': *ú-šá-az-na-an* giš.tukul.meš.

48 CM 27, S. 77, Z. 5: ⸢*ú*⸣*-ša-az-na-an i-na-ak-ra-ti tu-uq-ma-ta ša ki na-ab-li.*

49 George 2003, Standard, T. V, Z. 136: *mu-tum ki-ma im-ba-ri i-za-an-nun* ugu-*šú-nu.*

50 Siehe dazu CAD 7, „I", S. 108.

51 SAA 2, 6, Z. 530-533: *ki-i ša* ta šà an-[*e ša*] zabar a.an *la i-za-nun-a-ni ki-i ḫa-an-*[*ni*]*-e z*[*u-un-nu na*]*-al-šú* a.šà.meš-*ku-nu ta-me-rat-k*[*u*]*-nu lu la* du-*ak ku-um* [*na*]*-al-šú pe-é'-n*[*a-a-ti*] *ina* kur-*ku-nu li-i*[*z-nun*].

52 Siehe zum Beispiel Maul 1988: 149, Z. 17 (N.20): *mu-šá-az-nin ab-ni u i-šá-ti* ugu *a-a-bi*, „derjenige der Hagel und Blitze auf die Feinde hinabregnen lässt".

53 RINAP 5, Asb. 11, IX, Z. 79-81: dingir.15 *a-ši-bat* uru.límmu.dingir … ugu kur.*a-ri-bi i-za-an-nun nab-li.*

wirft Feuer, *anqullu*[54] und Hagel aus einem Berg.[55] Die göttliche Strafe des nA Textes *Das Abkommen von Assur* manifestiert sich als hinabregendes Feuer oder Flammen ähnlich wie in Episoden des Alten Testaments.[56] Obwohl diese Form des Feuerregens meist als Metapher für den furchterregenden Blitzschlag zu interpretieren ist, kann es zugleich als eine umfangreichere Idee von Bestrafung dienen.

Was „von oben" herunterkommt, kann sich demzufolge als gut oder böse erweisen. Gleichzeitig ist die Idee, etwas Ergiebiges aus dem Himmel zu erhalten, mit einem unumkehrbaren Ereignis verbunden. „Möge meine Schuldenlast wie der sich abregnende Himmel nicht mehr zu ihrem (ursprünglichen) Ort zurückkommen!", schreibt man in einer nA Bannlösungsformel.[57] Dieselbe Analogie findet in einer nA Beschwörung für eine gebärende Frau Verwendung, indem das Neugeborene wie die Regentropfen[58] „hinausgehen" und nicht zurückkehren soll.

Die Tränen werden ebenso durch das Bild des Regens beschrieben: Ein nA Gebet an Marduk enthält den Vergleich „die Tränen ließ er wie Nieselnebel hinabregnen".[59] In ähnlicher Form ist die Verbmetapher im nB Gedicht *Nergal und Ereškigal* „aus ihren Augen regnen Tränen" zu lesen.[60]

Zuletzt lassen sich einige interessante Sprichwörter anführen, die in der sumerischen und akkadischen Sprache überliefert wurden. Das folgende bleibt noch etwas kryptisch:

BWL, S. 263, Z. 4-8
nap-lu-us [*pa-ḫa-ri*] *a-na zu-un-ni* ⸢x⸣ [...][61] dingir.*en-líl a-na* uru *šá ši-ma-tu-šú a*[*r-rat*] *lip-pa-*[*lis*]

Der Blick [des Töpfers sieht] den Regen. [...] Möge Enlil die Stadt anschauen, deren Schicksal ein F[luch] ist.

Für die Tätigkeit des Töpfers war vielleicht eine gute Menge von Wasser hilfreich, um den Ton während seiner Bearbeitung feucht zu halten. Der Zusammenhang mit dem zweiten Satz des Sprichwortes ist nicht völlig verständlich. Ein weiteres Sprichwort sagt „der Tag war bewölkt, (aber) es [regnete] nicht. Es regnete, (aber) er l[öste] nicht die Sandale. Der

54 Für dieses Phänomen siehe S. 262f.
55 SAA 9, 3, II, Z. 16-21: *at-ta-qa-al-la-al-la la-ak-ru-ur i-šá-tu lu-šá-kil-šú-nu* ... na_4.meš *aq-qul-lu ina* ugu-*ḫi-šú-nu a-zu-nu-un.*
56 Genesis 19:24: „Und Yahweh regnet auf Sodom und Gomorrah Schwefel und Feuer vom Gott aus dem Himmel nieder"; Psalm 11:6: „Er (Gott) wird auf den Bösen Fallen, Feuer, Schwefel und brennenden Wind beregnen".
57 WVDOG 155, S. 146, N. 34: *ar-ni* gim an-*e za-ni-nu-te ana* ki-*šú a-a* gur.
58 AGH, KAR 25, S. 18, Z. 5: *ki-ma ti-ik* a.an-*e.*
59 AfO 19, S. 58, Z. 131: *di-im-ta ki-ma im-ba-ri ú-šá-az-*⸢*nin*⸣.
60 ADFU 9, S. 17, V, Z. 6: *ina* igi.2-*šú di-ma-*tu_4 *i-za-an-nun.*
61 Ergänzt durch die sumerische Version.

Tigris war an seiner Mündung [unruhig],[62] (aber) er[63] fü[llte] nicht die [Wie]sen".[64] Zumindest mussten die ersten Sätze durchaus populär gewesen sein. Die nB meteorologischen Aufzeichnungen der *Astronomischen Tagebücher* enthalten die Formel „der Regen löste die Sandale". Das deutet voraussichtlich auf die Schlammdichte des Lehmbodens in der mesopotamischen Alluvialebene hin, in die Sandalen einsinken können, was das Laufen infolge eines heftigen Regens[65] erschwert.[66] Der Sinn des oben genannten Sprichwortes suggeriert eine Reihe von Ereignissen, die sich letztlich als nicht so extrem herausstellten, wie es zu erwarten war.

3.1. Epitheta

In einigen Fällen werden die Gottheiten als Versorger von Wohlstand durch Epitheta präsentiert, die auf dem Thema Regen basieren. In einem nA Gebet findet sich eine Beschreibung von Marduk als Schöpfer von Überfluss für das Land: „(Marduk), derjenige der Überschwemmung der F[ülle] für die ganze bewohnte Welt ausgießt ... derjenige der Tau von der Hoheit des Himmels [regn]en lässt, derjenige der Winde und Regenschauer auf die Felder [...]".[67]

Der Kriegsgott Papulegara, Sohn des Enlil erweist sich, gemäß des einzigen ihm gewidmeten Hymnus' der aB Zeit, als zuständig für die Versorgung des Regenwassers.[68] Es ergeben sich die folgenden Epitheta: „Der Fänger der bösen Winde, die ange[schwollenen$^{?}$] Wolken der Flut",[69] und weiter „Regen der Weide, der die Nachkommenschaft hinzufügt".[70]

---

62 Für die Ergänzung siehe die sumerische Version in Alster 1997: 105.

63 Das Verb 3. Person Singular bezieht sich wahrscheinlich auf *šamû*, „Regen", allerdings könnte der Mensch selbst, der besser in den Schlamm laufen will, Subjekt sein (siehe Sachs, Hunger 1988: 33).

64 BWL, S. 263, Z. 11-14: ud-*mu i-ru-up-ma šá-mu-ú u*[*l iz-nu-un*] *ša-mu-ú iz-nun-ma še-na ul i*[*p-ṭur* íd.id]igna *ina qí-bi-ša* ⸢x⸣ [*... ú-g*]*a-ri ul im-*[*la-a*].

65 Es ist heute im Irak immer noch unvorsichtig, Autos oder LKWs im Regenwetter auf die nicht gepflasterten Straßen der archäologischen Tells zu fahren, da die Reifen durchdrehen und der Fahrer leicht die Kontrolle verlieren kann.

66 Sachs, Hunger 1988: 33.

67 AfO 19, S. 61, Z. 7, 9-10: *na-ši-ir* a.kal *ḫé-*[*gál-li*] *a-na gi-mir kal da-ád-me*, [*mu-šá-a*]*z-nin na-al-ši ina ṣer-ret ša-ma-mi* [...] *šá-a-ri ti-iq me-e e-lu qar-ba-a-ti.*

68 Streck, Wasserman 2008: 335-336.

69 LAOS 13, S. 240, I, Z. 9-10: *ra-ki-sú um-ḫu-ul-li er-pé-e-*[*et*] *a-bu-bi-im ḫa-n*[*a-ma$^{?}$-tim$^{?}$*].

70 LAOS 13, S. 242, V, Z. 13: *ša-mu-ú-um ša ri-i-tim mu-uṣ-ṣí-ba-at we-el-di-im.*

4. Flut

Das Bild der Flut reiht sich in die anderen Phänomene ein, die die Idee von Gewalt ausdrücken.[71] Dieser Aspekt ist in der akkadischen Literatur insbesondere durch die mythologische *Sintflut* bekannt, deren Quellen kürzlich in Wasserman 2020 neu diskutiert wurden.

In den ersten Verszeilen eines nA Gebets an Marduk ist die Metapher „Held Marduk, dessen Zorn eine Flut ist" zu lesen.[72] Flut ist ein Bild für Zerstörung im Krieg: „Du (Marduk) schlugst meine ganzen Feinde wie eine Flut (*abūbiš*) nieder"[73] steht in einer Königsinschrift Asarhaddons. In den zwei literarischen Dichtungen, die die Figur Marduks als Weltherrscher behandeln, dem *Erra-Epos* und *Enūma eliš*, ist die Vehemenz des babylonischen Gottes mit der Überflutung assoziiert. Tafel I des *Erra-Epos*': „Vor langer Zeit erzürnte ich, aus meinem Sitz erhob ich mich und verursachte die Sintflut".[74] Es folgen katastrophale Ereignisse im Land der Menschen, darunter Hungersnot und Verschwindung der Grund- und Oberflächengewässer.[75] Diese Phänomene sind höchstwahrscheinlich metaphorisch und nicht als mythologisches Ereignis anzusehen. Die Flut ist darüber hinaus eine der Waffen, die Marduk zur Verfügung stehen, um die Feinde zu vernichten. Im *Enūma eliš* wird Marduk als „derjenige, der mittels seiner Waffe, der Flut, den Feind? fängt".[76]

Die späte Abfassung des *Anzu-Epos*' überliefert eine Darstellung des Ninurta, dessen ungehemmte Wut sich durch eine gewaltige Überflutung manifestiert: „Er (Ninurta) brachte die Berge und ihre Umgebungen durcheinander und er überschwemmte (*irḫiṣ*): Er überschwemmte in seinem Zorn die weite Erde, er überschwemmte das Innere der Berge".[77] Ninurta wird auch in Epitheta in Verbindung mit Wetterereignissen beschrieben.[78] beispielsweise lässt sich eine Zeile des aB Mythos' *Die Rückkehr des Ninurta nach Nippur* zitieren: „Ninurta, der Zerstörer der Stadtmauer des Feindeslandes, schritt wie die Überschwemmung voran".[79] Im selben zweisprachigen Text zählt der Gott seine Waffen auf: Die Elfte ist die sag.ninnu-Keule, auch *abūb taḫāzi* genannt;[80] das Epitheton der Zwölften ist der „Bogen der Flut".[81]

Aufgrund ihres historischen Kontextes sind nA Texte reich an Bildspendern des Kriegs. In *Sargons Feldzug gegen Urartu* wirft der König selbst die feindlichen Städte „wie eine ringsherum zusammenschlagende Flut"[82] nieder. Derselbe Text bietet einen Verbvergleich:

---

71 Streck 1999: 181-182.

72 AGH, KM 11, S. 72, Z. 1: ⌜ur⌝.sag dingir.amar.utu *šá e-zez-su a-bu-bu.*

73 RINAP 4, Es. 114, III, Z. 2-3: *kul-lat za-'i-ri-ia* [*a-bu*]-*biš tas-pu-nu-ma.*

74 StSem 34, I, Z. 132: *ul-tu ul-lu a-gu-gu-ma ina šub-ti-ia at-bu-ma áš-ku-na a-bu-bu.*

75 StSem 34, I, Z. 136.

76 Lambert 2013, VI, Z. 125: *šá ina* giš.tukul-*šu a-bu-bi ik-mu-u šá-pu-ti*; in der *Klage von Nabû-šuma-ukin* spielt der Schreiber auf die Waffe des Marduk an: giš.šu!-*ka a-bu-bu šá iš-mu-ú pi-iš-ti*, „deine Waffe ist die Flut, welche die Beschimpfungen gegen mich hört" (ORA 7, S. 322, Z. 76).

77 SAACT 3, S. 27, III, Z. 18-20: *ḫur-sa-a-ni qer-bet-su-nu ú-dal-liḫ ir-ḫi-iṣ ir-ḫi-iṣ úz-zu-uš-šú* ki-*tú ra-pa-áš-tú ir-ḫi-iṣ qe-reb ḫur-sa-a-ni.*

78 Streck 2001: 515-517.

79 AnOr 52, S. 66, Z. 73: dingir.min *mu-ab-bit du-ri* kur *nu-kúr-tim a-bu-ba-niš ib-ta-'a.*

80 AnOr 52, S. 80, Z. 141.

81 AnOr 52, S. 81, Z. 142: *ši-ib-ba šá a-na a-me-li i-ṭe-eḫ-ḫu-u qa-aš-tú* [*a-bu-bi* mi]n.

82 MDOG 115, S. 94, Z. 253: *ki-ma* a.kal *mit-ḫur-ti* [*as*]-*ḫu-up.*

„Als ob eine Flut (die Stadt) vernichtet hätte, (so) ließ ich es (mit) ihren Feldern machen".[83]

Aspekte der Schlacht sind oft durch Bilder der Überflutung beschrieben. Hammurapi von Babylon wird „Flut der Schlachten" genannt,[84] während Sanherib den Vergleich des jährlichen Hochwassers für den blutigen Sieg gegen Elam verwendet: „Wie ein geschwollenes Hochwasser der Regenzeit ließ ich ihr Blut auf die breite Erde fließen".[85] Die Flut tritt weiter in nA Kriegsbeschreibungen auf, in denen der unaufhaltsame Marsch der königlichen Armee mit dem Voranschreiten der Überschwemmung verglichen wird.[86] Außer den Bildern, die das jährliche Hochwasser im Frühjahr, *mīlu*, bezeichnen, bevorzugt die literarische Sprache die Verwendung des Terminus *abūbu* für „Flut", „Überschwemmung". Aus diesem Begriff lassen sich die Vergleiche entweder durch *kīma* + Dependens, als Alternative des Terminativs *abūbiš*, oder *abūbāniš*, bilden.[87]

Das Wüten der Sintflut wird mit dem Brüllen des Stieres verglichen. In der Stille des mesopotamischen Ackerlandes musste die Flutwelle gut hörbar gewesen sein und wurde wie ein brutales Geräusch wahrgenommen, daher der Vergleich des *Atra-ḫasīs* „[die Fl]ut brüllte wie ein Stier".[88] Interessant ist darüber hinaus die Assoziation des Crescendo eines Gesangs mit dem Steigen des Hochwassers, das im aB Gebet *Ištar Louvre* belegt ist.[89]

Auf Grundlage einiger Alltagstexte wurde der metaphorische Wert der Flut hinsichtlich der menschlichen Gefühle betrachtet, wie die angeführte Wendung „Hochwasser deines Herzes" (S. 24f.). „Meine Augen sind überschwemmt"[90] ist ein weiteres Beispiel für Traurigkeit, für die ausgiebig vergossenen Tränen des *Leidenden Gerechten*.

In Bezug auf die Kraft der Überschwemmung lässt sich ein zweisprachiges Sprichwort nachweisen, dessen akkadische Version aufgrund eines Bruchs durch die sumerische ergänzt wurde: „Kann der starke Krieger sich der Flut widersetzen? Kann ein mächtiger Held den Feuergott besänftigen?".[91] „Flut" ist hier im Sumerischen a.gi$_6$.a geschrieben, das akkadisch *agû* entspricht, ein Lehnwort, das nur in literarischen Texten zu finden ist und die Bedeutung von „überschwemmende Welle" hat.[92] Das Sprichwort schildert wiederum die Unaufhaltsamkeit der Naturelemente, deren Gewalt selbst der stärkste und tapferste Mensch nichts entgegensetzen kann.

---

83 MDOG 115, S. 86, Z. 183: *ki-ma ša a-bu-bu ú-ab-bi-tu qer-bi-ša ú-še-piš-ma.*

84 RA 86, S. 5, Z. 8: *a-bu-ub tu-qum-ma*$^{!}$*-tim.*

85 RINAP 3, Sen. 22, VI, Z. 3-5: *ki-ma* a.kal *gap-ši ša šá-mu-tum si-ma-ni* ù.mun-*ni-šú-nu ú-šar-da-a ṣe-er er-ṣe-ti šá-di-il-ti*; siehe dazu auch RINAP 4, Es. 1, V, Z. 14.

86 RINAP 3, Es. 8, II, 11: *a-bu-ba-niš al-lak*, "ich marschiere wie eine Überflutung".

87 CAD 1, „A-I", S. 76-77.

88 Lambert, Millard 1969, T. III, iii, Z. 15: [*a-bu-b*]*u ki-ma li-i i-ša-ap-pu.*

89 Or 87, S. 15, I, Z. 8: *ki-ma mi-li <li>-ir-ta-ab-bi*, „möge er (der Gesang, *zamārum*, Z. 7) wie das Hochwasser höher werden". Eine weitere ungewisse Metapher für Stimme scheint im aB Hymnus an Agušaya enthalten zu sein: LAOS 13, S. 130, VI, Z. 8: *ma-ar mé-e-li ri-ig-mu-uš*, „Sohn des Hochwassers (im Sinne von „zugehörig zum Hochwasser") ist ihre Stimme" (siehe dazu Streck 2010: 566).

90 ORA 14, S. 88, Z. 60: *i-na-i-lu* igi.2-*ia.*

91 BWL, S. 265, Z. 8-9: Sumerisch u[r.sag.k]ala.ga a.gi$_6$.a gaba gi$_4$.gi$_4$.a [… us]u.tuku dingir.giš.bar.ra al.ḫun.gá.e.še; Akkadisch *qar-ra-du-ú da*[*n-nu-tu* ...] *u be-el e-m*[*u-qí* ...].

92 CAD 1, „A-I", S. 157-158.

4.1. Epitheta

Dem Ninurta gehören einige Epitheta in Bezug auf die Flut. Dieses Phänomen wird dem Gott auf Grundlage seines zerstörerischen Aspektes zugeschrieben, um die Kraft und die Großartigkeit des Gottes zu beschreiben. Unter mehreren Epitheta in der *Rückkehr des Ninurta nach Nippur* ist „der Starke, Flut des Enlil" zu lesen,[93] was ganz deutlich ebenso für Adad belegt ist.[94] Ninurta ist, wie der Wettergott, ein Sohn Enlils laut der Tradition und dies wird in den anfänglichen Zeilen der Tafel I des *Anzu-Epos*' erwähnt, indem der Schreiber Ninurta auch „überschwemmende Welle der Schlacht" benennt.[95]

93 AnOr 52, S. 100, Z. 207: *dan-nu* [*a-bu-ub* dingir.*en-líl*], Ergänzung durch die sumerische Version: kal.ga a.ma.ru dingir.en.líl.lá/le.

94 Schwemer 2001: 699.

95 SAACT 3, späte Version, T. I, Z. 7: *a-ge-e tuq-ma-ti*.

5. Wolken und Nebel

Wolken und Nebel wurden in der akkadischen Kulturtradition differenziert. In der Literatur lassen sich separate Aspekte sowie ähnliche Funktionen hervorheben.

Die Erscheinung von Wolken ist bisweilen eine Figur, genauer gesagt ein Metonym, für den kommenden Regen. Der Gott Marduk verspricht beispielsweise durch „Wolken werden ständig sichtbar sein“[96] die Wasserversorgung in seiner *Prophetischen Rede*. Die Wolken können zudem auf ein unmittelbares Unwetter anspielen: „Hinter mir kamen deine Wolken. Ich bin im Regensturm festgehalten“ sagt der Beter zur Göttin Ištar.[97]

Aufgrund ihrer schwebenden Bewegung sind die Wolken ein bekannter Bildspender für das Fliegen bzw. Herumwälzen. So heißt es in der aB Tafel aus Nippur des *Gilgameš-Epos*': „Ich sah den Anzu-Vogel im Himmel, er erhob sich wie eine Wolke“.[98]

Nicht nur die Bewegung, sondern auch die Konsistenz von Wolken und Nebel liegt der Schaffung von rhetorischen Figuren zugrunde. Beide Phänomene werden im Zusammenhang mit der Idee des Bedeckens erwähnt. Eine aB Beschwörung aus Mari enthält den Vergleich „ich habe dich wie Ne[bel] umhüllt“,[99] der sich ebenso auf die Festigkeit des Nebels bezieht. „Wie eine dichte Wolke des Abends bedeckte ich diesen Distrikt“[100] behauptet Sargon von Assyrien über seine Kampagne in Urartu, was in einer Inschrift des Assurbanipal durch den Vergleich des Nebels ausgedrückt wurde.[101] Weitere Bildspender deuten hingegen auf die Schwierigkeit beim Sehen oder tatsächlich auf Vernebelung der Augen hin, wie ein kranker Mann „ist wie ein Onager, dessen Augen ausgetrocknet (und) von Wolken voll sind“.[102] In derselben Beschwörung wird die Krankheit ferner beschrieben: „Die Kopfkrankheit, deren Weg wie im schweren Nebel niemand kennt“.[103]

Vom Aussehen des Nebels lassen sich weitere Bilder inspirieren. Das *Anzu-Epos* enthält in seiner aB Version eine interessante Passage, in der die Muttergöttin, dingir.maḫ, Ninurta auf den Kampf gegen den Sturmvogel Anzu vorbereitet. Unter ihren strategischen Ratschlägen warnt die Muttergöttin Ninurta wie folgt: „Wie ein Dämon lass dein Gesicht werden. Lass einen Nebel los! Er soll dein Aussehen nicht bekannt machen!“.[104] Hierbei lässt sich die Funktion des Nebels in literarischen Beschreibungen von Schlachten feststellen. Der Nebel ist vermutlich eine Metapher für die Staubwirbel, die sich aus dem steppigen Boden während des Schlachtfeldes erhoben.

Der Heereszug von Sanherib erhebt den Staub vom Boden, der „den breiten Himmel wie ein dichter Nebel des tiefen Winters“ bedeckt.[105] Die in nA Inschriften beschriebenen

96 BiOr 28, S. 11, Z. 13': im.diri.meš bar.meš-*a*(*uštabarrâ*).

97 OBC 14, S. 306, Z. 31-32: *i-na ṣe-ri-*[*i*]*a i-li-ku* u_4*-pu-ki ka-li-a-ku i-na ra-di-im.*

98 George 2003, OB Nippur, Z. 12: *ap-pa-la-sá-am-ma* dingir.im.dugud.mušen-*am i-na ša-ma-i* ⸢*it-bé*⸣*-ma* ⸢*ki*⸣*-ma er-pe-tim.*

99 LAOS 12, N. 144, Z. 2: *uk-ta-as-si-ka ki-ma i*[*m-ba-ri-im*].

100 MDOG 115, S. 94, Z. 253: ki-ma ur-pat li-lá-a-te šá-pi-ti na-gu-ú šu-a-tu ak-túm-ma.

101 RINAP 5, Asb. 2, V, Z. 31: uru.meš *šú-nu-ti im-ba-riš ik-tu-mu-ma*, „sie (die Eunuche und Gouverneure des Königs) überdeckten ihre Städte wie Nebel“; siehe auch RINAP 3, San. 2, Z. 28 und MDOG 115, S. 90, Z. 215.

102 ADFU 10, S. 22, Z. 21: *ki-ma sér-re-mu šá ḫa-am-ru i-na-a-šú ú-pe-e ma-la-a.*

103 ADFU 10, S. 22, Z. 25: *di-'i-ú šá ki-ma im-ba-ru kab-ti a-lak-ta-šú man-ma ul i-de.*

104 Vogelzang 1988, S. 98, Z. 67: *gal-la-ni li-iš-ta-nu-ú pa-nu-ka šu-ṣi im-ba-ra zi-mi-ka a-ia ú-we-ed-di.*

105 RINAP 3, San. 22, V, Z. 58-59: saḫar.ḫi.a gìr.2-*šú-nu ki-ma* im.dugud *kab-ti* ša *dun-ni e-ri-ia-ti pa-an*

Kriegsszenen bieten weitere Beispiele. Im Anschluss an die Verbrennung der elamischen Städte erhebt sich eine Rauchsäule „wie dichter Nebel" bis zum Himmel.[106] Im kriegerischen Kontext dient der Staubsturm auch als Bild für Rauch: „115 Städte dieses Gebiets zündete ich wie Unterholz an und ihren Rauch ließ ich wie ein Staubsturm das Antlitz des Himmels bedecken".[107]

Die Wolken hatten schließlich eine Funktion in Bildern, die menschliche Gefühle darstellen. Ein Gesicht, das sich umwölkt, ist eine Metapher für Schrecken.[108] Die gebärende Frau wird in einer nA Elegie während der Entbindung wie folgt beschrieben: „Am Tag meiner Geburtswehen hat sich mein Gesicht umwölkt".[109]

an-*e rap-šu-te ka-tim.*

106 RINAP 3, San. 22, IV, Z. 80: gim im.dugud *kab-ti*; bezüglich des Nebels als Bild für Rauch siehe eine Inschrift von Asarhaddon in RINAP 4, Es. 57, VII, Z. 6: *ṣe-li qut-rin-nu e-reš za-'i ṭa-a-bi ki-ma im-ba-ri kab-ti pa-an an-e rap-šu-ú-te sa-ḫi-ip*, „das Brennen des Weihrauchs, der Duft des guten Harzes bedeckte das Gesicht des breiten Himmels wie ein dichter Nebel".

107 MDOG 115, S. 86, Z. 182: 1 me 15 uru.meš-*ni ša li-mé-ti-šá ki-ma ab-re a-qu-ud-ma qu-tur-šu-un ki-ma a-šam-šá-ti pa-an* an-*è ú-šak-tim.*

108 Streck 1999: 183.

109 SAA 3, 15, Z. 7: *ina* ud-*me ḫi-lu-ia-a e-tar-pu-u pa-ni-ia.*

6. Donner und Blitze

In literarischen und religiösen Texten zeigt sich der Donner durch sein charakteristisches Geräusch als mächtiges Phänomen, das Ehrfurcht verleiht. In einem nA Gebet heißt es: „Wie vor dem Schrei des Gebrülls von Adad, haben sie (die Bevölkerung) Angst vor deiner (Marduks) Äußerung“.[110] Der Donner war die Stimme des Adad in der mesopotamischen Wahrnehmung, ein Grollen, das sich als laute Stimme erweist. In einem nA Feldzugsbericht Sargons ist zu lesen: „Über diese Stadt ließ ich wie Adad das fürchterliche Gebrüll meiner Truppen erschallen“;[111] in einer Inschrift seines Sohns Sanherib dient der Donner als Metapher für Gewalt: „Gegen alle Truppen der bösen Feinde brüllte ich laut wie ein Sturm und wie Adad donnerte ich“.[112] Sogar Naturelemente werden mit dem Getöse des Donners verglichen, wie bei Wasserfällen, die „von (der Entfernung) einer Doppelstunde wie Adad“ schreien.[113]

Es ist bislang nur ein Beleg für Donner bekannt, in dem er als Metonym des Regens verwendet wird. „Möge ihnen (dem König Arpads und seiner Leute) der Schrei des Adad entzogen werden, möge der Regen zu ihrem Tabu werden!“,[114] so wird das Land Arpad von Aššur-nirari V. verflucht.

Blitze als Bildspender können auf konventionelle Weise Pfeile und deren Bewegung illustrieren.[115] Die Symptome einer Kopfkrankheit werden in einer nB Beschwörung mit Blitzen assoziiert.[116] Andere beziehen sich auf das Licht, das „wie ein Blitz immer wieder blitzt“, wie im nA Gebet an den Gott Nergal.[117] Dieselbe Analogie tritt zudem in Beschwörungen gegen den Bann auf.[118]

Bezüglich der menschlichen Gefühle ist der schönste Bildspender in einem aB Liebesgedicht zu lesen:

LAOS 4, S. 65, I, Z. 8-13
ki-ma ḫa-aš-ḫu-ri-im ša sí-ma[!]*-a-ni-im ša i-pa-an ša-tim it-bu-*⌜*ku*⌝ *i-ni-ib-šu i-ba-a-ú-*
[*ma*] *bi-ir-qú ša* dingir.iškur *i-na ṣé-ri-šu-ma ib-ta bi-ir-qum ša ṣí-ḫa-tim e-li-ia*

Wie ein Apfelbaum in der richtigen Jahreszeit, der am Anfang des Jahres seine Früchte niederlegte und über den die Blitze des Adad hinweggegangen sind, so ist der Blitz des Liebesspiels über mich hinweggegangen. Der Blitzschlag stellt hier eine Metapher für die romantische Liebe dar, die die Frau plötzlich von einem Tag auf den anderen trifft.

110 AfO 19, S. 65, III, Z. 6: *ki-i ši-si-ti rig-me šá* dingir.iškur *sí-qar-ka pal-ḫu.*
111 MDOG 115, S. 102, Z. 343: ugu uru *šu-a-ti ri-gim um-ma-ni-ia gal-tu ki-ma* dingir.iškur *u-šá-áš-gi-im-ma*; siehe auch MDOG 115, S. 90, Z. 224: *ki-ma* dingir.iškur *ú-šá-áš-gi-mu ri-gim ka-la-bi* an.bar, „wie Adad ließen sie das Getöse der eisernen Äxte erschallen“.
112 RINAP 3, San. 22, V, Z. 74-75: *ṣe-er gi-mir um-ma-na-te na-ki-ri lem-nu-ti u*$_4$*-mì-iš ṣar-piš al-sa-a gim* dingir.iškur *áš-gu-um.*
113 MDOG 115, S. 100, Z. 326: *ši-si-it ti-ib-ki-šú-nu a-na* 1 danna.àm *i-šag-gu-mu ki-ma* dingir.*ad-di.*
114 SAA 2, 2, IV, 12-13: *ik-kil* dingir.iškur *li-za-me-ú-ma* a.an.meš *a-na ik-ki-bi-šú-nu liš-šá-kin.*
115 Streck 1999: 182.
116 ADFU 10, S. 22, Z. 4.
117 AGH, S. 118, Z. 10: *ki-ma* nim.gír *i-ta-nab-riq* te.a-*šú.*
118 ZA 28, S. 76, Z. 46.

6.1. Epitheta

Im I. Jahrtausend findet sich das Partizip *mušabriqu*, „derjenige der (meine Feinde) zerblitzt“,[119] in nA Königsinschriften von Sanherib, der sich als Krieger-Herr und Unterdrücker der Aufrührer darstellt. Es ist erwähnenswert, dass dasselbe Epitheton auch Erra in der nB Tonzylinder-Inschrift von Nabopolassar zugeschrieben wird.[120] Das ist kein neues Epitheton im Rahmen der propagandistischen Texte, denn der König Tukulti-Ninurta wird bereits zuvor im ihm gewidmeten Epos „er bebt wie Adad bei seinem Grollen“ beschrieben.[121] Wie bereits besprochen, lassen Vergleiche mit der donnernden Stimme des Wettergottes als Übermittlung der Ehrfurcht erkennen.

---

119 Siehe zum Beispiel RINAP 3, San. 1, Z. 3: *mu-šab-ri-qu za-ma-a-ni*; vgl. in Bezug auf Adad Schwemer 2001: 710, *mušabriq berqi*.

120 WVDOG 59, S. 42, I, Z. 26: *mu-uš-ab-ri-qu za-we-ri-ia*.

121 Machinist 1978, I A, Z. 14: *ki-ma* dingir.*ad-di a-na ša-gi-im-me-šu it-tar-ra-ru*. Die nA Könige mochten es, sich in kriegerischen Kontexten mit dem Wettergott zu assoziieren; siehe dazu AKA, S. 233, Z. 24; S. 335, II, Z. 106 (*ki-ma* dingir.iškur *ša ri-iḫ-ṣi ugu-šu-nu aš-gu-um*) und RINAP 3, San. 22, V, Z. 75 (*ṣe-er gi-mir um-ma-na-te na-ki-ri lem-nu-ti* u_4*-mì-iš ṣar-piš al-sa-a* gim dingir.iškur *áš-gu-um*).

7. Kälte und Frost

Auf den vorangegangenen Seiten wurde bereits die Abneigung gegen kaltes Wetter und die mit den kalten Temperaturen verbundenen Schwierigkeiten betont. Die Furcht des Menschen der subtropischen Region vor der Kälte lässt sich in einigen Sprichwörtern erkennen, welche die Wahrnehmung im Alltag in Form einer Volksweisheit übertragen. Neben der Behauptung, dass der Winter anders als der Sommer „schlecht ist“,[122] existiert ein älteres aB Sprichwort über die Notwendigkeit, bei niedrigen Temperaturen nah am Feuer zu sein: „Ich wärmte mich am Frost nicht auf, also ich warf dein Holz (ins Feuer) hinein, dank deiner Seelengröße“.[123]

Literarische Passagen erwähnen oft die Kälte als Bild der erbärmlichen Bedingung des Wanderers. Die Wirtin, die in der X. Tafel des *Gilgameš-Epos*’ die Taten des Helden beschreibt, deutet folgendermaßen die langen Reisen von Gilgameš an: „Genauso wie [eines, der einen langen Weg beging], ist dein Gesicht. [Wegen des Frostes und der Sonnenhitze] ist dein Gesicht verbrannt“.[124] Bereits aus Alltagstexten ging hervor, dass das Wetter sich stark auf die Gesichtszüge sowie auf die Gesundheit der Reisenden auswirkte. Die Bedingungen des Wanderers auf dem Weg werden demzufolge zum Material für Bilder, zu denen auch die Umgebung und ihr Klima gehören. In einem aB literarischen Brief aus Mari sind *Die Leiden eines Schreibers* infolge des Umherziehens beschrieben: „Während des schlechten Umherirrens frierte ich kontinuerlich“.[125] Dieser pathetische Text, der dem König Maris, Zimrilim, gewidmet ist, besteht aus der Bitte eines treuen Hofschreibers, wieder die Gunst des Souveräns zu gewinnen. Etwa eintausend Jahre später wird das Umherwandern des guten Untertanen, der nach dem Wohlergehen des Königs sucht, in einer nA Lobpreisung ebenso ergreifend beschrieben: „Ich durchquerte mehrmals Flüsse und Meere, ich überquerte Berge und Hochländer, ich durchquerte alle möglichen Flüsse. Trockene Hitze und Frost rieben durchgehend mich und meine schöne Figur auf. Ich bin müde und mein Körper ist erschöpft für dich“.[126] Mit „Frieren“ wird in einigen Bittbriefen die fehlende Existenzsicherung, wie ein Haus oder die Kleidung, bezeichnet, aufgrund derer die Absender sich tatsächlich „nackt“ und verlassen fühlen. Die Kälte während des heimatlosen Umherziehens stellt sich ähnlich dem Zustand eines schutzlosen Menschen dar, der den atmosphärischen Phänomenen ausgeliefert ist.

122 BWL, S. 241, Z. 38-39.

123 Iraq 81, S. 242, Z. 12-13: *ú-ul aš-ḫa-an i+na ḫal-pi-ma ad-di i-ṣi-k*[*a*] *i+na ra-ap-ši-im li-ib-bi-*{x}-*ka*.

124 George 2003, Standard, T. X, Z. 43-44: [*ana a-lik ur-ḫi ru-qa-ti*] *pa-nu-ka maš-lu* [*ina* a *šar-bi u* ud.da *q*]*u-um-mu-ú pa-nu-ka*.

125 OP 14, S. 13, Z. 6’: *i-na mu-tal-lik-tim la ṭà-ab-ti at-ta-ḫar-ba-aš*.

126 SAA 9, 9, Z. 9-15: [*e*]-⸢*ta*⸣-*nab-bir* íd.meš *u tam-tim*-meš ⸢*e-ta*⸣-*na-at-ti-iq* kur.meš-*e ḫur-sa-a-ni e*-⸢*ta*⸣-*nab-bir* íd.meš *ka-li-ši-na e*-⸢*ta*⸣-*nak-kal-a-ni ia-a-ši ṣe*-⸢*ta*⸣-*a-te sa-rab-a-te il-ta-nap-pa-ta ba-nu-ú la-a-ni an-ḫa*-⸢*ku*⸣-*ma šá-ad-da-lu-pu-ka la-a-ni-ia*; siehe auch S. 69. Weitere stilistische Ähnlichkeiten mit dem Gilgameš Epos sind in Parpola 1997: 40, Fußnote.

8. Schöpfung der Wetterphänomene

Im Rahmen der akkadischen Literatur lassen sich einige wenige Passagen anführen, in denen die meteorologischen Phänomene als Naturelemente erschafft werden. Interessanterweise ist kein Beispiel für den Wettergott als Schöpfer zu finden. Adad bleibt meistens der Sturmgott, an den man sich bei Regen, Gewitter, Donnern oder Blitzen wendet. Im ihm gewidmeten nA Hymnus wird der Sonnengott Šamaš als „Schöpfer der Kälte, des Frostes, des Eises und des Schnees“[127] und als alleiniger Verursacher der jahreszeitlichen Aufeinanderfolge, des Taus und des Nebels[128] genannt, weil er für die Temperaturen verantwortlich ist.

Die Erschaffung des Wetters durch Marduk wird im Schöpfungsmythos *Enūma eliš* beschrieben. Im Schöpfungsmythos werden unklare Körperteile des Meerwesens Tiamat für die Erschaffung der Wettererscheinungen verwendet. Nach einer Lücke ist in der Tafel V folgendes zu lesen:

Lambert 2013, V, Z. 49-52
[...] *ik-ṣur-ma ana er-pe-e-*[*ti*] *ú-šá-aṣ-bi-' te-bi šá-a-ri* [*š*]*u-uz-nu-nu ka-ṣa-ṣa šu-uq-tur* im.dugud *ka-mar im-ti-šá ú-ad-di-ma ra-ma-nu-uš ú-šá-ḫi-iz qat-su*

Er band (es) zusammen und (damit) arbeitete er die Wolken aus. Die Erhebung der Winde, das Verursachen des *kaṣāṣu*-Regens, das Rauchenlassen des Nebels ist die Anhäufung ihres (Tiamats) Giftes: Er wies (sie) ihm selbst zu und nahm sie in seine Hand.

Die Schöpfung des Wetters beginnt demnach mit der Gestaltung der Atmosphäre, die hier in sehr naturalistischer Weise als aus Winden, Wasser und Dampf bestehend, beschrieben wird. Leider sind die ersten Zeilen dieser Tafel nicht gut genug für eine eingehende Deutung erhalten. Die folgenden Zeilen derselben Passage erzählen die Erschaffung der Welt durch die Hand des babylonischen Gottes weiter, der aus Tiamat auch Tigris, Euphrat und die Berge kreiert.

---

127 BWL, S. 136, Z. 181: [*mu-šab-šu*]*-u ku-ṣu ḫal-pa-a šu-ri-pa šal-gi*.

128 Or 23, S. 213, Z. 4-5: [*m*]*i-li-ik ma-a-tim ú-ul i-ma-al-li-ku um-ma-a-ti e-bu-ra* [*ku-u*]*ṣ-ṣa ul i-ša-ak-kà-nu na-áš-ša im-ba-ra šu-ri-pa*, „sie (Anu und Enlil) treffen keine Entscheidung für das Land; Hitze, Sommer, Winter verursachen sie nicht, Nieseln, Nebel, Eis ...“.

9. Ergebnisse und Schlussfolgerungen

Auf der Grundlage der zahlreichen Belege ist es möglich, die Verwendung der Wetterereignisse in der akkadischen Literatur als ein fortdauerndes Phänomen zu betrachten. Bildspender, Epitheta und weitere meteorologische Belege sind von der Mari-Zeit bis zur nB Periode zu finden. Die meisten Konnotationen und Bilder verbleiben im Laufe dieser eineinhalb Jahrtausende nahezu unverändert; in einigen wenigen Fällen kommt es hingegen zu einer Entwicklung, deren Aspekte nicht immer umrissen werden können. Die Funktion von Wind und Sturm als Bildspender scheint beispielsweise zur späten Zeit etwas abstrakter zu werden. Unterschiede konnten leider nicht für jeden behandelten Aspekt hervorgehoben werden, da meistens keine homogene Verteilung der Belege für verschiedene Perioden besteht.

Der folgenden Graphik (8) lassen sich die Zahlen der allgemeinen Erwähnungen der Wettererscheinungen entnehmen. Aus den untersuchten Texten ist deutlich geworden, dass nicht nur Ereignisse des Wassers, sondern auch Wind und Sturm häufig vorkommen. Sowohl Wolken und Nebel als auch Blitze und Donner zeigen sich als relevant für die literarische Sprache.

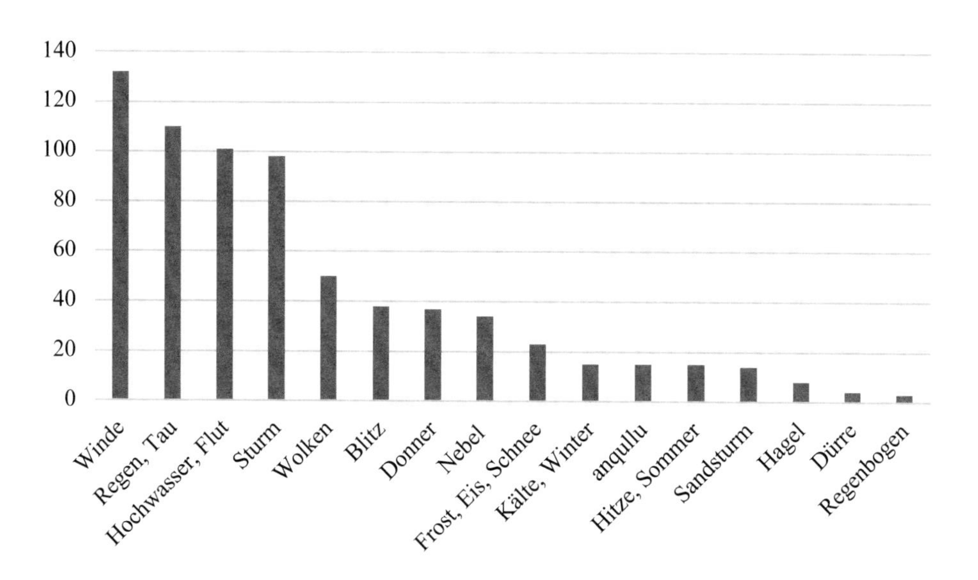

Graphik 8: Erwähnungen von Wetterphänomenen in der Literatur

Für die vorliegende Arbeit wurden vielfältige rhetorische Figuren untersucht, darunter über 100 Vergleiche und etwa 55 Metaphern, die Wetterereignisse einbeziehen. Die genauen Zahlen der Bildspender finden sich in den folgenden zwei Graphiken (9).

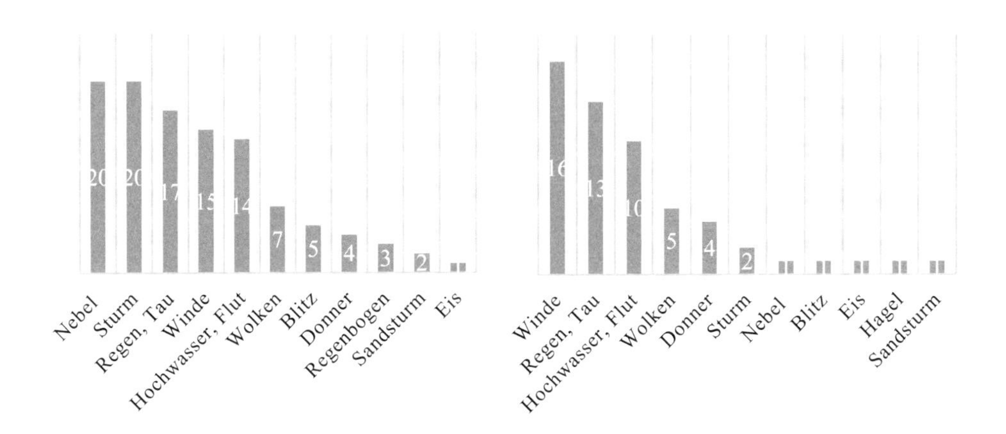

Graphik 9: Vergleiche und Metaphern des Wetters

Unter den Vergleichen lässt sich die Überlegenheit des Nebels neben der Wendung *kīma ūmi*, „wie ein Sturmwesen" feststellen. Der Wind stellt hingegen die populärste Metapher unter den meteorologischen Phänomenen dar und ist, wie besprochen, ein Terminus, der regelmäßig im weiteren Sinne verwendet wird. *zanānu*, „regnen", erweist sich in seinen verschiedenen Stämmen als die häufigste Verbmetapher von der aB Zeit an.

Die vorigen Seiten dieses Kapitels widmeten sich teilweise einigen lexikalischen Betrachtungen. Es wurde darauf hingewiesen, dass einige Begriffe fast ausschließlich dem literarischen Lexikon angehören. beispielsweise sind *abūbu* und *ūmu* selbst in keinem anderen Textgenre belegt; andere Besonderheiten der Literatur sind *agû*, „überschwemmende Welle" und *imbaru* im Sinne von „Nieseln-Nebel".

Aus den vorgestellten Bildspendern ergibt sich eine beträchtliche Anzahl der Vergleiche von Wetter im Zusammenhang mit Kriegsszenen. Die Propaganda der nA Könige scheint besonders von Vergleichen geprägt zu sein, in denen die Idee von Gewalt während des Feldzugs bzw. der Schlacht übermittelt wird. Unter Berücksichtigung einiger nA Texte, wie *Sargons Feldzug gegen Urartu* und der Königsinschriften von Tiglat-pileser III., Sanherib, Asarhaddon und Assurbanipal, wurden sechs Metaphern und sogar etwa 30 Vergleiche im Kriegskontext identifiziert, einige davon sehr reich an Pathos. Um die Erbarmungslosigkeit der Schlacht auszudrücken, werden die mächtigen Taten der Armee und des Kriegerkönigs mit gewissen Aspekten des Wetters assoziiert. Die assyrischen Herrscher bestrafen oft in erster Person bzw. mittels ihres Heers die Feinde und die Ungehorsamen. Hierzu wird eine vielfältige Bildersprache verwendet, die die ungestüme Konnotation des Wetters heraushebt. Die Überwältigung des Wilden ist ein antikes Thema der mesopotamischen Ikonographie und wird in naturalistischer Weise auch in der nA königlichen Reliefkunst abgebildet.[129] Beim bildlichen Kampf gegen das Unzivilisierte, d.h. gegen die

129 Reade 2018: 54-77.

Brutalität des Feindes, wird auf eine Sprache zurückgegriffen, die sich der gleichen brutalen Naturgewalt bedient.

Neben den nA Königen werden verschiedene Gottheiten von Bildern und Epitheta des Wetters begleitet. In der literarischen Vorstellung erinnern einige Ereignisse, wie der Sturm oder die Überschwemmung, an die ungestümte Naturkraft. Die literarische Darstellung der mesopotamischen Gottheiten basiert auf der Ehrfurcht vor den meteorologischen Erscheinungen. Diese unverzichtbaren, aber gleichzeitig gnadenlosen Phänomene sind die ideale Quelle der Inspiration, um rhetorische Figuren zu schaffen, welche die Macht der Götter angemessen beschreiben können.

V. Das Lexikon des Wetters

1. Einleitung

In diesem letzten Teil der vorliegenden Arbeit wird das Augenmerk auf die Wetterterminologie gelenkt. Ziel ist eine nach Zeit, Ort und Textgenre differenzierte Übersicht über die im Akkadischen gebrauchten Wörter für die verschiedenen Wetterphänomene. Für eine umfassende Untersuchung können sich mitunter ergänzende Auskünfte aus den lexikalischen Listen als relevant erweisen. Die Verknüpfung zwischen dem akkadischen Begriff und dem entsprechenden Logogramm gilt in manchen Fällen als weiteres Hilfsmittel, um spezifische Bedeutungen nachzuvollziehen. Aus der Untersuchung können gewisse Unterscheidungen in der zeitlichen Verwendung des Lexikons hervorgehen.

Es wird ferner auf einige unklare Wettertermini geachtet, indem versucht wird, sie durch philologische Vergleiche mit Phänomenen der Naturwelt zu assoziieren. Zwecks eines besseren Verständnisses der Definitionen lassen sich die Belege in verschiedenen Zusammenhängen auswerten, die eine zentrale Bedeutung nachweisen können.

Letztlich ließ sich ein Glossar der Wetterterminologie erarbeiten. Vollständigkeit wird angestrebt, mit Ausnahme einiger nur in den lexikalischen Listen enthaltene Wörter.

2. Wettertermini

Es folgen Beispiele für Begriffe der meteorologischen Phänomene, die anhand mehrerer Synonyme bekannt sind.

2.1. Hochwasser und Überschwemmung

Der Terminus für das jährliche Hochwasser ist *mīlu*, das vom Verb *malû*, „füllen", „voll sein" abgeleitet ist. Damit wird allgemein der volle Wasserstand im Fluss ausgedrückt. Wie oftmals im Rahmen dieser Arbeit erwähnt, lautet das entsprechende Logogramm a.kal (illu).[1] Es lassen sich auch andere logographische Schreibungen für dasselbe akkadische Wort nachweisen, wie a.zi.ga und a.maḫ.[2] Während diese zwei letzten Logogramme ausschließlich in späten Vorzeichentexten belegt sind, dient a.kal als gängiges Logogramm in divinatorischen und literarischen Texten sowie in Briefen des I. Jahrtausends.

abūbu bezeichnet die Flut als mythologisches Ereignis, die Sintflut von *Atra-ḫasīs*: „Ich sang allen Leuten (die Geschichte) der Sintflut: hört zu!",[3] lauten die abschließenden Zeilen des Epos'. Der Terminativ *abūbāniš* (oder *abūbiš*) wird oft als Vergleich für Zerstörung verwendet. In ähnlicher Weise wie *ūmu* kann *abūbu* personifiziert ein Sturmflut-Monster darstellen, das in der Literatur beschrieben wird.[4] Das Logogramm lautet a.mar, oder a.ma.ru mit den Bestandteilen ‚a', „Wasser", und ‚mar.uru$_5$', „Sturm", „Unwetter",[5] gebildet, demzufolge „Sturmflut". Das Wort kommt überwiegend in literarischen Texten und in einigen Vorhersagen von zerstörerischen Fluten in Vorzeichen des I. Jahrtausends und in nA Omenberichten, wie beispielsweise „wenn der Mond verdunkelt aufgeht, wird die destruktive Sintflut stattfinden".[6]

Eine ähnliche Bedeutung hat *biblu*, ein Wort, das vom Verb *w/babālu*, „bringen", „schleppen",[7] abgeleitet ist. Es steht für die Überschwemmung der Ackerfelder und ist typisch für die Omenapodosen der aB Zeit.[8] Zusammen mit seiner logographischen Schreibung níg.dé.a lässt sich *biblu* ausschließlich in Omina dokumentieren.

Zwei weitere Wörter, die nicht zur alltäglichen Sprache gehören, sind *edû* und *agû*. Das erste ist ein sumerisches Lehnwort aus a.dé.a, „Wasser ausgießen".[9] Dieser Begriff, der selten nur in literarischen Texten vorkommt, beschreibt wahrscheinlich das Hochwasser mit destruktiver Konnotation. *agû*, vom Sumerischen a.gi$_6$, „dunkles Wasser", kommt lediglich in der Literatur des I. Jahrtausends vor. Oft dient es als Epitheton von Gottheiten, wie im Fall von Marduk „gnadenloser Sturm und Hochwasserflut".[10]

---

1 Borger 2010: 437.
2 Borger 2010: 435.
3 Lambert, Millard 1969: 104, T. III, viii, Z. 18: *a-bu-ba a-na ku-ul-la-at ni-ši ú-za-am-me-er ši-me-a.*
4 CAD I, „A-I", S. 79.
5 Sallaberger 2006: 19.
6 SAA 8, 336, Z. 5: diš 30 *ad-riš* è-*a* a.⌜ma⌝.ru kuš$_7$-*ti* gar-*an.*
7 CAD 2, „B", S. 221.
8 Siehe die Apodose YOS 10, 17, Z. 59: *mi-lum i-la-ka-am-ma bi-ib-lum ma-tam ub-ba-al*, "das Hochwasser wird kommen und die Überschwemmung wird das Land wegbringen".
9 Sallaberger 2006: 100.
10 AfO 32, S. 3, Z. 11: *ú-mu la pa-du-ú a-gu-ú.*

butuqtu, auch a.maḫ oder a.gal geschrieben,[11] bedeutet „Dammbruch" im Sinne vom Flusswasser, das die Ufer durchbricht (aus *batāqu*).[12] Es lässt sich überwiegend in literarischen sowie divinatorischen Quellen nachweisen. Wie bereits erläutert, werden die katastrophalsten Wasserereignisse im Akkadischen durch das Wort *riḫṣu*, logographisch gìr.bal, und das Verb *raḫāṣu*, ra, dargestellt. Dieses Phänomen ist eine charakteristische Tätigkeit des Gottes Adad. In einigen *šumma ālu*-Omina findet sich *raḫāṣu* in Omenapodosen in Bezug auf Hochwasser: „Wenn das Hochwasser in Simanu (III. Monat) kommt und sein Wasser die Ufer des Flusses durchbricht, wird Adad am Ende des Jahres die Häuser überschwemmen (*iraḫḫiṣ*)".[13] Dennoch sind mehrere Passagen zu lesen, in denen *riḫṣu* in der Bedeutung „Regen" verwendet wird. Es folgt die Beschreibung der göttlichen Unterstützung beim *Sargons Feldzug gegen Urartu*:

MDOG 115, S. 82, Z. 147: dingir.iškur *gaš-ru* dumu dingir.*a-nim qar-du ri-gim-šu gal-tu* ugu-*šu-nu id-di-ma ur-pat ri-iḫ-ṣi ù* na_4 an-*e ú-qat-ti re-e-ḫa*

Adad, der Starke, der heldenmütige Sohn des Anu, ließ seinen mächtigen Schrei, einen Wolkenbruch und einen Hagel aus dem Himmel, auf sie (die Urartäer) los und vernichtete er den Rest.

Dieselbe Wendung lässt sich auch in einer Tafel aus Sultantepe mit einer Liste von Steinen identifizieren: „Aussehen des Steins: Wie eine Wolke des Regensturms".[14] Es scheint, dass dieser Terminus auch auf Regen hindeutet.[15] Das Konzept von *riḫṣu* lässt sich demnach nicht als ein bestimmtes Wetterphänomen betrachten und kann mehrere Hinweise einschließen: Es ist ein Ereignis des Adad; es bezieht sich auf eine zerstörerische Wirkung des Wassers; es kann eine ungünstige Folge eines Wolkenbruches darstellen. Solche Merkmale werden in der bereits erwähnten Tafel TU 20 zusammengefasst, in der das *raḫāṣ Adad* (ra dingir.iškur) nach der Aufeinanderfolge der *termini technici* der Regenarten aufgeführt ist, indem es den Abschnitt über die Vorhersagen des Regens und des Hochwassers einleitet.[16] Abschließend ist zu beachten, dass dieser Wetterterminus ebenso wie *abūbu* und *biblu* nicht in realen Kontexten angewendet wurde: Es besteht nur eine begrenzte Anzahl von Belegen für *riḫṣu* in Alltagstexten,[17] genauso nehmen die *Astronomischen Tagebücher* es nicht in ihrem Wortschatz der täglichen Wetterereignisse auf.

Die lexikalischen Listen überliefern weitere Synonyme für *mīlu*, „Hochwasser". Das Wort (auch *ni'lu*, oder *na'īlu*) von *na'ālu*, „befeuchten", abgeleitet wird selten für „Sperma"

11 Borger 2010: 435.

12 CAD 2, "B", S. 161 und ff.

13 OP 20, T. 61, Z. 25: diš *ina* iti.sig_4 a.kal du-*ma* a-*šá* ki.$duru_5$ íd *ú-sal-la-tu ana* egir mu dingir.iškur é.meš ra-*iṣ*.

14 STT 1, 108, Z. 77: na_4 gar-*šú* / gim *ur-pat ri-iḫ-ṣi*.

15 Siehe dazu das *multābiltu* Leberschauomen in AOAT 326, S. 203, T. 14, N. 89: be bà ge_6 *tuk-ku-pat* im.a.an.meš *ri-ḫi-ṣu* šur-*nun*, „wenn die Leber mit schwarzen Punkten gepunktet ist, wird ein Wolkenbruch regnen".

16 ZA 66, S. 239, Z. 5-10.

17 Ausnahme sind der auf S. 19f. zitierte Mari-Brief LAPO 16, 230 (A.1101), Z. 9, ARM 10, 83, Z. 8' und SAA 19, 15, 6 für die nA Zeit.

gebraucht. In lexikalischen Texten lässt sich *nīlu* neben dem Sumerischen Ausdruck a.kal (illu), „Hochwasser", nachweisen.[18] [19] Nur in lexikalischen Listen kommt *šiḫlu*, oder *šeḫlu*, geglichen mit a.kal (illu) vor.[20] Im hethitischen Kontext wird es ein mal mit *wa-a-*[*tar*], „Wasser", geglichen.[21]

2.2. Wolken und atmosphärische Trübungen

In allen Perioden der akkadischen Sprache lässt sich das Wort *erpetu(m)* „Wolke" mit dem Verb *erēpu* 2sich bewölken" nachweisen. Die syllabische Schreibung wird in den aB bis zu den nB literarischen Texten verwendet, ab dem Ende des II. Jahrtausends wird hingegen das Logogramm im.diri (dungu) in der Vorzeichenkunde vorgezogen. Die Varianten *urpatu* und *urpu* finden sich in nA und nB Texten. *urpatu* ist in nA Omenberichten als Glosse belegt, wie im folgenden Auszug.

SAA 8, 41

1.	dingir.30 tùr ge$_6$ nigin *ṣa-al-mu*	Wenn der Mond von einem schwarzen Halo umgeben ist,
2.	iti a.an *ú-kal* ki.min im.diri.[meš] *ar-ḫu zu-un-nu ú-ka-la* *ur-pa-a-ti*	wird der Monat Regen bereithalten / Wolken
3.	*uk-ta-ṣa-ra*	werden sich ansammeln.

Auch *upû(m*, ein Wort der literarischen Sprache, bedeutet „Wolke; das Wort leitet sich vom Verb *apû,* „sich verdunkeln", „bewölkt werden", ab.[22]

Spezifische Wolkenformationen werden im I. Jahrtausend durch diverse Termini bezeichnet. *nīdu(m)*, von *nadû(m)*, „niederlegen", meint wahrscheinlich eine „ausgestreckte" Wolke, die heute „Cumulus" genannt wird;[23] *ḫup/bû*, wörtlich „Scherbe", bedeutet zerkleinerte schuppenförmige Wolken, vielleicht Altocumuli;[24] *ṣulmu*, von *ṣalāmu*, „schwarz sein", bezeichnet eine schwarz-dunkle Wolke und wird lexikalisch direkt mit dem Regen assoziiert.[25] Eine weitere Wolkenform *mušēlû*, wörtlich „der aufsteigen lässt", kommt in mehreren bekannten EAE-Exzerpten der Wettersektion vor.[26] Eine klare Bedeutung lässt sich jedoch nicht bestimmen.

Im sub-tropischen trocknen Klima Mesopotamiens kommen Sandwolken vor. Der gängige akkadische Begriff für „Staubwolke" und, im weiteren Sinne, für „Sandsturm" lautet *tarbu'(t)u*, oder *turbu'u*. Erwähnungen dieses Phänomens finden sich hauptsächlich in der Literatur. Eine leichtere Form der Staubereignisse wird durch das Lemma *akāmu*, als

18 MSL XV, S. 142, Z. 132.
19 AOAT 50, S. 336, Z. 66.
20 MSL XV, S. 142, Z. 130.
21 CAD 17, "Š-II", S. 416.
22 CAD 2, „A-II", S. 204; CAD 20, "U and W", S. 191.
23 AHw, S. 786.
24 https://www.britannica.com/science/cumulus.
25 AOAT 50, S. 339, Z. 111: *ṣú-ul-mu* / *zu-un-nu.*
26 Siehe Belege in CAD 10, „M-II", S. 265.

„Sandwolke" oder „Schwebstaub" übersetzt, ausgedrückt. Wie auf den vorangegangenen Seiten besprochen (S. 220f.), kommt *akāmu* in mehreren *Astronomischen Tagebüchern* sowie in einigen wenigen Omina vor. In der Literatur ist *akāmu* im kriegerischen Kontext belegt: „Die Bevölkerung … [sah] die Staubwolke meines Feldzugs von der Entfernung einer Doppelstunde",[27] erzählt Sargon II. während seiner Kampagne in Urartu. Eine ähnliche Bedeutung dürften *ḫillu* und *šabīḫu* haben, denn diese anderen zwei Termini bezeichnen wahrscheinlich eine unbestimmte Trübung infolge des Staubs in der Atmosphäre. Diese Annahme wird anhand von lexikalischen Gleichungen[28] sowie in der Etymologie (das Verb *šabāḫu* bedeutet „sich absetzen" in Bezug auf den Staub)[29] begründet. Es existiert ein interessanter Beleg für *šabīḫu* im aB literarischen Text *Gespräch zwischen Vater und Sohn*, in dem das Wort als mögliche Alternative des Substantives *ṣillu*, „Schatten", „Protektion", bei der Wendung *ina ṣilli bēlija* verwendet wird.[30] Hierbei lässt sich eine Bedeutung „getrübtes Bild" vermuten.

2.3. Winde

šāru hat zahlreiche Synonyme. Insbesondere weist die literarische Sprache eine Vielfalt verschiedener Termini für „Wind" auf, darunter die berühmten dreizehn stürmischen Winde, die Gilgameš in der Schlacht gegen ḫumbaba als Waffe benutzt:[31] Neben den vier traditionalen Windrichtungen stehen *zīqu*, *ziqziqqu*,[32] *šaparziqqu*, *imḫullu* und *simurru*. Die ersten drei sind Varianten einer Ableitung vom Verb *ziāqu*, „wehen", während *imḫullu* auf das Sumerische im.ḫul, „böser Wind", zurückzuführen ist. Der *simurru*-Wind, der nur hier vorkommt, deutet wahrscheinlich auf einen Ortsnamen hin: Simurru lässt sich wenige Kilometer westlich der heutigen Stadt Halabja identifizieren, die in der Zagros-Region des homonymen irakischen Gouvernements an der Grenze zum Iran liegt.[33] im.*simurru* wäre daher ein Wind aus dem Nordosten, d.h. aus den Bergen.

Auch der Heldengott Marduk bedient sich während seines Kampfes gegen Tiamat verschiedener Sturmwinde.[34] Zusätzlich zu den üblichen werden der *imsuḫḫu* und im.nu.sá.a, „der Wind, dem nicht entgegengetreten werden kann" (sá = *maḫāru*) aufgeführt. Eine der Versionen von *Enūma eliš* erschwert allerdings diese Interpretation, weil hier im.sá.a.nu.sá.a zu lesen ist.[35] In späten lexikalischen Quellen wird *imsuḫḫu* durch die Wörter *šār ešīti* „Wind der Unruhe", *šār siḫīti*, „Wind des Aufruhrs" und *šār mitḫurti*, „Wind des Zusammenstoßens" erklärt.[36]

Relevante Termini sind noch *idiptu* und *mānitu*. Beide gehören zur gehobenen Lexik der Literatur: „Wie Schilfrohre i[m Wi]nd hältst du mich zurück",[37] sagt der Betende des

27 RINAP 2, 65, Z. 247-248: un.meš … *a-ka-ma ger-ri-ia ša a-na* 1 kaskal.gíd.[àm *e-mu-ru*].

28 CAD 6, „Ḫ", S. 186: Tafel K 4387, II, Z. 11-12; siehe S. 203f. und Fußnote 25.

29 CAD 17, „Š-I", S. 3.

30 ZA 110, S. 40, I, Z. 25: *i-na ša-bi-ḫi-im ša be-lí-ia.*

31 George 2003, S. 609, T. V, Z. 137-140.

32 In George 2003, S. 609, T. V, Z. 139 im.*ziq-qa-ziq-qa* geschrieben.

33 Frayne 2011: 511.

34 AOAT 375, S. 207-208, T. IV, Z. 45-46.

35 AOAT 375, S. 374: 46, Quelle E.

36 AOAT 50, S. 373-374: 193-195.

37 JNES 33, S. 290, Z. 27: *ki-ma ap-pa-ri i*[*na i-d*]*i-ip-ti tak-la-an-ni.*

zweisprachigen eršaḫunga-Rituals; „deine Meinung ist ein Nordwind, ein angenehmer Windhauch für die Leute",[38] so wendet sich der Leidende der *Theodizee* an den Freund, der ihn berät.

2.4. *anqullu* und weitere Termini für unklare Wetterphänomene

Das Wetterphänomen *anqullu*, auch *aqqullu* geschrieben, ist bisher ungedeutet.[39] Andere Autoren sahen in diesem Begriff sogar eine mögliche Auswirkung von glühenden Vulkanausbrüchen.[40] Das entsprechende Logogramm lautet izi.an.ne,[41] wörtlich „Feuer-Himmel", weshalb Foster das Wort als Auswirkung von glühenden Vulkanausbrüchen gedeutet hat.[42] Die Etymologie des Wortes ist unklar; enthält es das sumerische Wort ‚an', „Himmel"?

Das Wort ist in Gebeten belegt: Der Sonnengott wird in einem ihm gewidmeten Hymnus als „derjenige, der *anqullu* auf die Erde am Mittag herunterschickt",[43] beschrieben. Ein Epitheton des Sturmgottes, das in einem šu.íl.lá-Gebet überliefert ist, lautet „der *anqullu* tränkt",[44]. Der Kudurru 2 von Nabuchadnezar I. enthält eine poetische Schilderung des babylonischen Feldzugs, während die Armee die Hochebene von Elam durchquert. Die trockene und heiße Landschaft wird wie folgend beschrieben: „Nachdem die *anqullū* die ganze Zeit wie Feuer glühten und die Windungen? der Wege wie Flammen brannten, gab es kein Wasser in den Auen und die Tränke waren abgeschnitten".[45]

Auf Grundlage dieser Quellen könnte das Wort „Hitze" bedeuten.[46] *anqullu* kommt in weiteren literarischen Texten und in Vorzeichentexten vor. Zusammen mit Stürmen dient es als Bestrafung der Bösen;[47] darüber hinaus wird *anqullu* vor den Sieben Winden und dem Sturmwind, die Ninurta gegen den Sturmvogel Anzu während ihres fürchterlichen Kampfes richtet, genannt.[48] Zwei weitere nA Quellen geben uns deutlich Aufschluss über das spezifische Aussehen dieses atmosphärischen Ereignisses. In der Lobrede für Salmanasser III. wird der König als Jäger dargestellt, der eine Herde von Wildeseln massakriert. Für die Jagd „unternahm er einen Feldzug von drei Tagen [in einer Nacht]. Vor Sonnenaufgang ging ein *anqullu* über sie (die geschlachteten Tiere) hinüber".[49] Ähnliche Textstellen wurden bereits oben (S. 243) erwähnt.[50]

---

38 BWL, S. 74, Z. 67: *il-ta-nu ṭè-en-ga ma-nit* un.meš *ṭa-*⌜*a*⌝-[*bu*].

39 CAD 2, „A-II", S. 143.

40 Foster 1996: 12-14.

41 Borger 2010: 314.

42 Foster 1996: 12-14.

43 BWL, S. 136: 178: *mu-še-rid an-qul-lu ana* ki-*tim qab-lu* u_4*-me.*

44 Schwemer 2001, S. 672: 14, 16: *ša-qú-ú an-qul-le-e.*

45 AOAT 51, S. 504, Z. I 17-19: ta *kal* ri *aq-qu-ul-lu i-kab-ba-bu ki-i i-šá-ti ù tu-*⌜*ru*⌝ *šá ger-re-e-ti i-ḫa-am-ma-ṭu ki nab-li ja-'a-nu* a.meš *saḫ-ḫi bu-ut-tu-qu maš-qu-ú.*

46 Siehe dazu Heimpel 1986: 137.

47 MVAG 21, S. 88: 11.

48 Abgebrochene Zeile SAACT 3, S. 27, III: 5: *an-*[*q*]*u-lu na-pi-iḫ-te-š*[*u*].

49 ZA 109, S. 178, Z. 1'-2': *ḫar-ra-an še-lal-ti* ud-*me ir-ti-di* [*ina mu-ši-ti*] *a-du la* dingir.*šá-maš na-pá-ḫu i-bi-ru-šu-nu an-qu-lu.*

50 Siehe beispielweise den Gott Assur in SAA 9, 3, II: 21: na_4.meš *aq-qul-lu ina* ugu-*ḫi-šú-nu a-zu-nu-un*, „ich regnete Hagel und *anqullu* auf sie".

Laut dem folgenden nA Brief, in welchem der Schreiber dem König verschiedene Omina zum Thema „bedeckte Sonne" mitteilt, ist *anqullu* mit dem Sandsturm verbunden.

SAA 10, 79

6.	*ina* ugu *ni-ip-ḫi ša* dingir.*šá-maš*	Bezüglich des Sonnenaufgangs,
7.	*ša* lugal *be-lí iš-pur-an-ni*	über den der König, mein Herr, mir schrieb,
8.	*a-ki an-ni-e qa-bi*	sagt man wie folgt:
9.	diš ud-*mu* múš.meš-*šú* *zi-mu-šú*	Wenn das Aussehen des Tags
10.	*ki-ma qut-ri ina* igi mu *qu-ut-ri* *šá-at-ti*	wie Rauch ist, wird Adad am Anfang des Jahres (im Frühling) eine Flutkatastrophe
11.	dingir.iškur ra-*iṣ*	verursachen.
12.	diš ud-*mu a-dir-ma* im.si.sá	Wenn der Tag dunkel ist und den Nordwind
13.	*ra-kib ú-kul-ti* dingir.u.gur	reitet: Fressen des Nergal,
14.	*bu-ul* tur-*ir*	das Vieh wird sich verringern.
15.	ud-*mu* dingir.*šá-maš*	‚Der Tag' ist ‚die Sonne'.
16.	dingir.*šá-maš ina* ˹*ra-bé-šú*˺	Wir werden die Sonne bei ihrem Untergang
17.	*ina ši-a-ri* [...]	morgen ...
18.	*ina ra-bé-*[*e*]	am Sonnenuntergang
19.	*la né-em-ma-ra*	gar nicht sehen:
20.	*ina* šà *an-qu-ul-le-e*	Sie wird inmitten einiger *anqullū*
1'.	*i-rab-bi*	untergehen.
2'.	*a-šá-an-šá-te-e*	Sandstürme
3'.	*iṣ-ṣu-da*	wirbelten,
4'.	*su-u'-mu-u la-biš*	(deshalb) ist sie[51] rot gekleidet.

In den restlichen Zeilen des Berichtes wird dann ein weiteres Omen der Sonne im Bereich des Anu angeführt. Alle drei zitierten Vorzeichen behandeln das Abschwächen des Sonnenlichtes, weshalb sich vermuten lässt, dass sie den atmosphärischen Bedingungen jener Tage entsprachen. Als Grund für den getrübten Sonnenschein wird das Auftreten wirbelnder Sandstürme (Z. 2'-3') angegeben und es wird sogar von der Farbe der Atmosphäre berichtet. Anhand dieses Dokumentes kann das *anqullu*-Phänomen weder mit einem Wind noch mit dem Sandsturm identifiziert werden. Das liegt daran, dass es erstens die Sonne am Untergang bedeckt (Z. 20-1') und es zweitens nicht mit dem *ašamšūtu*-Wirbelsturm assoziiert wird. *anqullu* dürfte daher eine Folge des Sandsturmes bezeichnen, wenn der rötliche Staub das Licht filtert und sich Staubmassen in der Atmosphäre bilden. Dies kann sich am Horizont ereignen und die Sonne verdunkeln. Die Sonnentafel 28 der EAE-Serie enthält verschiedene Sektionen über Wolkenformen, Trübungen und Lichtfarben der Sonne, darunter sogar drei Sektionen des *anqullu* (Z. 47-72). Einige EAE-Omina der Sonne bestätigen die Deutung von *anqullu*: „wenn die Sonne in einem *anqullu* im Monat ... steht" und „wenn ein *anqullu* des Himmels das Land überdeckt".[52] Zudem kann das in den Omina beschriebene Phänomen die

51 Das Stativ *labiš* bezieht sich wahrscheinlich auf die Sonne.

52 PIHANS 73, T. 28, N. 47-58: diš *ina* iti... *ina* izi.an.ne gub; PIHANS 73, T. 28, N. 70: diš a*q-qú-ul* an-*e is-ḫúp*.

Erdoberfläche betreffen oder „vor dem Himmel liegen".[53] Andere Protasen desselben Abschnittes fügen weitere Informationen hinzu.

PIHANS 73, T. 28
N. 64: diš man *ina* izi.an.ne *qá-du-tim* gub
Wenn die Sonne in einem *anqullu* des Schlammes steht, …

N. 66: diš *aq-qú-ul* giš.gi kur *is-ḫúp*
Wenn ein *anqullu* des Röhrichts das Land überdeckt, …

N. 67: diš *aq-qú-ul* a.za.lu.lu kur *is-ḫúp*
Wenn ein *anqullu* der wilden Tiere das Land überdeckt, …

N. 68: diš *aq-qú-ul* u8.udu.ḫi.a kur *is-ḫúp*
Wenn ein *anqullu* der Schafe das Land überdeckt, …

N. 69: diš *aq-qú-ul* im.gú kur *is-ḫúp*
Wenn ein *anqullu* des Schlammes das Land überdeckt, …

Der Versuch einer Interpretation „ein *anqullu* (wie) Schlamm …"[54] erweist sich als nicht vollkommen überzeugend, da das Logogramm gim, für *kīma*, in den anderen Exzerpten der Sonnentafel nie ausgelassen wird und da *aqqull S*tatus Constructus ist. Die Tiere, das Röhricht und der Schlamm müssen sich auf die Position oder auf die Zusammensetzung des *anqullu* beziehen. Handelt es sich in diesem Fall um ein Gewirbel, das Schlamm bzw. Schilfrohre in die Luft erhebt? Konnte das Phänomen des Staubschwebens auch von der Bewegung von Tierherden verursacht werden?

Die lexikalischen Quellen fassen alle berücksichtigten Aspekte zusammen. Der Terminus *anqullu* wird in der *malku*-Liste unter mehreren Windbegriffen mit dem Wort *šāru*, *šāru lemnu*, „böser Wind", und mit *šāru kabbu*, „glühender Wind" geglichen.[55] In der assyrischen Synonymenliste werden als Entsprechungen *išātu* und *išātu šamê*, „Feuer des Himmels" angegeben,[56] während der divinatorische Kommentar K 4387 das Wort *anqullu* nach der Gleichung *akāmu* = *ḫillu*, zwei bereits diskutierte Begriffe für Staubwolken, enthält: Hier soll *anqullu* mit *ḫillu dulḫānu* gleichwertig sein,[57] das als „trübende (Wolken)decke" übersetzt werden kann. *anqullu* ist also mit Hitze, warmen Farben, Winden und Staubwinden assoziiert. Aus den schriftlichen Kontexten ergibt sich überdies, dass es die Sonne trüben kann, dass es eine Wirkung sowohl auf Himmel als auch Erde ausübt und dass es im Anschluss an Sandstürme erscheint. Eine einfache Übersetzung „Himmelsglut" scheint uns folglich unvollkommen. „Feuer-rote Staubwolke" wäre eine mögliche Alternative.

---

53 PIHANS 73, T. 28, N. 71: *aq-qú-ul* ki-*tim*; N. 72: *aq-qú-ul* igi an-*e ṣa-lil*.

54 Siehe Van Soldt 1995: 101-102.

55 AOAT 50, S. 373, T. III, N. 189A, 190A, 191A.

56 LTBA 2, T. 2, IV, Z. 29-30.

57 Unedierte Tafel K 4387, II, Z. 11-12: *a-ká-mu* = *ḫi-il-lu* // *aq-qù-lum* = min *dul-ḫa-nu* (https://ccp.yale.edu/P395521).

Unklar sind auch einige andere selten belegte Wörter. Der *sagkullu*-Blitz der EAE-Wettertafeln[58] geht auf Sumerisch sag.kul, „Riegel"[59] zurück und bezeichnet offenbar einen besonderen Blitz. im.šub.ba, zweimal belegt, bezeichnet einen Wind in S. 185 in BPO 2, EAE 50, III, N. 18 und 20. Auf Basis des Sumerischen ist „fallender Wind" eine annehmbare Übersetzung, die aber keinen Aufschluss über ein deutliches Naturphänomen liefert.

Die Belege für *ašqulālu* weisen auf eine Art Pflanze (logographisch ú.lal) und eine Art Waffe hin, aber auch auf ein unklares Phänomen der Atmosphäre. Die Übersetzung „Wirbelwind (?)" für *ašqulālu(m)*[60] bezieht nicht die Ableitung vom Verb *šuqallulu(m)*, „hängen", mit ein, ein Verb, das manchmal in Bezug auf Wolken belegt ist.[61] *akukūtu(m)* wird als „red glow in the sky" übersetzt,[62] wenn das Wort in Vorzeichentexten vorkommt. Weder die Etymologie noch der Kontext erklären die Natur des Phänomens. Da das Wort immer in Verbindung mit schlechten Vorzeichen vorkommt, wurde eine Gleichung mit einem außergewöhnlichen Ereigniss wie dem Polarlicht vorgeschlagen. Diese Annahme scheint jedoch aufgrund des Breitengrads des mesopotamischen Gebiets unwahrscheinlich.

Die vielfältigen technischen Begriffe der Divinationskunde des I. Jahrtausends sind in vielen Fällen noch interpretationsbedürftig. Der Terminus *qû*, logographisch gu, der gewöhnlich „Faser" oder „Gewebe" bedeutet,[63] wird beispielsweise in einem ähnlichen Kontext wie *anqullu* für Trübungen der Sonne in der EAE-Tafel 28 verwendet[64] und könnte auf die Form sowie auf die Konsistenz einer Wolke hindeuten. *pitnu*, wörtlich „Kasten", scheint sich auf eine weitere Trübungsform zu beziehen, in der die Sonne auf und untergeht.[65] Die Natur dieses Ereignisses, das in EAE-Tafeln sowie in den *Astronomischen Tagebüchern* erscheint, lässt sich lediglich auf Basis der Grundbedeutung vermuten. In einem einzigen Fall ist das Lemma in einem fragmentarischen Kommentar der Wolken belegt, der auf der Rückseite einer EAE-Tafel von Adad enthalten ist: diš an.ma *pi-it-nu ša* an-*e* […], „‚wenn das *nalbaš šamê*' (ist) der ‚Kasten des Himmels' […]".[66] Diese Stelle zeigt eine Verbindung zwischen dem „Gewand des Himmels", *nalbaš šamê*, einer Metapher für Wolken, und dem „Kasten des Himmels".

In den aB Mari-Dokumenten finden sich zwei Belege für *rusû*.[67] Laut AHw bedeutet das Wort „Bodenaufweichung".[68] Beide Briefe beziehen sich auf Reisen durch die Hohe Dschazira bei widrigen Wetterbedingungen: In einem Fall wird *rusû* von Regen und im anderen von Kälte begleitet. Da die Routen mit Wägen und Zugtieren unternommen wurden, ist es wahrscheinlich, dass der Terminus den schlammigen Zustand des Bodens beschreibt.

58 Siehe zum Beispiel CM 43, T. 44, N. O2 und W2.
59 Borger 2010: 293.
60 AHw, S. 82.
61 CAD 17, „Š-III", S. 331 (d).
62 CAD 1, „A-I", S. 285.
63 CAD 13, „Q", S. 285 ff.
64 PIHANS 73, S. 102-103, T. 28, N. 73-77; *qû* in verschiedenen Farben.
65 Für weitere Verweise siehe CAD 12, „P", S. 439.
66 diš an.ma *pi-it-nu šá ina* an-*e* ⌜x⌝ […], siehe Fotos der Tafel K 11089 in CDLI https://cdli.ucla.edu/search/search_ results.php?SearchMode=Text&ObjectID=P399094; Vorderseite in CM 43, S. 120-21, T. 46.
67 ARM 2, 78, Z. 11 und FM 7, 49, Z. 11.
68 AHw, S. 995.

Nach einer anderen Deutung sei er hingegen die atmosphärische Feuchtigkeit.[69] In späten Texten sind weitere Begriffe wie *kaṣāṣu* und *šuluḫḫatu* belegt. *kaṣāṣu* tritt in der auf S. 253 kommentierten Passage von *Enūma eliš* auf, in der Marduk die atmosphärischen Phänomene erschafft. Hierzu ist eine Übersetzung leider schwierig. Für *šuluḫḫatu* ist dieselbe Ableitung wie für *šuluḫḫu*, nämlich Sumerisch „Handwaschung", offensichtlich. Das Wort bedeutet demnach „Regenschauer".

69 Durand 2002: 167, Fußnote c.

3. Glossar des Wetterlexikons

3.1. Logogramme

	Akkadisches Lemma	In dieser Arbeit zitierte Belege
a, a.meš	*mû*	CTN 5, ND 2462
		KASKAL 11, S. 125, Z. 9
		OP 20, T. 61, N. 65
		RINAP 3, San. 223
		SAA 15, 189
		SAA 19, 166
		SAA 5, 21
		SAA 5, 26
		SAA 5, 298
a.an, im.a.an (šèg), an	*zunnu, šâmu*	SAA 15, 6
		SAA 5, 21
		SAA 15, 100
		RINAP 3, San. 22
		ADART 1, -567, Z. 8'
		AfO Bh. 22, EAE 22-II, VI, N. 2
		CM 43, S. 47-48, T. 45
		NISABA 2, I.4, N. 32
		iqqur īpuš 89, Z. 6
		CM 43, T. 48, S. 177, Z. 13'
		CM 43, T. 47, S. 146, Z. 19'
		BPO 2, EAE 50, T. II, Z. 1
		SAA 8, 385
		AOAT 326, T. 1, N. 113
		AfO Bh. 22, EAE 19-II, N. 8
		AfO Bh. 22, EAE 21-VI, Z. 4
		HANE-M 15, T. 7, Z. 30
		KASKAL 14, S. 105, Z. 4
		PBS 2/2, 123
		iqqur īpuš 90, Z. 14
		ADART 2, -209C, Z. 8
		ADART 2, -234A, Z. 37'
		ADART 2, -249, Z. 14'
		ADART 2, -233, Z. 37'
		ADART 3, -136, Z. 11
		ADART 3, -107C, Z. 15'
		ADART 3, -107D, Z. 21'
		ADART 3, -85C, Z. 14

		ADART 3, -77B, Z. 17’
		SAA 2, 2, IV, 13
		SAA 8, 41, Z. 2
a.gud, a.gi$_6$.a, a.ga,	*agû*	
		BWL, S. 265, Z. 8
a.kal (illu)	*mīlu*	SAA 8, 65
		iqqur īpuš 89, Z. 6
		OP 20, T. 61, N. 18
		iqqur īpuš Kislimu III, Z. 23’
		SAA 8, 385
		OP 20, T. 61, N. 158
		BPO 3, K 3601, N. 27’-28’
		SAA 8, 461
		SAA 8, 250
		AfO Bh. 22, EAE 19-II, N. 8
		AfO Bh. 22, EAE 21-VI, Z. 4 (KASKAL 14, S. 105)
		KASKAL 14, S. 105, Z. 4
		iqqur īpuš 103, Z. 2
		AOAT 1, S. 136, Z. 43
		ZA 66, S. 239
		ADART 1, -369, Z. 5
		ADART 1, -346, Z. 33’
		ADART 3, -107C, Z. 15’
		ADART 3, -85C, Z. 14
		ADART 3, -77B, Z. 17’
		MDOG 115, S. 94, Z. 253
		RINAP 3, Sen. 22, VI, Z. 3
		AfO 19, S. 61, Z. 7
		OP 20, T. 61, Z. 25
a.ma.ru	*abūbu*	AnOr 52, S. 100, Z. 207
		SAA 8, 336, Z. 5
a.maḫ	*butuqtu, mīlu*	OP 20, T. 61, N. 126
		SAA 8, 250
a.zi.ga	*mīlu*	
ama.meš	*ummu*	
(im).dal.ḫa.mun	*ašamšūtu*	ARM 28, 21
(dingir).tir.an.na	*manziat, manzât*	CM 43, S. 106, T. 46, Z. 53’
		iqqur īpuš 90
		CM 43, T. 47, S. 141, Z. 5’

		CM 43, T. 47, S. 146, Z. 19’ PBS 2/2, 123 CM 43, T. 47, S. 146, N. 19’ *iqqur īpuš* 90, Z. 14 ADART 1, -324A, Z. 5 ADART 2, -182A, Z. 13’
(an) dul	unklare Regenepisode	ADART 3, -163A, Z. 16 ZA 66, S. 239
		ADART 2, -230D, Z. 4’ ADART 2, -182A, Z. 15’ ADART 2, -182B, Z. 9
é.meš	*ummu*	
en.te.na	*kuṣṣu, kūṣu*	SAA 8, 64 BPO 2, EAE 50, III, N. 11d PBS 2/2, 123 (im.te.na)
gìr.bal	*riḫṣu*	OP 20, T. 55, Z. 28’
giš	*rigmu*	
gù	*rigmu*	*iqqur īpuš* 88, Z. 4 SAA 8, 444 AfO Bh. 22, EAE 22-II, VI, N. 2 CM 43, S. 106, T. 46, Z. 53’ *iqqur īpuš* 90 *iqqur īpuš* 89, Z. 6 AfO Bh. 22, EAE 16 STT 329, N. 6 SAA 8, 365 AfO Bh. 22, EAE 21-IV, N. 4 RA 34, S. 6, Z. 19 *iqqur īpuš* 85, Z. 17 PBS 2/2, 123 *iqqur īpuš* 90, Z. 14 ADART 2, -246, Z. 2 ADART 2, -193A, Z. 7 ADART 1, -324A, Z. 5 ADART 2, -209D, Z. 4 ADART 2, -182A, Z. 15’ ADART 2, -182B, Z. 9
gù.dé.dé	*šasû*	PBS 2/2, 123
ḫi.ḫi	*barāqu*	*iqqur īpuš* 85, Z. 17

im	*šāru*	BPO 2, EAE 50, III, N. 5-7, 15-16, 18, 20
		CUSAS 18, 33, N. 44
		TMH 13, 7, Z. 17’
		RA 68, S. 165, Z. 24
		StSem 34, I, Z. 115
		StSem 34, I, Z. 187
im.dal.ḫa.mun	*ašamšūtu, ašamšātu*	ARM 28, 21
im.diri (dungu)	*erpetu, urpu*	SAA 10, 139
		SAA 15, 5
		PIHANS 73, T. 26, I, N. 34
		PIHANS 73, T. 26, I, N. 31
		SAA 8, 65
		ResOr 12, S. 153, Z. 10-11
		PBS 2/2, 123
		ADART 1, -308, Z. 12
		ZA 66, S. 239
		ADART 2, -193A, Z. 7
		ADART 2, -209C, Z. 4, 8
		ADART 2, -209D, Z. 9
		ADART 2, -191B, Z. 7’-8’
		ADART 2, -182A, Z. 13’
		ADART 2, -182B, Z. 5
		BiOr 28, S. 11, Z. 13’
		SAA 8, 41, Z. 2
im.dugud (muru$_9$)	*imbaru*	SAA 8, 98
		SAA 8, 178
		SAA 8, 353
		SAA 8, 34
		SAA 8, 79
		SAA 8, 113
		SAA 8, 385
		RINAP 3, San. 22, V, Z. 58
		RINAP 3, San. 22, IV, Z. 80
		Lambert 2013, V, Z. 49-52
im.gú	*qadūtu*	AfO Bh. 22, EAE 22-II, I, N. 4
im.ḫul	*imḫullu*	WVDOG 139, 1, V, Z. 47
im.imin.bi	*šārū sebetti*	
im.kur.(ra), im.3	*šadû*	

im.limmu.(ba), im.límmu.(ba), im.4.ba	*šārū erbetti*	PIHANS 73, T. 25, III, Z. 58
im.mar.tu, im.4	*amurru*	
im.ses(*-tum*)	*marratu*	
im.si.sá, im.2	*ištānu*	PIHANS 73, T. 26, I, N. 34
im.sùḫ	*imsuḫḫu*	
im.u$_{18}$.lu, im.u$_{19}$.lu, im.1	*šūtu*	ADART 1, -384, Z. 7' ADART 3, -83C1, Z. 2 RINAP, Es. 1, II, Z. 3
im/im (agar$_5$)	*rādu*	
izi, izi.šub.ba	*išātu, miqitti išāti, izišubbû*	OP 20, T. 55, Z. 28' CM 43, T. 47, S. 132, Z. 22 *iqqur īpuš* 65, Z. 1
izi.an.ne(bil/bir$_9$)	*anqullu*	PIHANS 73, T. 28, N. 64
kan$_5$ (KAxMI)	*adāru*	
kúm	*emmu, ummu*	
mu	*šattu*	ARM 28, 51
na$_4$	*abnu*	ARM 14, 7 CM 43, T. 48, Z. 63' SAA 8, 423 CNIP 25, 62, N. 46 PIHANS 73, T. 29, III, N. 80 ADART 3, -83C1, Z. 2 ADART 2, -230D, Z. 4' SAA 9, 3, II, Z. 21 MDOG 115, S. 82, Z. 147
níg.dé.a	*biblu*	
nim.gír, gír	*berqu, birqu*	CM 43, T. 47, S. 132, Z. 22 *iqqur īpuš* 90 OP 17, T. 20, N. 10 *iqqur īpuš* 90, Z. 14 OP 20, T. 61, N. 61 ADART 2, -246, Z. 1-2 ADART 1, -324A, Z. 5 ADART 2, -209D, Z. 4, 9 ADART 2, -182A, Z. 15'

		AGH, S. 118, Z. 10
(an) pisan	*pisannu, pišannu*	ADART 1, -567, Z. 8’
		ADART 1, -384, Z. 7’
		ADART 2, -246, Z. 1-2
		ADART 1, -346, Z. 29
		ADART 3, -83C1, Z. 2
		ADART 2, -209D, Z. 4
ra	*raḫāṣu*	PIHANS 73, T. 29, III, N. 66
		iqqur īpuš 103, Z. 2
		OP 20, T. 61, N. 65
		AfO Bh. 22, EAE 21-IV, N. 4
		SAA 10, 79, Z. 11
		ZA 66, S. 239
		OP 20, T. 61, Z. 25
sag.kul.la	*sankullu*	
šed$_7$	*kaṣû* I, *kuṣṣu, kūṣu*	
šú, šú.šú, šú.šú.ru	*erēpu, akāmu*	ZA 90, S. 204, IX
		iqqur īpuš 90
		KASKAL 11, S. 125, Z. 11’
		iqqur īpuš 90, Z. 14
		ADART 2, -209C, Z. 4
		ADART 2, -209D, Z. 4, 9
		ADART 2, -191A, Z. 31
		ADART 2, -182A, Z. 14’
		ADART 2, -182B, Z. 4
sud	*salāḫu*	
šul$_x$(sila$_4$).luḫ.ḫa	*šuluḫḫatu*	
šur	*zanānu*	*iqqur īpuš* 90
		NISABA 2, I.4, N. 32
		CM 43, T. 48, S. 177, Z. 13’
		CM 43, T. 47, S. 146, Z. 19’
		PIHANS 73, T. 29, III, N. 80
		KASKAL 11, S. 125, Z. 9’
		iqqur īpuš 90, Z. 14
		ADART 3, -83C1, Z. 2
		ADART 1, -346, Z. 30
ud, I	*ūmu*, I	
ud, II	*ūmu*, II	SAA 3, 32, Z. 15’

ud.(a) (ḫ̮ád.a)	*abālu*	
ud.da	*ṣētu*	CM 43, T. 47, S. 132, Z. 22 George 2003, Standard, T. X, Z. 44
(an) utaḫ̮	*tīku*	ADART 2, -249B, Z. 7' ADART 2, -249B, Z. 6 ADART 1, -343, Z. 16' ZA 66, S. 239 ADART 2, -209C (BM 32518), Z. 4 ADART 2, -191A, Z. 31 ADART 2, -182B, Z. 4

3.2. Akkadische Wörter

	Übersetzung	**In dieser Arbeit zitierte Belege**
abālu	austrocknen, ausdörren	OP 20, T. 63, N. 61
abnu	Hagel (wörtlich „Stein")	Maul 1988: 149, Z. 17 (N.20)
abūbu	Flut, Überflutung	BWL, S. 208, Z. 20 AGH, KM 11, S. 72, Z. 1 RINAP 4, Es. 114, III, Z. 3 MDOG 115, S. 86, Z. 183 RA 86, S. 5, Z. 8 RINAP 3, Es. 8, II, Z. 11 Lambert, Millard 1969, T. III, iii, Z. 15 StSem 34, I, Z. 132 ORA 7, S. 322, Z. 76 AnOr 52, S. 66, Z. 73 AnOr 52, S. 81, Z. 142 AnOr 52, S. 100, Z. 207 Lambert, Millard 1969: 104, T. III, viii, Z. 18
abūšim[70]	Flut	
agû	überschwemmende Welle	RINAP 4, Es. 147 SAACT 3, späte Version, T. I, Z. 7 AfO 32, S. 3, Z. 11
akāmu	Staubwolke	K 4387, II, Z. 11 ADART 3, -143B, Z. 9 Rochberg 2010b: 99, Z. 52-53 RINAP 2, 65, Z. 247
amurru	Westwind	
anqullu	Himmelsglut, Feuer-rote Staubwolke	K 4387, II, Z. 12 SAA 9, 3, II, Z. 21 BWL, S. 136, Z. 178 Schwemer 2001, S. 672, Z. 14, 16 AOAT 51, S. 504, Z. 17-19 SAA 10, 79, Z. 20

70 Lexikalische Listen und eine nB Schultafel bestätigen die Gleichung *abūšim=abūbu* (TMH 13, 19, Z. 19').

		PIHANS 73, T. 28, N. 47-58 PIHANS 73, T. 28, N. 64-69 PIHANS 73, T. 28, N. 70-72
ašamšūtu, ašamšātu	Sandsturm	AOAT 51, S. 504, Z. 29-34 MDOG 115, S. 86, Z. 182 SAA 10, 79, Z. 2'
barāqu	blitzen	*iqqur īpuš* 90 OP 17, T. 20, N. 10 OP 20, T. 61, N. 61 AGH, S. 118, Z. 10 RINAP 3, San. 1, Z. 3 WVDOG 59, S. 42, I, Z. 26
berqu, birqu	Blitz, Blitzschlag	LAOS 4, S. 65, I, Z. 10-13
biblu	Hochwasser	CM 43, S. 47-48, T. 45, N. 7' YOS 10, 17, Z. 59
butuqtu, butiqtu	Dammbruch, Überschwemmung	
dīšu	Grassaison, Frühling	ARM 23, 102 ARM 2, 130
ebūru	Erntezeit, Sommer	Or 23, S. 213, Z. 4
edû	Hochwasser	BWL, S. 130, Z. 69
emmu	heiß	AKT 8, 18 EA 7, Z. 53 FM 1, S. 117, (A.1146)
erēpu	bewölkt werden	ZA 90, S. 204, IX PBS 2/2, 123 BWL, S. 263, Z. 11 SAA 3, 15, Z. 7
eri(y)ātu	Kälte, Winter	RINAP 3, San. 22, V, Z. 59
erpetu	Wolken	ZA 90, S. 204, IX George 2003, OB Nippur, Z. 12 Lambert 2013, V, Z. 49-52
erpu	bewölkt	CUSAS 36, 83, Z. 6 Willson 2002: 479-480 SAA 8, 43 CM 43, T. 47, S. 146, Z. 19'
ḫabibu	Grollen, Donner	ZA 90, S. 204, II

ḫalpû	Frost, Eis	*Iraq* 81, S. 242, Z. 12 BWL, S. 136, Z. 181
ḫaraptu	Herbst	ARM 26-1, 14 FM 2, 88
ḫillu	Eine Art Trübung	K 4387, II, Z. 11 AHw I, S. 345
ḫimittu	Hitze	
ḫupû, ḫubû	Art Wolke, Altocumulus? (wörtlich „Scherbe")	SAA 8, 384 PIHANS 73, T. 26, I, N. 6 und III, N. 2-5
ḫurbāšu	Frost, Schüttelfrost	
idiptu	Wind	JNES 33, S. 290, Z. 27
ikkallu	Schrei (von Donner)	SAA 2, 2, IV, 12
imbaru	Nebel	AfO 23, S. 40, Z. 14 George 2003, Standard, T. V, Z. 136 AfO 19, S. 58, Z. 131 RINAP 5, Asb. 2, V, Z. 31 Vogelzang 1988, S. 98, Z. 67 RINAP 4, Es. 57, VII, Z. 6 Or 23, S. 213, Z. 5
imḫullu	zerstörender/böser Wind	BWL, S. 40, II, Z. 51
imsuḫḫu	Chaoswind	
išātu, miqitti išāti, izišubbû	fallendes Feuer (von Blitzschlag verursacht)	SAA 10, 42 NBU 91 Maul 1988: 149, Z. 17 (N.20) SAA 9, 3, II, Z. 17
ištānu, iltanu	Nordwind	ZA 90, S. 204, III
***kaṣû*, I**	kalt sein, kühlen	AbB 5, 160 BATSH 4-1, 6 ARM 26-1, 14
***kaṣû*, II**	kalt	ShAr 3 AKT 8, 18 FM 1, S. 117, (A.1146)
katāmu	decken (von Wolken)	ZA 90, S. 204, IX MDOG 115, S. 94, Z. 253 RINAP 5, Asb. 2, V, Z. 31

		RINAP 3, San. 22, V, Z. 59
kuppû	Schnee	SAA 5, 26 CTN 5, ND 2359 SAA 15, 41 SAA 15, 100 SAA 5, 105 AKT 5, 18 AKT 6B, 329 AKT 7A, 284 AKT 10, 2a SAA 19, 61 CTN 5, ND 2777 SAA 5, 145
kuṣṣu, kūṣu	Kälte, Winter	BWL, S. 241, Z. 38 ARM 28, 160 AbB 10, 96 FM 3, 129 AKT 8, 189 FM 7, 49 ARM 26-1, 18 ShAr 3 ARM 2, 24 ARM 26-1, 29 SAA 10, 180 ARM 28, 104 SAA 8, 64 BPO 3, K.229, N. 53 BWL, S. 136, Z. 181 Or 23, S. 213, Z. 5
mānitu	Windhauch	RINAP, Es. 1, II, Z. 3 BWL, S. 74, Z. 67
manziat, manzât	Regenbogen	
marratu	Regenbogen	
meḫû	Sturm	SAA 5, 249 AbB 10, 4 AbB 3, 34 SAA 10, 29 George 2003, Standard, T. V, Z. 140 OP 20, T. 58, N. 32' (alternativ) OP 20, T. 49, N. 8 PIHANS 73, T. 29, III, N. 80

		ADART 3, -141C, Z. 8 ADART 2, -193B, Z. 9 ADART 3, -123A, Z. 15 ADART 2, -246, Z. 1-2 OBC 14, S. 306, Z. 29 RA 53, S. 132, Z. 5’ TMH 13, 7, Z. 17’ CUSAS 10, S. 84, Z. 8 SAACT 11, 90, VIII, Z. 59 ORA 7, S. 318, 322, Z. 16, 73 BWL, S. 208, Z. 20 AOAT 51, S. 504, Z. 29-34
mīlu	Hochwasser, hoher Wasserstand des Flusses	FM 16, 31 LAPO 16, 230 ARM 27, 101 FM 16, 11 AbB 6, 4 AbB 10, 32 ARM 4, 70 LAPO 17, 733 ARM 26-1, 3 AfO Bh. 22, EAE 22-II, VI, N. 2 CUSAS 18, 12, N. 55 CUSAS 18, 13, X, N. 15 Or 87, S. 15, I, Z. 8 YOS 10, 17, Z. 59
miqtu	Fallen, im Sinne von „Regen“	AbB 2, 70
mīṭu	niedriger Wasserstand	
mû	Wasser, im Sinne von Regen, Wasserlauf, Hochwasser und Niedrigwasser	AbB 14, 168 AbB 12, 120 AbB 14, 55 AbB 3, 29 AbB 2, 158 AfO 19, S. 61, Z. 10
mušēlû	eine Art Wolke	
na’āpu	trocken werden	
naḫarbušu	frieren, schütteln?	OP 14, S. 13, Z. 6’
nalšu	Tau	AfO 23, S. 40, Z. 14

		Or 23, S. 213, Z. 5 AfO 19, S. 61, Z. 9
napārdû, neperdû	scheinen, gut sein (von Wetter)	
natāku	tropfen (Regen)	ZA 90, S. 204, IX MDOG 115, S. 90, Z. 223
nīdu	Wolkenbank, Cumulus?	PIHANS 73, T. 29, III, N. 80 ADART 1, -308, Z. 12
nuḫḫullu	unklar[71]	
pisannu, pišannu	(Wasser)kasten; zusammen mit *zunnu/šamû*: ergiebige Regenepisode	SAA 5, 274 ZA 66, S. 239
qadūtu	Schlamm	PIHANS 73, T. 28, N. 64
qarāḫu	frieren	
qarḫu	Eis, Frost	SAA 15, 41 SAA 5, 105
qatāru	Rauch/Nebel hervorbringen	SAA 8, 385
qutru	Rauch, Nebel	
rādu	Regensturm	SAA 8, 155 OP 20, T. 61, N. 61 ADART 2, -246, Z. 1-2 OBC 14, S. 306, Z. 31-32 SAA 10, 113, Z. 8
raḫāṣu	gewaltig überschwemmen	LAPO 16, 230 SAA 8, 498? SAA 10, 42 SAACT 3, S. 27, III, Z. 18-20
ramāmu	brüllen (donnern)	ZA 90, S. 200, Z. 11'
raṣānu	(den Donner) erschallen	
rigmu	Schrei, Gebrüll (im Zusammenhang mit Adad: Donner)	ARM 23, 90 ARM 23, 63 ARM 23, 102

71 CAD N II, S. 318: Mögliche Variant von *imḫullu*.

		ARM 26-1, 167 ARM 14, 7 SAA 3, 32, Z. 15' AfO 19, S. 65, III, Z. 6 MDOG 115, S. 102, Z. 343 MDOG 115, S. 90, Z. 224 MDOG 115, S. 82, Z. 147
riḫṣu	Flutkatastrophe, Überflutung	LAPO 16, 230 CM 43, S. 47-48, T. 45, N. 7' AOAT 326, T. 1, N. 112 SAA 8, 155 SAA 10, 113, Z. 8 CUSAS 18, 33, N. 44 AKA, S. 233, Z. 24; S. 335, II, Z. 106 MDOG 115, S. 82, Z. 147 STT 1, 108, Z. 77
rusû	Feuchter Boden	FM 7, 49
saḫāpu	überdecken, niederwerfen	AfO Bh. 22, EAE 22-II, I, N. 4 MDOG 115, S. 94, Z. 253 RINAP 4, Es. 57, VII, Z. 6 PIHANS 73, T. 28, N. 64-71
sakīku	Schlamm	
salāḫu	befeuchten	
sankullu	eine Art Blitzschlag	
simānu	Saison, Jahreszeit	SAA 15, 156 CM 43, S. 47-48, T. 45, N. 6'-8' AOAT 251, S. 166, Z. 32' RINAP 3, Sen. 22, VI, Z. 3 LAOS 4, S. 65, I, Z. 8
ṣamû	durstig, trocken werden	
ṣarāḫu	warm werden	
ṣētu	Hitze, helles Licht, Sonne	AbB 12, 11 ARM 26-2, 298 SAA 9, 9, Z. 13
ṣulmu	schwarze Wolke	AOAT 50, S. 339, Z. 111
ṣummû	Durst, Trockenheit	SAA 21, 83

		ARM 26-1, 14
ṣurḫu	Hitze, Fieber	
šabīḫu	Staubschwade	ZA 110, S. 40, I, Z. 25
šadû	Ostwind	
šagāmu, šagānu	brüllen (donnern)	MDOG 115, S. 102, Z. 343 MDOG 115, S. 90, Z. 224 MDOG 115, S. 100, Z. 326 RINAP 3, San. 22, V, Z. 75 Machinist 1978, I A, Z. 14 AKA, S. 233, Z. 24; S. 335, II, Z. 106
šāgimu	Grollen	
šalgu, salku	Schnee	ARM 28, 123 RINAP 3, San. 22, V, Z. 6-10 BWL, S. 136, Z. 181 AfO 5, S. 214, Z. 5
šamû	Regen	AbB 6, 4 AbB 14, 59 ARM 2, 140 Durand 1988: 347-348, Fußnote d ARM 13, 133 ARM 14, 107 ARM 26-2, 455 MARI 8, S. 327, A.3394 ARM 27, 2 ARM 10, 141 ARM 13, 111, Z. 12-17 OBTR 16 ARM 26-1, S. 492, A.1191 ARM 26-1, 143 ARM 33, 267 ARM 5, 79 AbB 6, 93 ARM 28, 123 RINAP 3, San. 22, V, Z. 6-10 ARM 23, 102 ZA 90, S. 204, IX AOAT 251, S. 166, Z. 32' BWL, S. 263, Z. 12 RINAP 3, Sen. 22, VI, Z. 3

šaparziqqu	eine Art Wind	George 2003, Standard, T. V, Z. 139
šarbu, sarabu	Regenzeit	SAA 9, 9, Z. 13 George 2003, Standard, T. X, Z. 44
šārū erbetti	Vier Winde	
šāru	Wind	AbB 14, 58 CTN 5, ND 2718 SAA 5, 249 CUSAS 36, 170 FM 1, S. 117, (A.1146) SAA 10, 26 SAA 21, 3 SAA 10, 29 CHANE 87, S. 170, Z. Ic 21 RA 53, S. 132, Z. 5' George 2003, Yale Tablets, IV, Z. 143 CUSAS 10, S. 84, Z. 8 Or 87, S. 26, V, Z. 32 ORA 7, S. 322, Z. 72-73 BWL, S. 114, Z. 50 CUSAS 32, S. 133, Z. 2' SAA 3, 12, Z. 19' RINAP, Es. 1, II, Z. 4 Lambert 2013, V, Z. 49-52 AfO 19, S. 61, Z. 10
šasû	schreien (donnern)	ARM 26-2, 454 CM 43, T. 46, S. 108, Z. 58' SAA 8, 43 ZA 90, S. 200, Z. 11'-12' SAA 8, 32 SAA 8, 99 SAA 8, 354 SAA 8, 468 KASKAL 11, S. 125, Z. 9' SAA 3, 32, Z. 15' AfO 19, S. 65, III, Z. 6 RINAP 3, San. 22, V, Z. 75
šattu	Jahr, Jahreszeit	AbB 10, 195 ARM 28, 160 AUWE 23, 76
šuluḫḫatu	Regenschauer?	

šurīpu, šuruppû	Frost, Eis	ARM 26-2, 496 ShAr 1 FM 2, 76 FM 3, 153 ARM 13, 32 FM 2, 82 OBTR 79 George 2003, Standard, T. V, Z. 140 SAA 8, 64 BWL, S. 136, Z. 181 Or 23, S. 213, Z. 5
šūtu	Südwind	FM 11, 187 NBU 212
takṣītu, takṣâtu	Frost	SAA 15, 156, Z. 17'
tarbu'(t)u, turbu'(t)u	Sandsturm, Sandwolke	AOAT 51, S. 504, Z. 29-34
tīku, tīktu	Regenschauer, Niesel	RINAP 3, San. 223 ARM 13, 133 ARM 26-2, 496 MDOG 115, S. 90, Z. 223 AGH, KAR 25, S. 18, Z. 5 AfO 19, S. 61, Z. 10
ṭēru	Schlamm	
ummu	Hitze, Sommer	BWL, S. 241, Z. 39 BPO 3, K.229, N. 53 Or 23, S. 213, Z. 4-5
umšu	Hitze	
ūmu, I	Tag, im Sinne von Wetter oder Jahreszeit	ARM 26-1, 29 FM 7, 49 ShAr 3, Z. 26 ARM 2, 24, Z. 9-10 BATSH 4-1, 6 NBU 313 AKT 8, 18 LAPO 17, 545 MARI 6, S. 570, A.4259 ARM 26-1, 14 EA 7 ARM 2, 130

***ūmu*, II**	Sturm-Untier	AfO 50, S. 21, Z. 4 RINAP 3, San. 22, V, Z. 74 SAACT 11, II, Z. 126 AfO 32, S. 3, Z. 11 AfO 17, S. 313, Z. 18 RINAP 3, San. 22, V, Z. 75
upû	Wolke	AbB 6, 93 ADFU 10, S. 22, Z. 21 ADFU 10, S. 22, Z. 25
urpatu	Wolke	SAA 8, 65 MDOG 115, S. 94, Z. 253 MDOG 115, S. 82, Z. 147
urpu	Wolke	SAA 10, 147
ziāqu, zâqu	wehen (Wind)	OBC 14, S. 306, Z. 29 RA 53, S. 132, Z. 5' BWL, S. 40, II, Z. 52 StSem 34, I, Z. 115 RINAP, Es. 1, II, Z. 3-4
zanānu	regnen	AbB 6, 93 AbB 14, 59 ADFU 9, S. 17, V, Z. 6 AfO 19, S. 58, Z. 131 ARM 2, 140 ARM 5, 79 ARM 10, 141 ARM 13, 111, Z. 12-17 ARM 13, 133 ARM 14, 107 ARM 23, 102 ARM 26-1, S. 492, A.1191 ARM 26-1, 143 ARM 26-2, 455 ARM 27, 2 ARM 33, 267 BWL, S. 263, Z. 12-13 CM 27, S. 77, Z. 5 CM 43, T. 47, S. 146, N. 19' Durand 1988: 347-348, Fußnote d George 2003, Standard, T. V, Z. 136 George 2003, Standard, T. XI, Z. 43, 47

		JCS 42, S. 4, Z. 11’ Lambert 2013, V, Z. 49-52 MARI 8, S. 327, A.3394 Maul 1988: 149, Z. 17 (N.20) OBTR 16 OP 17, T. 2, Z. 78 OP 20, T. 63, N. 79’ PBS 2/2, 123 RINAP 3, San. 22, V, Z. 6-10 RINAP 5, Asb. 11, IX, Z. 81 RINAP 5, Asb. 3, IV, Z. 19-22 SAA 3, 2, Z. 8’ SAA 5, 26 SAA 5, 274 SAA 8, 65 SAA 8, 498 SAA 9, 3, II, Z. 21 SAA 15, 32 SAA 15, 100 SAA 19, 166 WVDOG 155, S. 146, N. 34
zīqīqu, zāqiqu	Windhauch, Nichtigkeit, Strumwind	ORA 7, S. 318, Z. 17, 73 BWL, S. 114, Z. 50
zīqu	Windhauch	George 2003, Standard, T. V, Z. 139
ziqziqqu	Sturmwind	SAACT 3, S. 23, II, Z. 34 George 2003, Standard, T. V, Z. 139
zunnu, zinnu, zīnu	Regen	CTN 5, ND 2462 ARM 27, 105 RINAP 3, San. 223 SAA 19, 166 AbB 14, 179 FM 2, 62 SAA 15, 32 ARM 28, 117 RINAP 5, Asb. 3, IV, Z. 19-22 SAA 5, 26 SAA 5, 274 SAA 8, 65 CUSAS 18, 12, N. 55 CUSAS 18, 13, X, N. 15 BWL, S. 263, Z. 4 AOAT 50, S. 339, Z. 111

VI. Anhang

1. Logogramme der neuedierten Tafeln

a.an, im.a.an	*zunnu, šamû* II, *zanānu*
a.kal	*mīlu*
a.ma.ru	*abūbu*
a.maḫ	*butuqtu, mīlu*
á	*aḫu*
á.zi	*imittu*
áb	*lītu, littu*
an	*šamû* I
an.bar$_7$	*muṣlālu*
an.mi	*attalû, antalû*
an.pa	*elītu*
an.úr	*išdu*
(giš).aš.te	*kussû*
ba.an.è	*barû*
babbar	*peṣû*
bad	*petû*
bàd	*dūru*
bal	*nabalkutu*
bala	*palû*
bára	*parakku*
bi	*šuātu, šuāti*
búr	*pašāru*
buru$_5$	*erbû*
buru$_{14}$	*ebūru*
dagal	*rapāšu, rapšu*
(im).dal.ḫa.mun	*ašamšūtu*
dara$_4$	*da'mu, da'ummiš*
dib	*ṣabātu*
dim$_4$	*sanāqu*
dingir	*īlu*, Determinativ für Gottesnamen
dingir.tir.an.na	*manzât*
dingir.utu.šú.a	*erbu*
diri	*neqelpû*
du	*alāku*
dù.a.bi	*kalû* I
dumu	*māru*
é	*bītu*
è	*waṣû*
e$_{11}$	*warādu*
egir	*warkatu, warkītu*
en	*adī, bêlu*
erim	*ummānu*
gal	*rabû*
gá	*šakānu*
gál	*bašû*
galga	*milku, malāku*
gán.ba	*maḫīru*
gar	*šakānu*
gi.na	*kânu*
gíd.da	*arku*
gi$_6$	*mūšu, ṣalmu*
gig	*marṣu*
gil	*egēru*
gilim	*kilīlu*
gim	*kīma*
giš.ḫur	*uṣurtu*
giš.tukul	*kakku*
gu	*qû*
gù	*rigmu, šasû*
gú.un	*biltu*
gu$_7$	*akālu, ukultu*
gul	*abātu*
gùn	*barmu*
ḫi.gar	*bārtu*
ḫi.ḫi	*barāqu*
ḫul	*lemnu, lemuttu, lapātu*
i.dingir.utu	*tazzimtu*

ì.gál *bašû*
ì.giš *šamnu*
ibila *aplu*
idim *nagbu*
íd *nāru*
igi *amāru, pānu*
igi.bar N *palāsu*
igi.du$_8$ *amāru*
igi.tab *barû*
im.diri *erpetu*
im.gíd.da *liginnu*
im.kur.(ra) *šadû*
im.limmu.(ba), im.límmu.(ba) *šārū erbetti*
im.mar.(tu) *amurru*
im.mir *ištānu*
im.si.(sá) *ištānu*
im.u$_{18}$.(lu) *šūtu*
inim *awātu*
iti *warḫu*
izi *išātu*
kur *mātu*
kur *kašādu*
kal.ga *dannu*
ki.duru$_5$ *ruṭibtu*
ki.gub *mazzāzu*
ki.lam *maḫīru*
kin.sig *kinsikku*
kud *parāsu*
kù.babbar *kaspu*
kù.gi *ḫurāṣu*
kúr *nakru*
lim 1000
lú *awīlu*
lugal *šarru*
lúgud *kurû*
maš *mišlu*
man *šanû*
mè *tāḫāzu*
mí.ḫul *lemuttu*
mí.kúr *nukurtu*
mu *šattu*
mu$_7$.mu$_7$ Gtn *ramāmu*
mul *kakkabu*
múru *qablītu*
múš *zīmu*
na$_4$ *abnu*
nam.gilim.ma *šaḫluqtu*
nam.kúr *nukurtu*
nam.úš *mūtānu*
níg.gi.na *kittu*
níg.šu *būšu*
nígin *lawû, lamû*
nim.gír *birqu*
ninda *akalu*
nu *ul, lā*
nun *rubû*
nun.me (abgal) *apkallu*
ra *raḫāṣu*
sá.dug$_4$ *satukku*
sa$_5$ *sāmu, malû*
sar *šaṭāru*
si *šarūru*
si.sá *ešēru*
sig$_5$ *damāqu, damqu*
sig$_7$ *arqu, urqu*
sila *sūqu*
su.gu$_7$ *ḫušaḫḫu*
sud *pelû*
sumun *labīru*
šà *libbu*
šà.sù *nebrētu*
še *še'û*
še.er.zi *šarūru*
šid *manûtu*
šú, šú.šú *erēpu, erpu, erbu*
šub *nadû, maqātu, miqittu*
šur *zanānu*
šúr *ezzu, ezziš*

tab *ḫamāṭu*
til *qatû*
tùm *wabālu*
tur *ṣeḫēru, ṣuḫāru*
tùr *tarbaṣu*
tuš *wašābu*
ú *šammu*
ù.tu *tālittu*
ud *ūmu*
ud.da *ṣētu*
ugu *eli*
ul.ul *akālu* Št?
un.meš *nišū*
uru *ālu*
urudu *werû*
úš *mâtu, mītu*
záḫ *ḫalāqu, abātu* II
zálag *nawāru, namāru*
zabar *siparru*
zi *tebû, tību*

2. Glossar der akkadischen Wörter in den neuedierten Tafeln

***abātu* I**	zerstören
***abātu* II**	fliehen
abnu	(Hagel)stein
abūbu	Flut
adāru, 'adāru, ḫadāru	dunkel werden
adī	bis, solange
aḫāru	spät sein
aḫu	Seite, Arm
akāl	essen
akalu	Brot
akukūtu	unklares atmosphärisches Phänomen
alāku	gehen, losgehen
ālu	Stadt
amāru	sehen
amurru	Westwind
apkallu	Weiser
aplu	Erbe
arāmu	bedecken
arku	lang
arqu, urqu	gelb/grün
ašamšūtu	Sandsturm
attalû, antalû	Finsternis
awātu	Wort, Rede
awīlu	Mann, Mensch
ayyābu	Feind
barāqu	blitzen

barartu	Abendwache
barāṣu	glänzen
barmu	mehrfarbig
bārtu	Aufstand, Revolte
barû	prüfen
bašû	sein, existieren
bêlu	herrschen
biblu	Hochwasser
biltu	Ernte
birqu	Blitz
bītu	Haus, Tempel
būlu	Vieh
būšu	Güter
butuqtu	Dammbruch
da'mu, da'ummiš	dunkelbraun, dunkler Farbton
da'ummatu	Dunkelheit
damāqu	gut sein
damqu	gut
danānu	stark sein/werden
dannu	strak
dipāru	Fackel
dūru	Stadtmauer
ebūru	Ernte, Erntezeit
egēru	hinübergehen
ekēlu	dunkel werden/sein
eli	auf, über

elītu	Gipfel, Zenit
erbu	Sonnenuntergang
erbû	Heuschrecke
erēpu	sich bewölken
erpu	bewölkt
erpetu, urpatu	Wolke
ešēru	gut/richtig sein
ezzu	rabiat
ḫadādu	brüllen
ḫalāqu	verloren werden, zerstört werden
ḫamāṭu	brennen
ḫarāpu	früh sein
ḫepû	brechen
ḫupû	(Wolken)scherben
ḫurāṣu	Gold
ḫušaḫḫu	Hungersnot
īlu	Gott
imittu	rechte Seite
inanna	jetzt
ippīru	Konflikt
išātu	Feuer, Blitzschlag
išdu	Grundlage, Horizont
ištānu	Nordwind
ištū	aus, von
izuzzu	stehen, Š siegen
kakkabu	Stern
***kalû* I**	alles, Gesamtheit
***kalû* II**	zurückhalten, enden
kânu	fest
kaspu	Silber
kaṣāru	knüpfen
kaṣû	kalt sein/werden
kašādu	ankommen, erreichen, erobern
kašdu	erfolgreich
kašû	Profit erzielen/steigern
kayyānu	regelmäßig, normal
kilīlu	Krone
kīma	wie, als, wenn, dass
kinsikku	Nachmittag/Abend
kittu	Stabilität
kullu	halten, berücksichtigen
kurû	kurz
kussû	Thron
labīru	Original
lapātu	berühren, Š zerstören
lawû, lamû	umgeben, in Kreis gehen
lemnu	bösartig
lemuttu	Schlechtigkeit
libbu	Inneres, innerhalb
liginnu	eine Art Tontafel
līliātu	Abend
lītu, littu	Kuh
mādu	viel, zahlreich

maḫāru	gegenüberstellen, begegnen
maḫīru	Marktwert, Geschäft
malāku	beraten
malû	voll
mānaḫtu	Leiden
manûtu	Zählung
manzât	Regenbogen
maqātu	fallen, stürzen
marṣu	Kranke, krank
mašlu, ūm mašil	Mittag
mātu	Land
mâtu	sterben
mazzāzu	Position, Posten
meḫû	Sturm
meširtu, miširtu	Überfluss der Meers- und Flussprodukte
milku	Rat, Beschluss
mīlu	Hochwasser
minûtu	Zählung, berechnete Zeit
miqittu	Niedergang, Fallen
mišlu	Mitte
mītu	Tote
mūnu	Raupen, Larve
muṣlālu	Mittag, Siesta-Zeit
mušēlû	eine Wolkenbildung
mūšu	Nacht
mūtānu	Epidemie
nabalkutu	überqueren, rebellieren
nadû	fallen lassen, niederlegen
nagbu	Grundwasser, Quelle
naḫāšu	üppig sein/werden
nakāmu	ansammeln
nakru	Feind
napāḫu	wehen, anzünden
nāru	Fluss
naspantu, našpantu	Verheerung
nâšu	schütteln, beben
našû	heben, tragen
nawāru, namāru	hell/leuchtend sein/werden
nebrētu	Hunger
neqelpû	schweben
nêru, nâru	totschlagen
nipḫu	Schein, Sonnenaufgang
nišū	Bevölkerung
nukurtu	Feindschaft
nušurrû	Verminderung
palāsu	N ansehen
palû	Dynastie, Regierung
pānu	Vorderseite
parakku	Heiligtum
parāsu	abschneiden, aufteilen

pašāru	befreien, besänftigen
pelû	rötlich
peṣû	weiß
petû	offen
pūtu	Stirn, Vorderseite, vor
qablītu	mittlere Nachtwache
qâlu	aufmerksam/still sein
qatû	zum Ende kommen
qīštu	Darbringung
qû	Hanf, Faden
qutru	Rauch, Dampf
***rabû* I**	groß
***rabû* II**	heruntergehen
rādu	Regensturm
raḫāṣu	überschwemmen, mittels Wasser zerstören
rakābu	reiten
rakāsu	binden
ramāmu	brüllen
rapāšu	weit sein/werden
rapšu	weit, breit
rību	Erdbeben
rigmu	Schrei
rubû	Fürst
ruṭibtu	feuchtes Land
sadāru	regelmäßig

	stattfinden
saḫāru	sich wenden, herumgehen
samānu	ein Schädling
sāmu	rot, rot-braun
sanāqu	prüfen
satukku	regelmäßiges Opfer
simānu	(richtige) Jahreszeit
siparru	Bronze
sūqu	Straße
ṣalmu	schwarz
ṣarāru	aufblitzen
ṣeḫēru	wenig sein/werden
ṣētu	Sonnenschein, Sonnenhitze
ṣuhāru	Kind
šadû	Ostwind
šagāmu	brüllen
šaḫluqtu	Vernichtung
šakānu	setzten, anlegen, N stattfinden
šammu	Pflanze
šamnu	Öl
***šamû* I**	Himmel
***šamû* II**	Regen
***šanû* I**	sich ändern
***šanû* II**	anderer
šapāku	aufschütten
šapālu	niedrig sein

šapliš unten, abwärts

šapû dick/geschwollen sein

šarru König

šārū erbetti vier Winde, vier Himmelsrichtungen

šarūru Glanz

šasû schreien

šāt urri, šaturru dritte Nachtwache

šatû weben

šaṭāru schreiben

šattu Jahr

še'û I Gerste, Korn

šê'u I polstern

šērtu Morgen

šuāti, šuātu dieser

šūtu Südwind

tāhāzu Schlacht

tālittu Nachwuchs

tarbaṣu Viehhof, Halo um Himmelskörper

tārītu Hebamme

tazzimtu Beschwerde

tebû erheben

tību Angriff, Aufstand

tukku Lärm

ṭuhdu Überfluss

ukultu Fressen

ummānu Armee

ūmu Tag, Zeit, Wetter

urru Frühmorgen

uṣurtu Zeichnung, Grundriss

wabālu bringen, wegbringen

warādu hinuntergehen

warḫu Monat

warkatu Hinten, Ende

warkītu Nachkommenscha ft

waṣû herausgehen, weggehen

wašābu sich hinsetzten, sich niederlassen

wašāru sich senken, D freigeben

watāru überschüssig sein/werden

werû Kupfer

zamāru Lied

zanānu regnen

zikaru männlich

zīmu Gesicht, Aussehen

zīqīqu Sturmwind

zunnu Regen

3. Rekapitulation und Rückschlüsse

I.

Der erste Teil umfasst die Wetterphänomene im Alltag und deren Auswirkungen auf menschliche Aktivitäten in Mesopotamien.

Die Alltagstexte haben im Kontext der **Landwirtschaft** eine besondere Aufmerksamkeit auf extreme Wetterereignisse aufgewiesen: Regen und Hochwasser konnten entweder übermäßig oder unzureichend sein, was sich negativ auf landwirtschaftliche Anbaupraktiken und die Viehzucht auswirkte. Wie aus verschiedenen Belegen ersichtlich, wurden der nahende Winter und die niedrigen Temperaturen in Briefen häufig thematisiert, da diese Bedingungen potenziell schädlich für Zuchttiere waren. In anderen Fällen wurde auf günstigere Monate gewartet, um spezielle landwirtschaftliche Tätigkeiten zu vollziehen. Einige Beschreibungen von Schäden, die durch starke Winde und Schneefälle verursacht wurden, wurden hierbei zitiert.

Die **Bewässerung** war stark von der Menge der Niederschläge sowie dem daraus resultierenden Hochwasser abhängig. In zahlreichen Briefen wurde darauf hingewiesen, dass ein übermäßiger Wasserzufluss in den Kanälen zu Dammbrüchen führte, die umgehend behoben werden mussten, um eine Überschwemmung der umliegenden Felder zu verhindern. Berichte von **Reisen** und **Expeditionen** zu Lande und zu Wasser geben Auskünfte über die Herausforderungen, denen Reisende bei Regenwetter begegneten. Die Karawanen waren der Kälte und der Feuchtigkeit ausgesetzt, während die Navigation bei Schnellströmungen Risiken für Ladung und Reisenden mit sich brachte. Es wurden Briefe aus den Bergprovinzen des Zagros und Anatoliens zitiert. Hier verschwanden Bergpfade im Winter unter einer Schneedecke. Im trockenen und heißen Sommer war die Wasserversorgung in der Steppe sehr schwierig. Dies stellte eine zusätzliche Gefahr für Menschen und Tiere dar, insbesondere wenn Hofdamen auf Reisen gingen.

Ähnliche meteorologische Bedingungen wurden auch von Militärtruppen während der **Feldzüge** erlebt. Regen und Kälte beeinträchtigten die Soldaten, die in den Lagern auf ihren Rückzug in die Heimat warteten. Allerdings konnten Dürreperioden oder Frostperioden sogar von strategischem Vorteil für Armeen sein, die feindliche Städte belagerten.

Die **geographische Herkunft** der Texte spielt zudem eine wichtige Rolle. Die Region der Niedrigen Dschazira, das Kerngebiet von Mari, scheint von widrigem Wetter – Episoden von bitterer Kälte bzw. Dürre – besonders betroffen zu sein.

Einige interessante **Redewendungen** wurden zum Thema Wetter vorgestellt. Idiomatische Ausdrücke wurden von natürlichen Phänomenen inspiriert und lassen sich sowohl in Alltagstexten als auch in der Literatur nachweisen.

Die lokalen Verwaltungen überwachten das Wetter täglich und entwickelten rudimentäre **Messverfahren** und Messgeräte für Wetterphänomene, die für Bewässerung und Landwirtschaft relevant waren. Insbesondere wurde auf Regen und Hochwasser geachtet, um Naturkatastrophen vorzubeugen. Viele Briefe enthalten detaillierte **Berichte über Regen** und **Wasserstand** mit Zeit- und Messangaben. Aus diesen Texten geht ein verbreitetes Verständnis für Wetterphänomene hervor: Die Regenmenge und das Eintreffen des Hochwassers dienten der lokalen Verwaltung zur Schätzung der Ernteerträge und sollten deshalb gemessen und vorhergesehen werden.

Die empirische Beobachtung des Wetters geht Hand in Hand mit seiner **divinatorischen Bedeutung**. Regenfälle zur richtigen Zeit wurden auf verschiedenen Ebenen als Omen interpretiert. Einige Texte aus Mari und Ninive enthalten Erwähnungen zu Wetterphänomenen ohne speziellen Anlass, darunter Donner, die Stimme Adads, und Blitzschläge, nämlich das unheilvollste Vorzeichen, dem Reinigungsrituale folgten.

II.

Der zweite Teil bespricht das Wetter in der Divinationskunde.

Wetterphänomene sind in verschiedenen **Omenprotasen** der nicht-meteorologischen Serien zu finden. Unterschiedliche Wetteromina wurden zitiert und ausgewertet. Das häufigste Wetterphänomen in den Protasen ist Wolken, die sowohl in himmlischen Omina als auch in anderen Serien eine wichtige Funktion haben. Auch atmosphärische Trübungen und andere Phänomene der Atmosphäre wurden besonders beachtet. Wind und Donner sind ebenfalls relevante meteorologische Ereignisse in den Protasen und werden oft mit anderen Phänomenen kombiniert. Die Position, Richtung und Tageszeit dieser Ereignisse sind mit verschiedenen Folgen der Apodosis verbunden.

Die in dieser Arbeit edierten **EAE-Wettertafeln** erlauben Einblicke in einen wenig erforschten Teil der mesopotamischen Vorzeichenkunde. Sie behandeln **atmosphärische Trübungen** und das Aussehen sowie die Position von **Wolken**. Die Tafeln wurden in mehreren Sektionen rekonstruiert. Vergleiche mit den nA Texten zeigen, dass nur einige spezifische Exzerpte solcher Sektionen für alltägliche Berichte an den assyrischen König bevorzugt wurden.

Die **Apodosen** geben Einblick in das, was im Palast für die Zukunft des Landes als wichtig erachtet wurde. Es gibt deutliche Parallelen zwischen den Belegen der Wetterapodosen und der Alltagstexten. Das Schicksal der mesopotamischen Länder war stark von den klimatischen Bedingungen abhängig und die Wetterapodosen betreffen Ereignisse, die den Alltag und die Wirtschaft maßgeblich beeinflussten, allen voran Regen, Hochwasser und Flutkatastrophen.

Die **ältesten Wetteromina** aus der aB Zeit kombinieren astronomische und meteorologische Phänomene, was sich in den meisten späteren Texten fortsetzt. Der Mond und die Sonne sind eng mit der Witterung verbunden und werden in den Protasen beobachtet. Trotz der lückenhaften Dokumentation gibt es eine gewisse Kontinuität in der Wetter-divination vom II. zum I. Jahrtausend. Einige Wendungen sowie divinatorische Termini wurden von der aB bis zur nB Zeit weitervererbt.

Die **Logik der Vorzeichen** wurde ausgewertet, wobei die Verhältnisse zwischen Protasis und Apodosis identifiziert wurden. Einige Omina lassen sich durch Analogien, Symbolik und Homographie erklären, während andere auf empirischen Erfahrungen beruhen. Hierzu wurden mehrere Beispiele angeführt. Es wurde eine Dichotomie in der Konnotation der aus Wettervorzeichen resultierenden Ereignisse hervorgehoben: „natürliche“ oder regelmäßige Phänomene wurden meistens positiv interpretiert, während „unnatürliche“ und unregelmäßige Ereignisse meistens auf negative Konsequenzen hinwiesen.

Wenige seleukidenzeitliche Tafeln enthalten eine Kombination von Astraltechniken, Astrologie und Numerologie, um das Wetter vorherzusagen. Dies deutet auf ein fortwährendes Interesse an der **Berechnung meteorologischer Ereignisse** auch zur späten

Zeit hin. Einige Ähnlichkeiten zwischen diesen Texten und den *Astronomischen Tagebüchern* zeigen eine Entwicklung von der Standardisierung der Vorzeichentradition zu einer selektiven Datenerfassung der Wetterphänomene.

III.

Die meteorologischen Aufzeichnungen der *Astronomischen Tagebücher der Babylonier* wurden in verschiedenen Aspekten analysiert, darunter Struktur, Terminologie und Methodik. Diese Aufzeichnungen erfolgten nach einer präzisen standardisierten Prozedur, bei der die Wetterphänomene nicht nur beobachtet, sondern auch quantifiziert wurden. Bei einer **Untersuchung der Terminologie** lag der Schwerpunkt insbesondere auf die *termini technici* der Regenarten und der Staubphänomene. Terminologische Merkmale blieben weiterhin in der traditionellen Beschreibung der Wetterereignisse der früheren Perioden verankert. Auch in den *Tagebüchern* findet sich zahlreiche Beobachtungen verschiedener Wolkenbildungen.

In diesem einheitlichen Textkorpus gab es einige **geringfügige Variationen** bei der Auswahl der aufgezeichneten Wetterereignisse. Einige Schreiber fügten die beobachteten Phänomene in vorläufige Entwürfe ein, die sich teilweise von der Standardversion desselben Tagebuchs unterschieden.

Die Umrechnung der babylonischen Zeitangaben in den julianischen Kalender ermöglichte bisweilen eine Verknüpfung von Begriffen mit Wetterphänomenen. Regenepisoden, Stürme und Staubphänomene wurden anhand **jahreszeitlicher und monatlicher Durchschnittswerte** ausgewertet und kommentiert. Trotz einiger Aspekte der Vorzeichentradition wurde der empirische Wert der *Tagebücher* durch Vergleiche zwischen beobachteten Phänomenen und modernen Klimadaten bestätigt.

Es ließen sich Lücken im Datensatz feststellen, die zu einer ungleichen Verteilung der Daten über die Jahrhunderte führen. Durch Auswertung der nicht lückenhaften Monate ergaben sich jedoch **Durchschnittswerte der Regenepisoden**. Obwohl die Stichprobe auf eine begrenzte Anzahl vollständiger *Tagebücher* beschränkt war, entsprechen die Daten realistischen Wetterbedingungen der heutigen mittelirakischen Region. Daraus ergab sich, dass die Anzahl der Regentage einer nicht messbaren Variabilität unterlag. Die Intensität der Regenepisoden in den **Makroperioden** -270 bis -181 und -180 bis -76 wurde ebenfalls analysiert; es war somit möglich, gewisse Schwankungen in der Häufigkeit des Niederschlags zu erfassen.

IV.

In diesem Teil wurde das Wetter als Bildspender und als literarisches Motiv besprochen.
Diese Untersuchung stützt sich auf über 600 literarische Belege aus dem II. und I. Jahrtausend, darunter Epen, Mythen, Fabeln, Sprichwörter, Gebete, Hymnen, Beschwörungen, Königsinschriften und Beschreibungen von Feldzügen. In diesem Zusammenhang wurde versucht, die Funktion des Wetters zu umreißen. **Wind** und **Sturm**, die am häufigsten belegten Phänomene, konnten die Idee von Gewalt und Ungestüm übermitteln; in anderen Kontexten waren sie ein Bild für Nichtigkeit, das in später Zeit auch auf die Konzepte Verlogenheit und Unzuverlässigkeit anspielte.

Regen wird mit Überfluss als Geschenk von Göttern assoziiert; im kriegerischen Kontext ist er hingegen mit der Vielzahl der Waffen verbunden; die Bewegung der Regentropfen – „von oben nach unten" – stellt zudem ein unumkehrbares Ereignis dar.

In der Literatur finden sich zahlreiche Belege für **Flut** als Bild der unaufhaltsamen Zerstörung in epischen sowie kriegerischen Beschreibungen. Dieses Phänomen kommt oft in Bezug auf wütende Gottheiten vor; ebenso kann die Flut eine göttliche Waffe darstellen.

Wolken und **Nebel** wurden mit der Idee von schwebender Bewegung assoziiert; in anderen Fällen lassen sich interessante Metaphern nachweisen, die auf die Konsistenz sowie auf das Aussehen von Wolken und Nebeln anspielen.

Die Äußerung des Sturmgottes Adad, der **Donner**, wurde als Bildspender für Stärke und Gewalt verwendet. Mehrere literarische Belege sowie **Epitheta** des Wetters betreffen unterschiedliche Gottheiten und ihre Macht. Dies ist auf die Ehrfurcht vor vielen meteorologischen Erscheinungen zurückzuführen, die wie Götter als gnadenlos, aber gleichzeitig unverzichtbar angesehen wurden.

Besonders interessant sind schließlich die **meteorologischen Metaphern in Kriegsszenen**. Die nA Texte enthalten vielfältige Bilder, die die Gewalt und Entschlossenheit während militärischer Feldzüge betonten. Die brutale Naturgewalt des Wetters wurde bildlich genutzt, um die Überwältigung des Feindes und die unerbittliche Strafe der assyrischen Könige für ihre Gegner darzustellen.

V.

In diesem abschließenden Teil wurde der Fokus auf die **Terminologie** der Wetterphänomene gerichtet. Es wurde eine Übersicht über die akkadischen Begriffe für unterschiedliche Wettererscheinungen erstellt, wobei Faktoren wie Zeit und Textgattung in Betracht gezogen wurden. In einigen Fällen wurde die Verbindung zwischen dem akkadischen Wort und dem entsprechenden Logogramm genutzt, um spezifische Bedeutungen zu klären. Hierbei wurden mehrere Termini für Flut, Hochwasser, Wolkenbildungen und Winde kommentiert.

Ein besonderer Schwerpunkt lag auf unklaren Wetterbegriffen, bei denen versucht wurde, sie durch philologische Vergleiche mit Naturphänomenen zu korrelieren. Für das atmosphärische Phänomen ***anqullu*** wurde eine Deutung geboten. Anhand literarischer Passagen ließ sich feststellen, dass das Wort in Verbindung mit Hitze verwendet wurde. Ein *anqullu* konnte wahrscheinlich durch sandsturmähnliche Bedingungen entstehen und auch die Sonne verdunkeln. Mögliche Übersetzung wurden auf Grundlage verschiedener Textstellen vorgeschlagen.

Literaturverzeichnis

Adams, R. McC. 1965: *Land Behind Baghdad. A History of Settlement on the Diyala Plains,* Chicago, London.

Ahmed, S. S. 1968: *Southern Mesopotamia in the Time of Ashurbanipal*, The Hague, Paris.

Albayrak, I., Erol, H. 2016: *I. Cilt: Buzutaya ve Lipit-İštar Arşivleri 1950 Yılı Tableterinden (Kt. c/k) Seçilmiş Metinler*, in AKT 9, Ankara

Al-Handal, A., Chu, H. 2014: MODIS Observations of Human-Induced Changes in Mesopotamian Marshes in Iraq, in *Society of Wetland Scientists* 2015, S. 31-40.

Alex, M. 1985: *Klimadaten Ausgewählter Stationen des Vorderen Orients,* in TAVO 14, Wiesbaden.

Al-Rawi, F., George, A.

— 1991: Enūma Anu Enlil XIV and Other Early Astronomical Tablets, in AfO 38-39, S. 52-72.

— 1996: Tablets from the Sippar Library VI. Atra-ḫasīs, in Iraq 58, S. 147-190.

— 2006: Tablets from the Sippar Library XIII: Enūma Anu Enili XX, in Iraq 68, S. 23-57.

Alster, B. 1997: *Proverbs of Ancient Sumer: The World's First Proverb Collections,* Bethesda.

Altaweel, M. *et alii* 2019: New Insights on the Role of Environmental Dynamics Shaping Southern Mesopotamia: From the Pre-Ubaid to the Early Islamic Period, in *Iraq* 81, S. 23-46.

Annus, A. 2001: *The Standard Babylonian Epic of Anzu,* in SAACT 3, Helsinki.

Arnaud, D. 2007: *Corpus des Textes de Bibliothèque de Ras Shamra-Ougarit,* in *Aula Orientalis Supplementa* 23, Barcelona.

Attiya, A. A., Jones, B. G. 2020: Climatology of Iraqi Dust Events During 1985-2015, in Springer Nature Switzerland AG 2020, https://doi.org/10.1007/s42452-020-2669-4.

Baker, H. D.2000: *The Prosopography of the Neo-Assyrian Empire, Volume 2, Part 1: Ḫ-K*, Helsinki.

— 2001: *The Prosopography of the Neo-Assyrian Empire, Volume 2, Part 2: L-N,* Helsinki.

— 2002: *The Prosopography of the Neo-Assyrian Empire, Volume 3, Part 1: P-Ṣ,* Helsinki.

— 2011: *The Prosopography of the Neo-Assyrian Empire, Volume 3, Part 2: Š-Z,* Helsinki.

Bardet, G., Joannès, F., Lafont, B., Soubeyran, D., Villard, P. 1984: *Archives Administratives de Mari,* in ARM 23, Paris.

Bayram, S., Kuzuoğlu, R. 2014: *Aššur-rē'ī Ailesinin Arşivi, I. Cilt: Aššur-rē'ī'nin Kendi Metinleri,* in AKT Vol. 7, Ankara.

Beaumont, P., Blake, G. H., Wagstaff, J. M. 1976: *The Middle East, a Geographical Study,* London.

Benati, G., Guerriero, C. 2021: Climate Change and State Evolution, in *Proceeding of the National Academy Science of the U.S.A.* 118-14.

Biggs, R. D. 1967: *ša.zi.ga Ancient Mesopotamian Potency Incantations,* in TCS 2, New York.

Birot, M. 1974: *Lettres de Yaqqim-Adad,* in ARM 14, Paris

— 1993: *Correspondance des Gouverneurs de Qaṭṭunān,* in ARM 27, Paris

Birot, M., Kupper, J. R., Rouault, O. 1979: *Répertoire Analytique, Noms Propres,* in ARM 16, Paris.

Blaschke, T. 2018: *Euphrat und Tigris im Alten Orient*, in LAOS 6, Wiesbaden.

Borger, R. 1987: *Pazuzu,* in Rochberg-Halton, F., *Language, Literature and History: Philological and Historical Studies Presented to Erica Reiner,* AOS 67, New Haven, S. 15-29.

Bottéro, J., Finet, A. 1954: *Répertoir Analytique de Tomes I à V,* in ARM 15, Paris.

Brack-Bernsen, L., Hunger, H. 2002: TU 11, A Collection of Rules for the Prediction of Lunar Phases and of Month Lengths, in *Sources and Commentaries in Exact Sciences* 3, S. 3-90.

Brown, D. 2000: *Mesopotamian Planetary Astronomy-Astrology,* in CM 18, Groningen.

— 2006: Astral Divination in the Context of Mesopotamian Divination, Medicine, Religion, Magic, Society and Scholarship, in *East Asian Science, Technology and Medicine* 25, S. 69-126.
Brown, D., Fermor, J., Walker, C. 2000: The Water Clock in Mesopotamia, in AfO 46-47, S. 130-148.

Cagni, L. 1980: *Briefe aus dem Iraq Museum*, in AbB 8, Leiden.
Cancik-Kirschbaum, E., C. 1996: *Die Mittelassyrischen Briefe aus Tall Šēḫ ḥamad,* in *Berichte der Ausgrabung Tall Šēḫ ḥamad / Dūr-Katlimmu* Vol. 4, Berlin.
Cavigneaux, A., Al-Rawi, F. 1993: New Sumerian Literary Texts from Tell-Hadad (ancient Meturan): a First Survey, in *Iraq* 55, S. 91-106.
Charlier, P. 1987: Les Glacières a Mari, in *Akkadika* 54, S. 1-10.
Charpin, D., Durand, J.-M. 2002: Recueil d'Études à la Mémoire d'André Parrot, in FM 6, *Mémoires de N.A.B.U.* 7
Charpin, D., Joannès, F., Lackenbacher, S., Lafont, B. 1988: *Archives Épistolaires de Mari I/2,* in ARM 26-2, Paris.
Charpin, D., Ziegler, C. 2003: Mari et Le Proche-Orient à l'Epoque Amorrite, in FM 5, *Mémoires de N.A.B.U.* 6.
Clay, A. T. 1912: *Documents from the Temple Archives of Nippur Dated in the Reigns of Cassite Rulers*, in PBS 2/2, Philadephia.
Cole, S. W. 1996: *Nippur IV. The Early Neo-Babylonian Governor's Archive from Nippur,* in OIP 114, Chicago.

Dalley, S., Walker, C. B. F., Hawkins, J. D. 1976: *The Old Babylonian Tablets from Rimah*, Hertford.
De Graeve, M.-C. 1981: *The Ships of the Ancient Near East (c. 2000-500 B.C.),* in OLA 7, Leuven.
De Zorzi, N. 2014: *La Serie Teratomantica* šumma izbu, Vol. 1 und 2, in HANE-M 15, Padua.
Dossin, G. 1950: *Correspondance de Šamši-Adad et de Ses Fils,* in ARM 1, Paris.
— 1951: *Correspondance de Šamši-Adad et de Ses Fils (Suite),* in ARM 4, Paris.
— 1952: *Correspondance de Iasmaḫ-Adad,* in ARM 5, Paris.
— 1973. La Voix de l'Opposition à Mari, in *La Voix de l'Opposition en Mesopotamie. Colloque Organisé par L'Institut des Hautes Etudes de Belgique 19 et 20 Mars 1973*, S. 179-188.
— 1978: *Correpondance Féminine,* in ARM 10, Paris.
Dossin, G., Bottéro, J., Birot, M., Burke, M., Kupper, J. R., Finet, A. 1964: *Textes Divers,* in ARM 13, Paris.
Durand, J.-M. 1988: *Archives Épistolaires de Mari I/1,* in ARM 26-1, Paris.
— 1990: Problemes d'Eau et d'Irrigation au Royame de Mari, in Geyer, *Techniques et Pratiques Hydro-Agricoles Traditionelles en Domaine Irrigué.*
— 1997: *Les Documents Épistolaires du Palais de Mari I,* in LAPO 16, Paris.
— 1998: *Les Documents Épistolaires du Palais de Mari II,* in LAPO 17, Paris.
— 2000: *Les Documents Épistolaires du Palais de Mari III,* in LAPO 18, Paris.
— 2002: La Maîtrise de l'Eau dans le Régions Centrales du Proche-Orient, Annales, in *Histoire, Sciences Sociales* 57, S. 561-576.
— 2005a: *Le Culte des pierres et les Monuments Commémoratifs en Syrie Amorrite*, in FM 8.
— 2005b: Tempête sour le Taurus?, in *Mémoires de N.A.B.U* 2005, S. 68.
— 2019: *Les Premières Années du Roi Zimrî-lîm de Mari I*, in ARM 33, Leuven, Paris, Bristol.

Ebeling, E. 1919: *Keilschrifttexte aus Assur Religiösen Inhalts I,* in WVDOG 28, Berlin.
— 1923: *Keilschrifttexte aus Assur Religiösen Inhalts II,* in WVDOG 34, Berlin.
— 1930: *Neubabylonische Briefe aus Uruk,* Berlin.
— 1953: *Literarische Keilschrifttexte aus Assur,* Berlin.
Eidem, J. 2011: *The Royal Archives from Tell Leilan,* in PIHANS 117, Leiden.
Eidem, J., Laessøe, J. 2001: *The Shemshara Archives,* Viborg.

Fales, M. F. 2010: *Guerre et Paix en Assyrie*, Paris.
Farber, W. 1989: (W)ardat-lilî, in ZA 79, S. 14-35.
— 1990: *Mannam lušpur ana Enkidu*: Some New Thoughts about an Olda Motif, in JNES 49, S. 299-322.
Fincke, J. C. 2000: *Augenleiden nach Keilschriftlichen Quellen,* in *Würzburger Medizinhistorische Forschungen* 70, Würzburg.
— 2007: Omina, die Göttlichen Gesetze der Divination, in Journal of the Near Eastern Society Ex Oriente Lux 40, Leiden, S. 131-149.
— 2013: Additions to already Edited *Enūma Anu Enlil* Tablets published in BPO 3 as Group F, in KASKAL 10, S. 89-110.
— 2014: Additions to already Edited *Enūma Anu Enlil* Tablets, Part II, in KASKAL 11, S. 103-139.
— 2015: Additions to already Edited *Enūma Anu Enlil* Tablets, Part III, in KASKAL 12, S. 267-279.
— 2016a: Additions to already Edited *Enūma Anu Enlil* Tablets, Part IV, in KASKAL 13, S. 89-119.
— 2016b: The Oldest Mesopotamian Astronomical Treatise: *Enūma Anu Enlil*, in Fincke, J. C., *Divination as Science, A Workshop Conducted during the 60th Rencontre Assyriologique Internationale, Warsaw, 2014,* Winona Lake, S. 107-147.
— 2018: Additions to already Edited *Enūma Anu Enlil* Tablets, Part V, in KASKAL 14, S. 55-74.
— 2020: Additions to already Edited *Enūma Anu Enlil* Tablets, Part VI, in KASKAL 16, S. 95-132.
Fink, S., Parpola, S. 2019: The Hunter and the Asses: A Neo-Assyrian Paean Glorifying Shalmaneser III, in ZA 109, S. 177-188.
Finkel, I. L. 1998: *A Study in Scarlet: Incantations Against Samana,* in Maul, S., *Festschrift für Rylke Borger zu Seinem 65. Geburtstag am 24. Mai 1994,* CM 10, Groningen, S. 71-106.
— 1999: The Lament of Nabû-šuma-ukîn, in *Babylon: Focus Mesopotamischer Geschichte, 2. Internationales Colloquium der Deutschen Orient-Gesellschaft 24.-26. März 1998 in Berlin,* Saarbrücken, S. 323-342.
Foster, B. 1996: Texts, Storms, and the Thera Eruption, in JNES 55, S. 1-14.
— 2005: *Before the Muses. An Anthology of Akkadian Literature,* Bethesda.
Frahm, E. 2018: The Exorcist's Manual: Structure, Language, *Sitz im Leben*, in Van Buylaere, G., Luukko, M., *Sources of Evil,* in AMD 15, Leiden, Boston, S. 9-47.
Frayne, D. R. 2011: Simurrum, in RlA 12, S. 508-511.
Freeman, S. M. 1998: *If City Is Set on a Heigt, The Akkadian Omen Serie šumma ālu in Mēlê Šakin, Tablets 1-21*, in OP 17, Philadelphia.
— 2005: *If City Is Set on a Heigt, The Akkadian Omen Serie šumma ālu in Mēlê Šakin, Tablets 22-40*, in OP 19, Philadelphia.
— 2017: *If City Is Set on a Heigt, The Akkadian Omen Serie šumma ālu in Mēlê Šakin, Tablets 41-63*, in OP 20, Philadelphia.

Galter, H. D. 1981: *Der Gott Ea/Enki in der Akkadischen Überlieferung*, Graz.
Gautschy, R. 2017: Astronomische Kenntnisse im Ägyptischen, Mesopotamischen und Griechischen Raum bis zum 6. Jahrhundert v. Chr., in Krausse, D. und Monz, M., *Neue Forschungen zu Magdalenenberg,* in *Archäologische Informationen aus Baden-Württenber* 77, S. 94-109.
Gehlken, E. 2005: Die Adad-Tafeln der Omenserie *Enūma Anu Enlil,* Teil 1: Einführung, in *Baghdader Mitteilungen* 36, S. 235-73.
— 2008: Die Adad-Tafeln der Omenserie *Enūma Anu Enlil*, Teil 2, EAE 42 und 43, in ZOA 1, S. 256-314.
— 2012: *Weather Omens of Enūma Anu Enlil*, in CM 43, Leiden, Boston.
George, A. 2003: *The Babylonian Epic of Gilgamesh,* Oxford.
— 2009: *Babylonian Literary Texts in the Schøyen Collection*, in CUSAS 10, Bethesda.
— 2013: *Babylonian Divinatory Texts Chiefly in the Schøyen Collection,* in CUSAS 18, Bethesda.

— 2016: *Mesopotamian Incantations and Related Texts in the Schøyen Collection,* in CUSAS 32, Bethesda.
— 2018: *Old Babylonian Texts in the Schøyen Collection, Selected Letters,* in CUSAS 36, Bethesda.
Geyer, B., Monchambert, J. Y.
— 2003: *La Basse Vallée de l'Euphrate Syrien du Néolitique à l'Avènement de l'Islam, Volume I, in* MAM 6, Beyrouth.
Glassner, J. J. 2005: L'Aruspicine Paléo-babylonienne et le Témoignage de Sources de Mari, in ZA 95, S. 276-300.
— 2017: Un recueil d'extispicine d'époque paléo-babylonienne Collationné, in NABU 2017, 73, S. 53-157
— 2021: L'Invention de la Écriture: Le Recurs à la Mythologie, in Arkhipov, I., Kogan, L., Koslova, N., *The Third Millennium,* in CM 50, Leiden, Boston, S. 299-309.
Glock, A. E. 1968: *Warfare in Mari and Early Israel,* Ann Arbor.
Goetze, A. 1955: An Incantation Against Disease, in JCS 9, S. 8-18.
Grasshoff, G. 2007: Babylonian Meteorological Observations and Empirical Basis of Ancient Science, in *Wiener Offene Orientalistik* 6, Wien, Berlin.
Grayson, A. K. 1991: *Assyrian Rulers of the First Millennium BC,* in RIMA, *Assyrian Periods* 2, Toronto.
— 1996: *Assyrian Rulers of the First Millennium BC 2,* in RIMA, *Assyrian Periods* 3, Toronto.
Grayson, A. K., Lambert, W. G. 1964: Akkadian Prophecies, in JCS 18, S. 7-30.
Groneberg, B. R. M. 1997: *Lob der Ištar. Gebet und Ritual an die Altbabylonische Venusgöttin,* in CM 8, Groningen.
Guest, E. 1966: *Flora of Iraq,* Vol. 1, Baghdad.
Guichard, M. 2020: Autographies réalisées à partir des documents originaux à Paris ou lors de missions épigraphiques en Syrie (Equipe de Mari, CNRS, Ministère des Affaires Etrangères), part 1, 2, 3.
Günbatti, C. 2016: *Anadolulu Tüccarlar Šarabunuwa ve Peruwa'nin Arşivleri,* in AKT 10, Ankara.

Hackl, J., Jursa, M., Schmidl, M. 2014: *Spätbabylonische Briefe,* Band 1, in AOAT 414, Münster.
Hallo, W. W., van Dijk, J. J. A. 1968: *The Exaltation of Inanna,* New Haven, London.
Haubold, J., Steele, J., Stevens, K. 2019: Introduction, in Haubold, J., Steele, J., Stevens, K., *Keeping Watch in Babylon. The Astronomical Diaries in Context,* CHANE 100, Leiden, Boston, S. 1-18.
Haul, M. 2000: *Das Etana-Epos,* in *Göttinger Arbeitshefte zur Altorientalischen Literatur* 1, Göttingen.
Haussperger, M. 2002: Die Krankheiten des Verdauungstraktes, in *Welt des Orients* 32, S. 33-73.
Heeßel, N. P. 2012: *Divinatorische Texte* II, *Opferschau-Omina,* in WVDOG 139, Wiesbaden.
Heimpel, W. 1980: Insekten, in RlA 5, S. 105-109.
— 1986: The Sun at Night and the Doors of Heaven in Babylonian Texts, in JCS 38, S. 127-152.
— 2003: *Letters to the King of Mari. A New Translation, with Historical Introduction, Notes and Commentary,* Winona Lake.
Horowitz, W., 2000: Astral Tablets in the Hermitage, Saint Petersburg, in ZA 90, S. 197-206.
Hrouda, B. 1991: *Der Alte Orient,* München.
Huffmon, H. B. 1965: *Amorite Personal Names in the Mari Texts,* Baltimore.
Hunger, H. 1968: *Babylonische und Assyrische Kolophone,* in AOAT 2, Neukirchen-Vluyn.
— 1969: Kryptographische Astrologische Omina, in AOAT 1, Neukirchen-Vluyn, S. 133-146.
— 1976a: Astrologische Wettervorhersagen, in ZA 66, Berlin und New York, S. 239-261.
— 1976b: SpTU 1, in ADFU 9, Berlin.
— 1980: Kalender, in RlA 5, S. 297-303.
— 1996: Mondfinsternis, in RlA 8, S. 358-359.
Hunger, H., Pingree, D. 1999: *Astral Science in Mesopotamia,* in HdOr 44, Leiden, Boston, Köln.
Hunger, H., Steele, J. 2019: *The Babylonian Astronomical Compendium Mul.apin,* New York.
Hütteroth, W. D., Höhefeld, V. 2002: *Türkei. Geographie, Geschichte, Wirtschaft, Politik,* Darmstadt.

Jeyes, U. 1989: *Old Babylonian Extispicy. Omen Texts in the British Museum,* in PIHANS 64, Leiden.
Jiménez, E. 2017a: *La Imagine de los Vientos en la Literatura Babilónica,* Doktorarbeit am Departamento de Estudios Hebreos y Arameos, Madrid.
— 2017b: *The Babylonian Disputation Poems,* in CHANE 87, Leiden, Boston.
— 2022: *Middle and Neo-Babylonian Literary Texts in the Frau Professor Hilprecht Collection, Jena,* in TMH 13, Wiesbaden.
Joannès, F. 1994: L'Eau et la Glace, in FM 3, S. 137-150.
— 1997: Palmyre et les Routes du Désert au Début du deuxième Millénaire av. J.-C., MARI 8, SS. 393-416.

Kämmerer, T. 1998: Šimâ milka. *Induktion und Rezeption der Mittelbabylonischen Dichtung von Ugarit, Emar und Tell el-'Amarna,* in AOAT 251, Münster.
Kegan, P. 2005: *Iraq and the Persiona Gulf,* in *Naval Intelligence Division*, Oxon, New York.
Kerbe, J. 1987: *Climat, Hydrologie et Amenagements Hydro-agricoles de Syrie,* Vol. 1-2, Bordeaux.
Khait, I. 2017: *Typology of Old Babylonian Divination Apodoses,* Doktorarbeit am Altorientalischen Institut Leipzig.
King, L. W. 1896: *Babylonian Magic and Sorcery*, London.
Klengel, H. 1983: Krieg, Kriegsgefangene, in RlA 6, S. 241-246.
Koch, U. S. 2005: *Secrets of Extispicy. The Chapter* Multābiltu *of the Babylonian Extispicy Series and* niṣirti bāruti *Texts mainly from Assurbanipal's Library,* in AOAT 326, Münster.
— 2015: *Mesopotamian Divination Texts: Conversing with the Gods,* in GMTR 7, Münster.
Koch-Westenholz, U. S. 1995: *Mesopotamian Astrology. An Introduction to Babylonian and Assyrian Divination,* in CNIP 19, Copenhagen.
— 1999: The Astrological Commentary *šumma sîn ina tāmartīšu* Tablet 1, in *La Science des Cieux. Sages, Mages, Astrologues,* ResOr 12, Bures-sur-Yvette, S. 149-166.
— 2000: *Babylonian liver omens: The Chapters Manzāzu, Padānu and Pān tākalti of the Babylonian extispicy series, mainly from Aššurbanipal's Library*, in CNIP 25, Copenhagen.
Kogan, L. 2015: *Genealogical Classification of Semitic*, Boston, Berlin.
Kraus, F. R. 1968: *Briefe aus dem Archiv des Šamaš-ḫāzir,* in AbB 4, Leiden.
— 1972: *Briefe aus dem Istanbuler Museum,* in AbB 5, Leiden.
— 1977: *Briefe aus dem British Museum,* in AbB 7, Leiden.
— 1985: *Briefe aus Kleineren Westeuropäischen Sammlungen,* in AbB 10, Leiden.
Krebernik, M. 2003: Altbabylonische Hymnen an die Muttergöttin (HS 1884), in AfO 50, S. 11-20.
Kühne, H. 1991: *Die Rezente Umwelt von Tall Sheh Hamad und Daten zur Umweltsrekonstruktion der Assyrischen Stadt Dur-Katlimmu,* in *Berichte der Ausgrabung Tall Šēḫ ḥamad / Dūr-Katlimmu* Vol. 1, Berlin.
— 2018: Politics and Water Management at the Lower Habur (Syria), in *Water for Assyria, Studia Chaburensia* Vol. 7, Wiesbaden, S. 1-7.
Kuhrt, A. 1995: The Assyrian Heartland in the Achaemenid Period, in Briant, P., *Dans les Pas des Dix-Mille, Pallas* 43, S. 239-254.
Kupper, J. R. 1950: *Correspondance de Kibri-Dagan,* in ARM 3, Paris.
— 1954: *Correspondance de Baḫdi-lim, Préfet du Palais de Mari,* in ARM 6, Paris.
— 1998: *Lettres Royales du Temps de Zimri-lim,* in ARM 28, Paris.

Labat, R. 1965: *Calendrier Babylonien des Travaux des Signes et des Mois (séries* iqqur îpuš*)*, Paris.
Lafont, B. 2000: Irrigation Agricolture in Mari, in *Rainfall and Agricolture in Northern Mesopotamia,* PIHANS 88, Leiden, S. 129-46.
Lambert, W. G. 1954: An Address of Marduk to the Demons, in AfO 17, S. 310-321.
— 1960: Three Literary Prayers of the Babylonians, in AfO 19, S. 47-66.

— 1960: *Babylonian Wisdom Literature*, Oxford.
— 1990: Manzi'at/Mazzât, in RlA 7, S. 344-346.
— 2013: *Babylonian Creation Myths*, in MC 16, Winona Lake.
Lambert, W. G., Millard, A. R. 1969: *Atra-ḫasīs. The Babylonian Story of the Flood*, Oxford.
— 1980: Ikšudu, in RlA 5, S. 45.
— 1983: Lāgamāl, in RlA 6, S. 418-419.
Landsberger, B. 1949: Jahreszeiten im Sumerisch-Akkadischen, in JNES 8, S. 248-97.
Langdon, S. 1923: Miscellanea Assyriaca IV, in *Babyloniaca* 7, S. 230-237.
— 1933: *Babylonian Menologies and Semitic Calendars,* London.
Largement, R. 1957: Contribution à l'Etude des Astres Errants dans l'Astrologie Chaldéenne, in ZA 52, S. 235-264.
Langlois, A.-I. 2017: *Les Archives de la Princesse Iltani Découvertes à Tell Al-Rimah et l'Histoire du Royame de Karana/Qaṭṭara, Tome 2*, in *Mémoires de N.A.B.U.* 18, Paris.
Larsen, M. T. 2010: *The Archive of the Šalim-Aššur Family,* Vol. 1-3, in AKT Vol. 6, Ankara.
Liverani, M. 1995: *Neo-Assyrian Geography,* in *Quaderni di Geografia Storica* 5, Rom.
— 2011: *Vicino Oriente. Storia, Società, Economia*, Rom.
— 2018: *Paradiso e Dintorni. Il Paesaggio Rurale dell'Antico Oriente*, Rom.
Livingstone, A. 1986: *Mystical and Mythological Explanatory Works of Assyrian and Babylonian Scholars*, Oxford.
— 1989: *Court Poetry and Literary Miscellanea,* in SAA 3, Helsinki.

Machinist, P. 1978: *The Epic of Tukulti Ninurta I: A Study in Middle Assyrian Literature,* Ann Arbor.
Meier, G. 1944: Die Zweite Tafel der Serie *bīt mēsēri*, in AfO 14, S. 139-152
Mayer, W. 1976: *Untersuchungen zur Formensprache der Babylonischen Gebetsbeschwörungen*, in *Studia Pohl: Series Maior,* Rom.
Maul, S. 1988: *‚Herzberuhigungsklagen'. Die sumerisch-akkadischen* Eršaḫunga-*Gebete*, Wiesbaden.
— 1994: *Zukunftsbewältigung*, in *Baghdader Forschungen* 18, Mainz.
— 2005: Omina und Orakel A, in RlA 10, S. 45-88.
— 2013: *Die Wahrsagekunst im Alten Orient*, München.
Michalowski, P. 2001: Nisaba A. Philologisch, in RlA 9, S. 575-579.
Mitsuma, Y. 2015: From Preliminary Diaries to Short Diaries: the First and Second Steps in the Compilation of the Late Babylonian Astronomical Diaries, in *SCIAMVS* 16, S. 53-73.
Morello, P. 1992: La vie Nomade, in FM 1, S. 115-126.

Niazi, A., Decamme, G. 2023: Iraq's Ancient Treasures Sand-Blasted by Climate Change, in *Al-Monitor* https://www.al-monitor.com/originals/2023/04/iraqs-ancient-treasures-sand-blasted-climate-change#ixzz7z3EnrlE0
Neumann, J. 1977: The Winds in the World of the Ancient Mesopotamian Civilisation, in *Bulletin of the American Meteorological Society* 58/10, S. 1050-1058.
Neumann, J., Sigrist, R. M. 1978: Harvest Dates in Ancient Mesopotamia as Possible Indicators of Climatic Variations, in *Climate Change* 1, S. 239-252.
Nougayrol, J. 1971: Nouveaux Textes sur le *ziḫḫu*, in RA 65, S. 67-84
Nützel, W. 2004: *Einführung in die Geo-Archäologie des Vorderen Orients*, Wiesbaden.

Oppenheim, A. L. 1974: A Babylonian Diviner's Manual, in JNES 33, S. 197-220.
Oshima, T. 2011: *Babylonian Prayers to Marduk,* ORA 7.
— 2014: *Babylonians Poems of Pious Sufferers*, ORA 14.
Ossendrijver, M. 2021a: Astral Science in Uruk During the First Millennium BCE, in van Ess, Margaret, *Uruk – Altorientalische Metropole und Kulturzentrum. 8 Internationales Colloquium der Deutschen Orient-Gesellschaft 25. und 26. April 2013, Berlin* (CDOG 8), S. 298-318.

— 2021b: Weather Predictions in Babylonia, in Ossendrijver, M., *Special Issue: Scholars, Priests, and Temples: Babylonian and Egyptian Science in Context*, in JANEH 8, S. 223-258.

Parker, R. A., Dubberstein, W. H. 1956: *Babylonian Chronologie 625 B.C.-A.D. 75*, Providence.
Parpola, S. 1997a: *Assyrian Prophecies*, in SAA 9, Helsinki.
— 1997b: *Epic of Gilgamesh,* in SAACT 1, Helsinki.
— 1998: *The Prosopography of the Neo-Assyrian Empire,* Vol. 1-3, Helsinki.
Parpola, S., Porter, M. 2001: *The Helsinki Atlas of the Near East in the Neo-Assyrian Period*, in Casco Bay Assyriological Institute and Neo-Assyrian Text Corpus Project, Helsinki.
Paulus, S. 2014: *Die Babylonischen Kudurru-Inschriften von der Kassitischen bis zur Frühneubabylonischen Zeit*, in AOAT 51, Münster.
Pettinato, G. 1966: *Die Ölwahrsagung bei den Babyloniern I-II,* in StSem 22, Roma.
Pirngruber, R. 2013: The Historical Sections of the Astronomical Diaries in Contexts: Developments in a Late Babylonian Scientific Corpus, in *Iraq* 75, S. 197-210.
— 2019: The Museum Context of the Astronomical Diaries, in Haubold, J., Steele, J., Stevens, K., *Keeping Watch in Babylon. The Astronomical Diaries in Context,* CHANE 100, Leiden, Boston, S. 186-197.
— Unveröffentlichte Arbeitspapiere: *The Meteorological Observations of the Babylonian Astronomical Diaries*.
Ponchia S. 1996: *La Palma e il Tamarisco,* Venedig.
Powell, M. A. 1990: Maße und Gewichte, in RlA 7, S. 457-517.

Radner, K. 1998: *The Prosopography of the Neo-Assyrian Empire*, *Volume 1, Part 1: A*, Helsinki.
— 1999: *The Prosopography of the Neo-Assyrian Empire*, *Volume 1, Part 2: B-G,* Helsinki.
— 2000: How did the Neo-Assyrian King Perceive his Land and his Resources?, in PIHANS 88, Leiden, S. 233-246.
Rainey, A. F. 2015: *The Amarna Correspondence: A New Edition of the Cuneiform Letters from the Site of El-Amarna Based on Collations of all Extant Tablets,* Vol. 1, in HdOr Vol. 110, Leiden, Boston.
Reade, J. E. 2018: The Assyrian Royal Hunt, in Brereton, G.: *The BP Exhibition I Am Ashurbanipal, King of the World, King of Assyria*, London, S. 52-79.
Reculeau, H. 2002: Lever d'Asteres et Calendrier Agricole à Mari, in FM 6, *Mémoires de N.A.B.U.* VIII, S. 517-538.
— 2010: The Lower Habur before the Assyrians, in *Studia Chaburensia* 1, Wiesbaden, S. 187-216.
— 2011: *Climate, Environment and Agriculture in Assyria,* in *Studia Chaburensia* 2, Wiesbaden.
— 2018: *L'Agriculture Irriguée au Royaume de Mari. Essai d'Histoire des Techniques, Tome 1-2,* in FM 16, *Mémoires de N.A.B.U.* 21.
Reiner, E., Pingree, D. 1975: *Babylonian Planetary Omens:* Enūma Anu Enlil *Tablet 63: The Venus Tablet of Ammiṣaduqa, Part I*, in BiMes 2, Malibu.
— 1981: *Babylonian Planetary Omens:* Enūma Anu Enlil *Tablets 50-51, Part II,* in BiMes 2, Malibu.
— 1998: *Babylonian Planetary Omens, Part III,* in CM 11, Groningen.
— 2005: *Babylonian Planetary Omens, Part IV,* in CM 30, Groningen.
Reiner, E. 1956: Lipšur Litanies, in JNES 15, S. 129-149.
— 1998: *Celestial Omen Tablets and Fragments in the British Museum*, in CM 10, Groningen.
Renzi-Sepe, M. T. 2023: *The Perception of the Pleiades in Mesopotamian Culture*, in LAOS 15, Wiesbaden.
Robson, E. 2019: Who Wrote the Babylonian Astronomical Diaries?, in J. Haubold, J. M. Steele, K. Stevens, *Keeping Watch in Babylon: The Astronomical Diaries in Context*, CHANE 100, Leiden, Boston, S. 120-153

Rochberg, F. 1988: *Aspects of Babylonian Celestial Divination: The Lunar Eclipse Tablets of Enūma Anu Enlil,* in AfO Bh. 22.
— 2009: The Stars their Likenesses: Perspectives on the Relation between Celestial Bodies and Gods in Ancient Mesopotamia, in Porter, B.: *What is God? Anthropomorphic and Non-anthropomorphic Aspects of Deity in Ancient Mesopotamia,* Winona Lake, S. 41-91.
— 2004: *The Heavenly Writing: Divination, Horoscopy, and Astronomy in Mesopotamian Culture,* Chicago.
— 2010a: If P, then Q: Form and Reasoning in Babylonian Divination, in Annus, A., *Divination and Interpretation of Signs in the Ancient World,* OIS 6, Chicago, S. 19-28.
— 2010b: *In the Path of the Moon*, in AMD 6, Leiden, Boston.
— 2016: *Before Nature. Cuneiform Knowledge and the History of Science,* Chicago und London.
Rösner, U. 1991: *Der Naturraum*, in Hrouda, B., *Der Alte Orient*, München.

Sachs, A. J., Hunger, H. 1988: *Astronomical Diaries and Related Texts from Babylonia: Diaries from 652 B.C. to 262 B.C.,* Vol. 1, Wien.
— 1988: *Astronomical Diaries and Related Texts from Babylonia: Diaries from 261 B.C. to 165 B.C.,* Vol. 2, Wien.
— 1996: *Astronomical Diaries and Related Texts from Babylonia: Diaries from 164 B.C. to 61 B.C.,* Vol. 3, Wien.
— 2001: *Astronomical Diaries and Related Texts from Babylonia: Lunar and Planetary Texts,* Vol. 5, Wien.
— 2006: *Astronomical Diaries and Related Texts from Babylonia: Goal Years Texts,* Vol. 6, Wien.
— 2014: *Astronomical Diaries and Related Texts from Babylonia: Almanacs and Normal Star Almanacs,* Vol. 7, Wien.
Saggs, H. W. F. 2001: *The Nimrud Letters, 1952,* in CTN 5, Trowbridge.
Sallaberger, W. 1999: *Wenn Du mein Bruder bist, ...: Interaktion und Textgestaltung in altbabylonischen Alltagsbriefen*, in CM 16, Groningen.
— 2006: *Leipzig-Münchner Sumerischer Zettelkasten*, https://www.assyriologie.uni-muenchen.de/studium_lehre/hinweise/index.html
Sanlaville, P. 1985: L'Espace Géographique de Mari, in MARI 4, S. 15-39.
Sauvage, M. 2020: *Atlas Historique du Proche-Orient Ancien*, Beirut, Paris.
Schaudig, H. 2001: *Die Inschriften Nabonids von Babylon und Kyros' des Großen*, in AOAT 256, Münster.
— 2019: *Explaining Disaster. Tradition and Transformation of the Catastrophe of Ibbi-Sîn in Babylonian Literature,* in *dubsar* 13, Münster.
Schreiber, M. 2018: Astrologische Wettervorhersagen und Kometenbeobachtungen, in *dubsar* 5, Münster, S. 739-756.
Schwemer, D. 2001: *Wettergottgestalten Mesopotamiens und Nordsyriens im Zeitalter der Keilschriftkulturen,* Wiesbaden.
— 2018: Wettergott(heiten). A, in RlA 15, S. 69-91.
Seri, A. 2006: The Fifty Names of Marduk in *enūma eliš*, in JAOS 126, S. 507-519.
Seux, M. J. 1976: *Hymnes et Prieres aux Dieux de Babylonie et d'Assyrie,* in LAPO 8, Paris.
Slotsky, A. 1997: *The Bourse of Babylon: Market Quotations in the Astronomical Diaries of Babylonia,* Bethesda.
Sommerfeld, W. 1982: *Der Aufstieg Marduks,* in AOAT 213, Neukirchen-Vluyn.
Steele, J. 2019: The Early History of the Astronomical Diaries, in Haubold, J., Steele, J., Stevens, K., *Keeping Watch in Babylon. The Astronomical Diaries in Context,* CHANE 100, Leiden, Boston, S. 19-52.

Stevens, K. 2019: From Babylon to Bahtar: The Geography of the Astronomical Diaries, in Haubold, J., Steele, J., Stevens, K., *Keeping Watch in Babylon. The Astronomical Diaries in Context,* CHANE 100, Leiden, Boston, S. 198-236.
Stol, M. 2005: Öl, Ölbaum, Olive A, in RlA 10, S. 32-33.
Streck, M. P. 1999: *Die Bildersprache der Akkadischen Epik*, in AOAT 264, Münster.
— 2000: *Das Amurritische Onomastikon der Altbabylonischen Zeit*, in AOAT 271/1, Münster
— 2001: Ninurta/Ninĝirsu A.I. In Mesopotamien, in RlA 9, S. 512-522.
— 2003: Die Klage *Ištar Bagdad*, in OBC 14, Wiesbaden.
— 2006: Einleitung, in Streck, M. P., *Sprachen des Alten Orients*, Büttelborn, S. 8-11.
— 2008a: Regen, in RlA 11, S. 288-291.
— 2008b: Salz, Versalzung, in RlA 11, S. 592-599.
— 2008c: Reisen, in RlA 11, S. 301-303.
— 2010: Notes on the Babylonian Hymns of Agušaya, in JAOS 130, S. 561-571
— 2011a: Schilf, in S. 182-189.
— 2011b: Sommer und Winter, in RlA 12, S. 596-598.
— 2011c: Großes Fach Altorientalistik: Der Umfang des keilschriftlichen Textkorpus, in MDOG 142, S. 35-58.
— 2013: Steppe, Wüste, in RlA 13, S. 146-149.
— 2018a: Wetter, in RlA 15, S. 68-69.
— 2018b: Wind, in RlA 15, S. 116-118.
— 2018c: Zeit. A, in RlA 15, S. 246-248.
— 2019: *Supplement to the Akkadian Dictionaries* Vol. 2, in LAOS 7/2, Wiesbaden.
— 2020: Altbabylonische Hymnen – Eine Gattung?, in Arkhipov, I., Kogan, L., Koslova, N., *The Third Millennium*, in CM 50, Leiden, Boston, S. 659-674.
Streck, M. P., Wasserman, N. 2012: More Light on Nanaya, in ZA 102, S. 183-201.
— 2008: The Old-Babylonian Hymns to Papulegara, in Or 77, S. 335-358.
— 2018: The Man is Like a Woman, the Maiden is a Young Man. A new edition of Ištar-Louvre, in Or 87, S. 1-38.
Streck, M. P., Wende, J. 2022: *Supplement to the Akkadian Dictionaries* Vol. 3, in LAOS 7/3, Wiesbaden.

Tadmor, H. 1958: Historical Implication of the Correct Rendering of Akkadian *dâku*, in JAOS 17, S. 129-141.
Taha, M. F., Harb, S. A., Nagib, M. K., Tantawy, A. H. 1981: *The Climate of the Near East,* in Takahashi, K., Arakawa, Y., *World Survey of Climatology,* Vol. 9, Amsterdam.
Thureau-Dangin, F.1922: *Tablettes d'Uruk,* in *Textes Cunéiformes du Louvre* 22, Paris.
Traboulsi, M. 1991: La Variabilité des Précipitations dans le Désert Syrien, in *Mediterranée* 74, S. 47-54.

Ungnad, A. 1912: Ein Meteorologischer Bericht aus der Kassitenzeit, in OLZ 15, S. 446-449.

Van Dijk, J. 1976: *Cuneiform Texts, Texts of Varying Content*, in TIM 9, Leiden, Boston.
Van der Speck, B. 1993: The Astronomical Diaries as a Source for Achaemenid and Seleucid History, in BiOr 50, Leiden, S. 92-102.
— 2008: *Studies in Ancient Near Eastern World View and Society. Presented to Marten Stol on the Occasion of his 65th Birthday,* Bethesda.
Van Soldt, W. H. 1990: *Letters in the British Museum*, in AbB 12, Leiden.
— 1994: *Letters in the British Museum, Part 2,* in AbB 13, Leiden.
— 1995: *Solar Omens of Enūma Anu Enlil: Tablets 23 (24) - 29 (30),* in PIHANS 73, Den Haag.
Veenhof, K. R. 2005: *Letters in the Louvre*, in AbB 14, Leiden.

— 2010: *The Archive of Kuliya, Son of Ali-abum,* in *Ankara Kültepe Tabletleri* Vol. 5, Ankara.
— 2017: *The Archive of Elamma, Son of Iddi-Suen, and his Family,* in AKT Vol. 8, Ankara.
Veldhuis, N. 2010: The Theory of Knowledge and the Practice of Celestial Divination, in Annus, A., *Divination and Interpretation of Signs in the Ancient World,* OIS 6, Chicago, S. 77-92.
Verderame, L. 2002: *Le Tavole I-VI della Serie Astrologica Enūma Anu Enlil,* in *Nisaba* 1, Rom.
Villard, P. 1990: Documents pour l'Histoire du Royaume de Haute-Mésopotamie III, in MARI 6, S. 559-584.
Virolleaud, C. 1908-1909: *L'Astrologie Chaldéenne: Le Livre Intitulé enuma (Anu) ilu Bel. Sin, Shamash, Ishtar, Adad,* Paris.
— 1910: *L'Astrologie Chaldéenne: Supplément,* Paris.
— 1912: *L'Astrologie Chaldéenne: Second Supplément,* Paris.
Vogelzang, M. E. 1988: Bin Šar Dadmē. *Edition and Analysis of the Akkadian Anzu Poem,* Groningen.
Völling, E. 2018: Wolle. B. Technik und Archäologie, in RlA 15, S. 129-131.
Von Soden, W. 1954: Eine Altbabylonische Beschwörung gegen die Dämonin Lamaštum, in Or 23, S. 337-344.
Von Weiher, E. 1983: *Spätbabylonische Texte aus Uruk, Teil II,* in in ADFU 10, Berlin.
— 1988: *Spätbabylonische Texte aus Uruk, Teil III,* in ADFU 12, Berlin.
— 1998: *Uruk. Spätbabylonische Texte aus dem Planquadrat U 18,* in AUWE 13, Mainz.

Wasserman, N. 2003: *Style and Form in Old-Babylonian Literary Texts*, in CM 27, Leiden, Boston.
— 2013: Sprichwort, in RlA 13, S. 19-23.
— 2016: *Akkadian Love Literature of the Third and Second Millennium,* in LAOS 4, Wiesbaden.
— 2020: *The Flood: The Akkadian Sources,* in OBO 290, Leuven, Paris, Bristol.
Wasserman, N., Zomer, E. 2022: *Akkadian Magic Literature. Old Babylonian and Old Assyrian Incantations*, in LAOS 12, Wiesbaden.
Weidener, E. F. 1968: Die Astrologische Serie Enûma Anu Enlil, in AfO 22, S. 65-75.
Wilkinson, T. J. 2003: *Archaeological Landscapes of the Near East,* Tucson.
Williams, C. 2002: Signs of the Sky, Signs of the Earth: The Diviner's Manual Revisited, in Steele, J. M., Imhausen, A., *Under one sky. Astronomy and Mathematics in the Ancient Near East*, AOAT 297, Münster, S. 273-286.
Winitzer, A. 2010: The Divine Presence and its Interpretation in Early Mesopotamian Divination, in Annus, A., *Divination and Interpretation of Signs in the Ancient World,* OIS 6, Chicago, S. 177-198.
— 2017: *Early Mesopotamian Divination Literature. Its Organizational Framework and Generative and Paradigmatic Characteristics,* in AMD 12, Leiden, Boston.
Wirth, E. 1962: *Agrargeographie des Irak,* in *Hamburger Geographische Studien* 13, Hamburg.
— 1971: *Syrien: Eine Geographische Landeskunde,* Darmstadt.
Wiseman, D. J., Black, J. A. 1996: *Literary Texts from the Tempel of Nabû,* in CTN 4, London.

Webseiten

Astronomical Diaries Digital: http://oracc.museum.upenn.edu/adsd/index.html

CDLI Collection: https://cdli.mpiwg-berlin.mpg.de/

Cuneiform Commentary Project: https://ccp.yale.edu/

Electronic Babylonian Library: https://www.ebl.lmu.de

ORAC Project: http://oracc.museum.upenn.edu/saao/corpus

RlA on-line: https://rla.badw.de/digitaler-zugriff.html

RINAP (Royal Inscriptions of Neo-Assyrian Period) on-line:
http://oracc.museum.upenn.edu/rinap/corpus/

SEAL Project: https://seal.huji.ac.il/

Tafelkopien

BM 97210

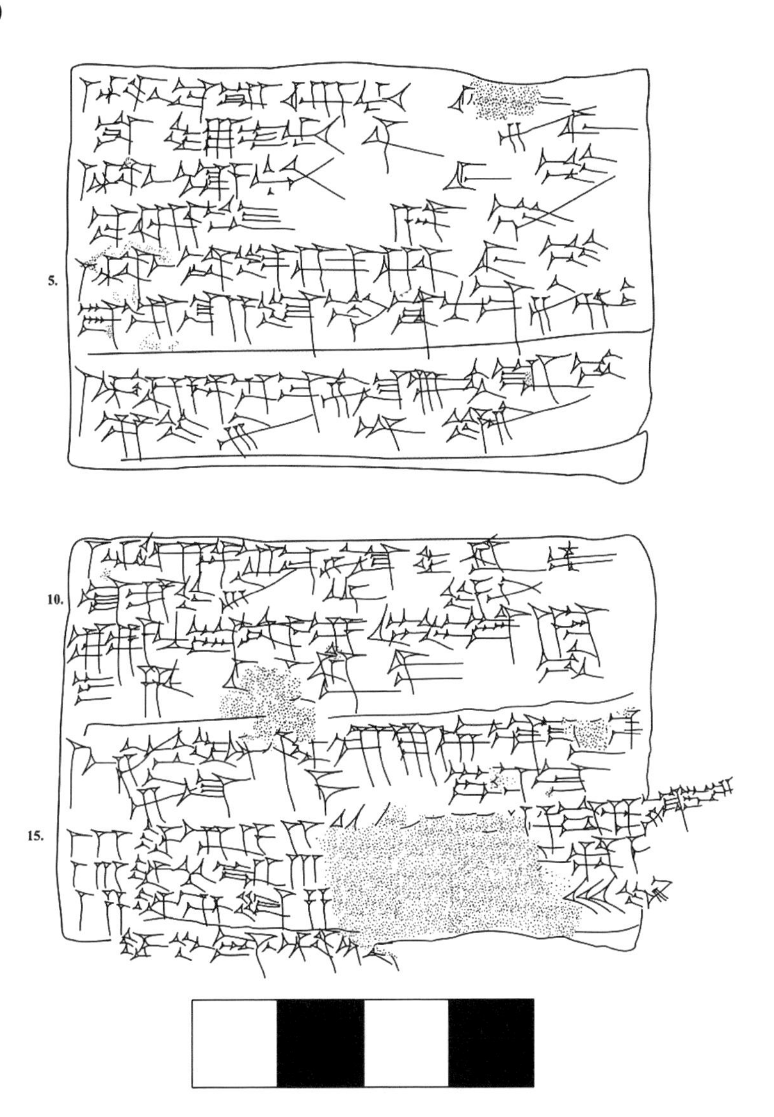

A) K 2874+18737 Vs.

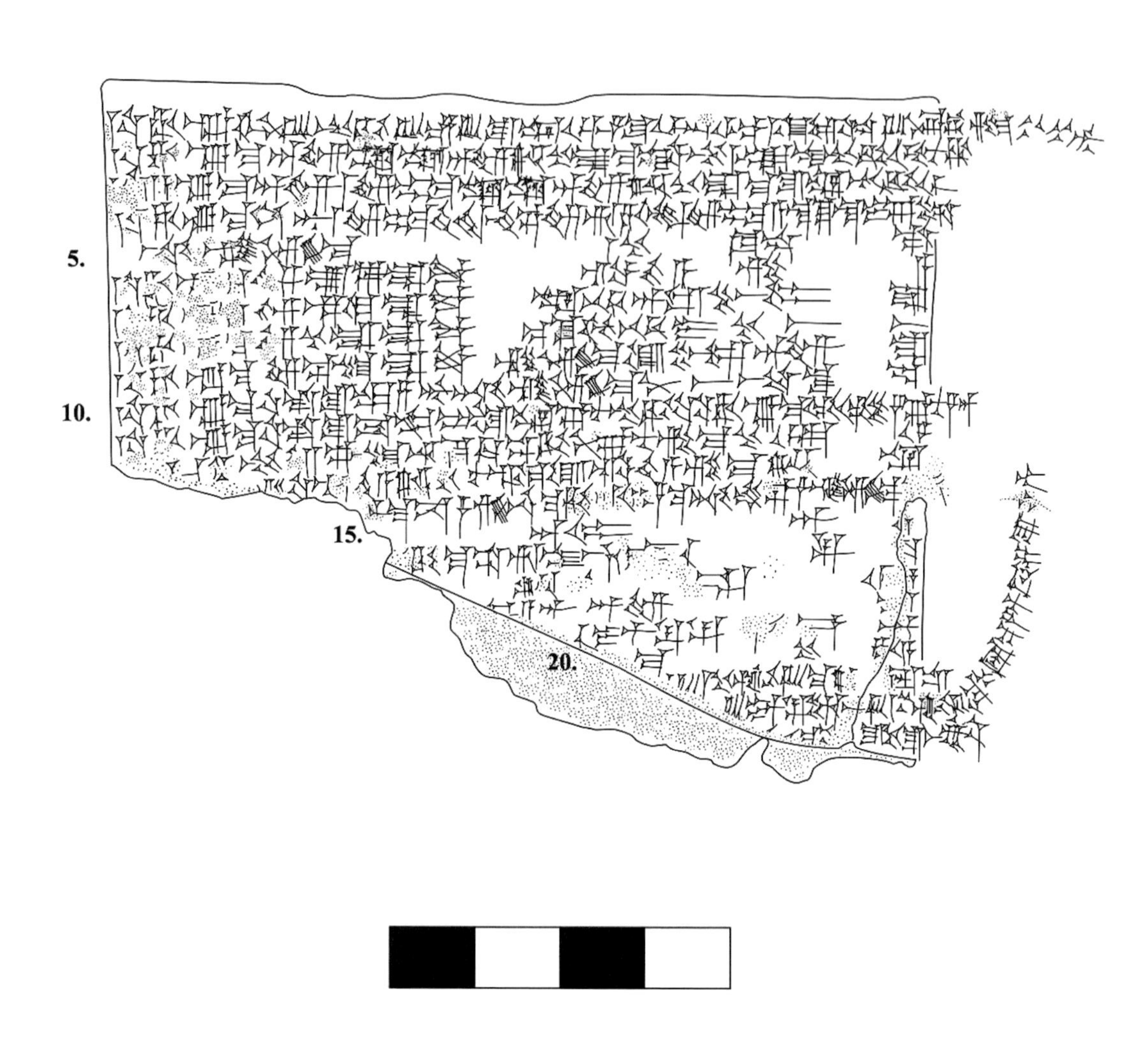

A) K 2874-18737 Rs.

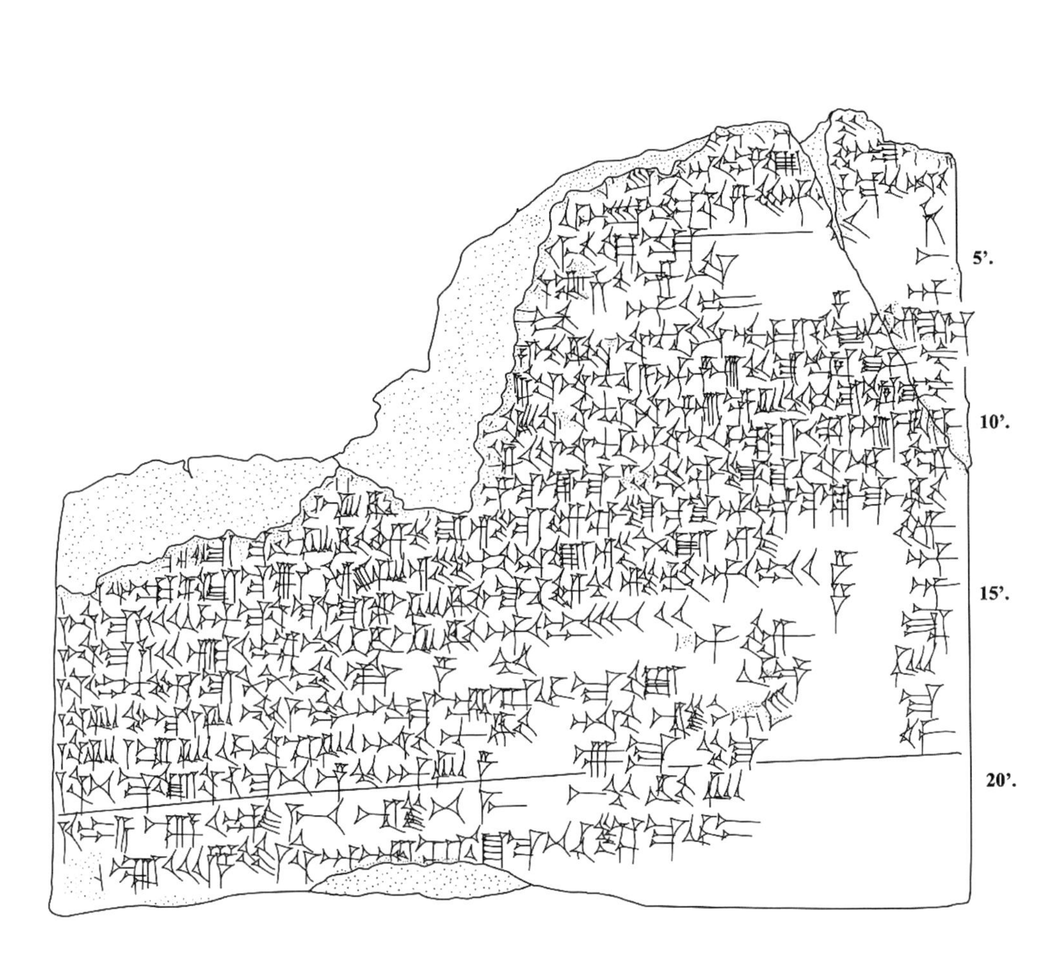

B) K 2249 Vs.

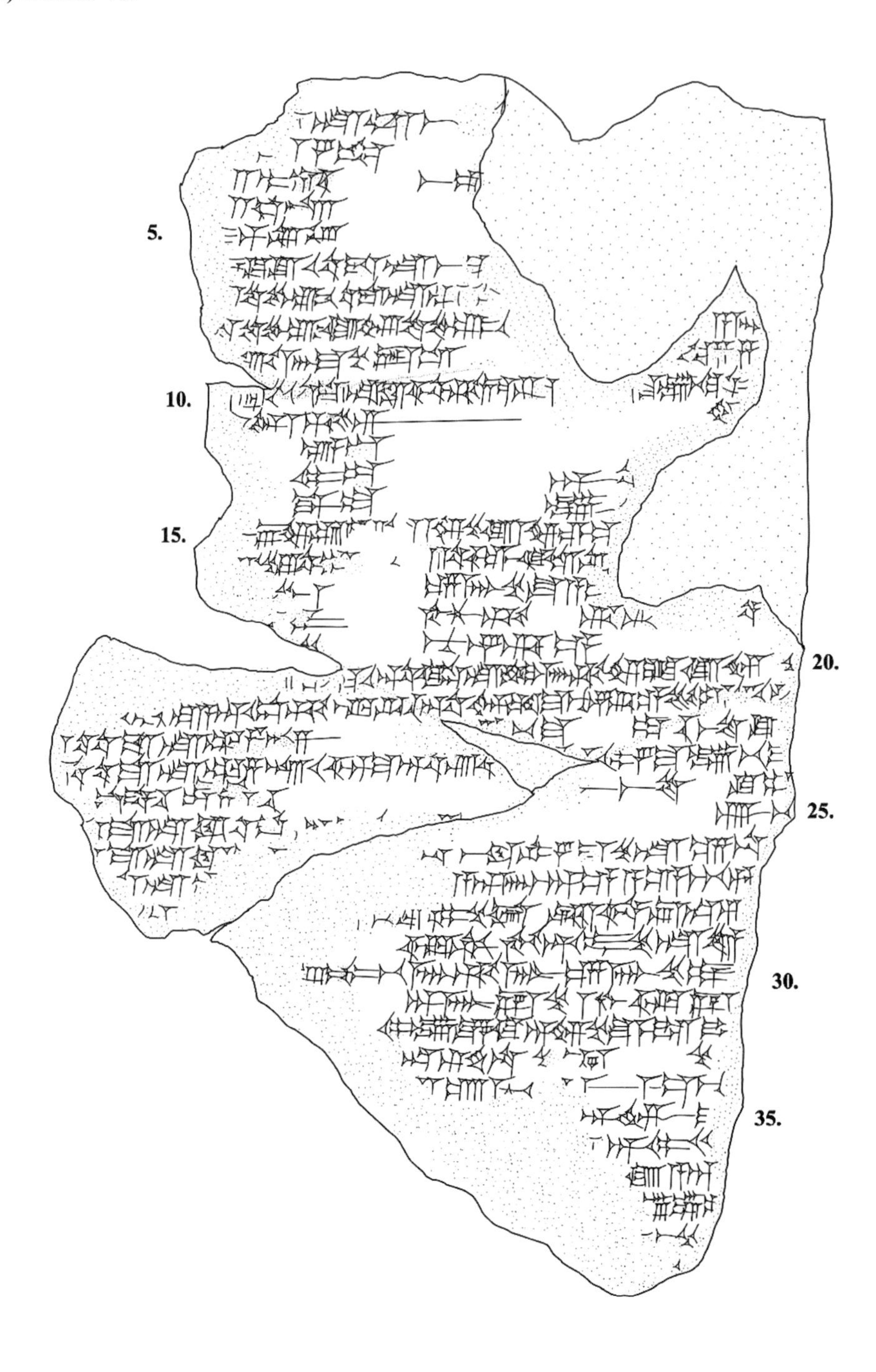

B) K 2249 Rs.

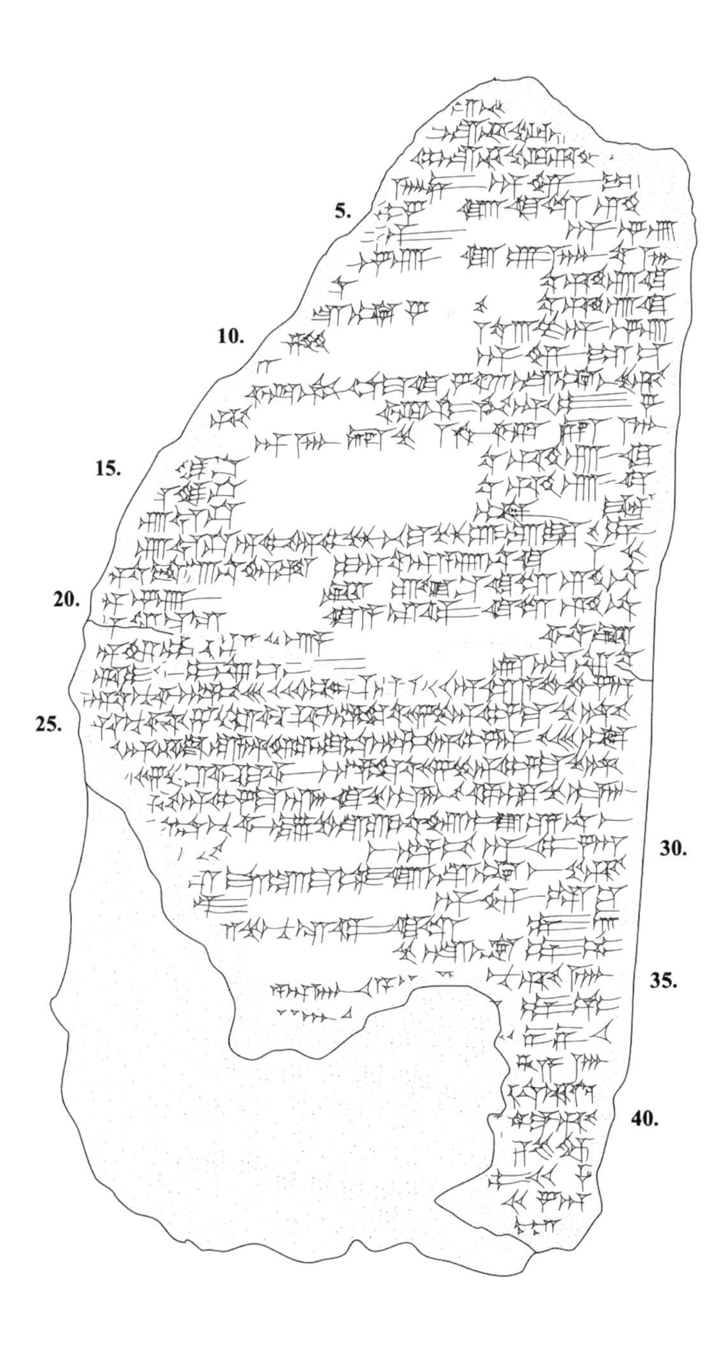

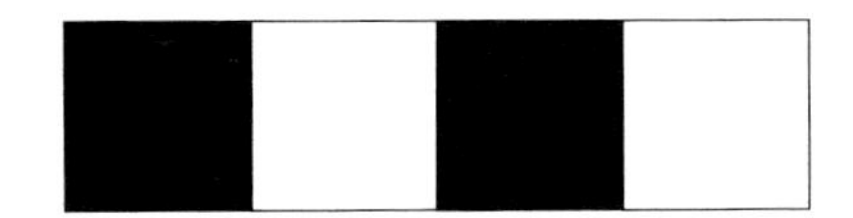

C) 1879,0708.96

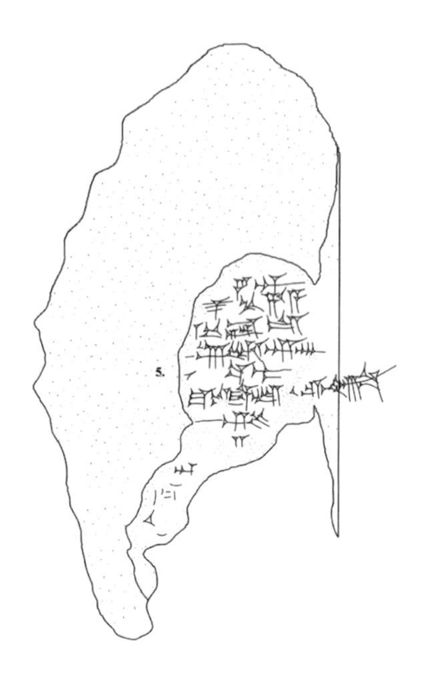

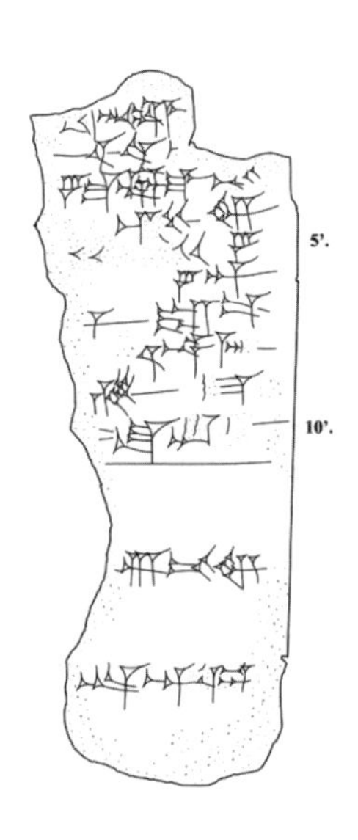

D) 1879,0708.318

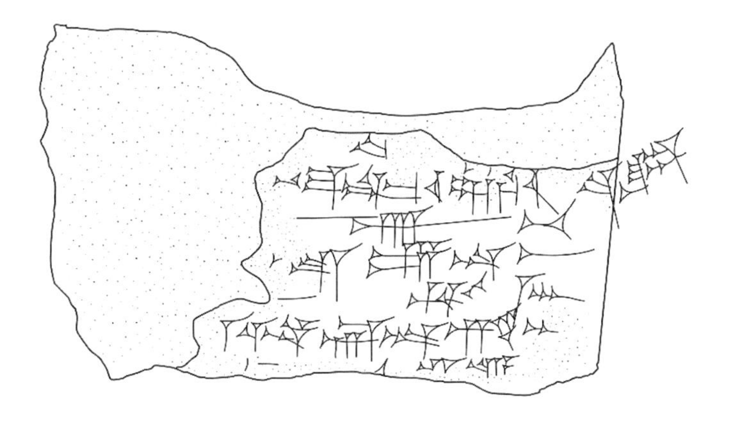

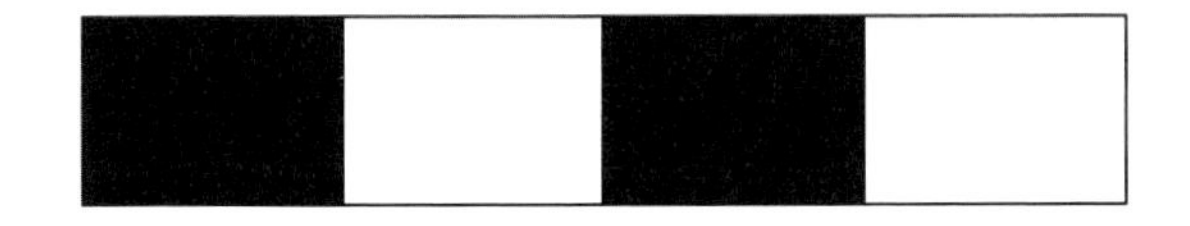

E) K 10645

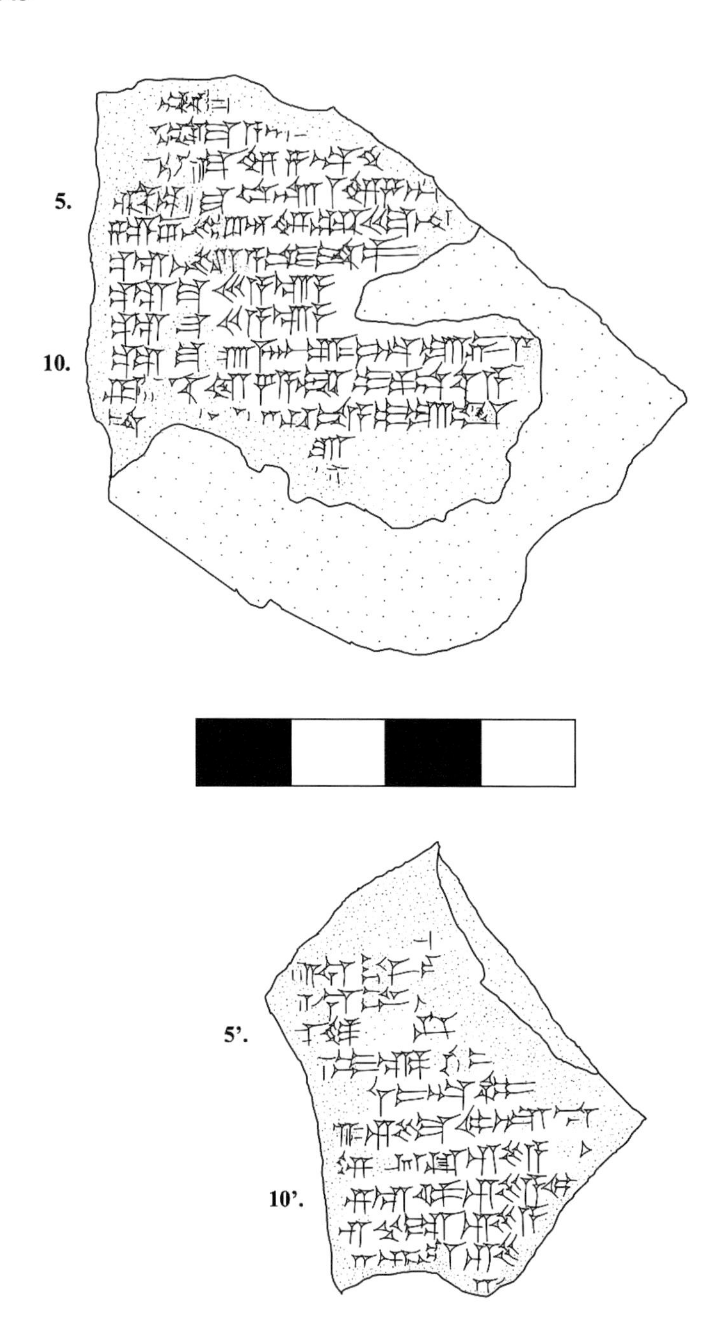

F) K 12366

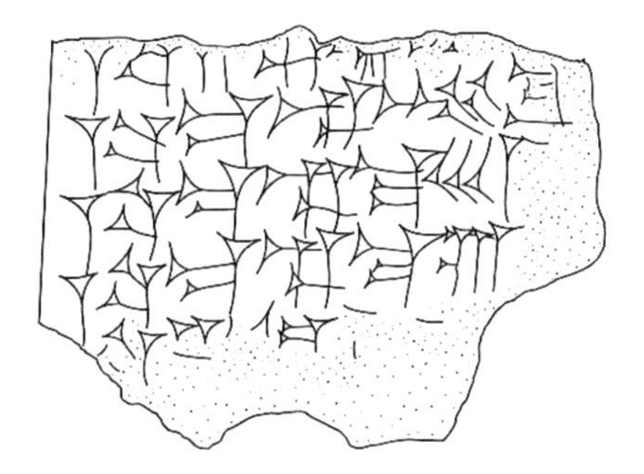

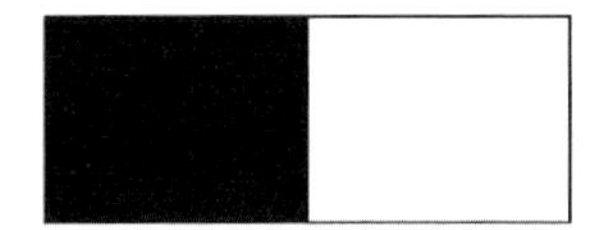

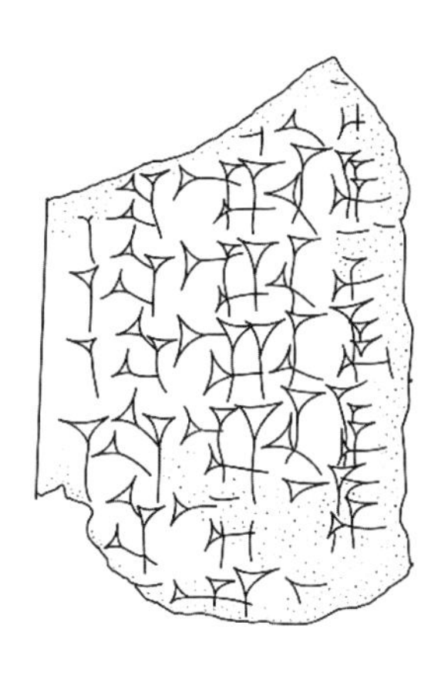

G) K 2176

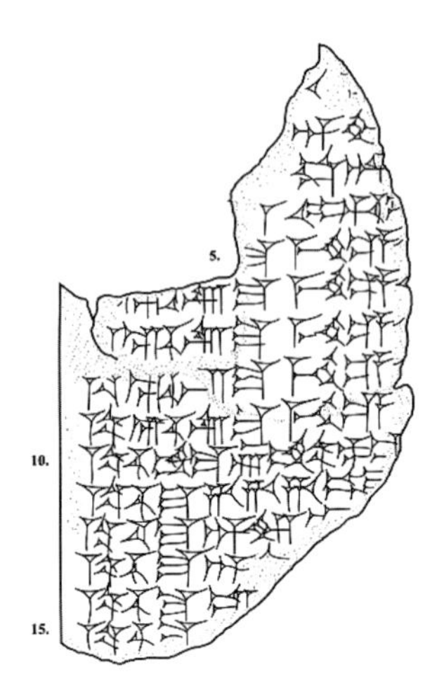

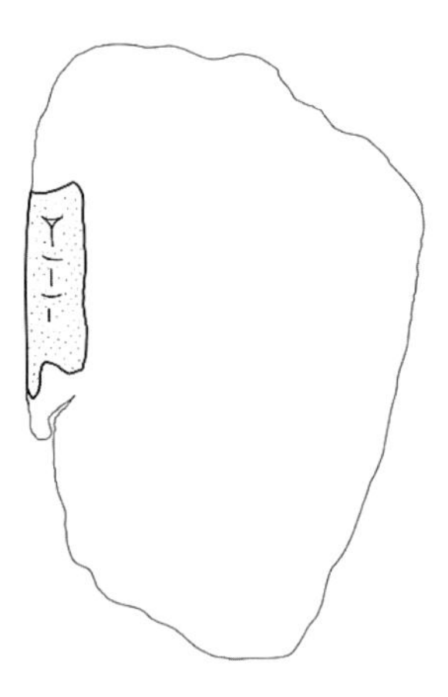

H) Rm II.121

l) K 22214

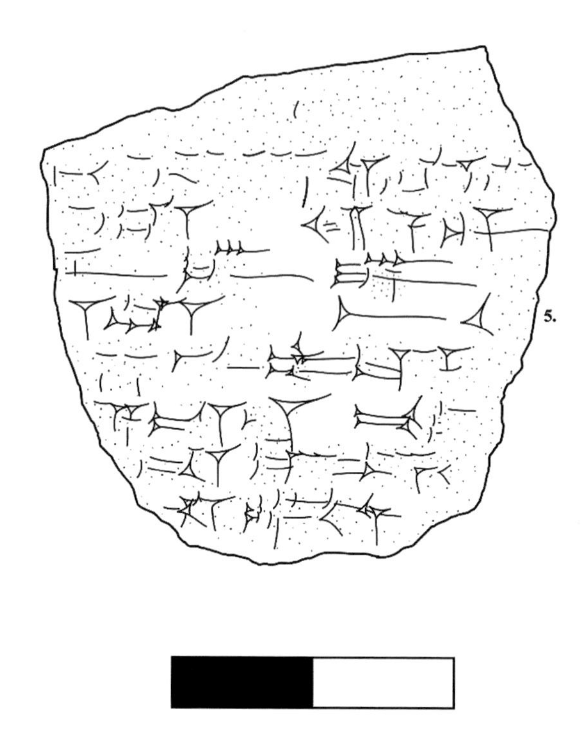

J) Sm 555

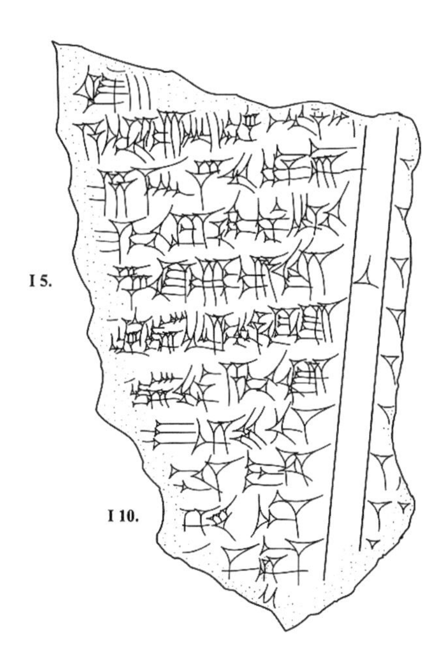

M) K 7005+16998

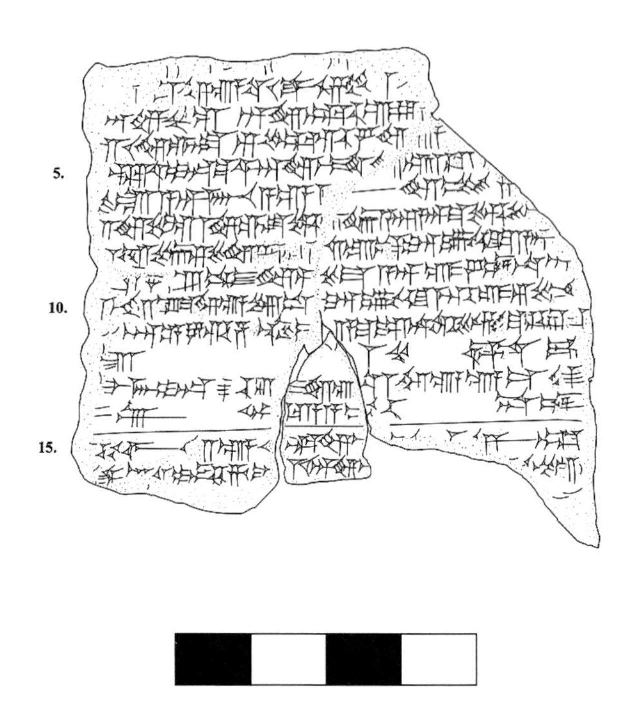

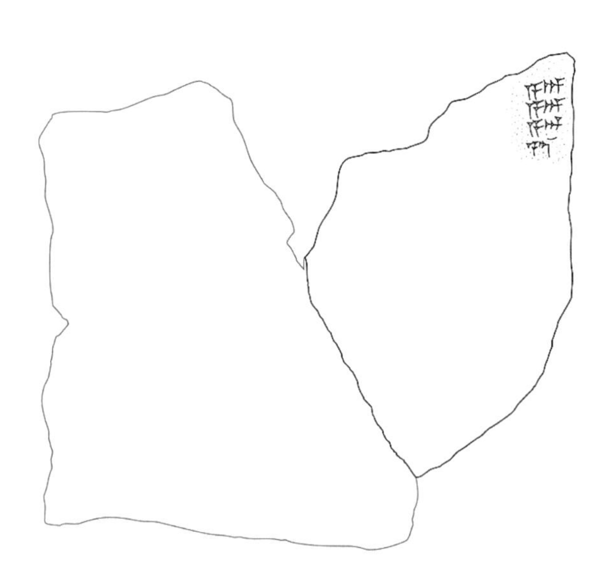

N) K 7966 Vs.

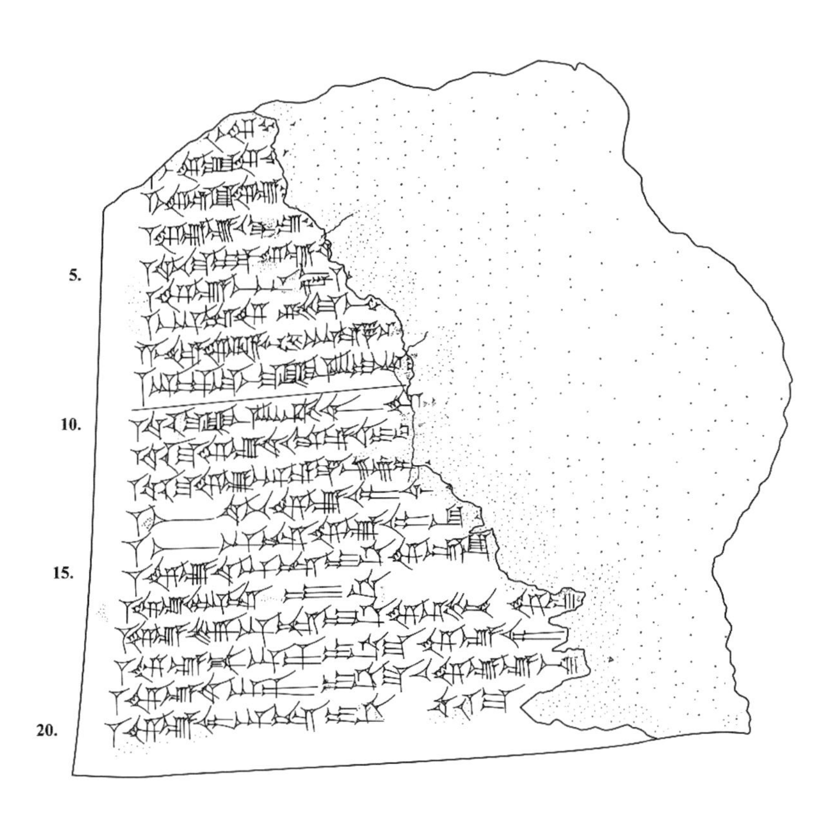

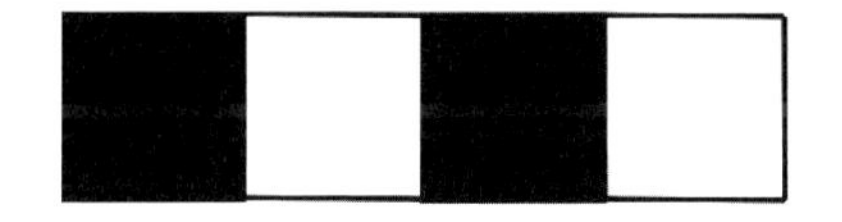

N) K 7966 Rs.

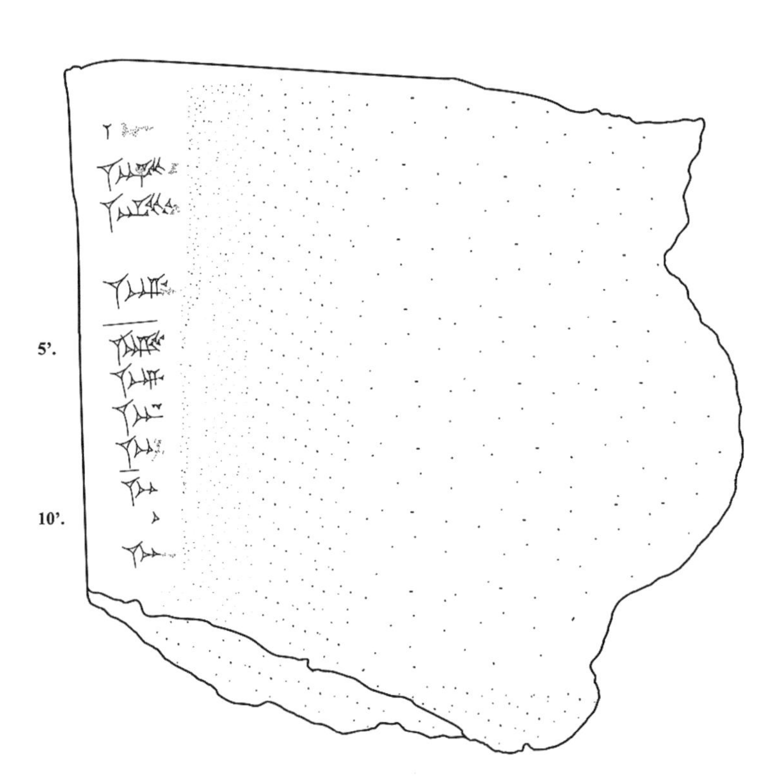

O₁) K 5689+17655

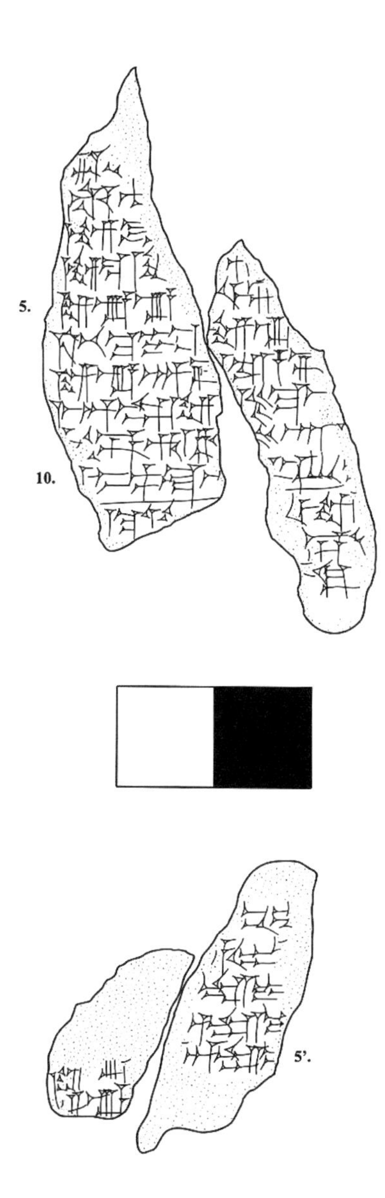

O_2) K 2913+5820+22098+6023

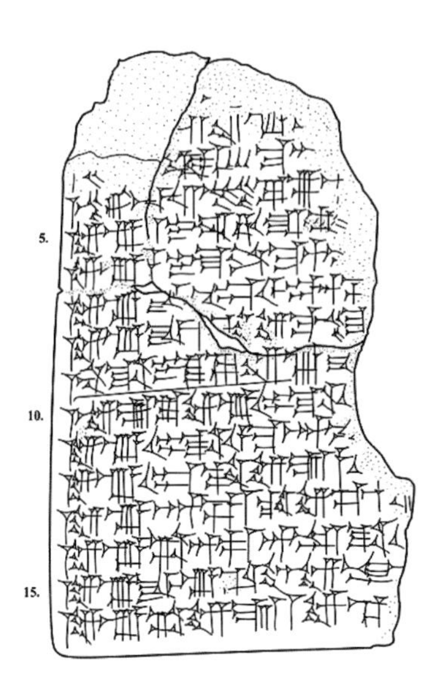

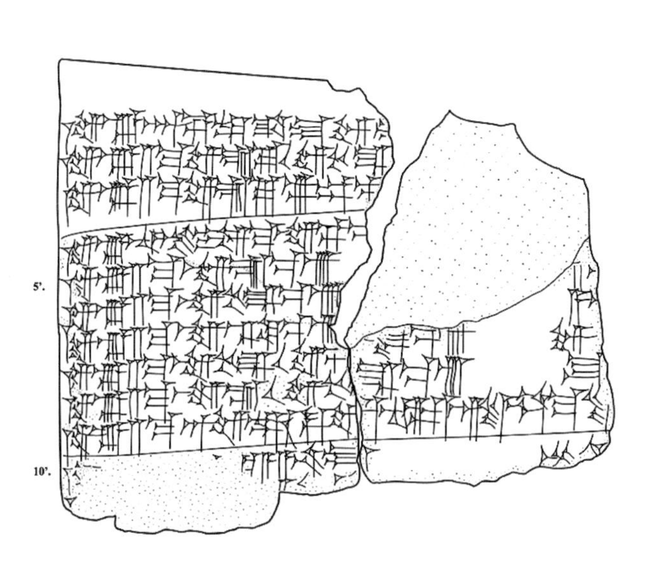

P) Sm 1976

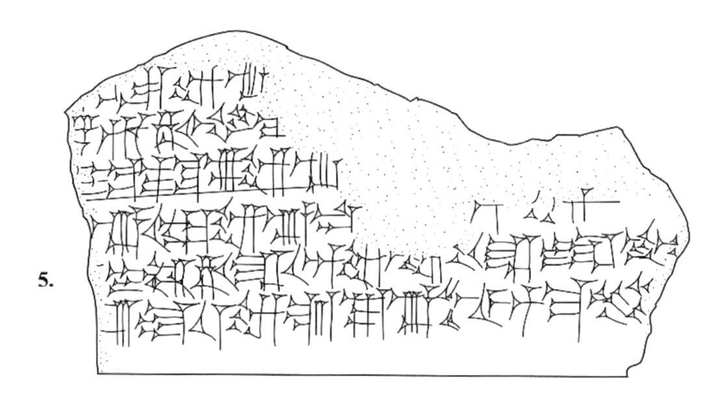

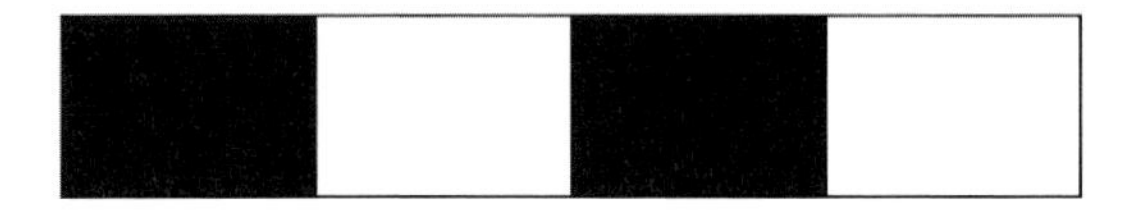

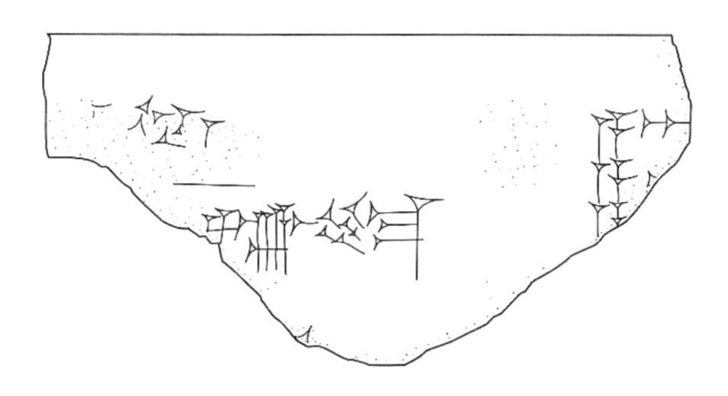

Q) K 3543+12652

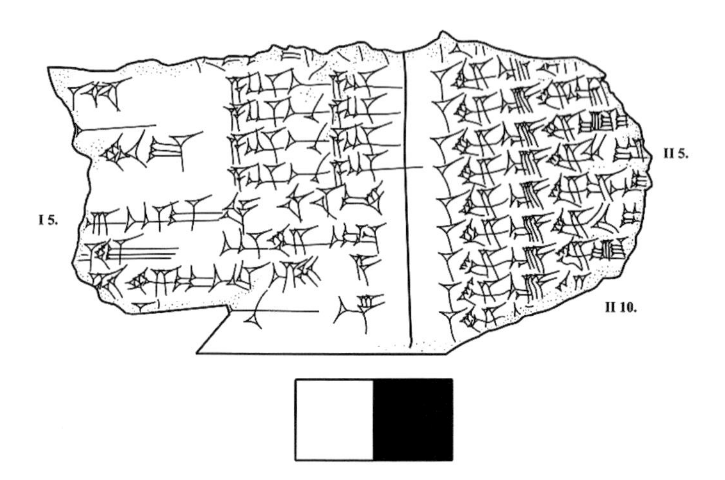

R) 1880,0719.96

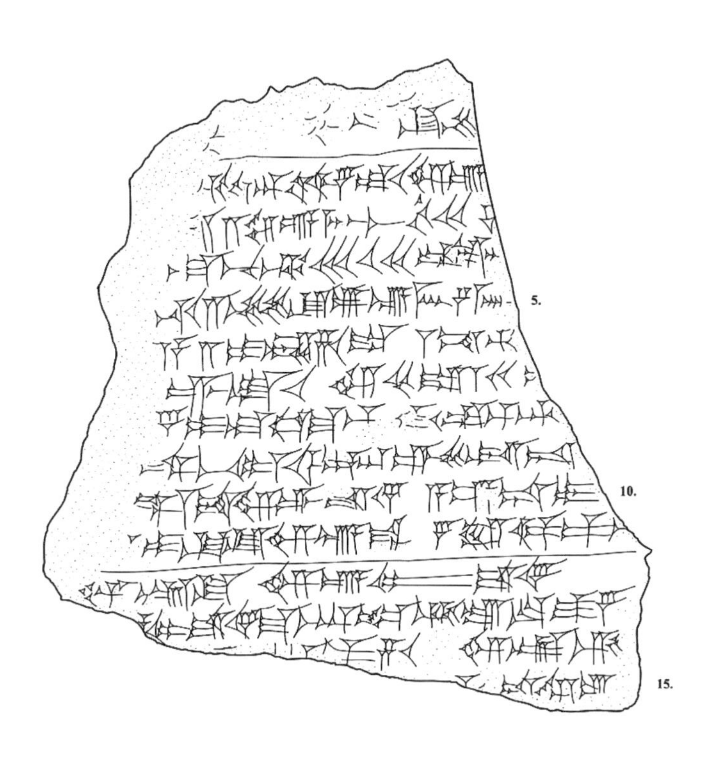

S) K 2299+2927

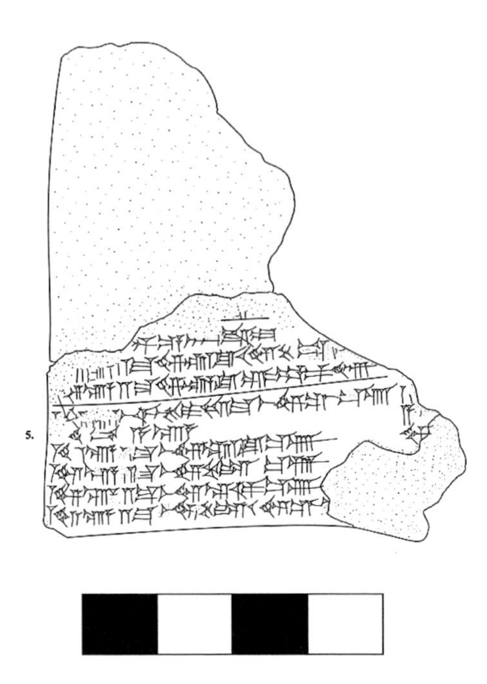

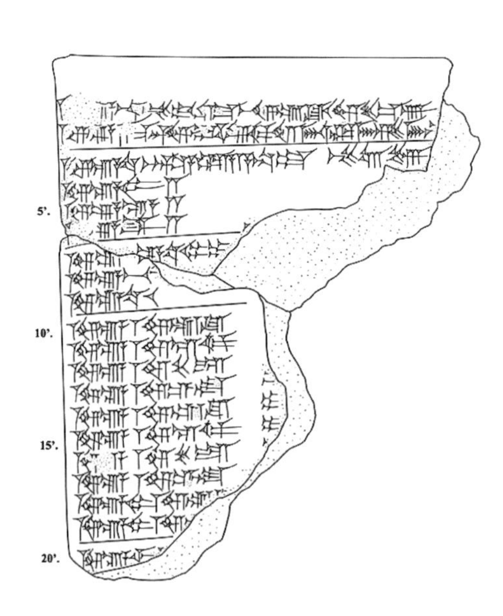

T) K 2928+9007

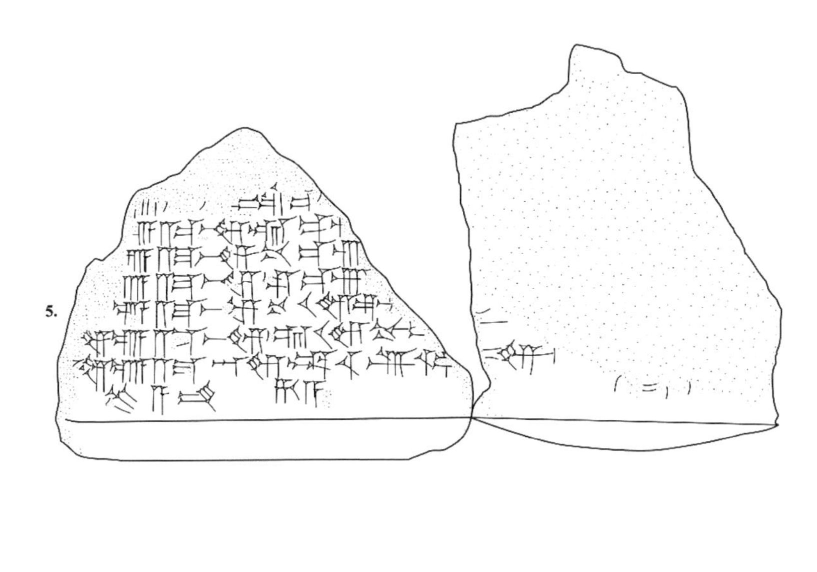

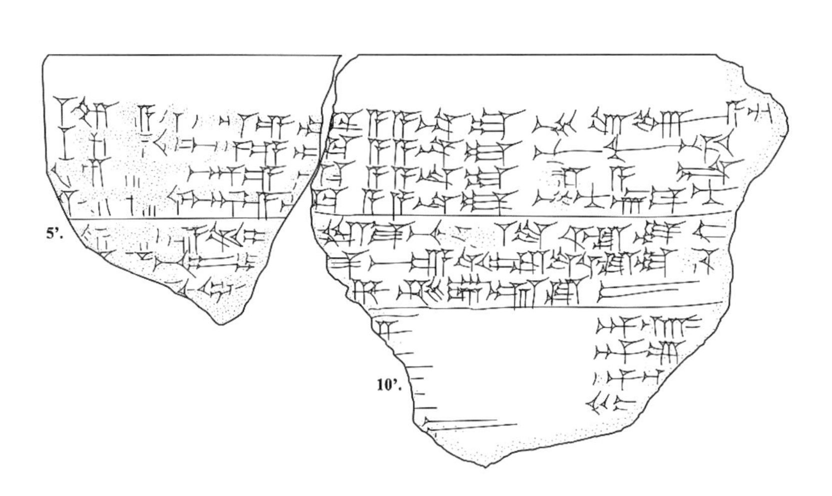

U) K 11136+11262

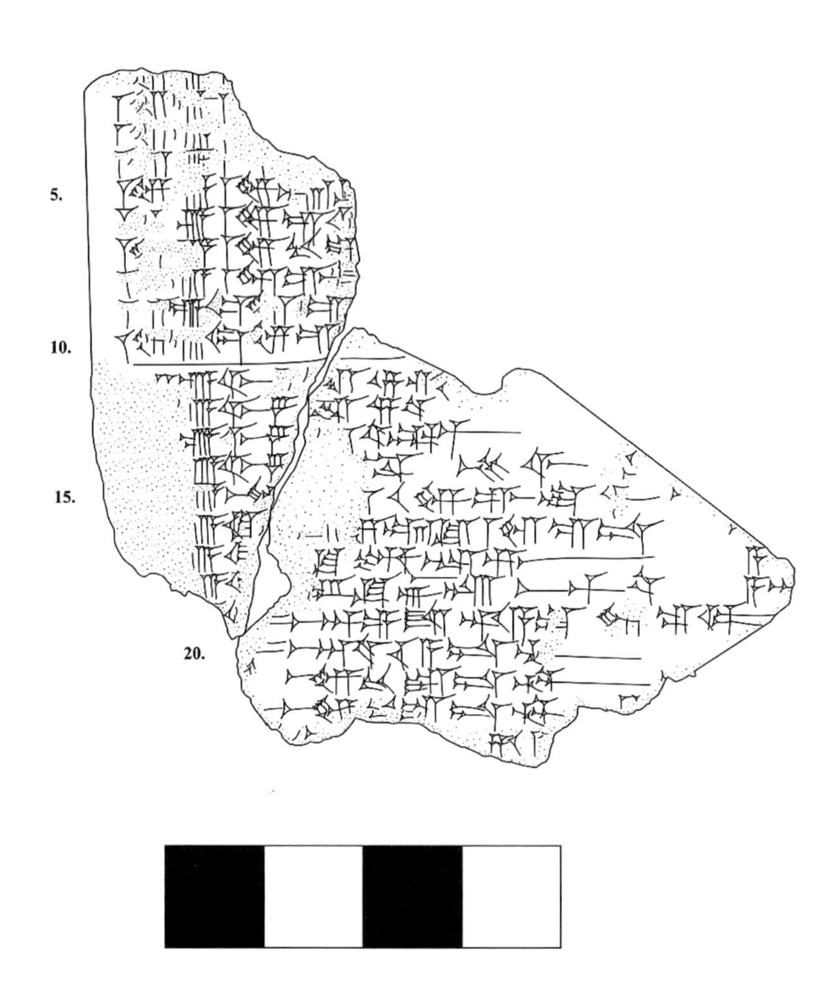

V) K 8923

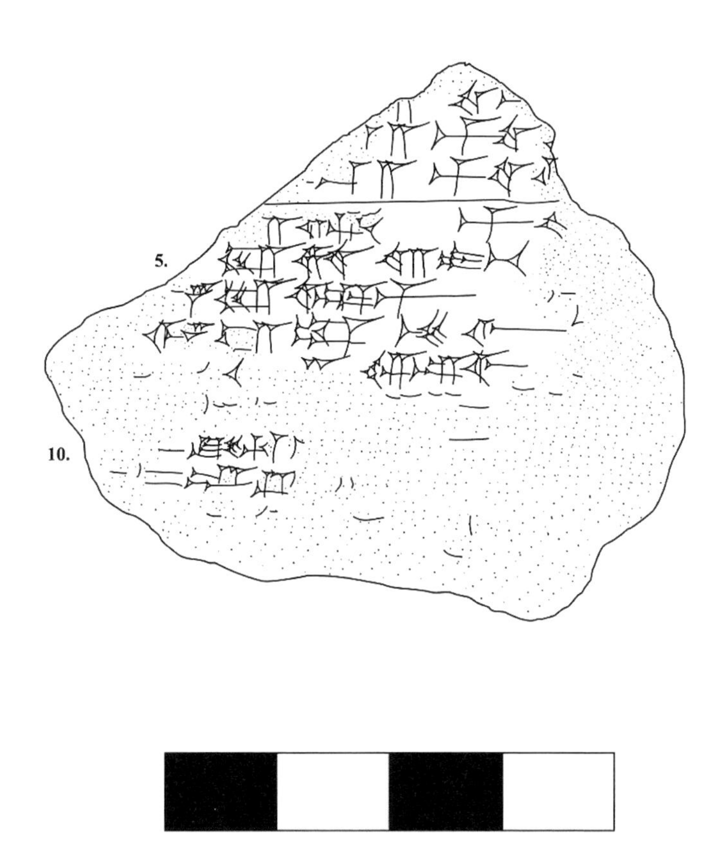

W) K 2154+11352

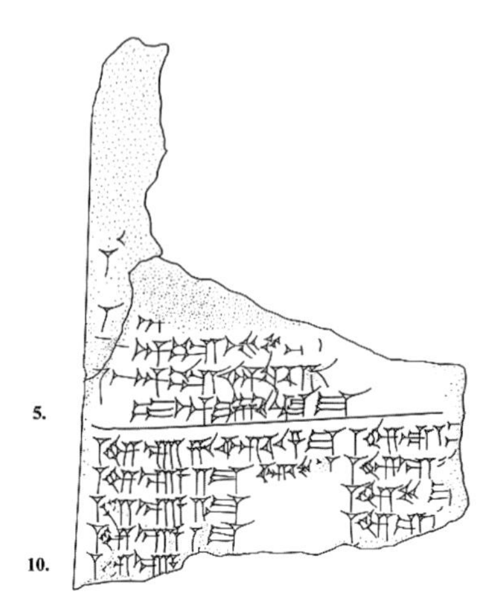

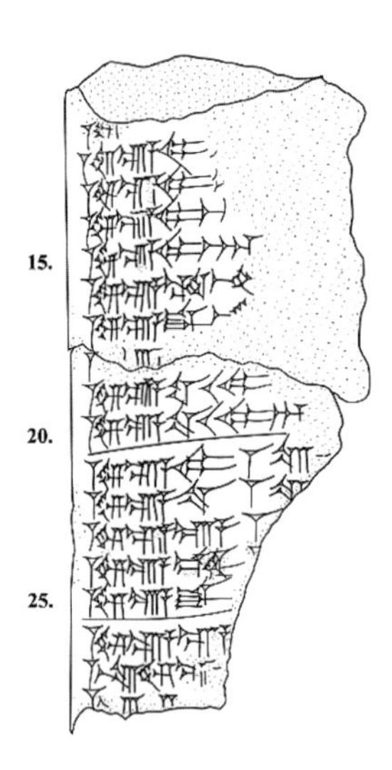

X) K 3003+7019

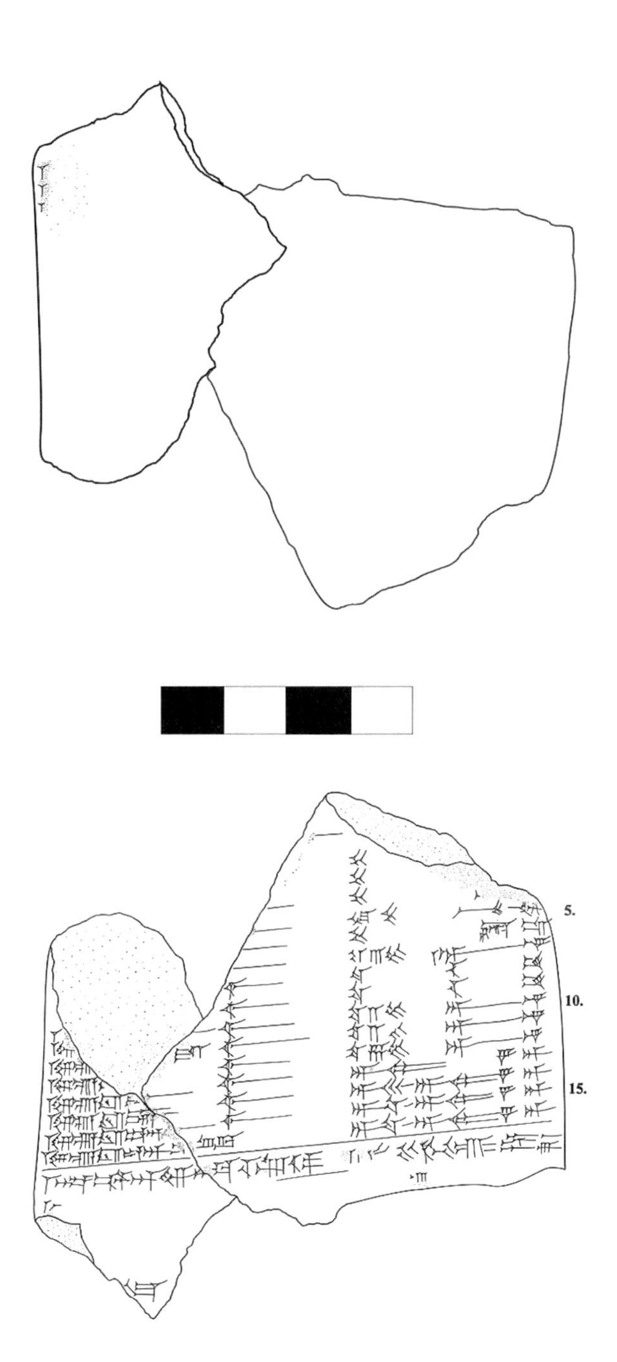